화학물질안전개론

Introduction to Chemical Safety

청송

머리말

2012년 9월 구미 불산가스 누출사고 이후 계속되는 화학사고로 인해 국민들은 정부차원의 화학물질 관리를 강력히 요구하게 되었다. 구미 불산사고는 우리나라 화학물질 사고의 역사에 큰 교훈을 남기며 본격적으로 화학물질 사고를 예방하고 신속한 대응체계를 위한 제도 정비는 물론 국가적 재난관리 시스템을 체계적으로 정비하는 계기가 되었다.

이에 따라 2013년 12월에 화학재난 합동방재센터가 출범하여 현재 전국을 6개 권역으로 구분하여 설치 운영하면서 화학사업장에 대한 합동 지도점검 및 화학사고 현장대응 등의 업무를 통합적으로 수행하고 있다.

화학물질은 종류가 다양하고, 폭발성, 유해성, 환경오염 등의 잠재위험성을 갖는 동시에 이들 물질로 인한 사고가 빈번히 발생하고 있고 사고발생시 짧은 시간에 큰 피해가 발생하기 때문에 사고예방 활동은 물론 신속하고도 효율적인 대응조치가 필요하다.

환경부는 '2016년도 화학물질 통계조사' 결과, 화학물질 취급업체 21,911개 사업장에서 16,874종의 화학물질 5억 5,859만톤이 유통되었다고 발표했다. 2014년도와 비교했을 때 제조량은 16.9%, 수입량은 8.8%, 수출량은 15.5%가 각각 증가하였으며, 전체 유통량은 12.4% 증가하였다.

그러나, 국내에서는 아직 다양한 분야에서 활용할 수 있는 화학물질의 안전에 대한 체계적인 정보나 전문적인 이론이 정립되지 않아 사업장 또는 대학에서 교육에 최적화된 교재가 없는 현실에서 2016년 화학물질안전개론 초판을 발간하여 해당 분야 전문가들에게 많은 도움을 주고자 하였다.

이번에 새로이 발간하는 화학물질안전개론 개정판에서는 2016년에 발간된 초판의 국내외에서 발생한 대형 화학물질 사고에 따른 정책의 변화를 담은 사고사례를 추가하고, 안전성평가 중 사고영향분석(Consequence Analysis)의 폭발관련 내용을 최신 기술내용으로 수정하였으며, 화학물질 사고 시 국내의 비상대응조치 등에 대한 원칙과 절차 등을 추가하였다.

전문가들의 조언과 현재 화학물질안전관리 실태를 참고하여 완성한 본 개정판에는이론적인 분야, 현장에서 활용할 수 있는 실용적인 분야, 국내외 동향 등에 대하여 총 8개의 단원으로 구성하였다.

1장에서는 국내외 주요 화학사고를 자세히 다루고 이를 통하여 얻은 정책의 변화 및 교훈을 서술하였다. 2장에서는 화학물질에 대한 이해를 높이기 위한 일반화학기초에 대하여 설명하였고, 3장에서는 화학물질을 분류하는 분류기준에 대하여 GHS 분류 및 국내 관련법에 따른 내용을 정리하였다. 4장에서는 화학물질이 인체, 환경에 미치는 영향과 다양한 위험요소를 분석하였고, 5장 및 6장에서는 화학물질의 위험특성에 대한 고찰과 이를 토대로 실시하는 화학물질을 취급하는 시설의 안전성평가에 대한 이론적 체계를 정립하였다. 7장에서는 화학물질을 다루는 현장에서 갖추어야 할 안전설비 등에 대한 전문적인 기초지식이외에 국내의 화학물질 사고시 비상대응절차 및 요령 등의 내용을 추가로 다루었다. 8장에서는 2019년 현재 국내에서 화학물질을 취급하고 제조하는 사업장에 대한 국내법은 물론 해외의 기준에 대하여 설명하였다.

화학물질 사고는 해당 시설 뿐 아니라 주변 환경에 미치는 영향도 크고 기업의 생존과도 직결될 수 있다는 인식의 전환이 이루어지고 있다. 또한, 우리나라의 화학산업 규모에 비하여 안전관리 의식의 발전 속도는 더디게 발전하여 이제 체계화 초기 단계라고 볼 수 있다.

본 저자들은 화학물질 안전에 대한 체계적인 전문서적이 없는 국내 현실에서 이 책이 대학에서의 전문가 양성을 위한 교육에 활용됨은 물론 산업현장 종사들의 안전에 대한 지식의 함양에 일조 할 수 있기를 바란다.

끝으로 이 책을 출판하기까지 국내의 화학물질에 대한 이론과 지식을 체계적으로 정립하고자 뜻을 모아 각자의 자리에서 바쁜 일상에도 불구하고 주말을 반납하며 정성들여 원고를 작성한 모든 집필자와 연세대학교 대학출판문화원 직원들에게 감사드린다.

저자일동

Contents

Contents

Contents

CHAPTER 6

화학물질의 위험성 평가

CHAPTER 7

안전기술 및 대책

Contents

부록 A

부록 B

Chapter 1

사고사례 및 교훈

화학사고는 우리가 일반적으로 접할 수 있는 교통사고보다 발생빈도는 낮고 원전사고보다는 발생빈도가 높은 편이다. 또한 사고 발생 시 그 피해의 규모는 원전사고 보다 낮지만 일반 사고에 비하여 규모 및 피해의 심각도는 매우 높다. 특히 오늘날 화학사고는 과거에 비하여 사고의 유형이 대형화 되고 취급하고 있는 화학물질의 종류가 다양한 특징을 가지고 있으며, 화학물질의 누출에 의한 화재, 폭발, 독성물질의 확산으로 인한 2차 피해로 이어지는 특징이 있다.

이 장에서는 국내·외의 대표적인 화학사고 사례와 그 심각성에 대하여 서술하였다.

1. 국외 주요 화학사고 사례

가. 인도 보팔사고

인도 보팔사고는 세계 최대의 화학사고이다. 인도 중부 마디아프라데시 주의 중심 도시인 보팔에 현지공장을 설립하여 농약을 제조 및 판매하던 미국의 유니언 카바이드(UC)사에서 발생하였다. 유니언 카바이드사는 농약제조의 원료로 쓰이는 아이소사이안산 메틸(methyl isocyanate; MIC)이라는 유독가스를 저장하여 사용해 왔는데 1984년 12월 3일에 이 물질이 누출되는 사고가 발생하였다. 메틸이소시안은 극소량으로도 중추신경계와 면역체계를 파괴하는 독극물로 인체에 치명적인 물질이다. 사고 당시 저장탱크에서 2시간 동안 유독가스 36톤 정도가 누출됨으로써 2,800여 명의 주민이 사망하였고 20만 명 이상의 피해자가 발생했다. 유독가스 저장탱크는 온도가 올라가면 폭발할 위험이 있기 때문에 철저한 안전수칙을 지켜야 하는데 제대로 지켜지지 않았다.

그림 1-1 인도보팔사고 피해사진 (출처:DownToEarth(2015), INDIATV(2015))

또한 저장탱크가 인구가 밀집한 도시 빈민가의 한가운데 자리 잡고 있던 것도 하나의 원인이 되었다. 1985년 4월, 인도 정부는 유니언 카바이드사를 상대로 미국의 맨해튼 지방재판소에 제소하였으나 1986년 5월, 인도의 재판소에 관할권이 있다는 판결을 내렸다. 1989년 2월, 인도 최고재판소는 배상 청구액 33억 달러에 대해 4억 7000만 달러의 배상금(1인당 800불)을 지불하라고 결론지었다.

1989년 말에 성립된 국민전선의 지도자인 V.P.싱(Vishvanth Pratp Singh) 정권은 이 판결이 무효임을 선언하고 재차 보상금교섭에 들어가 잠정 조치로 피해자 50만 명에 대해 36억 루피의 구제금을 방출하였다. 그러나 농약오염의 후유증은 지금도 이어지고 있다.

표 1-1 인도보팔사고 개요 및 요약

구분	내용
사고일시 및 장소	• 1984년 12월 4일, 00시 30분경 • 유니언카바이드사, 인도 보팔
사고경위	• 농약 및 살충제 제조에 쓰이는 독성 화학물질인 아이소사이안산 메틸(methyl isocyanate; MIC)을 저장하는 610번 탱크의 온도가 폭발적으로 상승 • 결국 610번 탱크가 폭발했고, 저장되어 있던 42톤 규모의 MIC 가스가 본격적으로 유출
피해현황	• 인적피해: 하루 만에 사망자가 8,000여 명이나 발생, 사고 이후 후유증으로 인해 사망한 사람들도 2만 명이상으로 추정. 실명, 호흡곤란 및 위장장애 등 만성질환 (12만명), 면역체계 이상 및 돌연변이 출현. 피해보상 청구인(58만 3,000여명) • 환경 및 재산피해: 공장부지에서 기준보다 2만 배에서 6백 만배 높은 수은 검출, 보팔지역 식용물에서 12가지의 유독물질 검출(미국 환경보호국이 정한 안전기준치보다 6백배 높은 함량)
사고원인	• 공장장치의 오작동 • 사고 예방을 위한 안전수칙에 따른 감독 부재 • 설계비용의 최소화를 위해 검증되지 않은 설계방식 도입 • 조기 경보체계의 미작동
후속조치	• 인도 정부는 유가족 1가구당 835달러 지급 • 사고 발생 20년 후 2004년, 폐기물처리와 오염된 수질관리, 사고 생존자와 2세에 대한 집단의료보험 도입. 보상비 분배 과정의 최종결과 보상신청 한 56만 6786건 중 약 95퍼센트가 최소금액인 500달러를 지급(1퍼센트만 2~3천달러 지급) • 현재까지도 보팔 주민들은 다우 케미컬(2001년 유니온카바이드를 인수)에 장기적인 건강관리제공과 독성물질제거, 경제적·사회적 지원 제공 요구하고 있으나 다우케미컬이 거부하고 있음 • 사고 이후 국제제도 변경 - "비상계획과 지역주민 알권리법(Emergency Planning and Community Right-to-know Act, 1986년)" - "유해물질과 살충제에 관한 로테르담 협약(Rotterdam Convention on Harmful Chemicals & Pesticides, 1998년)"

나. 이탈리아 세베소 사고

1976년 7월 10일 오후 12시 30분경 발생한 이탈리아 세베소 사고(Seveso disaster)

는 이탈리아 북부 롬바르디아(Lombardy) 주 세베소(Seveso)에서 발생한 유독성 화학물질 누출이 발생했다.(그림 1-2, 그림 1-3) 사건이 일어난 공장은 스위스 제약회사 로슈(Roche)의 자회사인 ICMESA사의 현지공장으로 의료용 비누를 만들기 위해 2,4,5-트리클로로페놀(2,4,5-Trichlorophenol, TCP)을 생산하던 중이었다. TCP 생산 공장에서 반응용기 내부의 과열, 고압반응으로 안전밸브 표면이 파열되었다. 이로 인해 다량의 염소가스, 다이옥신을 포함한 유독성 화학물질이 대기 중으로 15분간 방출되었는데, 이때 방출된 다이옥신이 34 kg 이상인 것으로 조사되었다. 화학물질 누출은 냉각시설이 작동될 때까지 한 시간이 넘도록 계속되었고 독성구름은 주변 5 ㎞, 11개 마을로 퍼져나갔다. 주민들은 심한 화상을 입거나 피부병에 걸렸고, 가축 수만 마리가 죽거나 병이 들었다. 정부에서는 먹이사슬로 인한 오염을 우려하여 1978년까지 7만 7,000마리 가축을 도살하였다. 1년 후 과일과 곡식의 다이옥신 오염농도를 조사했는데 과일껍질에서 다이옥신이 검출되었다. 사건이 발생하자 주민들은 다른 지역으로 대피하였으며, 대기가 회복된 후에도 토양에 남은 다이옥신의 독성 때문에 이 지역에 대한 접근이 금지되었다. 이후 정화과정을 거쳐 주변지역 주민들은 마을로 돌아갔지만 세베소는 폐쇄된 상태이다. 피해는 약 2억 5천만 달러에 이르며, 이 사건으로 다이옥신이 인체에 미치는 피해를 과학적으로 연구하게 되었다.

그림 1-2 이탈리아 세베소 사고 후 공장 사진 (출처: toxipedia.(2013))

그림 1-3 세베소 사고 피해 사진 (출처: EcoMole (2015))

표 1-2 이탈리아 세베소 사고 개요 및 요약

구분	내용
사고일시 및 장소	• 1976년 7월 10일 • ICMESA사, 이탈리아 북부 세베소시
사고현황	• 트리클로로페놀(trichlorophenol) 생산 공장에서 반응기 내부의 과열과 고압반응으로 인해 안전밸브가 열린 후, 반응기 내부에 있던 염소가스와 다이옥신을 포함한 다량의 유독성 화학물질이 대기로 방출 • 누출에 의해 독성구름이 세베소를 비롯한 인근 5 ㎞ 이내의 11개 마을로 확산 • 누출된 화학물질 속에 함유된 염소가스로 인한 사람 및 동물 피해
피해현황	• 인적피해: 인근주민들의 심한 화상 및 피부병 감염, 유산율 상승(34%) • 환경 및 재산피해: 가축(2,173두), 먹이사슬로 인한 오염에 대한 우려로 닭, 토끼, 소, 말, 돼지, 양 등 총 83,231마리 도살, 재산피해 추산액(2억 5,000만 달러)
사고원인	• 공장 반응기 내부의 과열과 고압반응으로 인한 안전밸브 개방
후속조치	• 주민들의 긴급대피 조치, 대기회복 후에도 토양에 잔류하는 다이옥신의 독성 때문에 접근이 금지됨 • 대대적인 토양 정화작업 후 일부 주민 복귀 • 사고 이후 국제제도 변경 – "세베소 I 지침 (EC Major Hazard Directive 82/50, 1982년)" – "중대산업사고 예방규칙(Control of Industrial Major Accident Hazard Regulations, 1984년)" – "세베소 II 지침 (Seveso II Directive, 1996년)" – "Control of Major Accident Hazard(COMAH) Regulations, 1996년" – "유해폐기물의 국가간 이동 및 그 처리의 규제에 관한 바젤협약, 1989년" – "세베소 III지침 (Seveso III Directive, 2015년)" – 위험물질의 분류방법 및 대중에게 공공정보를 제공하는 방법 * Lower Tier 사업자는 사업장 정보 및 그 유해성에 대해 공공의 정보를 제공해야 함 * Top Tier, Lower Tier 모두 공공정보를 전자화하여 제공하여야 하며 최신으로 유지하여야 함

다. 영국 런던 스모그 사고

런던 스모그(Smog) 사고는 1952년 12월 4일 런던에서 석탄연소에 따른 아황산가스(SO_2, TWA 5ppm, IDLH 100ppm) 배출로 인해 발생한 사상 최악의 대기오염 공해사건이다.(그림 1-4) 12월 4일 영국 런던의 기온이 급강하였고 짙은 안개와 구름으로 태양빛이 차단되어 낮에도 앞이 보이지 않고 습도는 무려 80%를 넘었다. 당시 영국은 가정 및 공장에서 석탄을 주 연료로 사용하였으며 석탄연소 후 발생하는 연기는 정제되지 않고 배출되었다. 지나친 연기의 배출로 무풍현상과 기온 역전현상이 발생하였고,

그림 1-4 런던 스모그 사건 (출처: History Channel(2012), BBC News(2015))

이로 인해 아황산가스를 포함한 연기가 대기중으로 확산되지 못하고 지면에서 안개와 합쳐져 스모그를 형성하면서 런던 시민의 호흡기에 치명적인 영향을 주었다. 스모그 현상은 10일까지 지속되어 런던시민은 호흡장애와 질식 등으로 사건 발생 후 첫 3주 동안 4,000여명, 만성 폐질환으로 8,000여명이 사망하여 총 1만 2,000여명의 사망자가 발생하였다. 이 사건으로 인하여 영국은 1953년 비버위원회(Beaver Committee)를 설립하여 대기오염에 대한 연구를 시작하였으며 이를 토대로 1956년 대기오염청정법(British Clean Air Act) 을 제정하였다.

라. 미국 필립스 66 폭발 사고

필립스66 폭발사고는 1989년 10월 23일 미국 텍사스 주의 파사데나(Pasadena)의 플랜트에서 발생하였으며 추후 미국 PSM제도에 영향을 끼쳤다.(그림 1-5) 사고의 여파로 23명이 사망하고 314명이 부상하였으며 공장가동중지 비용을 포함하여 1,400만 달러 이상의 재산피해가 있었다. 고밀도 폴리에틸렌 플랜트에서 에틸렌, 이소부탄, 헥산 및 수소 등의 가연성 혼합물이 누출된 후 발생되었으며 고압 및 고온 공정에서의 누출로 순식간에 큰 증기운을 형성하였고 몇 분 뒤 미확인 점화원에 의해 추가로 증기운 폭발(Vapor Cloud Explosion, VCE)이 발생하였다. 사고조사에 따르면 DEMCO 볼밸브에 에어호스가 잘못된 쪽으로 연결되어 있었다. 에어호스 연결 시 "열림"과 "닫힘"이 동일한 상태로 이전 정비 중 반대로 연결되어 닫았다고 생각한 밸브가 열려있었던 것이다. 또한 시건장치(Lock-out)가 제거되어 없는 상황에서 하단의 제품취출밸브를 정비 중 부주의로 많은 양의 혼합가스가 누출되었다. 조사팀은 폴리에틸렌 플랜트에 대한 공정위험분석이 수행되지 않은 점, 플랜트 레이아웃에서 반응기와 컨트롤룸과의 이격거리 문제, 대피경로에서의 문제점, 가스검지시스템의 부재, 비상계획 등 많은 문제점들을 발견하였다.

이 사고로 사망한 23명의 희생자 중 한명의 이름을 딴 Mary K. O'Connor 공정안전센터가 설립되었고 직원이 상주하는 공정플랜트 지역의 건물의 위치 문제(Facility Siting)에 대한 API RP 752(American Petroleum Institute Recommended Practice)에도 많은 영향을 끼쳤다.

표 1-3 필립스66 폭발 사고 개요 및 요약

구분	내용
사고일시 및 장소	• 1989년 10월 23일 • 필립스 66사, 미국 텍사스 파사데나
사고현황	• HDPE(High Density Polyethylene) 생산 공장에서 침적교 내부에 쌓인 침전물을 제거하기 위해 정비를 하던 중 이전에 미리 열림위치와 닫힘위치가 반대로 되어 열려있던 단일차단 밸브 후단의 취출밸브를 열면서 가연성 혼합기체의 누출이 발생 • 증기운 폭발(VCE) 근처에 있던 주조정실 인원 전원을 포함 23명의 사망자와 317명의 부상자 발생 • 폭발로 인해 소화전 및 소화수배관이 손상되면서 소방용수가 부족해지는 등 화재시스템이 마비되어 화재진압에 10시간 소요
피해현황	• 인적피해: 사망자 23명, 부상자 31명 • 환경 및 재산피해: 약 10 km 반경에 파편, 직접적인 피해 7백만달러
사고원인	• 부주의한 정비, 교육의 부재, 위험성평가 미비
후속조치	• EPA와 공동 사고조사제도 발전 • 사고 이후 PSM 제도 마련 가속화 - 미국 공정안전관리 제도 PSM(Process Safety Management, 1992년)

그림 1-5 필립스 66 폭발 사고 (출처:Health and Safety at Work(2011))

마. 중국 텐진 항구 폭발사고

중국 텐진(Tianjin) 폭발사고는 2015년 8월 12일 오후 23시 30분경 중국 텐진 빈하이(Binhai) 항구에서 컨테이너에 적재된 화학물질 폭발로 화재가 발생하였고 이 화재로 인해 주변의 창고에 옮겨져 대규모의 이차 폭발이 발생하였다.(그림 1-6, 그림 1-7) 두 차례 큰 폭발 후 연쇄적으로 몇 차례 폭발이 발생하였으며, 첫 폭발은 TNT 3t급, 두 번째 폭발은 21t 규모로 30초 간격으로 발생하였다. 주변 창고는 독성물질 보관 용도로 지어졌으며 폭발 당시 질산암모늄, 질산칼륨, 탄화칼슘 등이 저장되어 있었다고 알려졌다.

초기 화재진압을 위하여 창고에 물을 뿌렸는데 이때 대량 저장되어 있던 탄화칼슘(CaC_2)과 물(H_2O)이 반응하여 엄청난 가연성 아세틸렌(HC≡CH, 폭발범위 : 2.5-81%) 가스를 생성하면서 화재 후 폭발을 일으켰고 폭탄 원료인 질산암모늄(NH_4NO_3)의 대형폭발이 추가로 발생한 것으로 규명하였다. 또한 폭발사고가 발생한 물류창고에는 700여톤의 시안화나트륨(청산가리, NaCN) 고체가 보관돼 있었다. 시안화나트륨(NaCN)은 물(H_2O)과 반응하여 맹독성 시안화수소(HCN, TWA 10ppm, IDLH 50ppm, 폭발범위 : 5.6-40%) 기체로 생성되어 대기 중으로 확산 우려가 크다. 이 사고

그림 1-6 중국 톈진 항구 폭발사고로 인한 차량 소실 (출처: Mailoline. (2015))

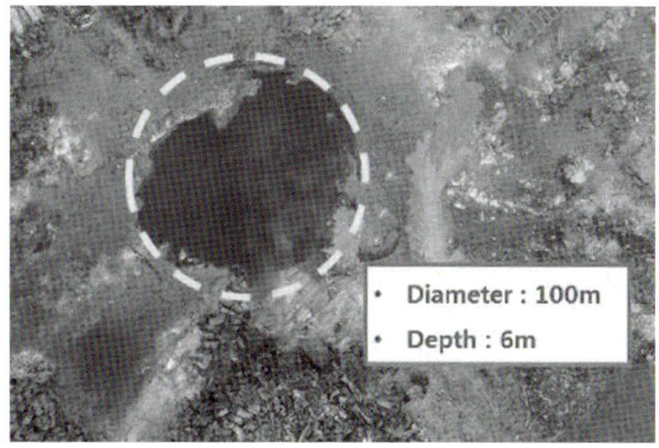

그림 1-7 중국 톈진 항구 폭발 사진 (출처: Mailoline. (2015))

로 소방관 95명, 경찰 11명 포함하여 173명이 사망하였고, 8명이 실종되었으며, 797명의 부상자가 발생하였다. 또한 수출을 위해 배에 싣기를 대기 중이던 8,000여대의 차량이 소실되었다.

$$CaC_2 + 2H_2O \rightarrow Ca(OH)_2 + C_2H_2(g) \quad (1)$$

$$NaCN + H_2O \rightleftarrows NaOH + HCN(g) \quad (2)$$

사고원인으로는 6개월간 걸쳐 실시한 사고특별조사팀 조사 결과 컨테이너 내 보관돼 있던 건조된 "니트로셀룰로오스(질산섬유소, nitrocellulose, NC)"가 폭발사고의 시초로 고온에 의해 자연발화된 후 불이 번지면서 폭약의 원료가 되는 질산암모늄 등 대폭발로 이어졌을 것으로 추정하였다. 또한 중합 반응에 의해 화재와 폭발을 일으킬 수 있으며 열에 매우 불안정하여 화염에 격렬하게 발화되었을 것으로 추정할 수 있다. 컨테이너 창고 보관업체의 허술한 관리와 소방관들의 위험물 인식 및 정보공유 부족 등 잘못된 사고대응체계 미비 등이 주된 원인으로 판단할 수 있다.

바. 영국 번스필드 폭발화재사고

2005년 12월 11일 오전 6시경 영국 런던 남부 히드로(Heathrow) 공항에서 발생한 번스필드(Buncefield) 원유탱크 대폭발 화재가 발생하였다.(그림 1-8, 그림 1-9) 이 폭발은 진도 2.4를 기록할 정도로 그 규모가 대단해 복수의 저장탱크가 동시에 화재폭발을 일으켰다. 사고 당시 약 35,000만 리터의 항공유, 디젤유, 휘발유를 보유하고 있었으며, 레벨게이지 고장으로 인한 유류 오버플로우(over-flow)가 발생하였고, 이로 인해 발생한 유증기가 착화 및 폭발하였다. 이 폭발은 곧 2차폭발로 이어졌으며 화재는 42일간 지속되었으며, 43명의 부상자 발생 및 저장탱크 22기가 소실파괴, 20채의 사업장 건물이 파괴되었다. 인적·물적 피해 뿐만 아니라 4일간 지속된 화재로 인한 연기는 영국과 인근국가를 뒤엎어 심각한 환경피해를 유발하였으며 히드로(Heathrow) 공항 등의 연료공급이 중단되는 등 혼란이 지속되었다.

사고원인으로는 사고탱크 액면계, 온도계, 밸브계 등 모니터 기능이 있는 자동탱크게이지 시스템(ATG)이 설치되어 있었으나 사고 시 입고 라인의 밸브는 열려있었고 송유가 되고 있었다. 또한 ATG와 독립해서 액면의 상한스위치가 설치되어 있었으며 액면이 그 위치에 달하면 조작실의 부저와 램프가 경보를 울려 자동차단 되어야하나 사고 시에는 작동되지 않았다. 또한 ATG 고장과 액면 상한안전스위치의 바이패스(bypass)에 의해 가솔린이 과충전되어 탱크지붕 통기구로 오버플로우(overflow)되었으며 대략 300톤 이상으로 추정하고 있다.

그림 1-8 영국 번스필드 화재사고
(출처: BBC News(2006))

그림 1-9 번스필드 화재사고로 인한 대기 오염
(출처: Belfast Telegraph(2010))

2. 국내 주요 화학사고 사례

가. 구미 불화수소 누출사고

구미불화수소 누출사고는 2012년 9월 27일 15시 43분경 (주)휴브글로벌 구미4공단에서 발생한 사고로 불산 20톤을 탱크로리에서 제품 제조탱크로 옮기던 중 작업자의 과실로 인한 밸브개방 누출사고로 국내에서 이례적인 인명 및 물적 피해가 발생하였다.(그림 1-10) 사고로 인하여 사망 5명, 입원7명, 병원진료 3,500여명의 인명피해가 발생하였고, 농작물(323.8ha), 산림(67.7ha), 가축(3,209두), 차량(1,126대), 기업체(81개사)의 물적피해가 발생하였다. 사고원인으로는 불산(불화수소산, hydrofluoric acid, aq HF) 수용액을 제조하기 위해 탱크에서 불화수소(hydrogen fluoride, AHF)을 빼내다 에어밸브와 에어호스를 연결하는 작업 중 원료밸브의 마개를 열어두어 누출된 것이 주원인으로 파악되고 있다. 불산(aq HF)은 불화수소(AHF) 기체를 물에 녹인 액체이다. 상온·상압에서 불산(aq HF)은 액체 상태이고 불화수소(AHF)는 기체 상태이다. 작업자들은 작업과정 내내 에어밸브와 원료밸브의 마개를 열어둔 채 실수로 손잡이형 레버를 개방하는 바람에 사고를 자초했다. 19.5도에서 기화하는 불화수소 기체의 특성

그림 1-10 구미 불화수소 누출사고(출처:중앙119구조본부, 경북매일, 경북인터넷뉴스, 아시아뉴스통신(2012))

상 탱크에는 원료밸브와 에어밸브가 있으나, 탱크 개당 4–6시간이 소요돼 근로자들이 급하게 2번째 탱크 작업을 하다 사고를 낸 것으로 파악하고 있다.

불산(HF)은 반도체 사업에서 없어서는 안 될 필수 화학물질이므로 매년 사용량이 증가하고 있는 추세이다. 하지만 유독성이 강해 누출사고가 발생하면 피해는 매우 심각하다. 불화수소(AHF)는 물(H_2O)에 매우 잘 녹는 성질(수용성)을 갖고 있기 때문에 누출되면서 대기 중에 잔존하는 습기(H_2O)와도 쉽게 반응하여 액적 상태의 불산(aq HF)이 생성되며 대기 중에 퍼진 불화수소(AHF) 가스를 들이마시면 폐에 물이 차는 폐부종 발병, 몸 속의 칼슘(Ca^{2+})과 결합하여 통증 동반 및 내부조직과 뼈를 파괴하는 매우 유독한 물질이다. 지난 5년간 소방청 자료에서 불산(HF) 사고통계를 살펴보면 2014년(7건), 2015년(1건), 2016년(4건), 2017년(1건), 2018년 10월 현재(2건) 등 계속해서 크고 작은 누출사고가 발생의 사고빈도를 보이고 있다.

구미 불화수소 누출사고는 우리나라 역사상 최초로 주민이 대피한 사고이며 사고 이후 관련 법, 대응매뉴얼, 정부기관 및 기업문화에서의 안전이 강조되는 등 국가차원에서의 화학사고에 대한 안전관련 시스템이 개선에 밑거름이 되었다.

표 1–4 구미불화수소누출사고 개요 및 요약 (출처: 환경부 한강유역환경청 화학물질관리과(2013) 화학물질 사고관리 및 대처요령)

구분	내용
사고일시 및 장소	• 2012년 9월 27일, 오후 3시 43분경 • (주)휴브글로벌, 경북 구미 4공단
사고현황	• 불산 적재 탱크로리(20톤)에서 공장 저장탱크로 옮기던 중 실수로 밸브를 열어 가스 누출
피해현황	• 인적피해: 23명(5명 사망, 입원 7명, 부상 18명), 병원진료 3,572건 • 환경 및 재산피해: 농작물(91.2ha), 산림(67.7ha), 가축(3,209두), 차량(1,126대)
사고원인	• 작업자의 업무 부주의(작업순서 임의변경) • 규정된 안전보호장구 미착용 • 유독물관리자 없이 유출입 작업 • 취급자에 대한 교육 미흡
후속조치	• 피해지역 복구, 지역주민 지원으로 364억원 지급 결정 • 민관합동 환경영향조사 실시→ 수질, 토양, 대기 모두 불검출 또는 환경기준 이내 • 주민건강영향조사 ※ 1단계(설문조사, 검진자료 분석), 2단계(정밀건강영향평가), 3단계(추적 및 확인조사) • 탱크로리 내 잔류불산 희석처리

나. 울산시 화학제품 생산업체 불화수소(HF) 누출사고

2015년 11월 16일 01시경 울산시 남구 소재 ○○화학에서 합성세제 원료의 일종인 연성알킬벤젠(linear alkylbenzene, LAB) 제조공정 드레인(drain) 밸브 손상으로 다량의 무수 불화수소(AHF, anhydrous hydrogen fluoride) 기체가 누출되는 사고가 발생하였다.(그림 1-11) 당해 사고 사업장에서는 2014년 2월 25일에도 불화수소 혼합물 약 100리터 정도가 누출되는 사고가 발생하였다. 사고물질 정보로는 중량 분율로 무수 불화수소(40 wt%)와 노말 파라핀(60 wt%)이 혼합된 상태로 약 1톤 정도로 무수 불화수소(d. 1.15g/l)는 약 400kg(350l), 노말 파라핀은 약 600kg 가량이 대기 중으로 누출되었다. 이 사고로 공장장 등 관리자 3명에게 화학물질관리법 위반 등의 혐의로 모두 벌금형이 선고됐다.

사고원인으로는 연성알킬벤젠(LAB) 제조공정인 지름 2cm 드레인 밸브 부식으로 균열이 발생하여 무수 불화수소(AHF)가 누출된 것으로 확인됐다. 국립과학수사연구원 감식결과에서도 드레인 밸브 상부 용접부위가 부식되면서 틈이 생겨 불산 기체가 누출된 것으로 나타났다. 일반적으로 드레인 밸브 배관의 부식 원인으로는 미세수분(수적, H_2O)이 드레인 밸브 내부 표면에 흡착되고 수용성인 불화수소 기체가 수적과 쉽게 용해

그림 1-11 불화수소(HF) 기체 누출 사고현장 대응활동 (출처: 중앙119구조본부)

되어 생성된 불산이 배관이 부식되는데 가속화시킬 수 있다. 사고 사업장에서 사용한 무수 불화수소(AHF)의 농도는 97%로 소량(3% 미만)의 미세수분을 함유할 수 있다. 또한, 배관과 주변 온도차에 의해 응축된 수분이 불화수소 기체와 반응하여 부식속도를 증가시켰을 것으로 추측할 수 있다. 이처럼 배관 내 수분을 제거하기 위해선 워터세퍼레이트(water separator, 수분제거율 99.99%) 장치를 설치하는 것도 예방책일 수 있다. 일반적으로 드레인 밸브 배관의 부식 원인으로는 미세수분(수적, H_2O)이 드레인 밸브 내부 표면에 흡착되고 수용성인 불화수소 기체가 수적과 쉽게 용해되어 생성된 불산이 배관이 부식되는데 가속화시킬 수 있다. 사고 사업장에서 사용한 무수 불화수소(AHF)의 농도는 97%로 소량(3% 미만)의 미세수분을 함유할 수 있다. 또한, 배관과 주변 온도차에 의해 응축된 수분이 불화수소 기체와 반응하여 부식속도를 증가시켰을 것으로 추측할 수 있다. 이처럼 배관 내 수분을 제거하기 위해선 워터세퍼레이트(water separator, 수분제거율 99.99%) 장치를 설치하는 것도 예방책일 수 있다.

표 1-5 울산시 화학제품 생산업체 불화수소 누출사고 개요 및 요약 (출처: 소방청 중앙119구조본부 2015 주요화학사고 검토자료집)

구분	내용
사고일시 및 장소	• 2015년 11월 16일, 오전 00시 47분경 • 울산시 남구 부곡동 합성세제 제조업체 ㅇㅇ화학
사고현황	• 울산공장 LAB(연성알킬벤젠) 공정의 저장탱크에서 배수밸브(드레인밸브)에 균열이 생겨 다량의 불화수소 혼합물 1,000리터(HF-400리터, HCBN오일-600리터) 누출 • 사고 밸브는 액체상태의 불산 혼합물 5,000리터를 저장하고 있던 탱크와 연결
피해현황	• 인명피해는 없었으나 다량의 불화수소 가스가 누출되면서 일대 근로자들 악취 호소
사고원인	• 연성알킬벤젠 제조공정 드레인 밸브(지름 2cm) 부식으로 인해 균열이 발생하여 다량의 무수불화수소(AHF) 누출 ※ 2014년 2월 25일에도 동일 사업장에서 불화수소 혼합물 약 100리터 누출사고 발생
후속조치	• 대기중으로 누출 중인 불화수소 기체를 분무주수로 국부적 흡수·흡착시켜 확산 억제, 바닥에 낙하된 폐산 제거 처리 등 • 누출이 발생한 드레인밸브 교체 • 11월 16일, 소방청 중앙119구조본부 현장 사고조사 실시 • 회사 관리자 3명 벌금형(누출 방지시설에 대한 안전관리 미준수)사고 이후 이차사고 방지에 주력한 점 고려하여 양형

다. 여천공단 화학공장 폭발사고

여천공단 화학공장에서의 폭발사고는 2008년 8월 24일 10시 10분경 전라남도 여수시 여천공단의 한 공장에서 발생하였다.(그림 1-12) MEK-PO(Methyl Ethyl Ketone Peroxide)공정에서 포장 작업 중 작업온도(30℃)를 유지하지 못하여 온도가 급상승하면서 폭발이 발생하였다. 이 사고로 인하여 사망자 7명, 부상자 18명의 인명피해가 발생하였으며, 건물전파, 인근지역 차량 및 사업장 파손 등을 포함하여 약 60억원의 재산 피해가 발생하였다.

표 1-6 여천공단 화학공장 폭발사고 개요 및 요약

구분	내용
사고일시 및 장소	• 2008년 8월 24일 10:10경 • 호성케멕스(주), 전남 여수시 여천공단
사고현황	• MEK-PO(Methyl Ethyl Ketone Peroxide)공정에서 포장 작업 중 정상온도인 30℃를 유지하지 못해 온도가 급상승하여 폭발
피해현황	• 인적피해: 25명(사망 7명, 부상 18명) • 환경 및 재산피해: 약 60억원(건물 전파, 주변 승용차 20여대 파손, 주변업체 사업장 시설 일부 파손 등)
사고원인	• 8월 22일 중화작업을 실시하지 않았으나, 다음 날인 8월 23일이 휴무인 관계로 중화작업이 이루어진 것으로 착각하고 교반기와 펌프 등을 가동한 것으로 추정됨(MEK-PO는 일정온도(80℃)이상에 도달하면 자유라디칼(Free Radical)을 형성하면서 급속 분해하여 폭발하는 위험성이 있음)
후속조치	• 즉각적인 신고로 현장에 소방 및 군, 지자체 관계자 출동 • 폭발사고 수습을 위해 사고대책본부 설치 운영 • 사고 후 사고업체 주변 정밀진단 실시

그림 1-12 여천공단 화학공장 폭발사고 현장 사진 (출처: 환경부 한강유역환경청 화학물질관리과. (2013))

라. 남양주 암모니아 탱크 배관 폭발사고

2014년 2월 13일 13시경 경기 남양주 소재 아이스크림 제조공장에서 냉매탱크 배관이 폭발해 암모니아(NH_3) 기체가 누출되는 사고가 발생했다.(그림 1-13) 이 사고로 냉매인 암모니아 가스 5톤 중 1.5톤이 대기 중으로 누출되어 인근 주민들이 심한 고통을 호소하는 등 2차적인 피해를 보였으며 노동자 3명이 다쳐 병원에서 치료를 받았으며 실종되었던 1명은 수색 결과 숨진 채 발견되었다. 본 사고 이전에도 2012년 경기 광주 냉동창고 암모니아 폭발사고로 2명이 숨지고 10명이 다치는 사고가 발생했다. 최근 암모니아(NH_3) 사용량 증가 및 기존 냉동 냉장 시설의 노후화 등에 따른 암모니아 폭발 및 누출 사고빈도가 높다. 지난 5년간 암모니아 소방청 사고통계를 살펴보면 2014년(21건), 2015년(7건), 2016년(8건), 2017년(11건), 2018년 10월 현재(12건) 화학사고 이력물질 중 높은 사고빈도를 보이고 있다.

사고원인으로는 배관으로 한꺼번에 많은 양의 암모니아(NH_3)가 몰려서 내부 압력을 견디지 못하고 폭발 후 누출이 발생한 것으로 추정한다. 공장 일부는 붕괴되어 철근과 철골구조물 등이 엿가락처럼 휘었고 암모니아 냄새가 주변 아파트 약 600여 가구와

그림 1-13 경기 남양주 식품공장 암모니아 누출 폭발사고 현장 (출처: 중앙119구조본부, SBS 8 인터넷뉴스)

단독주택 일대에 진동하여 아수라장으로 변했다.

사고대응으로 암모니아 배관 파손부위 차단을 위해 인접밸브 차단 및 송풍기를 사용하여 외부로 가스를 배출시키면서 물 분무로 흡수시켜 대기 확산 방지에 주력하였다.

암모니아(ammonia, NH_3)는 "고압가스 안전관리법" 상 가연성 및 독성가스로 적용될 뿐만 아니라 "화학물질관리법" 상 사고대비물질, 유해화학물질로 지정하고 있다. 암모니아(NH_3)는 냉매로서의 성능이 우수해 제조공장 냉매로 많이 사용되고 있으나 누출시 눈 자극과 호흡기에 문제를 일으키며 특유의 자극적인 냄새가 나며 많은 양이 노출되면 두통과 메스꺼움 등을 일으키는 독성(TWA 25ppm, STEL 35ppm) 및 가연성(폭발범위 : 15-28%)을 가지고 있기 때문에 저장과 취급 시 주의하여야 한다.

표 1-7 남양주 암모니아 탱크 배관 폭발사고 개요 및 요약 (출처: 2016 경기 지역협의체 연구보고서)

구분	내용
사고일시 및 장소	• 2014년 2월 13일, 오후 1시경 • 경기도 남양주시 미금로 65번길 45
사고현황	• ○○ 공장 급속동결실 내부 유니트쿨러의 코일에 핀홀이 생겨 냉매인 암모니아 가스가 누출 • 누출 암모니아 가스가 체류하던 중 원인미상의 점화원에 의해 폭발
피해현황	• 인적피해 : 4명(사망 1명, 부상 3명) ※ 노동자 3명이 병원 치료, 실종됐던 1명은 숨진 채 발견 • 재산피해 : 약 50억원
사고원인	• 급속동결실 내부 유니트쿨러의 코일에 핀홀이 발생, 냉매인 암모니아 가스 누출 • 저장탱크 5톤 중 1.5톤 누출 • 문제점 : 사고신고 없이 사업장 종사자가 대응처리 시도
후속조치	• 레벨A 화학보호복 착용 후 옥내저장탱크 밸브 누출부위 차단 • 사고 건물 내 잔류 암모니아 가스농도 대기농도 이하, 사고조사 및 건물 잔해 철거작업 실시 • 유관기관 합동 건물내 잔류가스 배출방법 회의 • 유족과의 피해보상 등 협의 / 피해신고센터 개설

마. 이리역 폭발사고

이리역 폭발사고는 1977년 11월 11일 오후 9시 15분 경 전북 이리시(현 익산시)의 이리역(현 익산역)에서 발생한 대형 폭발사고이다.(그림 1-14) 화약 화물열차의 정식

책임자가 없이 다이너마이트와 전기 뇌관 등 약 40톤의 고성능 폭발물을 싣고 이리역에서 출발 대기하던 중 폭발하였다. 당시 역 내부를 밝히기 위해 밤에 켜 놓은 촛불이 화약 상자에 옮겨 붙은 것이 직접 원인이 되었다. 폭발로 인하여 지름 30m, 깊이 10m의 거대한 웅덩이가 파였고 주변 반경 500m 이내의 건물 9,500여 채에 달하는 건물이 파괴되었다. 폭발사고로 인하여 59명이 사망하였고, 부상자는 1,343명에 달했으며 약 23억 원의 재산 피해가 발생하였다.

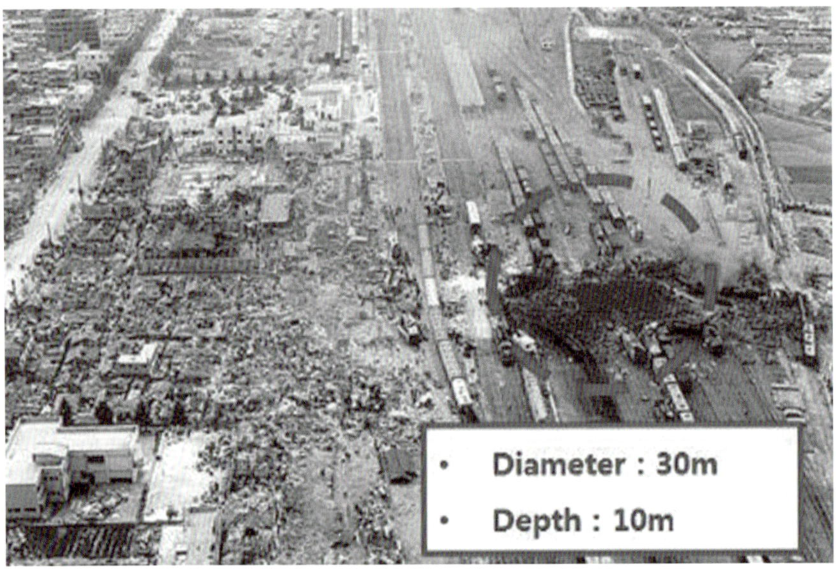

그림 1-14 이리역 폭발사고(출처: 헤럴드 경제(2012))

3. 화학사고를 통한 교훈

화학사고의 대표적인 유형으로는 누출, 화재, 폭발이 있다. 각 사고유형의 특징을 정리하면 화재나 폭발사고의 경우 사고 자체로부터 오는 인명과 재산피해의 규모가 클 수 있는 반면 사고현장에서 원인물질이 연소되어 소멸되기 때문에 2차적인 환경오염에 의한 우려가 적다. 누출사고의 경우 다양한 발생원을 가지고 있어서 누출과정에서 나온 화학물질이 확산되면 주변 환경에 미치는 영향은 화재나 폭발에 비해 훨씬 커질 수 있다. 누출물질의 상태로 살펴보면 화학사고 발생은 가연성 및 독성을 막론하고 기체(gas) 상태일 때 고체(solid) 또는 액체(liquid)보다 높은 사고가 발생하는 경향을 보이고 있다. 이에 사고 발생 시 신속한 대응정보 전달과 함께 대응방안에 대한 구체적인 사전 교육이 실시되어야 하며, 동일 사고 물질이 개별법령에 따른 상이한 관리기준에 의해 규제되고 있어 발생되는 문제점을 고려하여 사고대응정보의 일관성을 위한 개선방안이 도출되어야 한다.

오늘날 화학산업이 대규모화 복잡화됨에 따라 단일유형이 아닌 복합유형으로 진행되기 때문에 현장에서의 1차 피해뿐만 아니라 잔류 물질에 의한 2차 피해가 연쇄적으로 발생될 수 있다. 따라서 화학사고의 경우 현장작업자에 대한 관리, 감독강화를 통하여 사고발생을 최소화하는 것이 중요하며, 사고 발생 시 사업장외 주민 피해 등 치명적인 사고예방을 위한 안전장치를 마련하는 것이 우선시 되어야 한다. 또한 신속한 신고 및 전파체계를 구축하여 사고대응을 위한 민·관 협력 및 정보공유를 가능하도록 하고 주요산단에 현장 대응기관을 마련하여 즉각적인 대응 및 지원을 가능하도록 해야 한다. 우리나라의 경우 지난 (주)휴브글로벌 불화수소 누출사고를 계기로 국민이 안심할 수 있는 범정부적 화학사고 예방대응체계를 마련하기 위하여 2013년 12월에 화학재난 합동방재센터가 출범하였다. 합동방재센터는 전국을 6개 권역으로 구분하여 구미('13.12.5 개소), 울산, 시흥, 여수, 익산, 서산에 설치·운영되며, 화학사업장에 대 한 합동 지도점검 및 화학사고 현장대응 등의 업무를 통합적으로 수행하고 있다. 2018년 하반기에는 7번째로 충추에 추가 신설하여 충북과 강원지역에서 발생하는 특수화학사고의 신속한 대응을 위해서 만전을 기하고 있다. 센터는 현장중심의 문제해결형 협업조직으로 부처 · 지자체 · 공공기관 등에 분산된 화학재난대응 인력 · 예산 · 시스템을 공동 활용하고, 원스톱(One-stop)으로 국민안전서비스를 제공하고 있다. 그동안 부처가 소관법령에 따라 개별적으로 실시하여 하나의 화학사업장에 연간 10차례 이상에 달하던 실태점검을 합동방재센터 개소 이후 부처합동으로 실시해 기업의 불편을 크게 해소하고 있으며, 사고사례를 통해 알 수 있듯이 비슷한 유형의 사고가 반복적으로 발생하고 있다. 예를 들어 1977년 국내에서 발생한 이리역 폭발 사고와 2015년 중국 톈진항 폭발 사고는 화약을 운반하던 중 부주의로 발생한 점에서 공통된 특징을 갖는다. 약 30년이 지나서도 비슷한 사고가 발생하는 이유는 사고 이후 자세한 원인 조사를 통한 예방에 집중하기 보다는 단지 수습에만 급급했기 때문이다. 따라서 반복되는 사고를 예방하기 위하여 철저한 사고조사 및 예방이 필요하다.

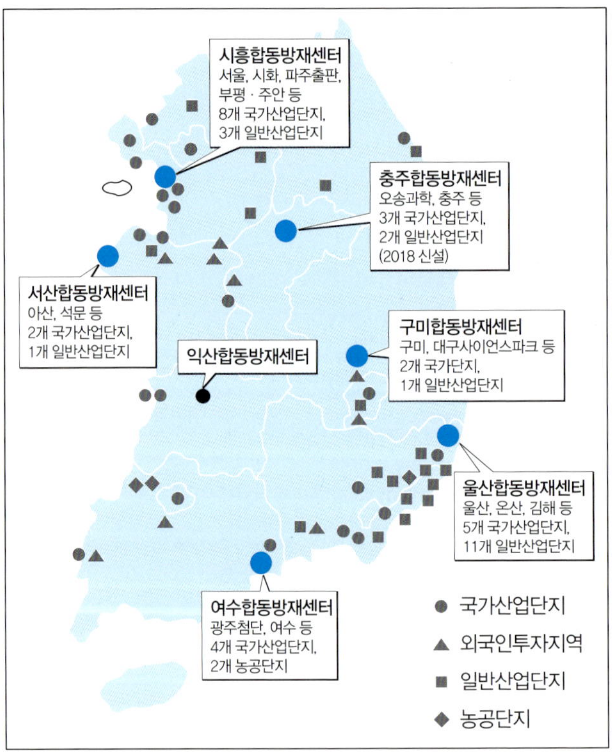

그림 1-15 화학재난 합동방재센터 기관별 관할구역 (출처 : 환경부)

EXERCISES

연습문제

01 화학사고의 특징을 서술하시오.

02 화학물질 누출사고사례 및 이로부터 얻을 수 있는 교훈을 서술하시오.

03 화학재난 합동방재센터에 대하여 서술하시오.

04 불화수소[HF(g)] 및 암모니아[NH_3(g)] 누출 사고시 심각성과 대응방법의 공통점을 제시하시오.

Chapter 2

일반화학기초

화학제품은 우리의 생활에서 빠질 수 없는 중요한 역할을 하고 있다. 화학은 물질의 특성, 물질이 겪는 변화 그리고 그 과정에서 수반되는 에너지 변화 등을 다루는 학문으로 과학의 여러 분야 중 중심이 된다.

이 장에서는 화학이 무엇이며, 물질에 대한 기본 지식과 화학을 이해하는데 적용되는 여러 기술에 대하여 서술하였다.

1. 기초화학

가. 물질

1) 물질이란

물질(matter)이란 질량을 가지면서 공간을 차지하는 것을 말한다. 질량은 어떤 물체에 있는 물질의 양을 측정하는 척도가 되며 더 무거운 물질일수록 그것을 움직이게 하는데 더 큰 힘을 필요로 한다. 모든 물체는 물질로 이루어져 있으며 우리가 보고 만지는 것은 그 물질이 공간을 차지하고 있음을 의미한다.

2) 물질의 상태

물질은 고체(soilid), 액체(liquid), 기체(gas) 세 가지 상태로 분리할 수 있다. 고체상태에서 물질은 경직되어 있고 일정한 모양을 갖는다. 고체상태의 경우, 온도나 압력으로 인한 부피의 변화는 크게 일어나지 않으며 물질을 구성하는 각 입자들이 결정격자 내에서 일정한 위치를 차지하고 있어서 그 결정의 세기는 이들 입자 사이의 상호인력으로 결정된다. 액체 상태에서 각 입자들은 주어진 부피에 한정되는 특징을 갖는다. 액체는 흐르며 그 액체가 채워진 용기의 모양에 맞게 채워질 수 있다. 기체는 고체와 액체보다 덜 밀집되어 있다. 기체는 어떤 용기 내에서 한정된 용기 내부의 모든 공간을 채울 수 있는 특징을 갖는다. 기체는 액체에 비해 쉽게 팽창 또는 압축될 수 있다.

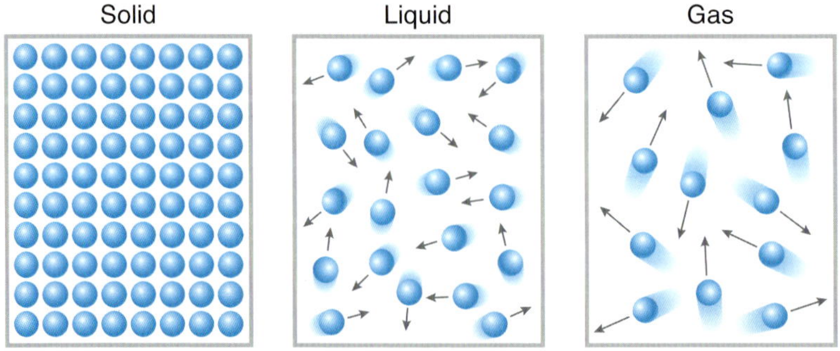

그림 2-1 물질의 세 가지 물리적 상태

표 2-1 물질의 세 가지 물리적 상태

특성	고체	액체	기체
단단함	단단함	흐르고, 용기모양에 맞게 채워짐	용기에 가득 채워짐
열에 의한 팽창성	약간	약간	쉽게 팽창함
힘에 의한 압축성	약간	약간	쉽게 압축됨

나. 원자와 분자

1) 원자

원자(atom)는 모든 화학적, 물리적 변화에서 항상 같은 성질을 가지고 있는 가장 작은 원소의 입자를 말한다. 원자는 모두 전자(electron), 양성자(proton), 중성자(neutron)의 세 가지 기본 입자로 이루어져있다. 중성자는 전하를 띠지 않고 양성자는 전자와 반대전하를 갖는다. 이때 한 원자를 구성하는 전자와 양성자의 전하수가 같음에 따라 원자는 전기적으로 중성이 된다.

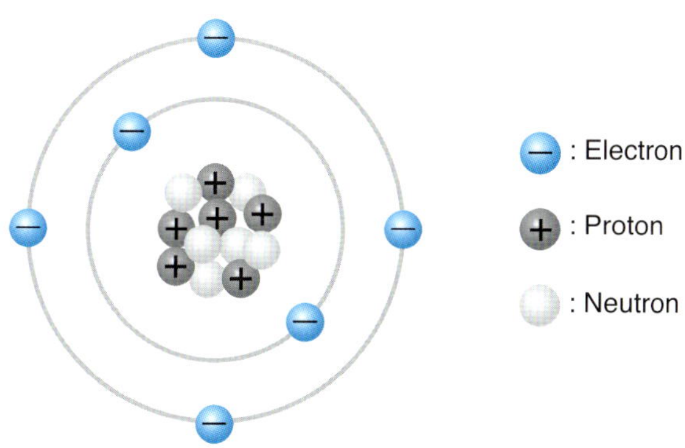

그림 2-2 원자의 구조

* 어떤 특정 원소를 이루는 모든 원자들은 다른 원소들과 구별되는 같은 성질을 갖는다.
* 원자는 생성되거나 소멸되지 않는다.

* 다른 원소의 원자들이 결합하여 화합물을 만들 때는 항상 일정한 원자수의 비로 결합한다.
* 화합물은 같은 종류의 원자로 구성되어 있고 이들 원소사이의 질량비는 항상 일정하다.

원자번호(atomic number)는 원자핵에 있는 양성자의 숫자를 의미한다. 주기율표에서 각 원자들은 원자번호 증가 순으로 정리되어 있다.

2) 분자

분자(molecule)는 독립적으로 안정하게 존재할 수 있는 원소나 화합물의 가장 작은 입자로 화학결합에 의해 두 개 혹은 그 이상의 원자의 결합으로 구성된 물질을 말한다. 거의 모든 분자는 둘 또는 그 이상의 원자들이 전기적 중성으로 결합되어 있다. 원자는 분자를 이루는 성분요소이며 분자는 많은 원소와 화합물의 안정한 형태이다.

* 물질은 물리적 방법으로 더 이상 쪼개거나 정제할 수 없다. 물질은 물체를 이루는 특성 성분이다. 각 물질은 다른 물질과 구별되는 그들만의 고유한 특성을 가지고 있다.

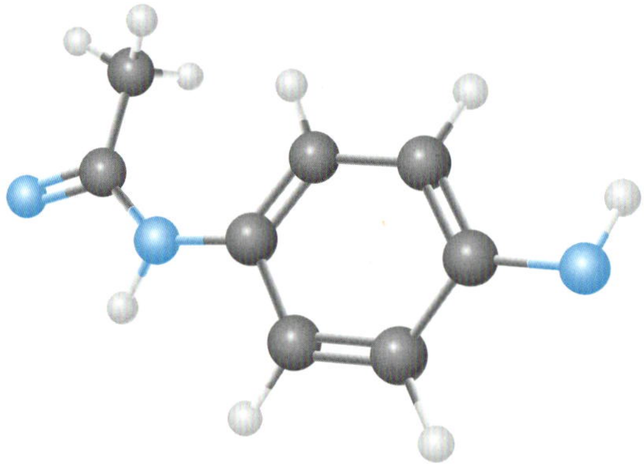

그림 2-3 분자의 구조

다. 화학결합

화학결합(chemical bonding)이란 화합물에서 원자들을 붙들어 매는 인력을 의미한다. 화학결합은 크게 이온결합(ionic bonding)과 공유결합(covalant bonding)으로 구분된다. 이온결합은 하나의 원자나 원자의 그룹에서 다른 곳으로 한 개 또는 여러 개의 알짜 전자 이동으로 생성되는 이온들 사이의 정전기적 상호작용의 결과로 형성된다. 공유결합은 두 원자 사이에 한 쌍 또는 여러 쌍의 전자를 공유함으로써 형성된다.

1) 이온결합

이온(ion)이란 전하를 가지고 있는 하나의 원자 또는 원자들의 그룹이다. 원자나 원자그룹에 전자를 양성자보다 적게 가져 양으로 하전 된 이온을 양이온(cation), 전자를 양성자보다 많이 가져 음으로 하전 된 이온을 음이온(anion)이라고 부른다. 주로 이온결합을 가지고 있는 화합물을 이온결합 화합물(ionic compound)이라 부른다.

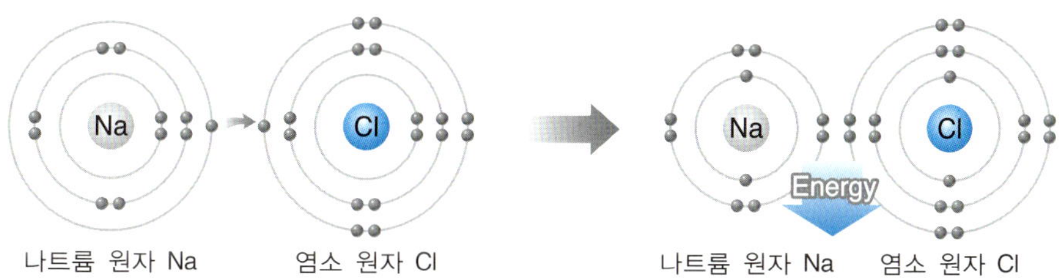

그림 2-4 NaCl의 이온결합 예시

* 이온결합은 반대로 하전된 많은 이온들간의 인력이며 주로 고체를 만든다. 이런 고체 화합물을 이온성 고체라고 한다.

2) 공유결합

전기 음성도 차이가 전자 전이를 일으킬 정도로 크지 않기 때문에, 두 비금속 사이에는 이온결합은 일어나지 않는다. 두 비금속 사이의 반응은 공유결합을 형성한다. 공유결합 화합물들은 분자 내의 원자들 사이의 결합은 상대적으로 강하나 분자 사이의 인력은 약하다. 이 결과 공유결합 화합물은 이온결합 화합물보다 녹는점과 끓는점이 낮다. 주로 공유결합에 의하여 결합된 화합물을 공유결합 화합물(covalent compound)이라 부른다.

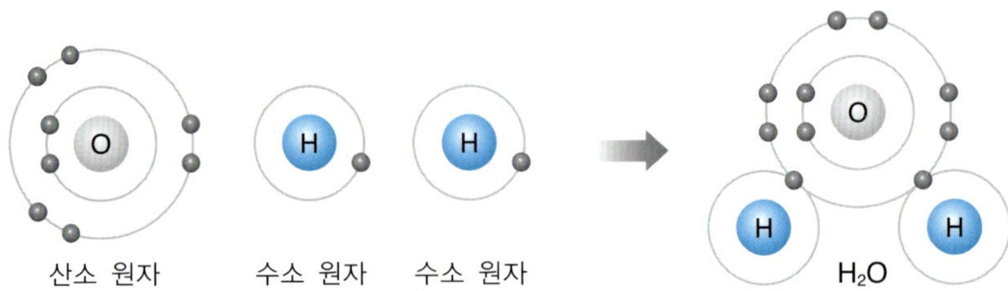

그림 2-5 물의 공유결합 예시

* 공유결합은 두 원자가 하나 이상의 전자쌍을 공유할 때 형성된다. 공유결합은 원자 사이의 전기 음성도 차이가 0이거나 아주 작을 때 형성된다.

라. 산과 염기

1) 산

산(Acid)은 수용액상에서 수온이온(hydrogen ions)을 생성하는 물질이라고 정의할 수 있다. 무기산은 수소이온을 먼저 쓰고 음이온을 나중에 쓴 HX 형태로 무기산의 화학식을 쓴다. 유기산은 화학식 안에 포함된 COOH기의 존재로 구분한다.

2) 염기

염기(base)는 수용액상에서 수산화이온(hydroxide ions)을 생성하는 물질이다. 염(salt)은 산화이온(oxide ion)과 수산화이온이 아닌 음이온과 수소이온이 아닌 양이온이 결합된 화합물이다.

마. 용액의 농도

용액은 분자적 수준으로 볼 때, 두 가지 또는 그 이상의 물질들의 균일 혼합물이다. 간단한 용액(solution)들은 보통 용질(solute)이라는 하나의 물질과 다른 물질을 녹이는 용매(solvent)로 구성되어 있다. 용액의 농도는 주어진 용액의 양이나 부피 속에 존재하는 용질의 양보다는 주어진 용매의 양이나 부피 속에 녹아 있는 용질의 양으로 표현한다.

1) 질량퍼센트(%)농도

용액의 농도는 용질의 질량 퍼센트(percent by mass)로 표현되며 질량으로 나타낼 수 있다. 여기서 용질은 용액 100 질량 단위당 용질의 질량을 나타낸다.

$$\text{용질 퍼센트} = \frac{\text{용질질량}}{\text{용액질량}} \times 100\%, \text{퍼센트} = \frac{\text{용질질량}}{\text{용질질량} + \text{용매질량}} \times 100\%$$

2) 몰농도

몰농도(molarity)는 용액의 농도를 표현하기 위한 공통적인 단위를 말한다. 몰농도는 용액의 리터당 용질의 몰 수로 정의할 수 있다,

$$\text{몰농도} = \frac{\text{용질의 } mol \text{ 수}}{\text{용액의 } L \text{ 수}}$$

바. 화학반응

화학반응을 산화-환원반응, 결합반응, 분해반응, 치환반응, 상호교환반응으로 분류할 수 있다.

1) 산화-환원반응

산화(oxidation)는 하나의 물질이 산소와 결합하는 것이며 따라서 산화는 그 물질 안에서 한 원소의 산화수를 증가시킨다. 또한 환원(reduction)은 화합물로부터 산소를 제거하는 것으로 표현된다. 산화된 광물은 금속으로 환원된다.

* 산화는 산화수가 증가한다. 전자를 잃는다.
* 환원은 산화수가 감소한다. 전자를 얻는다.

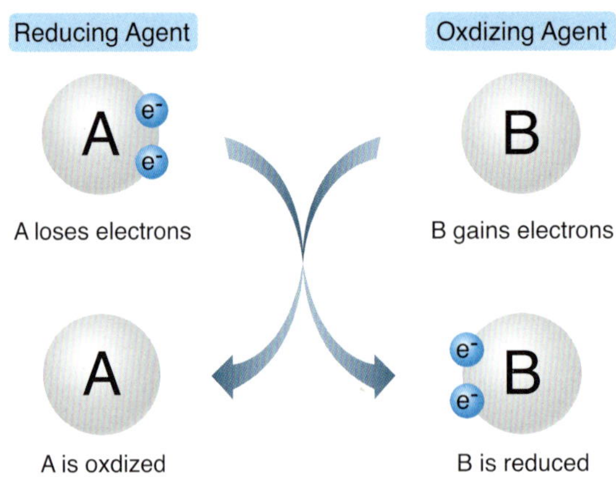

그림 2-6 산화와 환원

산화와 환원은 모든 반응 안에서 동시에 일어나기 때문에 산화-환원반응(oxidation-reduction reaction)이라 표현된다. 산화-환원반응은 화학과 생화학의 거의 모든 부분에서 발생한다.

* 산화제는 (1) 다른물질을 산화시키고, (2) 그 속에 포함된 원자는 환원되어지고, (3) 전자를 얻는다.
* 환원제는 (1) 다른물질을 환원시키고, (2) 그 속에 포함된 원자는 산화되어지고, (3) 전자를 잃는다.

2) 결합반응

두 가지 이상의 물질이 결합하여 한 가지 화합물을 생성하는 반응을 결합반응이라 한다. 결합반응(combination reaction)은 (1) 두 원소가 결합하여 한 화합물을 생성하고, (2) 한 원소와 한 화합물이 새로운 단일 화합물을 생성하며, (3) 두 화합물이 결합하여 새로운 단일 화합물을 생성한다.

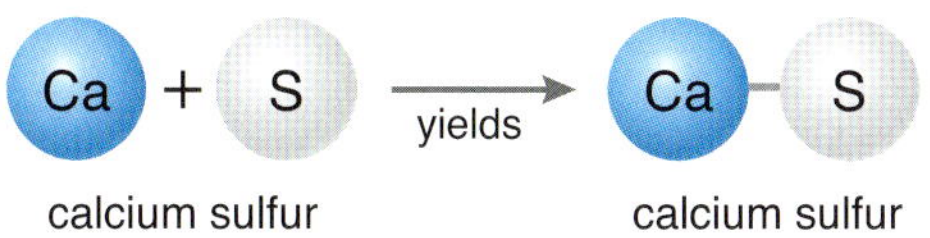

그림 2-7 calcium sulfide의 결합반응 예시

3) 분해반응

분해반응(decombination reaction)은 화합물을 분해하여 (1) 두 원소, (2) 하나 또는 그 이상의 원소 그리고 하나 또는 그 이상의 화합물 또는 (3) 둘 또는 그 이상의 화합물들을 생성시킨다.

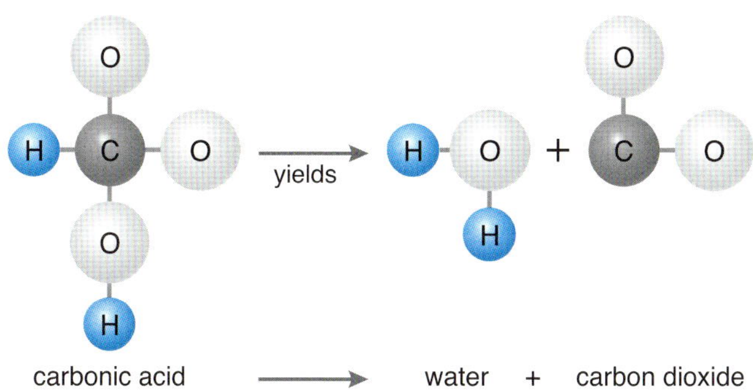

그림 2-8 carbonic acid의 분해 반응 예시

4) 치환반응

한 원소가 화합물로부터 다른 원소와 치환되는 반응을 치환반응(displacement reaction)이라고 한다. 활성이 큰 금속은 수용액 안에서 활성이 작은 금속이나 수소를 치환하여 활성이 큰 금속의 산화된 형태나 다른 금속과 수소의 환원된 형태의 물질을 생성한다.

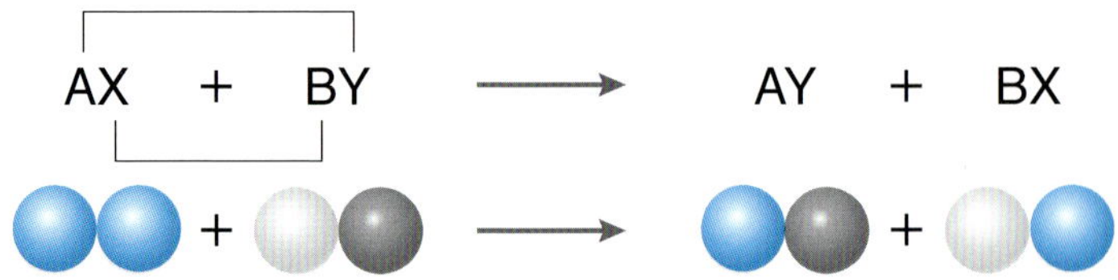

그림 2-9 치환반응

* 산화가 잘되는 금속을 "활성이 크다"라고 한다.

5) 상호교환반응

많은 반응에서 수용액 안에 있는 두 가지 화합물은 산화수의 변화 없이 두 가지 새로운 화합물을 생성하기 위해 양이온과 음이온이 변화상대(change of partner)로써 나타난다. 이와 같은 반응을 상호교환반응(metathesis reaction)이라고 한다.

사. 전기분해

전기에너지를 가하여 비자발적인 화학반응이 일어나게 하는 반응을 전기분해(electrolysis)라 한다. 전해전지는 반응 물질과 반응 물질에 담긴 직류 전원과 연결된 전극으로 구성되어 있다. 첨가 전극은 종종 그 전극들이 반응하지 않게 하기 위해 사용된다.

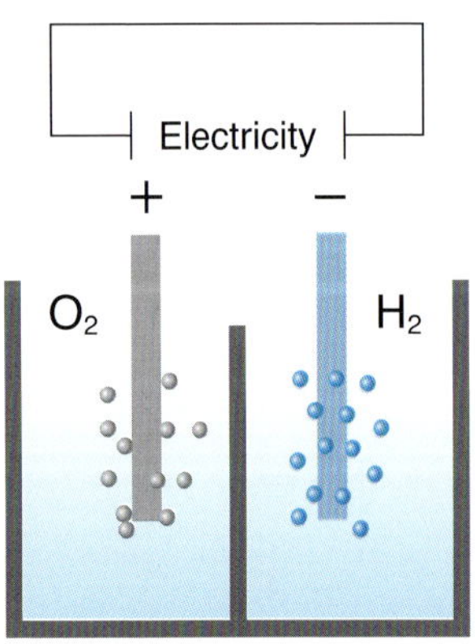

그림 2-10 물의 전기 분해

* 전기분해의 패러데이 법칙(Faraday's Law of electrolysis) : 각 전극에서 전기분해를 통한 산화 또는 환원으로 얻어지는 물질의 양은 전지에 통과된 전하량에 직접 비례한다.

2. 화합물의 명명법

가. 단원자 이온의 명명법

1) 양이온 : 양이온화 되는 원소 이름에 '-이온'을 붙임

2) 음이온 : 음이온화 되는 원소 어근에 '-화'라는 접미사를 붙임

나. 공유 결합의 명명법

1) 접두어 사용

표 2-2 공유 결합의 명명에서의 접두어

접두어	1	2	3	4	5	6	7	8	9	10
표현	mono	di	tri	tetra	penta	hexa	hepta	octa	nona	deca

2) 이온 결합을 포함하는 화합물의 명명법

① 영어의 경우 음이온을 먼저 읽고, 양이온을 이어 읽는다.

② 산소를 포함하는 다원자 이온, 산소수에 따라 이름이 바뀐다.

* 산소 1개 초과 : 과-산 이온

** 산소1개 부족 : 아- 이온

*** 산소 2개 부족 : 하이포아 산 이온

3. 유기/무기화합물의 명명법

가. 지방족 탄화수소의 명명법

1) 알케인의 IUPAC 명명법

① 가장 긴 탄소사슬을 찾아 이 탄소의 개수가 기본 이름이 되어 어미에 –에인(ane)을 붙인다. 다른 크기의 곁사슬이 존재하면 긴 사슬이 언뜻 보이지 않을 수도 있다.

② 가장 긴 사슬에서 첫 번째 가지가 시작하는 탄소와 가까운 끝의 탄소부터 번호를 시작한다. 필요하다면 두 번째 가지가 시작하는 것이 기준이 될 수 있다.

③ 각 치환기의 이름과 위치번호를 부여한다. 이때 tert– 또는 sec– 같은 접두사는 고려하지 않는다.

④ 같은 치환기는 적절한 접두사로 묶는다. : di–=2, tri–=3, tetra–=4, penta=5 등. 치환기를 알파벳순으로 정렬할 때 이 접두사는 고려대상이 아니다.

⑤ 이름을 한 단어로 쓴다. 번호와 글자를 구별하는데 하이픈을, 번호 사이에는 쉼표를 사용하며 빈 공간을 두지 않는다.

2) 알켄과 시클로알켄의 IUPAC 명명법

① 이중결합이 포함된 가장 긴 사슬을 찾는다. 기준명칭을 어근으로 하고 –엔(ene)으로 끝난다.

② 이 사슬의 탄소 번호는 이중결합이 가까운 쪽 끝에서 시작한다. 이중결합의 위치를 지시하는 번호를 명칭 앞에 부여한다.

③ 알켄을 명명할 때, 탄소사슬에서 이중결합이 다른 치환기보다 번호에 우선순위를 갖는다.

④ 기하 이성질체를 명명할 때는 이중결합이 포함된 사슬 내에서 가장 큰 두 원자단을 고려한다. 큰 두 원자단이 C=C 결합의 각 끝의 반대쪽에 존재하면 트란스라 하고 같은 쪽에 있으면 시스라고 한다. 이중결합 바로 앞에 시스와 트란스를 접두

어로 삽입하는데 이는 이중결합의 어느 쪽에 두 그룹이 존재하는가를 지시한다.

⑤ 시클로알켄의 경우 이중결합은 1번과 2번 탄소 사이에 존재한다고 가정하므로 별도로 번호를 부여할 필요가 없다.

3) 알카인의 IUPAC 명명법

알카인은 알켄의 명명법과 같고 다음 두 점이 다르다.

① 접미사 –아인(yne)이 이름의 어근에 붙는다.

② 삼중결합 주위의 직선형 배열로 인해 기하 이성질 현상은 일어나지 않으며 따라서 접두사 시스–트란스는 사용되지 않는다.

나. 방향족 탄화수소의 명명법

① 벤젠 고리에 한 개의 치환기가 존재하면 번호를 부여하지 않는다.

② 두 개의 치환기가 존재할 때 전통적인 표기법을 사용한다.

1,2–두 개의 치환기	오토로– 또는 o–
1,3–두 개의 치환기	메타– 또는 m–
1,4–두 개의 치환기	파라– 또는 p–

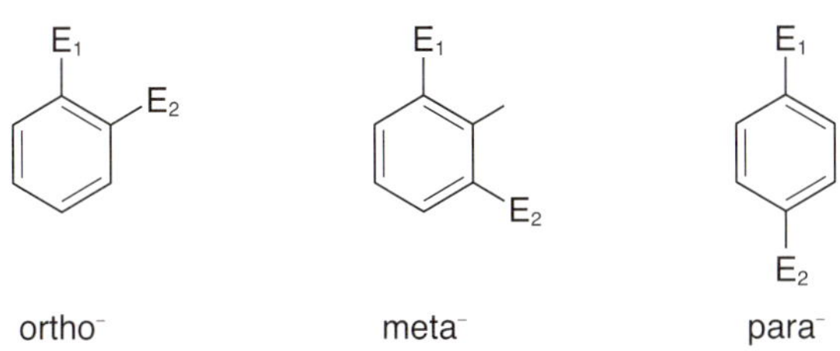

그림 2–11 두 개의 치환기가 존재할 때의 표기법

③ 세 개 이상의 치환기가 있을 때는 위치 번호의 합이 최소가 되도록 번호를 부여한다.

다. 고분자화합물

고분자(polymer)는 작은 분자의 사슬로 이루어진 높은 분자량을 가진 거대한 분자를 의미한다. 고분자를 형성하는 작은 분자를 단위체(monomer)라 한다. 전형적인 고분자는 수 백에서 수 천에 이르는 단위체로 되어 있고 분자량이 수 천에서 수 백만에 이른다. 고분자화합물 명명은 그 경우에 따라 매우 다양하게 명명되나 일반적으로는 단위체 앞에 '많은' 또는 '복합'의 의미인 폴리(poly-)를 붙여 명명한다.

* 중합반응(polymerization)은 많은 작은 분자(단위체)의 조합으로 거대 분자(고분자)를 만드는 반응이다.

표 2-3 고분자 화합물의 종류와 용도

<table>
<tr><th>종류</th><th colspan="3">구분</th><th>용도</th></tr>
<tr><td rowspan="6">무기 고분자 화합물</td><td rowspan="5" colspan="2">천연물</td><td>다이아몬드</td><td>보석</td></tr>
<tr><td>석영</td><td>광학재료</td></tr>
<tr><td>유리(가공품)</td><td>건축재, 용기</td></tr>
<tr><td>운모</td><td>전지절, 연제</td></tr>
<tr><td>석면(아스베스토스)</td><td>내열제, 보온제</td></tr>
<tr><td>합성물</td><td>폴리염화 포스포티트릴</td><td>-</td><td>-</td></tr>
<tr><td rowspan="7">유기 고분자 화합물</td><td rowspan="7">천연물</td><td rowspan="2">탄화수소</td><td>천연고무</td><td>타이어, 튜브</td></tr>
<tr><td>화합물</td><td>전지절연재, 내산용기</td></tr>
<tr><td rowspan="2">탄수화물</td><td>녹말</td><td>식품</td></tr>
<tr><td>셀룰로스</td><td>섬유제품</td></tr>
<tr><td rowspan="3">단백질</td><td>견사, 양모</td><td>섬유제품</td></tr>
<tr><td>카세인(우유), 흰자위(난백)</td><td>식품</td></tr>
<tr><td>헤모글로빈, 항체단백질</td><td>식품 의약 재료</td></tr>
</table>

유기 고분자 화합물	합성물	탄화수소	폴리에틸렌, 폴리프로필렌	합성수지 용지, 시트
			폴리스타이렌	합성수지용지, 보온재
			폴리아이소뷰틸렌	합성고무
		비닐계	폴리염화비닐	합성수지제품
			폴리아세트산비닐	합성수지제품
			테플론	내열제, 전기절연재
		아크릴계	폴리아크릴나이트릴	섬유제품
			폴리케타크릴산메틸	유기유리
		폴리에스터계	테트론	섬유제품
		폴리아마이드계	나일론	섬유제품
		포말린수지	베이클라이트	전기절연재
			요소(우레아)수지	합성수지
		규소수지 혼성중합체	폴리실록세인	

EXERCISES

연습문제

01 물질은 고체, 액체, 기체 세가지로 상태를 분류할 수 있다. 각각 상태의 특징을 서술하시오.

02 화학결합의 종류는 이온결합과 공유결합이 있다. 각각 결합의 특징에 대해 서술하시오.

03 13g의 NaCl을 물에 녹여 600ml의 용액을 만들었다면 이 용액의 몰농도(M)는 얼마 인가? (이때, MW(NaCl)=58.5g/mol이며 물의 밀도는 1이다.)

04 3번 문제의 조건에서 질량퍼센트 농도를 구하시오.

05 0.5M NaOH 용액 25ml가 있다 이것을 0.2M 농도로 만들려면 몇 ml의 물을 가해야 하는가?

06 0.200M HCOOH 수용액 30.0ml를 0.150M NaOH 수용액으로 적정하고 있다. HCOOH의 $K_a=1.80\times10^{-4}$일 때 당량점에서의 ph를 구하여라.

Chapter 3 화학물질 정의

화학물질은 종류별로 다양한 특성을 가지고 있어 국제적으로 화학물질의 특성별 일관된 분류 기준을 적용하기 위하여 GHS(Globally Harmonized System) 체계가 확립되었으며 2008년부터 국내에서 GHS체계에 따른 화학물질을 구분·적용하고 있다.

이 장에서는 화학물질의 GHS체계에 따른 분류 기준을 이해하고 화학물질의 유해성 및 위험성과 관련된 법규에서 규정하고 있는 물질의 종류 및 특성에 대해서 서술하였다.

1. GHS에 의한 화학물질의 분류

가. 물리적 유해성

화학물질은 성상에 따라 가스와 액체, 고체로 구분할 수 있으며 상태에 따른 정의는 아래와 같다.

가스 : 50℃ 온도에서 증기압이 300kPa 이상인 물질 또는 혼합물, 이거나 20℃ 온도, 101.3kPa 표준 압력 에서 완전한 가스 상태의 물질 또는 혼합물

액체 : 기체가 아니며, 101.3kPa 표준 압력에서 녹는점이나 초기 녹는점이 20℃이하인 물질 또는 혼합물

고체 : 액체 또는 가스의 정의에 부합되지 않는 물질 또는 혼합물

※ 가스(gas)는 표준상태에서 압축을 해도 응축이 되지 않으나, 증기(vapor)는 압축했을 때 응축이 가능한 기체

화학물질의 분류는 GHS(Globally Harmonized System) 체계에 따라 물리적 위험성에 의한 분류 16가지와 건강·환경 유해성에 따른 분류 12가지로 나뉘며 이장에서는 물리적 위험성에 대하여 설명한다.

유해성(Hazard): 화학물질 자체의 특성에 기인하여 인체나 환경에 유해한 영향을 미치는 잠재성(Potential)으로 화학물질의 조성 및 상태에 따른 거동, 실험실적 독성학 자료에 기초하여 평가함. 이러한 평가 과정을 유해성 평가(Hazard Assessment)라고 하며 유해성 심사는 유해성 평가의 법률적 용어로 이해할 수 있고, 이는 화학물질 안전관리의 시작임.

위해성(Risk) : 화학물질이 실제로 인체나 환경에 노출되어 유해한 영향을 발생 시킬 수 있는 확률(Probability)로 위해성의 결정은 일반적으로 유해성 확인(Hazard Identification), 용량-반응평가(Dose-Response

Relationship), 노출평가(Exposure Assessment), 위해도 결정(Risk Characterization)의 단계로 이루어지며, 이러한 과정을 위해성평가(Risk Assessment)라고 함.

표 3-1 화학물질 분류 및 표시(GHS)

분류번호	그림문자	신호어
GHS01		ㅇ 폭발성 ㅇ 자기반응성 ㅇ 유기과산화물
GHS02		ㅇ 인화성 ㅇ 자기반응성 ㅇ 자기발열성 ㅇ 물반응성 ㅇ 자연발화성 ㅇ 유기과산화물
GHS03		ㅇ 급성독성
GHS04		ㅇ 호흡기과민성 ㅇ 생식세포변이원성 ㅇ 특정표적장기독성 ㅇ 발암성 ㅇ 생식독성
GHS05		ㅇ 수생환경유해성
GHS06		ㅇ 산화성
GHS07		ㅇ 고압가스
GHS08		ㅇ 금속부식성 ㅇ 피부부식성 ㅇ 심한눈손상성
GHS09		ㅇ 경고

1) 폭발성 물질

폭발성물질(Explosive substance)은 자체의 화학반응에 의해 주위 환경에 손상을 줄 수 있는 온도에너지와 압력에너지를 생성하는 가스, 고체, 액체물질 또는 이러한 물질의 혼합물을 의미한다. 불꽃 제조물질 (pyrotechnic substance)은 비록 가스를 발생하지 않을지라도 폭발성물질에 포함된다. 폭발성물질은 폭발성, 민감성, 열 안정성에 따라 6등급으로 분류가 가능하며 구분에 대한 판정기준은 아래와 같다.

등급 1.1 : 대폭발(실질적으로 동시에 거의 모든 것에 영향을 주는 것) 위험성이 있는 물질, 혼합물 및 제품

등급 1.2 : 대폭발 위험성은 없으나 분출 위험성이 있는 물질, 혼합물과 제품

등급 1.3 : 대폭발 위험성은 없으나, 화재 위험성과 약한 폭발 위험성 또는 약한 분출 위험성 또는 양쪽 모든 위험성을 가지고 있는 물질, 혼합물 및 제품
이는 대량의 복사열을 발산하면서 연소하는 것, 약한 폭풍 또는 분출, 또는 양쪽 모두의 효과를 일으키면서 순차적으로 연소하는 것

등급 1.4 : 심각한 위험성이 없는 물질, 혼합물과 제품으로 발화 또는 기폭에 의해 약간의 위험성만 있는 물질, 혼합물 및 제품. 영향은 주로 포장품에 국한되고, 주의할 정도의 크기 또는 범위의 분출은 일어나지 않음. 외부 화재가 포장품 전량의 실질적인 동시 폭발 원인이 되어서는 안됨

등급 1.5 : 대폭발 위험성은 있지만 매우 둔감한 물질 또는 혼합물로 정상적인 상태에서는 발화·기폭의 가능성이 낮거나 연소가 폭굉으로 전이되지 않는 물질, 혼합물 및 제품

등급 1.6 : 대폭발 위험성이 없는 극히 둔감한 제품으로 우발적인 기폭 또는 전파의 가능성이 거의 없는 물질, 혼합물 및 제품

표 3-2 폭발성 물질의 표지

구분	그림 문자	신호어	위험문구
불안정한 폭발성 물질		위험	불안정한 폭발성 물질
등급 1.1	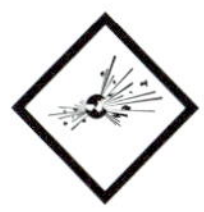	위험	폭발성 물질 : 대량폭발 위험
등급 1.2		위험	폭발성 물질 : 심각한 분출 위험
등급 1.3		위험	폭발성 물질 : 화재, 폭발, 분출 위험
등급 1.4	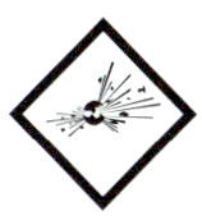	경고	화재 또는 분출위험
등급 1.5	오렌지색 배경 1.5 (UN RTDG)	위험	화재시 대폭발 가능
등급 1.6	오렌지색 배경 1.6 (UN RTDG)	-	-

폭발성은 온도, 압력을 급격히 증가 시키는 화학작용기와 관련되어 불포화결합을 가진 유기화합물이다. 예를 들어 아세틸렌류, 아세틸리드류, 1,2-디엔류와 C, N 금속을 포함한 글리니얼시약, 유기리튬화합물 및 N, O 또는 N, O원소의 할로겐화합물인 지방족아조화합물, 아지드류, 아조늄류, 하이드라진류, 퍼옥사이드류, 하이드록실아민류, 니트로화합물, 니트로소화합물, 초산염류, 크롬아민, 폴로아민류, 염소산염류, 과염소산염류, 요오드화합물 등이다. 폭발성물질에 해당하지 않는 물질은 다음과 같다.

• 분자 내에 폭발성과 관련이 있는 화학그룹이 없는 물질
• 산소밸런스가 200미만인 물질,

- 유기물질 또는 유기물질의 균일한 혼합물에서 폭발성 성질과 관련된 화학그룹을 가지지만 발열 분해열이 500J/g 미만이며 발열 분해의 개시 온도가 500℃ 미만인 물질,
- 무기 산화성물질과 유기물질과의 혼합물에서는 무기산화성 물질의 농도가 산화성물질 구분1 또는 구분2에 해당될 경우 중량으로 15%미만이고 산화성물질 구분3에 해당될 경우에는 중량으로 30%이하인 물질.

● 아세틸렌류 (아세틸렌, C_2H_2)

$$H-C\equiv C-H$$

상온에서 무색, 무취의 기체 상태로 존재하며, 비중은 공기가 1일 때 0.9057이며 아세틸렌의 삼중결합에는 다량의 에너지가 포함되어 있어, 반응성이 풍부하고 연소시에 많은 열을 방출한다.

● 아세틸리드류

아세틸리드(acetylide)는 C_2^{2-}형태의 탄화물을 말하는 것으로서 아세틸렌결합을 가진 염류사탄화물이다. 아세틸렌기의 수소는 약산성이기 때문에 1, 2, 3, 4족 원소 및 과도금속과 치환하여 금속아세틸리드(MC≡CH, MC≡MC 등)를 생성한다. 붉은 밤색의 동(Ⅰ)화합물 밖의 화합물은 색 없는 결정이며 특히 동(Ⅰ), 은, 금(Ⅰ)화합물은 마른 상태에서 강하게 폭발한다. 나트륨, 리튬, 마그네슘, 동 등의 아세틸리드는 중요한 합성시약으로 쓰이며 동, 은, 수은 등의 중금속아세틸리드는 아세틸렌화합물의 검출, 정량에 이용된다.

● 1,2-디엔류

$$H_2C=C=$$

불포화 C−C 결합을 가지는 분자구조로 이루어지며 반응성이 풍부하다.

● C, N금속을 포함한 글리니얼시약

활성이 매우 강하여 유기합성반응에 중요한 시약으로 사용된다.

● 유기리튬화합물

알킬기 또는 페닐기 등과 리튬과의 화합물 RLi가 알려져 있다. 매우 반응성이 강한 화합물로 그리냐르 시약보다 반응성이 강하므로 그리냐르 시약에서는 할 수 없는 합성 반응이 리튬 화합물을 사용해서 가능하게 되는 경우도 알려져 있다. 알킬리튬이나 페닐리튬

모두 공기 중에서 연소하므로 그 합성 및 이것을 사용하는 합성 반응은 모두 질소 가스 중에서 행한다.

- **지방족아조화합물**

아조기(−N=N−)를 가진 유기화합물로서 지방족 아조화합물은 히드라조화합물 R−NH−NH−R′(R, R′는 알킬기)의 산화에 의해 합성되며 불안정한 화합물이 많고, 열·빛에 의해 분해되며 자유라디칼(遊離基) R·을 생성한다.

- **아지드류**

3개의 질소 원자로 구성된 $-N_3$기를 포함하는 화합물.

아지드는 히드라조산(HN_3), 아지드화나트륨(NaN_3) 같은 무기염 또는 유기염으로서는 히드라조 산의 수소가 탄화수소족으로 치환된 아지드화알킬(RN_3), 아지드화아릴(ArN_3) 또는 아실기로 치환된 아지드화아실($RCON_3$) 같은 유기 유도체들이 있다. 대부분의 아지드화물은 작은 충격에도 매우 민감한 불안정한 화합물이다. 일부 무기 아지드화물과 아지드화알킬은 뇌관(雷管)의 폭발개시제로도 쓰인다. 아지드화물의 화학적 성질은 할로겐화합물과 비슷하여, 아지드기는 다른 물질과 신속한 치환반응을 하므로 많은 종류의 화합물들을 만든다.

- **아조늄류**

아조늄은 방향족고리를 공격하여 아조화합물을 생성한다. 이 반응을 커플링반응이라고 하고 파라 또는 오르토 위치에서만 일어난다.

- **하이드라진류**

무색, 공기 속에서 심하게 발연하는 액체이다. 센 환원제로서, 귀금속염 용액에서 금속을 유리시키고, 산성용액 속에서도 환원성이 있다. 한편 산화력도 있어서 글리옥살산을 옥살산으로 만들고, 자신은 암모니아로 되며, 독성이 있다.

- **퍼옥사이드류**

일반적인 산화물에 산소 원자가 더해진 화합물이다. 보통 산소 원자 2개가 단일 결합을 한 음이온이나 과산화 이온(O_2^{2-})을 포함하는 화합물을 가리키며, 산화제나 환원제로 사용될 수 있다.

- **하이드록실 아민류**

암모니아의 한 수소가 하이드록시기로 치환된 아민이며 흡습성이 있고 불안정한 무색의 고체이다.

● **니트로화합물**

탄소 화합물 중 탄소 원자와 직접 결합한 니트로기($-ON_2$)를 포함한 화합물을 니트로 화합물이라 한다. 니트로 화합물에는 지방족 니트로 화합물($R-NO_2$)과 방향족 니트로 화합물($Ar-NO_2$)이 있다.

● **니트로소화합물**

니트로소기 $-N=O$의 질소와 탄소가 직접 결합되어 이루어 진 유기화합물. 일반식은 RNO(R: 알킬기, 아릴기)이다. 지방족과 방향족니트로소화합물이 있다. 지방족니트로소화합물은 색이 없는 결정성 고체이며 휘발성이 있다. 기체나 용융상태에서는 푸른색을 띤다. 방향족니트로소화합물은 흰색 또는 연한 누런색의 결정이다.

● **초산염류**

일반식 $Mn(CH_3COO)n$ (M^n은 n가의 금속)으로 표시되는 정염(正鹽: 예를 들면, 아세트산나트륨·아세트산칼슘 등) 외에 산성염과 염기성염도 있다. 철·크롬 등 전이금속에서는 염기성염이 안정한데, 이들은 다핵착염이다. 일반적으로 녹는점이 높으며, 대부분의 염은 물에 녹아 금속이온과 아세트산이온으로 해리된다.

● **크롤아민**

크롤아민(chloramine)은 암모니아의 수소를 염소로 치환한 화합물로서 암모니아와 하이포염소산나트륨의 반응으로 생성되는 무색의 액체이다. 히드라진 합성의 중간체로서 생기는 불안정한화합물이며 폭발적으로 염화암모늄과 삼염화질소로 분해한다.

● **폴로아민**

$NH_2F=35.02$ 및 $NHF_2=53.02$의 2종류가 알려져 있다. 모두 플루오르화수소암모늄의 전해에 의한 플루오르화질소 제조 시에 소량 생성된다. NH_2F는 1기압, −77℃에서 승화하며 상당히 안정적이고, 펠링액을 바로 환원한다.

● **염소산염류**

대부분 물에 녹으며 상온에서 안정하나 열에 의해 분해하여 산소를 발생한다. 일광에 장기간 방치 시 분해하여 $MClO_2$를 만든다. 백색의 가용성염으로 수용액도 강한 산화력을 나타낸다.

● **과염소산염류**

과염소산이온 ClO_4^-의 화합물로서 이온은 무색이고 염소산염 중에서는 가장 안정적이지만, 강한 열이나 충격을 받으면 폭발하는 것도 있다. 가연성이 있는 물질 하에서 가열하거나 연마하면 폭발할 위험성이 있다. 온도가 낮으면 실질적으로 거의 산화능력을 갖지 못하나 농도, 온도가 높은 경우에는 강력한 산화력을 갖는다.

- **요오드화합물**

요오드는 희유기체를 제외한 거의 모든 원소와 화합물을 만든다. 황, 셀렌, 텔루르와의 화합물은 불안정, 요오드화질소는 액체 암모니아 중에서 만들어지는 불안정한 화합물로 $NI_3 \cdot NH_3$의 조성을 갖는다.

2) 인화성 물질 (가연성 물질)

인화성물질은 물질의 성상에 따라 인화성가스와 인화성액체, 인화성고체, 인화성에어로졸로 구분할 수 있으며 인화점이 낮은 것은 상온 이하에서도 불꽃이나 전기 스파크 등에 의해 인화 연소하며 인화점이 높은 물질도 인화점 이상으로 가열시키면 똑같은 위험성이 있는 물질을 말한다. 인화성물질에서 발생하는 증기는 대부분이 공기보다 무겁고, 공기와 혼합되었을 때 약간의 점화원에 의해 과격한 폭발을 일으킬 위험성이 있다. 일반적으로 인화성물질에 속하는 액체는 물보다 가볍고 물에 잘 녹지 않기 때문에 물위에 떠서 널리 퍼지면서 예상하지 못한 곳으로 흘러가 어떤 점화원에 의해 중대한 사고를 일으킬 위험성이 있다. 인화성물질의 관리는 이러한 성상, 위험성 등을 언제나 고려해야 하며, 인화점 이하로 유지하도록 노력하고 가열을 피하며, 액체나 증기의 누출을 방지하는 외에, 정전기, 화기 등의 인화원 대책, 인화시의 긴급조치 등을 확립해 두는 것이 중요하다.

① 인화성 가스 (가연성 가스)

인화성 가스는 20℃ 온도, 101.3kPa 표준 압력에 있는 공기와 혼합하여 인화범위에 있는 가스를 의미한다. 인화성 가스는 2등급으로 분류가 가능하며 구분에 대한 판정기준은 아래와 같다.

구분1 : 20℃, 표준압력 101.3kPa에서 공기와 13% 이하의 혼합물일 때 연소할 수 있거나 인화하한과 관계없이 공기와 12%이상 농도에서 인화범위를 가지는 성질과 상태에 있는 가스

구분2 : 구분1에 해당되지 않으면서 20℃, 표준압력 101.3kPa에서 가스이며, 공기와 혼합하여 인화 범위를 가지는 가스

표 3-3 인화성 가스의 표지

구분	그림 문자	신호어	위험문구
구분 1		위험	지극히 위험한 가스
구분 2	없음	경고	인화성 가스

인화성 가스는 질식과 고압의 물리적 압력 같은 유해성과 더불어 화재 또는 폭발을 일으키는 성질을 가지고 있다. 인화성 가스의 유해성을 인식할 때 대기 중에서의 연소범위를 염두에 두어야 하는데 연소범위는 대기 중의 공기가 가스와 혼합되었을 때 연소가 가능한 범위를 의미하는 것으로 연소하한계(LFL)와 연소상한계(UFL)로 구성된다.

- **연소한계 (또는 폭발한계)**

공기 중의 증기 또는 가스는 연소하한과 연소상한 사이에서 연소되는데, 이 두 제한 값 사이의 농도를 연소범위라 한다. 즉, 가연물, 산소, 점화원의 3요소가 있어도 불이 붙지 않고 공기 중에 가연성 가스가 일정범위 이내로 함유되어 있어야 연소가 가능한 경우의 범위를 말한다. 연소하한 이하에서는 증기가 연소되기가 어렵고, 연소상한 이상에서는 증기가 과하여 연소되지 않는다. 일반적으로 대기압보다 높은 압력과 온도는 탄화수소의 연소범위를 확대시킨다.

- **연소상한계 (LFL)**

가연성 가스의 고농도측의 한계

- **연소하한계 (UFL)**

가연성 가스의 저농도측의 한계

② 인화성 액체

인화성 액체는 인화점이 60℃이하인 액체로 인화점과 비점(끓는점)을 기초로 3등급으로 분류한다.

구분1 : 인화점이 23℃ 미만이며, 비점이 35℃ 이하인 액체
구분2 : 인화점이 23℃ 미만이며, 비점이 35℃를 초과하는 액체
구분3 : 인화점이 23℃ 이상이며 60℃ 이하인 액체

표 3-4 인화성 액체의 표지

구분	그림 문자	신호어	위험문구
구분 1		위험	극인화성 액체 및 증기
구분 2		위험	고인화성 액체 및 증기
구분 3		경고	인화성 액체 및 증기
구분 4	없음	경고	가연성 액체

● 인화점

액체 표면에서 증발이 일어나 연소범위의 혼합물을 만들어 점화가 가능한 가장 낮은 온도이다. 즉, 불을 끌어당기는 온도이며 가연물에 점화원을 가했을 때 발화될 수 있는 최저온도를 말한다. 인화성 액체 위험물의 위험성 지표기준이 된다. 유도발화점이라고도 한다. 액체의 인화점보다 주위온도가 높으면 인화성 증기가 발생하여 점화 위험성은 증가 된다. 여기에서 특정 액체의 인화점은 그 액체가 점화될 수 있는 최저 온도의 근사 값이므로 점화 위험성 평가 시에는 인화점 이하에서 4℃~9℃ 정도의 오차를 고려한다. 또한 인화성 증기는 다음에 의해서도 생성될 수 있다.

(1) 고체 또는 저 휘발성 액체에서 발생되는 인화성 증기의 처리

(2) 대기압 이하에서 공정물질을 취급
(3) 액체 상부 증기의 비 균질성
(4) 액체 표면 위의 미스트, 방울, 거품 등

③ 인화성 고체

인화성 고체는 쉽게 연소되거나 마찰에 의하여 화재를 일으키거나 촉진할 수 있는 물질로써 쉽게 연소되는 고체는 분말상, 과립상 또는 페이스트상의 물질 또는 혼합물은 타고 있는 성냥과 같은 점화원과 단시간에 접촉에 의해 쉽게 연소하거나 화염이 급속히 확산될 위험이 있다.

인화성 고체는 연소속도 시험결과를 기준으로 2등급으로 분류하며 구분에 대한 판정기준은 아래와 같다.

구분1 : 금속분말로 연소시간이 5분이하인 물질 또는 혼합물과 금속분말이외의 물질 또는 혼합물로써 습윤 부분이 연소를 중지시키지 못하며 연소시간이 45초미만 또는 연소속도가 2.2mm/s를 초과하는 고체

구분2 : 금속분말로 연소시간이 5분 초과 10분 이하인 물질 또는 혼합물과 금속분말이외의 물질 또는 혼합물로 습윤 부분이 적어도 4분간 연소를 중지시키며, 연소시간이 45초미만 또는 연소속도가2.2mm/s를 초과하는 고체

표 3-5 인화성 고체의 표지

구분	그림 문자	신호어	위험문구
구분 1		위험	인화성 고체
구분 2		경고	인화성 고체

● **연소속도**

연소속도란 연소 시 화염이 미연소 혼합가스에 대하여 수직으로 이동하는 속도를 말한다. 일반적으로 0.03 ~ 10m/sec 이며 연소속도는 온도와 압력이 높을수록, 혼합기류가 증가됨에 따라 빨라진다. 특히, 온도가 10℃ 증가하면 연소속도는 2~3배 정도 빨라진다. 혼합가스를 만드는 연료나 산화제의 종류, 혼합비 등에 의해 영향을 받고, 혼합가스에 불연성 물질의 농도가 증가하면 연소속도는 저하된다.

미연소 가스의 열전도율이 크고, 밀도와 비열이 작을수록 연소속도는 크다.

④ 인화성 에어로졸

인화성 액체, 인화성 가스, 인화성 고체와 같이 인화성 성분을 포함한 에어로졸 상태의 물질 또는 혼합물로써 주로 금속, 유리 또는 플라스틱소재의 용기에 액체, 페이스트 또는 분말을 압축 또는 가압 용해된 가스를 충전하고 가스에 현탁시킨 고체 또는 액상 입자로서 포, 페이스트, 분말, 액상 또는 가스상으로 분사하는 방출 장치를 갖춘 에어로졸 분무기에 담긴 것을 말한다.

인화성 에어로졸은 2등급으로 분류하며 구분에 대한 판정기준은 아래와 같다.

구분1 : 인화성 성분의 함량이 85% 이상이며, 연소열이 30kJ/g이상 이거나 스프레이 에어로졸인 경우 75cm 이상의 거리에서 점화시켰을 때 발화하는 경우

구분2 : 연소열량이 20kJ/g 이상이거나 연소열량이 20kJ/g 미만인 경우 15cm 이상의 거리에서 점화시켰을 때 발화 또는 밀폐공간에서 발화시켰을 때 발화시간이 $300s/m^3$ 또는 연기의 밀도가 $900g/m^3$ 이하에 해당하는 경우

표 3-6 인화성 에어로졸의 표지

구분	그림 문자	신호어	위험문구
구분 1		위험	극인화성 에어로졸
구분 2		경고	인화성 에어로졸

● 연소열량

물질이 연소할 때 일어나는 한 현상을 열이라 하며, 물질의 연소열량(燃燒熱量)이라는 것은 그 물질이 완전히 산화 연소할 때에 방출되는 총열량인데, 그 단위는 Cal로 표시한다. 유기물의 연소열량은 그 물질을 구성하는 요소와 밀접한 관계가 있는 것으로 단백질·함수탄소·지방 등의 종류에 따라 다르다. 연소 과정이 정압 상태에서 진행된다면 발열량은 연소열과 같으며 반응열과는 절대값은 같으나 부호는 반대가 된다. 또한 발열량은 연료 단위 질량당(kJ/kgf, 고체나 액체연료) 또는 연료 단위 체적당(kJ/m^3, 기체 연료)의 값으로 보통 표시한다.

3) 산화성 물질

산화반응은 큰 발열반응을 수반하며, 이러한 산화반응이 강렬하게 촉진되어 폭발적 현상을 생성하는 물질을 산화성물질이라 한다. 산화력이 강하고 가열·충격 및 다른 화학물질과의 접촉 등으로 인하여 격렬하게 분해되거나 반응하는 물질 또는 혼합물이다.

일반적으로 산소 농도가 23.5%를 초과하는 환경부터 산소농도 과잉환경으로 부르고 있으며, 이들 산화제 농도가 높아진 상태에서는 가연성 가스들의 연소범위는 일반 대기 중에서의 범위보다 넓어지게 되며, 또한 자연발화 온도도 낮아지게 되어 화재가 발생할 우려가 상당히 높아진다. 산화제를 사용하는 장소에서는 연소성이 높아지기 때문에 매우 낮은 착화 에너지만으로도 쉽게 연소가 폭발적으로 발생할 수 있으며 평소에는 연소가 잘 되지 않는 금속성 물질도 산화성 물질의 농도가 높은 곳에서는 연소가 잘 일어날 수 있다.

① 산화성 가스

일반적으로 산소를 발생시켜 다른 물질의 연소를 공기보다 더 잘 되도록 하거나 촉진하는 특징을 가진 가스로서, 대표적으로 산소, 삼불화질소, 아산화질소, 불소, 염소 등이 있다.

산화성 가스는 가스 유속에 의한 불순물 부딪힘 현상(Particle Impingement), 유체와 배관 재질 내부와의 마찰력(Friction), 유체의 부피가 급속히 줄어들어 높은 에너지를 유발시키는 단열압축현상(Adiabatic Heat of compression), 오염물질(특히 오일 및 수분 등)과의 접촉(Contamination)등에 의해 비정상 점화원을 생성하여 연소가 폭발적으로 발생할 수 있다.

표 3-7 산화성 가스의 표지

구분	그림 문자	신호어	위험문구
구분 1		위험	화재를 일으키거나 강렬하게 함

② 산화성 액체

물질 자체로는 반드시 가연성을 가지지 않지만 일반적으로 산소 발생에 의해 다른 물질을 연소시키거나 연소를 촉진하는 액체로서 정의된 혼합물과 비교되는 발화 또는 압력상승 시간에 관한 측정결과에 기초하여 3등급으로 분류하며 구분에 대한 판정기준은 아래와 같다.

구분1 : 물질 또는 혼합물을 셀룰로오스와의 중량비 1:1 혼합물로서 시험한 경우, 자연발화하거나 물질과 셀룰로오스의 중량비 1:1 혼합물의 평균 압력 상승 시간이

50% 과염소산과 셀룰로오스 중량비 1:1 혼합물의 평균 압력상승 시간 미만인 물질 또는 혼합물

구분2 : 물질 또는 혼합물을 셀룰로오스와의 중량비 1:1 혼합물로서 시험한 경우 평균 압력상승 시간이 염소산나트륨 40% 수용액과 셀룰로오스의 중량비 1:1 혼합물의 평균 압력상승 시간 이하이며, 구분1의 판정 기준에 적합하지 않는 물질 또는 혼합물

구분3 : 물질 또는 혼합물을 셀룰로오스와의 중량비 1:1 혼합물로서 시험한 경우 평균 압력상승 시간이 초산 65% 수용액과 셀룰로오스의 중량비 1:1 혼합물의 평균 압력상승 시간 이하이며, 구분1 및 구분2의 판정 기준에 적합하지 않는 물질 또는 혼합물

산소, 불소 또는 염소를 포함하지 않는 물질 또는 혼합물이나 산소, 불소 또는 염소가 탄소 또는 수소에만 화학 결합하고 있는 물질 또는 혼합물, 산소 원자 또는 할로겐 원자를 포함하지 않는 물질 또는 혼합물은 산화성 액체 분류에 포함하지 않는다.

③ 산화성 고체

물질 자체로는 연소하지 아니하더라도 일반적으로 산소를 발생시켜 다른 물질을 연소시키거나 연소를 촉진하는 고체로서 평균연소시간을 측정하고 정의된 혼합물과 비교한 결과에 기초하여 3등급으로 분류하며 구분에 대한 판정기준은 아래와 같다.

구분1 : 물질 또는 혼합물과 셀룰로오스의 중량비 4:1 또는 1:1의 혼합물을 시험했을 경우, 그 평균 연소시간이 브롬산칼륨과 셀룰로오스의 중량비 3:2 혼합물의 평균 연소시간 미만인 물질 또는 혼합물

구분2 : 물질 또는 혼합물과 셀룰로오스의 중량비 4:1 또는 1:1의 혼합물을 시험했을 경우, 그 평균 연소시간이 브롬산칼륨과 셀룰로오스의 중량비 2:3 혼합물의 평균 연소시간 이하이며, 구분1의 판정 기준에 적합하지 않는 물질 또는 혼합물

구분3 : 물질 또는 혼합물과 셀룰로오스의 중량비 4:1 또는 1:1 혼합물을 시험했을 경우,

그 평균 연소시간이 브롬산칼륨과 셀룰로오스의 중량비 3:7 혼합물의 평균 연소 시간 이하이며, 구분1 및 구분2의 판정기준에 적합하지 않는 물질 또는 혼합물

표 3-8 산화성 액체/고체의 표지

구분	그림 문자	신호어	위험문구
구분 1		위험	화재 또는 폭발을 일으킬수 있음; 강산화제
구분 2		위험	화재를 강렬하게 할 수 있음; 산화제
구분 3		경고	화재를 강렬하게 할수 있음; 산화제

4) 자기반응성 물질

열역학적으로 불안정하여 산소(공기)의 공급 없이도 강렬하게 발열 분해하기 쉬운 액체 또는 고체로서 자기반응성 물질은 순수물질 단량체에 포함되기 보다는 희석물질과 안정화물질을 가한 조합된 화학제품으로 취급 및 사용되는 것이 많다. 각각의 조합제품에 관한 시험으로 A~G형으로 분류하며 구분에 대한 판정기준은 아래와 같다.

A형 : 포장된 상태에서 빨리 폭굉 또는 폭연하는 자기반응성 물질 또는 혼합물

B형 : 폭발성을 가지며 포장된 상태에서 빨리 폭굉도 폭연도 하지 않지만, 그 포장물 내에서 열폭발을 일으키는 경향을 가지는 자기반응성 물질 또는 혼합물

C형 : 폭발성을 가지며 포장된 상태에서 폭굉도 폭연도 열폭발도 일으키지 않는 자기반응성 물질 또는 혼합물

D형 : 실험실 시험에서 다음의 성질과 상태를 나타내는 자기반응성 물질 또는 혼합물

– 폭굉이 부분적이며 빨리 폭연하지 않고 밀봉 상태에서의 가열에서 격렬한 반응을 일으키지 않는다.

– 전혀 폭굉하지 않고 완만하게 폭연하고, 밀봉 상태에서의 가열에서 격렬한 반응을 일으키지 않는다.

– 전혀 폭굉 또는 폭연하지 않고 밀폐상태로 가열하면 중간정도 반응이 일어남.

표 3-9 자기반응성 물질 표지

구분	그림 문자	신호어	위험문구
Type A		위험	가열하면 폭발 가능
Type B	 	위험	가열하면 화재, 폭발 가능
Type C and D		위험	가열하면 화재 가능
Type E and F		경고	가열하면 화재 가능
Type G	없음	없음	없음

E형 : 실험실 시험에서 전혀 폭굉도 폭연도 하지 않거나 밀봉 상태에서의 가열에서 반응이 약하거나 없다고 판단되는 자기반응성 물질 또는 혼합물

F형 : 실험실 시험에서 공동상태(Cavitated state) 하에서 폭굉하지 않거나 전혀 폭연하지 않고 밀봉상태에서의 가열에서도 반응이 약하거나 없는 또는 폭발력이 약하거나 없다고 판단되는 자기반응성 물질 또는 혼합물

G형 : 실험실 시험에서 공동상태 하에서 폭굉하지 않거나 전혀 폭연하지 않고, 밀봉상태에서의 가열에서도 반응이 없거나 폭발력이 없다고 판단되는 자기반응성 물질 또는 혼합물은 자기반응성물질 G형으로 한다. 다만, 열적으로 안정한(SADT가

50kg의 포장물에서는 60℃에서 75℃ 사이) 액체 혼합물의 경우에는 끓는점이 150℃ 이상의 희석제로 둔화 시키는 것으로 조건으로 한다. 혼합물이 열적으로 안정하지 않거나 끓는점이 150℃ 미만의 희석제로 둔화되고 있는 경우, 그 혼합물은 자기반응성 화학물질 F형으로 해야 한다.

폭발성물질, 유기과산화물 또는 산화성물질로서 분류되는 물질과 폭발성물질, 화약류, 분해열이 300J/g 미만인 물질, 50kg 포장물의 자기가속분해온도가 75℃보다 높은 물질은 자기반응성물질 분류에서 제외

● 폭연(Deflagration)

- 폭연은 폭굉으로 전이될 수 있으며, 압력파 또는 충격파가 미반응 매질속으로 음속보다 느리게 이동하는 경우이다.
- 연소파의 전파속도는 기체의 조성이나 농도에 따라 다르지만 일반적으로 0.1~10m/s인 범위라고 알려져 있다.
- 폭연시에 벽이 받는 압력은 정압뿐이다.
- 연소파의 파면(화염면)에서 온도, 압력, 밀도의 변화를 보면 연속적이다.

● 폭굉(Detonation)

- 압력파 또는 충격파가 미반응 매질 속으로 음속보다 빠르게 이동하는 경우로 압력상승은 폭연의 경우보다 10 정도 또는 그 이상이다.
- 폭굉으로 유도되는 반응 메카니즘이 심각한 정도의 초기압력이나 충격파를 생성하기 위해서는 아주 작은 부피 내에서 아주 짧은 시간에 에너지가 방출되어야 한다.
- 폭굉파는 1,000~3,500m/s 정도로 빠르게 나타나며, 이때 발생되는 압력은 약 1,000kgf/cm^2 정도이다.
- 연소시의 정압에 충격파의 동압을 받아 파괴효과가 증가하게 된다.
- 폭굉시에는 파면에서 온도, 압력, 밀도가 불연속적으로 나타난다.

5) 자연발화성 물질

소량으로도 공기와 접촉하여 5분 이내에 발화할 수 있는 액체 및 고체를 말한다.

물질이 공기 중에서 비교적 낮은 온도에서 자연히 발열되고, 그 열이 장기간 축적되어 발화온도에 도달하면 연소의 위험이 있는 물질을 말하며 석탄 분말, 금속 분말, 불포화 유지류 등이 이에 속한다.

그리고 황인, 환원 니켈, 트리알킬보란(trialkylborane) 등과 같이 공중에서 즉시 발화하는 물질을 포함하여 자연 발화성 물질이라고 한다.

① 자연발화성 액체

자연발화성 액체는 시험결과를 기초로 하여 단일 위험구분으로 분류하며 판정기준은 액체를 불활성 담체에 가해 공기에 접촉시키면 5분 이내에 발화하거나 액체를 적하한 여과지를 공기에 접촉시키면 5분 이내에 여과지가 발화 또는 탄화되는 상태를 구분1로 분류한다.

② 자연발화성 고체

자연발화성 고체는 그 표면위의 공기 중에서 직접 시험되고 시험결과를 기초로 하여 단일 위험구분으로 분류하며 판정기준은 공기와 접촉 시 5분 이내에 발화하는 고체를 구분1로 분류한다.

표 3-10 자연발화성 액체/고체의 표지

구분	그림 문자	신호어	위험문구
구분 1		위험	공기에 노출 시 스스로 발화함

6) 자기발열성 물질

자기 발화성 물질이 아니면서 주위에서 에너지 공급 없이 공기와 반응하여 스스로 발열하는 물질 또는 혼합물로서 발화성 물질과의 차이점은 인화되기 위하여 많은 양으로 오랜 시간이 걸려 발화되는 것이다.

자기발열성 물질은 시험결과에 기초하여 2등급으로 분류하며 구분에 대한 판정기준은 아래와 같다.

구분1 : 140℃에서 25mm 시료를 사용한 시험에서 양성인 결과를 보이는 경우

구분2 : 아래의 어느 하나에 해당하는 경우

- 140℃에서 100mm 시료를 사용할 경우 양성, 140℃에서 25mm 시료큐브를 사용할 경우 음성, 물질 또는 혼합물의 포장이 $3m^3$를 초과할 경우
- 140℃에서 100mm 시료를 사용할 경우 양성, 140℃에서 25mm 시료를 사용할 경우는 음성이고 120℃에서 100mm 시료를 사용할 경우 양성이며 물질 또는 혼합물의 포장이 450l를 초과할 경우
- 140℃에서 100mm 시료를 사용할 경우 양성, 140℃에서 25mm 시료를 사용할 경우는 음성, 100℃에서 100mm 시료를 사용할 경우 양성인 경우

표 3-11 자기발열성 물질 및 혼합물의 표지

구분	그림 문자	신호어	위험문구
구분 1		위험	자기발열성; 화재 가능
구분 2		경고	대량 존재시 자기발열성; 화재 가능

● **자기발열성 물질 시험**

자기발열성물질 또는 혼합물을 분류하기 위해서는 유엔 위험물 운송에 관한 권고, 시험 및 판정기준의 Part III, 33.3.1.6의 N.4 시험이 필요하다.

Part III 33.3.1.6의 N.4 시험

각 면의 길이가 25밀리미터 또는 100밀리미터인 정육면체 철망 속의 시료를 섭씨 100도, 120도 또는 140도의 온도에서 공기에 노출하여 산화성 자기발열 진행 상태를 관찰하는 시험

7) 물 반응성 물질

인화성가스를 방출하는 물질 또는 혼합물로서 물과 상호작용에 의하여 자연 발화되거나 인화성 가스를 위험한 수준으로 방출하는 고체, 액체 또는 혼합물이다.

화학구조가 금속 또는 금속류를 포함하지 않는 물질 또는 혼합물과 경험에 의해 물과 반응하지 않는 것으로 알려진 물질 또는 혼합물, 물에 녹아 안정한 혼합물이 되는 물질 또는 혼합물은 물 반응성 물질에 포함되지 않는다.

물 반응성 물질은 3등급으로 분류하며 구분에 대한 판정기준은 아래와 같다.

구분1 : 상온에서 물과 격렬하게 반응하여, 발생 가스가 자연 발화하는 경향이 전반적으로 인정되는 경우 이거나 대기 온도에서 물과 격렬하게 반응했을 때의 인화성가스의 발생속도가 1분간 물질 1kg당 10l 이상인 경우

구분2 : 상온에서 물과 급속히 반응하여, 인화성가스의 최대 발생 속도가 1시간당 물질 1kg에 대해 20l 이상이며, 구분1에 해당하지 않는 경우

구분3 : 상온에서는 물과 천천히 반응하여 인화성가스의 최대 발생 속도가 1시간당 물질 1kg에 대해 1l 이상이며, 구분1 및 구분2에 해당하지 않는 경우

표 3-12 물반응성 물질의 표지

구분	그림 문자	신호어	위험문구
구분 1		위험	물과 접촉시 자연발화 인화성가스를 발생시킴
구분 2		위험	물과 접촉시 인화성가스를 발생
구분 3		경고	물과 접촉시 인화성가스를 발생

8) 유기과산화물

2가의 −O−O− 구조를 가지고 1개 또는 2개의 수소 원자가 유기 라디칼에 의하여 치환된 과산화수소의 유도체이다. 열역학적으로 불안정한 물질 또는 혼합물로 자기 발열 분해를 일으킬 우려가 있으며 폭발적으로 분해되기 쉽거나 급속히 연소, 충격 또는 마찰에 민감, 다른 물질과 위험한 반응을 하는 등의 특성을 1가지 이상 가진다.

활성산소의 함유율은 기초적인 화학지식을 가지는 자는 쉽게 계산할 수 있다. 과산화수소의 함유율은 의도적으로 첨가한 경우가 아니면, 분석할 필요가 있다. 유기과산화물은 순수물질단량체에 포함되는 것보다는 희석물질과 안정화물질을 첨가하여 제조된 화학제품으로 하여 취급 및 사용하는 경우가 많다.

각각의 조합제품에 대한 시험을 실시하여 A~G형으로 분류하며 구분에 대한 판정 기준은 아래와 같다.

A형 : 포장된 상태로 폭굉 또는 급속히 폭연하는 유기 과산화물 또는 혼합물

B형 : 폭발성을 가지며, 포장된 상태에서 폭굉도 급속한 폭연도 하지 않으나 그 포장물 내에서 열 폭발을 일으키는 경향을 가지는 유기 과산화물 또는 혼합물

C형 : 폭발성을 가지며 포장된 상태에서 폭굉도 급속한 폭연도 열 폭발도 일으키지 않는 유기 과산화물 또는 혼합물

D형 : 실험실 시험에서 다음의 성질과 상태를 나타내는 유기 과산화물 또는 혼합물

- 폭굉이 부분적이며 급속히 폭연하지 않고 밀봉하의 가열에서 격렬한 반응을 일으키지 않는다.
- 전혀 폭굉하지 않고 완만하게 폭연하며 밀봉하의 가열에서 격렬한 반응을 일으키지 않는다.
- 전혀 폭굉도 폭연도 하지 않고 밀봉하의 가열에서 중간 정도의 반응을 일으킨다.

표 3-13 유기과산화물의 표지

구분	그림 문자	신호어	위험문구
Type A		위험	가열하면 폭발 가능
Type B	 	위험	가열하면 화재, 폭발 가능
Type C and D		위험	가열하면 화재 가능
Type E and F		경고	가열하면 화재 가능
Type G	없음	없음	없음

E형 : 폭굉하지도 않고 폭연하지도 않으면서 밀폐상태로 가열하면 늦게 반응하거나 전혀 반응하지 않는 유기과산화물

F형 : 진공상태에서 폭굉하지도 않고 전혀 폭연하지도 않으면서 밀폐상태로 가열하면 늦게 반응하거나 전혀 반응하지 않으며, 폭발성이 없는 분말이 나오는 유기과산화물

G형 : 진공상태에서 폭굉하지도 않고 전혀 폭연하지도 않으면서 밀폐상태로 가열하면

늦게 반응하거나 전혀 반응하지 않으며 폭발성이 없는 열역학적으로 안정된 분말이 나오는 과산화물. 액체에서는 감도를 경감시키는 희석제의 비점이 150℃ 이상인 물질은 유기과산화물 G형으로 한다. 혼합물이 열역학적으로 불안정하거나 희석제의 비점이 15℃보다 낮으면 F형으로 분류된다.

과산화수소를 1.0% 수준을 초과하여 포함하고 있지 않으면서 이용 가능한 산소가 1.0% 이하인 물질 또는 유기과산화물이 1.0% 수준을 초과하고 이용가능한 산소가 0.5% 미만이지만 과산화수소가 7.0% 미만인 물질은 유기과산화물 분류에서 제외된다.

9) 금속 부식성 물질

화학적인 작용으로 금속에 손상 또는 부식을 시키는 물질을 말한다. 부식이란 어떠한 환경 속에 놓인 재료가 화학적 또는 전기화학적으로 퇴화되는 현상을 말한다.

금속부식성 물질은 시험에 기초로 하여 단일 위험성으로 분류하며 55℃의 시험온도에서 강철 또는 알루미늄 표면부식속도가 연간 6.25mm를 넘는 물질을 말한다.

표 3-14 금속부식성 물질의 표지

구분	그림 문자	신호어	위험문구
구분 1		위험	공기에 노출 시 스스로 발화함

● **부식의 정의**

자연계에서 산화물이나 유화물형태로 존재하는 금속성분을 환원처리하여 각종 용도의 금속으로 사용하고 있다. 이러한 금속들은 자연환경 속에서 화합물로 존재하는 것이 가장 안정하기 때문에 주위에 존재하는 다른 원소와 결합하여 자연상태의 안정된 화합물로서 존재하려고 한다.

따라서 부식이란 금속이 이러한 안정된 자연적인 화합물로 변해가는 과정을 말하는 것으로, 학술적으로 표현하면 금속이 주위환경에 의해 화학적 혹은 전기화학적 반응에 의해 나타나는 현상을 부식(Corrosion)이라 한다. 이러한 부식현상은 일상적으로 사용하고 있는 기계류나 구조물을 파괴하는 가장 주된 원인으로 작용하고 있다.

● **부식발생 메카니즘**

부식이 일어나기 위한 4가지 조건

(1) 양극(Anode) (2) 음극(Cathode)

(3) 전류경로(Electronic path) (4) 이온경로(Ionic path)

4조건 중 하나만 없어도 부식이 일어나지 않는다.

예 강관 등 배관에 발생하는 부식발생 메카니즘의 예

자연 환경에서 물이 금속표면에 접촉하는 것은 금속이 부식하는 조건이 된다. 이 같은 습식부식의 발생 기구는 물과 금속의 전기 화학적 반응으로 설명된다.

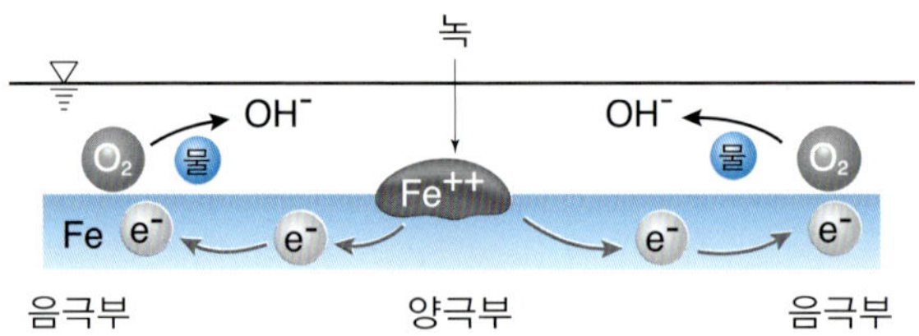

철은 양극부에서 Fe 이온과 전자로 나누어진다.

$Fe \rightarrow Fe^{++} + 2e^{-}$

철은 Fe 이온이 되어 물 속으로 녹아들고, 전자는 금속체를 통해서 음극으로 이동한다. 물 속이 중성 또는 알카리(Alkali)이면 음극부는 물 속에 녹아 있는 산소에 의해 수산 이온을 만든다.

$O_2 + 2H_2O + 4e \rightarrow 4OH^{-}$

산성용액 중에서는 PH에 따라 다음의 반응이 일어나서, 수소가스를 발생시키거나 물을 만든다.

$2H^{+} + 2e^{-} \rightarrow 2H \rightarrow H_2$

$2H^{+} + \frac{1}{2}O_2 + 2e^{-} \rightarrow H_2O$

산소가 환원되어 수산이온이 되고, 철이온이 수산이온을 끌어 당겨서 제1수산화철[$Fe(OH)_2$]이 된다.

$$Fe^{++} + 2OH^{-} \rightarrow Fe(OH)_2$$

물속에 있는 산소에 의해서 제1수산화철은 산화되어, 제2수산화철[$Fe(OH)_2$]이 된다.

$$4Fe(OH)_2 + O_2 + 2H_2O \rightarrow 4Fe(OH)_3$$

이 화합물은 불안정해서 붉은 녹($FeO_3 \cdot 3H_2O$)으로 변한다.

10) 고압가스

고압가스는 20℃, 200kPa 이상의 압력 용기에 충전된 압축가스, 액화가스, 냉동액화가스, 용해가스를 말하며 50℃에서 증기압, 20℃, 1기압에서 물리적 성상 및 임계온도에 따라 다음과 같이 구분 될 수 있다.

표 3-15 고압가스의 표지

구분	그림 문자	신호어	위험문구
압축가스		경고	고압가스; 가열시 폭발가능
액화가스		경고	고압가스; 가열시 폭발가능
냉동액화가스		경고	냉동가스; 극저온 냉화상 또는 손상 가능
용해가스		경고	고압가스; 가열시 폭발가능

압축가스 : 가압하여 용기에 충전했을 때, −50℃에서 완전히 가스 상인 가스 (임계온도 −50℃ 이하의 모든 가스를 포함한다.)

액화가스 : 압력 하에서 −50℃를 초과하는 온도에서 부분적으로 액체인 가스

냉동액화가스 : 용기에 충전한 가스가 낮은 온도 때문에 부분적으로 액체인 가스

용해가스 : 가압하여 용기에 충전한 가스가 액상 용제에 용해된 가스

11) 감감화된 폭발성 물질(Desensitized Explosives)

감감화된 폭발성 물질은 고체 또는 액체의 폭발성 물질 혹은 혼합물로, 대량 폭발하지 않고 너무 빨리 연소하지 않아서 위험 등급에서 면제될 수 있는 방식으로 폭발성을 억제하기 위해 희석제를 사용한 물질이다.

- 고체 감감화된 폭발성 물질 : 물 또는 알코올로 적셔 지거나 다른 물질로 희석된 폭발성 물질 또는 혼합물로, 폭발성 속성을 억제하기 위해 균일한 고체 혼합물을 형성한다.
- 액체 감감화된 폭발성 물질 : 물 또는 다른 액체 물질에 용해되거나 부유된 폭발성 물질 또는 혼합물로 폭발성 속성을 억제하기 위해 균일한 액체 혼합물을 형성한다.

실용적으로 폭발 또는 불꽃 효과를 내기 위해 제작되거나, 연소율 시험 등을 통해 매뉴얼 시험 또는 기준이 1200kg/min 보다 크거나 발열 분해 에너지가 300J/g 미만인 경우를 제외하고는 4가지 등급으로 분류된다.

- 구분 1 : 보정된 연소율(Ac)이 300kg/min 이상 1200kg/min 미만
- 구분 2 : 보정된 연소율(Ac)이 140kg/min 이상 300kg/min 미만
- 구분 3 : 보정된 연소율(Ac)이 60kg/min 이상 140kg/min 미만
- 구분 4 : 보정된 연소율(Ac)이 60kg/min 미만

표 3-16 감감화된 폭발성 물질의 표지

분 류	표 지 (Labelling)			위험문구 코드 (hazard statement codes)
	그림문자 (Pictogram)	신호어 (Signal word)	위험문구 (Hazard statement)	
구분 1		위험	화재, 폭발 열복사 위험 ; 감감제가 감소되면 폭발 위험이 증가됨	H206
구분 2			화재, 열복사 위험 ; 감감제가 감소되면 폭발 위험이 증가됨	H207 H207
구분 3		경고		
구분 4			화재 위험 ; 감감제가 감소되면 폭발 위험이 증가됨	H208

나. 건강 유해성

1) 급성독성물질

급성독성 물질(AT)은 단기간 경구(Oral), 경피(Dermal) 또는 흡입(inhalation) 노출 후에 발생하는 심각한 건강상의 부작용(혹은 사망)을 말하며, 각 경로별 급성 독성값에 기초한 5가지 범주 중 하나에 할당될 수 있다.

급성 독성값은 LD50(경구, 경피) 또는 LC50(흡입) 값 또는 급성 독성 추정치(ATE)로 표현된다.

표 3-17 급성독성물질의 구분

노출경로		단위	구분 1	구분 2	구분 3	구분 4	구분 5
경구		(mg/kg bodyweight)	ATE ≤ 5	5 〈 ATE ≤ 50	50 〈 ATE ≤ 300	300 〈 ATE ≤ 2000	2000 〈 ATE ≤ 5000
경피			ATE ≤ 50	50 〈 ATE ≤ 200	200 〈 ATE ≤ 1000	1000 〈 ATE ≤ 2000	
흡입	가스	(ppmV)	ATE ≤ 100	100 〈 ATE ≤ 500	500 〈 ATE ≤ 2500	2500 〈 ATE ≤ 20000	-
	증기	(mg/l)	ATE ≤ 0.5	0.5 〈 ATE ≤ 2.0	2.0 〈 ATE ≤ 10.0	10.0 〈 ATE ≤ 20.0	
	먼지/미스트		ATE ≤ 0.05	0.05 〈 ATE ≤ 0.5	0.5 〈 ATE ≤ 1.0	1.0 〈 ATE ≤ 5.0	

표 3-18 급성독성물질의 표지

분 류 (Classification)		표 지 (Labelling)			위험문구 코드 (hazard statement codes)
		그림문자 (Pictogram)	신호어 (Signal word)	위험문구 (Hazard statement)	
구분 1	경구		위험	삼킬 경우 치명적	H300
	경피			피부와 접촉하면 치명적	H310
	흡입			흡입할 경우 치명적	H330
구분 2	경구		위험	삼킬 경우 치명적	H300
	경피			피부와 접촉하면 치명적	H310
	흡입			흡입할 경우 치명적	H330
구분 3	경구		위험	삼킬 경우 유독함	H301
	경피			피부와 접촉하면 유독함	H311
	흡입			흡입할 경우 유독함	H331
구분 4	경구		경고	삼킬 경우 해로움	H302
	경피			피부와 접촉하면 해로움	H312
	흡입			흡입할 경우 해로움	H332
구분 5	경구	-	경고	삼킬 경우 해로울 수 있음	H303
	경피			피부와 접촉하면 해로울 수 있음	H313
	흡입			흡입할 경우 해로울 수 있음	H333

2) 피부부식성/자극성 물질

피부부식(SKIN CORROSION)은 피부에 돌이킬 수 없는(비가역적) 손상을 발생시키는 것을 의미하고, 피부 자극(SKIN IRRITATION)은 물질이나 혼합물에 노출된 후 발생하는 피부에 가역성 손상이 발생하는 것을 의미한다.

기존 인간데이터, 동물시험자료, 시험관내 데이터(in vitro), 기타 정보출처로 계층화된 접근법이 강조되고, 유해성 항목별 cut-off 값을 기준으로 하여 분류하며, 동물시험자료가 분류의 기본자료가 된다.

또한, 산, 염기 등의 화학물질은 함유농도가 1% 미만일 경우에도 부식성과 자극성을 나타낼 수 있기 때문에 별도 분류에 포함시킨다.

물질 분류 기준은 유해 등급 내 세 가지 세부범주 중 하나에 배정할 수 있다.

- 구분 1(피부 부식)
- 구분 2(피부 자극)
- 구분 3(미세 피부 자극)

표 3-19 피부부식성/자극성 물질의 표지

분 류 (Classification)	표 지 (Labelling)			위험문구 코드 (hazard statement codes)
	그림문자 (Pictogram)	신호어 (Signal word)	위험문구 (Hazard statement)	
구분 1 (피부 부식)		위험	심각한 피부 화상 및 눈 손상을 일으킴	H314
구분 2 (피부 자극)		경고	피부 자극을 일으킴	H315
구분 3 (미세 피부 자극)	-	경고	가벼운 피부 자극을 일으킴	H316

3) 심한 눈 손상/자극성 물질

심한 눈 손상(SERIOUS EYE DAMAGE)은 물질이나 혼합물에 노출된 후 완전히 되돌릴 수 없는 (비가역적) 눈의 조직 손상 또는 심각한 물리적 시력의 상실을 의미하며, 눈 자극(EYE IRRITATION)은 노출된 후 완전히 되돌릴 수 있는(가역적) 눈의 변화를 의미한다.

기존 인간데이터, 동물시험자료, 시험관내 데이터(in vitro), 기타 정보출처로 계층화된 접근법이 강조되고, 유해성 항목별 cut-off 값을 이용하여 분류하며, 표준 동물시험자료가 분류의 기본자료가 된다.

또한, 산, 염기 등의 화학물질은 함유농도가 1% 미만일 경우에도 손상과 자극성을 나타낼 수 있기 때문에 별도 분류에 포함시킨다.

물질 분류 기준은 유해 등급 내 두 가지 범주 중 하나에 배정할 수 있다.

– 범주 1(심각한 눈 손상/비가역적 눈 영향)

– 범주 2(눈 자극/가역적 눈 영향) : 2A와 2B로 세부분류 가능

표 3-20 심한 눈 손상/자극성 물질의 표지

분 류 (Classification)	표 지 (Labelling)			위험문구 코드 (hazard statement codes)
	그림문자 (Pictogram)	신호어 (Signal word)	위험문구 (Hazard statement)	
구분 1 (눈 손상)		위험	심각한 눈 손상을 일으킴	H318
구분 2/2A (눈 자극)		경고	심각한 눈 자극을 일으킴	H319
구분 2B (눈 자극)	-	경고	눈 자극을 일으킴	H320

4) 호흡기 및 피부 과민성 물질

호흡기 과민성(RESPIRATORY SENSITIZATION)은 물질이나 혼합물을 흡입한 후 발생하는 공기를 통한 과민성을 말하며, 피부 과민성(SKIN SENSITIZATION)은 피부와 물질 또는 혼합물이 접촉된 후 발생하는 알레르기 반응을 의미한다.

분류를 위한 표준화된 동물 시험 모델은 없으며, 역학조사자료 혹은 일반 연구결과 등의 자료를 이용한 전문가적 판단이 분류의 중요한 기준이 된다.

물질 분류 기준은 과민성을 호흡기와 피부로 구분하여 각 2가지 범주 중 하나에 배정할 수 있다. 또한, 충분한 시험 데이터가 있는 경우 세부 분류 가능하다.

표 3-21 호흡기 및 피부 과민성 물질의 표지

분 류 (Classification)	표 지 (Labelling)			위험문구 코드 (hazard statement codes)
	그림문자 (Pictogram)	신호어 (Signal word)	위험문구 (Hazard statement)	
호흡기 과민성 물질		위험	호흡할 경우 알레르기나 천식 증상 또는 호흡곤란을 일으킬 수 있음	H334
피부 과민성 물질		경고	알레르기성 피부 반응을 일으킬 수 있음	H317

5) 생식세포 변이원성 물질

생식세포 변이원성(GERM CELL MUTAGENICITY)은 물질이나 혼합물에 노출된 후 발생하는 유전구조와 숫자 염색체 이상을 포함하는 사람의 생식세포에 돌연변이를 일으키는 물질을 말하며, 돌연변이는 세포 내 유전 물질의 양과 구조에 대한 영구적인 변화로 정의된다. 유해 등급은 주로 자손에게 전달될 수 있는 인간의 생식세포에서 돌연변이를 일으키는 화학물질과 관련된다. 돌연변이 유발이란 용어는 세포 혹은 유기체의 개체군에서 돌연변이 발생을 증가시키는 물질에 사용된다.("mutagenic", "mutagen", "mutations" 및 "genotoxic" 용어도 사용된다.)

분류는 사람에서의 역학조사결과가 우선 적용되며, 생체내 생식세포 돌연변이, 체세포 돌연변이, 시험관내 시험 순으로 적용된다. 또한, 다음과 같은 다양한 시험 가이드라인이 적용된다.

- 생체내 유전성 생식세포 돌연변이 시험 : OECD 478, 485 등
- 생체내 체세포 돌연변이 시험 : OECD 474, 475, 484
- 생식세포 변이원성/유전독성 시험 : OECD 483 등
- 체세포 유전독성 시험 : OECD 486 등
- 시험관내 돌연변이 시험 : OECD 471, 473, 476

물질 분류는 구분1(혹은 A/1B) 및 구분2로 분류된다.

표 3-22 생식세포 변이원성 물질의 구분

구 분		기 준
구분 1		유전성 돌연변이를 유도하거나 사람의 생식세포에 유도하는 것으로 알려진 물질
세부구분	구분 1A	인간 역학 연구에서 나온 양성 증거의 인간 배아 세포에서 유전적인 돌연변이를 유도하는 것으로 알려진 물질
	구분 1B	인간의 생식 세포에 유전 변이를 유도하는 것으로 간주되어야 하는 물질 (a) 포유류에 대한 체내 발견 가능한 생식 세포 돌연변이 유발성 시험의 양성 결과 (b) 물질이 생식 세포에 돌연변이를 일으킬 가능성이 있다는 일부 증거와 함께 포유류에 대한 체내 체세포 돌연변이 유발 실험의 긍정적인 결과 (c) 인간 생식 세포에 돌연변이 유발 효과를 나타내는 시험에서 양성 결과
구분 2		인간의 생식 세포에 유전적인 돌연변이를 유발할 가능성 때문에 인간에게 우려를 불러일으키는 물질들(제한된 증거를 가지는 물질) 포유류의 실험 또는 일부의 경우 시험관내 실험에서 얻은 양성 증거로서, 다음 중 하나를 통해 얻어진 것 (a) 체내 체세포 돌연변이 유발성 시험 (b) 체외 돌연변이 유발성 측정에서 양성 결과에 의해 지원되는 기타 체내 체세포 유전독성 시험

표 3-23 생식세포 변이원성 물질의 표지

분 류 (Classification)	표 지 (Labelling)			위험문구 코드 (hazard statement codes)
	그림문자 (Pictogram)	신호어 (Signal word)	위험문구 (Hazard statement)	
구분 1 - 1A, 1B		위험	유전적 결함을 일으킬 수 있음	H340
구분 2		경고		H341

5) 발암성 물질

발암성(CARCINOGENICITY)은 물질이나 혼합물에 노출된 후 암을 유발하거나 그 발생을 증가시키는 물질을 말한다. 동물 실험 수행간 양성과 악성종양을 유발한 물질과 혼합물은 그 종양 형성 매커니즘이 인간과 관련이 없다는 강력한 증거가 없는 한 인간의 발암물질로 추정 혹은 의심되는 것으로 간주된다.

분류는 사람에서의 역학조사결과가 우선 적용되며, 실험동물을 이용한 GLP 발암성 시험, 발암성 연구 순으로 적용된다.

물질 분류는 구분1(혹은 A/1B) 및 구분2로 분류된다.

표 3-24 발암성 물질의 구분

구 분		기 준
구분 1		알려져 있거나 추정된 인간 발암성 물질 ※ 역학 또는 동물 데이터 기초하여 다음과 같이 추가 구분 가능함.
세부 구분	구분 1A	사람에 대한 증거에 기초하여 발암성이 있는 것으로 알려진 물질
	구분 1B	동물에 대한 증거에 기초하여 사람에게 발암성이 있다고 간주되는 물질
구분 2		인간 혹은 동물 연구로부터 얻은 제한된 증거로 인간 발암성 의심 물질

발암성물질 등급화는 다양한 기구에서 수행되고 있으며, 세부적인 분류기준은 아래와 같다.

표 3-25 발암성 물질의 분류 기준

GHS	IARC	ACGIH	NTP	EU
1A	1	A1	K	1
1B	2A	A2	R	2
2	2B	A3	R	3
	3	A4		
	4	A5		

표 3-26 발암성 물질의 표지

분 류 (Classification)	표 지 (Labelling)			위험문구 코드 (hazard statement codes)
	그림문자 (Pictogram)	신호어 (Signal word)	위험문구 (Hazard statement)	
구분 1 - 1A, 1B		위험	암을 유발할 수 있음	H350
구분 2		경고	암을 유발하는 것으로 의심됨	H351

6) 생식독성 물질(REPRODUCTIVE TOXICITY)

생식독성(REPRODUCTIVE TOXICITY)은 물질이나 혼합물에 노출된 후 성인 남성과 영성의 성기능과 생식력에 미치는 부작용 및 자손에서의 발육독성을 말한다. 곧, 다음의 2가지 개념을 말한다.

1) 성기능과 생식력에 대한 역효과

2) 자손의 발육에 미치는 부작용

분류는 사람에서의 역학조사결과가 우선 적용되며, 실험동물을 이용한 GLP 생식독성시험, 생식독성 연구 순으로 적용된다. 또한, 여러 가지 독성자료의 증거의 가중을 이용한다.

성기능과 출산, 발육에 미치는 영향이 고려되며, 또한 수유에 대한 영향도 별도 위험범주에 할당(순수 모체독성과 생식독성을 구분하여 분류)되지만, 다른 독성영향에 대한 2차적인 비 특이적 영향은 배제되어야 한다.

표 3-27 생식독성 물질(REPRODUCTIVE TOXICITY)의 구분

구 분		기 준
구분 1		알려져 있거나 추정된 인간 생식독성 물질 ※ 역학 또는 동물 데이터 기초하여 다음과 같이 추가 구분 가능함.
세부 구분	구분 1A	사람에 대한 증거에 기초하여 생식독성이 있는 것으로 알려진 물질
	구분 1B	동물에 대한 증거에 기초하여 사람에게 생식독성이 있다고 간주되는 물질
구분 2		인간 혹은 동물 연구로부터 얻은 제한된 증거로 인간 생식독성 의심 물질

표 3-28 생식독성 물질(REPRODUCTIVE TOXICITY)의 표지

분 류 (Classification)	표 지 (Labelling)			위험문구 코드 (hazard statement codes)
	그림문자 (Pictogram)	신호어 (Signal word)	위험문구 (Hazard statement)	
구분 1 – 1A, 1B		위험	태아 또는 임성을 손상시킬 수 있음	H360
구분 2		경고	태아 또는 임성을 손상시킬 것으로 의심됨	H361
추가 구분 (경로, 효과에 따른)	–	–	모유를 먹은 아이에게 해로울 수 있음	H362

7) 특정표적장기독성 – 1회 노출 물질

1회 노출 특정표적장기독성(SPECIFIC TARGET ORGAN TOXICITY SINGLE EXPOSURE)은 물질이나 혼합물의 1회 노출에 의하여 특정 표적장기 또는 전신에 독성을 일으키는 물질을 말한다.

특정표적장기독성은 경구, 경피 또는 흡입과 같은 인간과 관련된 모든 경로에 의해 발생할 수 있으며, 반복 노출 후 특정표적장기독성 혹은 급성 독성 등 GHS 별도 분류되는 기타 특정 독성 효과는 제외된다.

분류는 사람의 사례 혹은 역학조사결과가 우선 적용되며, 일반적으로 실험동물에 대한 낮은 노출 농도에서 산출된 용량/농도값(아래 표)은 사람의 유의한 혹은 심각한 독

성효과에 대한 지침으로 활용될 수 있다.

표 3-29 특정표적장기독성 – 1회 노출 물질의 구분

구 분	기 준
구분 1	1회 노출 후 사람에게 상당한 독성을 유발한 물질 또는 실험동물 연구에서 얻은 증거에 근거하여 상당한 독성을 발생시킬 수 있는 것으로 추정되는 물질
구분 2	실험동물 연구에서 얻은 증거에 근거하여 1회 노출 후 사람의 건강에 해로울 수 있는 것으로 추정될 수 있는 물질
구분 3	일시적인 표적장기 영향

표 3-30 특정표적장기독성 – 1회 노출 물질의 표지

분 류	표 지 (Labelling)			위험문구 코드 (hazard statement codes)
	그림문자 (Pictogram)	신호어 (Signal word)	위험문구 (Hazard statement)	
구분 1		위험	장기에 손상을 일으킴	H370
구분 2		경고	장기를 손상시킬 수 있음 경우, 노출경로 기재〉	H371
구분 3		경고	호흡기 자극을 일으킬 수 있음 혹은 졸음 또는 현기증을 일으킬 수 있음	H335 H336

8) 특정표적장기독성 – 반복 노출 물질

반복 노출 특정표적장기독성(SPECIFIC TARGET ORGAN TOXICITY REPEATED EXPOSURE)은 물질이나 혼합물의 반복 노출에 의하여 특정 표적장기 또는 전신에 독성을 일으키는 물질을 말한다.

특정표적장기독성은 경구, 경피 또는 흡입과 같은 인간과 관련된 모든 경로에 의해 발생할 수 있으며, 1회 노출 후 특정표적장기독성 혹은 급성 독성 등 GHS 별도 분류되는 기타 특정 독성 효과는 제외된다.

분류는 사람의 사례 혹은 역학조사결과가 우선 적용되며, 일반적으로 실험동물에 대한 낮은 노출 농도에서 산출된 용량/농도값(아래 표)은 사람의 유의한 혹은 심각한 독성효과에 대한 지침으로 활용될 수 있다.

또한, 동물 실험 연구 결과는 종종 사람의 생명을 위협할 정도는 아니지만, 기능장애 정보를 제공할 수 있으므로, 다음의 증상을 고려하여 분류되어야 한다.

1) 반복 또는 장기노출에 기인한 질환 또는 사망
2) 일시적인 호흡기계, 중추 또는 말초신경계 또는 그 밖의 장기에 미치는 중대한 기능변화
3) 임상 화학적 검사, 혈액학적 검사 또는 뇨 검사에 미치는 일관적이며 중대한 악성의 변화
4) 부검시 관찰되거나, 이후 병리조직학적 검사에 인정되거나 또는 확인된 중대한 장기손상
5) 재생기능을 가지는 생체장기에서 다발성 또는 비만성 괴사, 섬유종 또는 육아종 형성
6) 잠재적으로 가역적이지만 장기의 현저한 기능장해의 명확한 증거를 제공하는 형태학적 변화
7) 생명을 유지하는 장기에서의 세포사의 증거

물질 분류는 구분1, 2으로 분류된다.

표 3-31 특정표적장기독성 – 반복 노출 물질의 구분

구 분	기 준
구분 1	반복 노출 후 사람에게 상당한 독성을 유발한 물질 또는 실험동물 연구에서 얻은 증거에 근거하여 상당한 독성을 발생시킬 수 있는 것으로 추정되는 물질
구분 2	실험동물 연구에서 얻은 증거에 근거하여 반복 노출 후 사람의 건강에 해로울 수 있는 것으로 추정될 수 있는 물질

표 3-32 특정표적장기독성 – 반복 노출 물질의 표지

분 류	표 지 (Labelling)			위험문구 코드 (hazard statement codes)
	그림문자 (Pictogram)	신호어 (Signal word)	위험문구 (Hazard statement)	
구분 1		위험	장기간 반복 노출을 통해 장기에 손상을 일으킴	H372
구분 2		경고	장기간 반복 노출을 통해 장기를 손상시킬 수 있음	H373

9) 흡입 유해성 물질

흡입 유해성(SASPIRATION HAZARD)은 액체나 고체 화학물질이 입이나 코를 통하여 직접적으로 또는 구토로 인하여 간접적으로 기관 및 더 깊은 호흡기관으로 유입되어 화학폐렴, 다양한 폐 손상이나 사망과 같은 심각한 급성 영향을 일으키는 물질을 말한다.

화학적 흡입 관련 일부 탄화수소(석유증류) 혹은 특정 염화탄화수소는 사람에게 흡입 위험을 내포하는 것으로 알려져 있고, '1급 알코올'과 '케톤'은 동물 연구에서만 흡입 위험을 내포하는 것으로 알려져 있다. 이에, 동물 실험 결과를 통한 분류에서 동물에 대한 긍정적인 실험 증거는 아직 표준화되어 있지 않고 단지 지침일 뿐이므로 분류 평가시 각별한 주의를 요하며, 동점성계수 변환공식을 통해 분류된다.

표 3-33 흡입 유해성 물질의 구분

구 분	기 준
구분 1	사람에 흡입 유해성을 일으키거나 일으킬 것으로 간주되는 다음의 어느 하나에 해당하는 물질 1) 사람에서 흡입 유해성을 일으킨다고 신뢰성 있는 근거가 있는 경우 (예, 특정 탄화수소, 테레빈유, 파인유) 2) 탄화수소류로서 40℃에서 동점점도가 20.5mm^2/s 이하인 경우
구분 2	사람에 흡입 유해성을 일으킬 것으로 알려진 다음의 어느 하나에 해당하는 물질 1) 동물 시험 결과에 의해 흡입 유해성이 의심되는 경우 2) 탄화수소류로서 40℃에서 동점점도가 14mm^2/s 이하인 경우

표 3-34 흡입 유해성 물질의 표지

분 류	표 지 (Labelling)			위험문구 코드 (hazard statement codes)
	그림문자 (Pictogram)	신호어 (Signal word)	위험문구 (Hazard statement)	
구분 1		위험	삼켜서 기도로 유입되는 경우 치명적일 수 있음	H304
구분 2		경고	삼켜서 기도로 유입되는 경우 해로울 수 있음	H305

다. 환경 유해성

1) 수생환경 유해성 물질

급성과 만성의 분류 범주는 독립적으로 적용되며, 급성은 급성 데이터(EC50 혹은 LC50)만을 근거로 3가지 범주로 분류한다. 반면, 만성의 1~3 범주의 분류기준은 만성 독성 관련 정보가 장기적 위험 분류에 기여하는지를 확인하는 계층화된 접근방식을 따르지만, 적절한 만성 데이터가 없는 경우에는 후속 단계로 급성독성 데이터와 환경적 운명 데이터(비중화성 및 생물농축)를 결합한 것으로 한다. 그리고, 만성은 가용한 데이터가 기준에 의한 분류가 되지 않지만 우려할 만한 근거가 있는 경우 "안전망"으로 구분 4를 추가 분류한다.

표 3-35 수생환경 유해성 물질의 구분

급 성 수생 독성	- 어류 : 96시간 LC 50(OECD Test Guideline 203 or equivalent) - 갑각류 : 48시간 EC 50(OECD Test Guideline 202 or equivalent) - 조류 또는 기타 수생식물 : 72 혹은 96시간 EC 50(OECD Test Guideline 201 or equivalent) - 시험 방법이 적절한 경우 Lemna와 같은 다른 종에 대한 데이터도 고려 가능
만 성 수생 독성	급성 데이터 보다 가용성이 낮고, 시험 절차 범위 또한 덜 표준화 되어 있으며, 다음의 데이터를 활용함. - OECD Test Guideline 210, 211, 201 혹은 국제적으로 검증되고 인증된 다른 시험 - NOEC 또는 기타 동등한 ECx
생 농 축 잠 재 력	- 실험적으로 결정된 생물농축계수(BCF) ; OECD Test Guideline 305 ← 우선 적용 - 농축 가능성 지표인 옥탄올 분배계수, OECD Test Guideline 107, 117, 123에 의해 결정되는 log Kow
신 속 분 해 성	- OECD Test Guideline 301 생분해성 시험(A-F) 활용 (해양은 OECD Test Guideline 306) - 상기 데이터 사용할 수 없는 경우 : BOD(5일)/COD ≥ 0.5

표 3-36 수생환경 유해성 물질의 표지

분 류 (Classification)		표 지 (Labelling)			위험문구 코드 (hazard statement codes)
		그림문자 (Pictogram)	신호어 (Signal word)	위험문구 (Hazard statement)	
Acute	Acute 1		위험	수생 생명에 매우 독성	H400
	Acute 2	-	-	수생 생명에 독성	H401
	Acute 3	-	-	수생 생명에 해로움	H402
Chronic	Chronic 1		위험	장기간에 걸친 영향과 함께 수생 생명에 매우 독성	H410
	Chronic 2		-	장기간에 걸친 영향과 함께 수생 생명에 독성	H411
	Chronic 3	-	-	장기간에 걸친 영향과 함께 수생 생명에 해로움	H412
	Chronic 4	-	-	수생 생명에 장기간에 걸쳐 유해한 영향을 일으킬 수 있음	H413

2) 오존층 유해성 물질

오존층파괴지수(ODP : Ozone Depleting Potential)는 각 할로겐화탄소 발생원종별로 구별되는 통합 수량이며, CFC11의 오존층 파괴 영향을 1로 하였을 때, 오존층 파괴에 영향을 미치는 물질의 상대적 영향을 나타내는 값을 말한다.

표 3-37 오존층 유해성 물질의 표지

분 류 (Classification)	표 지 (Labelling)			위험문구 코드 (hazard statement codes)
	그림문자 (Pictogram)	신호어 (Signal word)	위험문구 (Hazard statement)	
구분 1		경고	상층 대기에서 오존 파괴에 의한 공중 보건 및 환경에 해로움	H420

2. 위험물안전관리법에 따른 물질의 분류

위험물은 화재 위험이 큰 것으로 인화성 또는 발화성 등의 성질을 가진 물품으로서 제1류 부터 제6류까지 6가지 종류로 분류한다.

물질 자체가 인화 또는 발화하는 것, 인화 또는 발화를 촉진하는 것으로서 일반성질, 화재예방방법 및 소화방법 등의 공통점을 묶어 유별로 분류한다.

위험물의 종류별로 위험성을 고려하여 규정된 수량으로 제조소 등의 설치 허가 등에 있어서 최저의 기준수량을 지정하여 위험물 지정수량으로 관리하고 있다.

가. 제1류 위험물

제1류 위험물은 산화성고체이며 대부분 수용성이고 불연성이지만 다량의 산소를 함유하고 있다.

분해 시 산소를 방출하여 다른 물질의 연소를 돕는 조연성을 가지며 열, 타격, 충격, 마찰 및 다른 화학물질과 접촉 시 쉽게 분해된다. 또한 분해속도가 대단히 빠르고, 조해성이 있는 것도 포함한다.

저장 및 취급방법은 알칼리금속 과산화물은 물과 접촉시 반응하여 산소를 방출하므로 습기와 접촉을 금지한다. (금수성 물질) [$2Na_2O_2 + 2H_2O \rightarrow 4NaOH + O_2 \uparrow$]

조해성물질은 저장용기를 밀폐시켜야하고 가열, 충격, 마찰을 금지한다.

소화방법으로는 물질 자체적으로 산소를 함유하고 있어 질식소화는 효과가 없고, 다량의 물을 사용하는 냉각소화가 효과적이다. 다만, 무기(알칼리금속)과산화물은 금수성 물질로 물에 의한 주수소화는 금하고, 마른 모래로 소화하여야 한다.

표 3-38 제1류 위험물 품명 및 지정수량

성질	품명	지정수량	위험등급
산화성 고체	1. 아염소산염류	50kg	I
	2. 염소산염류		
	3. 과염소산염류		
	4. 무기과산화물		
	5. 브롬산염류	300kg	II
	6. 질산염류		
	7. 요오드산염류		
	8. 과망간산염류	1000kg	III
	9. 중크롬산염류		

나. 제2류 위험물

제2류 위험물은 낮은 온도에서 착화가 쉬운 가연성 고체로 연소속도가 빠르고 연소 시 유독가스를 발생하는 것도 있다. 금속분은 물 또는 산과 접촉 시 발열된다.

저장 및 취급방법은 산화제와 접촉을 피하고 점화원, 고온물체, 가열을 피한다. 금속분은 물 또는 산과 접촉을 피한다.

소화방법으로는 금속분을 제외하고 주수에 의한 냉각소화를 실시하며 금속분은 마른모래로 소화한다.

제2류 위험물 중 유황은 순도가 60% 이상인 것만 위험물로 취급되며 가루는 분진폭발 위험이 있고 목탄가루와 혼합 시 가열, 충격, 마찰에 의하여 폭발위험성이 있다. 물에 녹지 않고 이황화탄소에는 잘 녹는다.

금속분은 산화제와 혼합 시 가열, 충격, 마찰 등에 의하여 착화위험이 있으며 할로겐 원소와 접촉 시 자연발화 위험이 있고 분진폭발 위험성이 있다.

제2류 위험물 중 삼황화린(P_4S_3)과 적린(P_4)은 연소 시 독성물질인 오산화인(P_2O_5)이 생성된다.

표 3-39 제2류 위험물 품명 및 지정수량

성질	품명	지정수량	위험등급	비고
가연성 고체	1. 황화린	100kg	II	
	2. 적 린			
	3. 유 황			순도가 60중량% 이상인 것
	4. 철 분	300kg	III	53㎛의 표준체 통과 5중량% 미만인 것 제외
	5. 금속분			알칼리금속, 알칼리토금속, 철, 마그네슘 제외 구리분, 니켈분 및 150㎛의 표준체를 통과하는 것이 50중량% 미만인 것 제외
	6. 마그네슘			2mm체 통과 못하는 덩어리 제외, 직경 2mm 이상 막대모양 제외
	7. 인화성고체	1000kg		고형알코올 및 1기압에서 인화점이 40℃ 미만인 고체

다. 제3류 위험물

제3류 위험물은 물과 접촉 시 발열반응 및 가연성 가스가 발생하며, 대부분 금수성 및 불연성 물질(황린, 칼륨, 나트륨, 알킬알루미늄 제외)이다. 대부분 무기물이며 고체 상태이다.

저장 및 취급방법은 물과 접촉을 피하고 보호액속에 저장 시 보호액 표면의 노출에 주의한다. 또한 화재 시 소화가 어려우므로 소분(소량씩 분리함)하여 저장한다.

소화방법은 물에 의한 주수소화는 절대 금하고 마른모래 또는 금속화재용 분말약재로 소화한다. 알킬알루미늄 화재는 팽창질석 또는 팽창진주암으로 소화한다.

제3류 위험물중 황린은 공기 중 약 40~50℃에서 자연 발화하므로 저장 시 반드시 물속에 저장하며 인화수소(PH_3)의 생성을 방지하기 위하여 물의 pH는 9를 넘지 않도록 한다.

황린은 연소 시 독성물질인 오산화인(P_2O_5)이 생성되고 강알칼리의 용액에서는 유독기체인 포스핀(PH_3)이 발생한다. 고압의 주수소화는 황린을 비산시켜 연소면이 확대될 우려가 있다.

알칼리금속(K, Na 제외) 및 알칼리토금속은 물과 반응하여 수소기체를 발생시킨다.

물 및 포약제의 소화는 절대 금하고 마른모래 등으로 피복소화한다.

금속의 인화물은 물 및 약산과 격렬히 반응하며 분해하여 포스핀(PH_3)을 생성한다.

탄화칼슘은 물과 접촉시 아세틸렌을 생성하고 열을 발생시킨다. 아세틸렌의 폭발범위는 2.5~81%로 대단히 넓어서 폭발위험성이 크며, 장기 보관시 불활성기체(N_2등)를 봉입하여 저장한다.

탄화알루미늄 및 탄화망간은 물과 접촉 시 메탄가스를 생성하고 발열반응한다.

표 3-40 제3류 위험물 품명 및 지정수량

성질	품명	지정수량	위험등급
자연발화성 및 금수성 물질	1. 칼륨	10kg	I
	2. 나트륨		
	3. 알킬알루미늄		
	4. 알킬리튬		
	5. 황린	20kg	
	6. 알칼리금속(칼륨 및 나트륨 제외) 및 알칼리토금속	50kg	II
	7. 유기금속화합물(알킬알루미늄 및 알킬리튬 제외)		
	8. 금속의 수소화물	300kg	III
	9. 금속의 인화물		
	10. 칼슘 또는 알루미늄의 탄화물		

라. 제4류 위험물

표 3-41 제4류 위험물 품명 및 지정수량

성질	품명		지정수량	위험등급	비고
인화성 액체	특수인화물		50l	I	• 발화점 100℃ 이하 • 인화점 −20℃ 이하 & 비점 40℃이하 • 이황화탄소, 디에틸에테르
	제1석유류	비수용성	200l	II	• 인화점 21℃ 미만 • 아세톤, 휘발유
		수용성	400l		
	알코올류		400l		C_1~C_3 포화 1가 알코올 (변성알코올 포함)
	제2석유류	비수용성	1000l	III	• 인화점 21℃ 이상 70℃ 미만 • 등유, 경유
		수용성	2000l		
	제3석유류	비수용성	2000l		• 인화점 70℃ 이상 200℃ 미만 • 중유, 클레오소트유
		수용성	4000l		
	제4석유류		6000l		인화점이 200℃이상 250℃ 미만
	동식물유류		10000l		동물의 지육 또는 식물의 종자나 과육으로부터 추출한 것으로 1기압에서 인화점이 250℃ 미만인 것

제4류 위험물은 대단히 인화되기 쉬운 인화성액체이다. 증기는 공기보다 무겁고 공기와 약간만 혼합 되어도 연소한다. 일반적으로 물보다 가볍고 물에 잘 안 녹는다.

저장 및 취급방법은 화기의 접근은 절대로 금하고 증기 및 액체의 누출을 피하며 액체의 이송 및 혼합 시 정전기 방지를 위한 접지를 실시한다. 증기의 축적을 방지하기 위하여 통풍장치를 설치한다.

소화방법은 봉상의 주수소화는 연소면 확대로 절대 금하며(단, 수용성 위험물은 주수소화도 가능) 일반적으로 포약제에 의한 소화방법이 가장 적당하다. 수용성인 알코올 화재는 포약제 중 알코올포를 사용하고 물에 의한 분무소화도 효과적이다.

수용성 위험물의 화재에서는 반드시 알코올포를 사용해야 하는데 일반 포약제 사용시 소포성 때문에 효과가 없기 때문이다.

마. 제5류 위험물

표 3-42 제5류 위험물 품명 및 지정수량

성질	품명	지정수량	위험등급
자기반응성물질	유기과산화물	10kg	I
	질산에스테르류		
	니트로화합물	200kg	II
	니트로소화합물		
	아조화합물		
	디아조화합물		
	히드라진 유도체		
	히드록실아민	100kg	
	히드록실아민염류		

제5류 위험물은 자기연소(내부연소)성 물질로 연소속도가 대단히 빠르고 폭발적으로 연소한다. 가열, 마찰, 충격에 의하여 폭발하며 물질자체가 산소를 함유하고 있어 연소시 소화가 어렵다.

저장 및 취급방법은 가열, 마찰, 충격을 피하고 저장 시 소분하여 저장한다. 화기 및 점화원의 접근을 피하고 운반용기 및 저장용기에 "화기엄금 및 충격주의"등의 표시를 한다.

소화방법은 화재초기 또는 소형화재 이외에는 소화가 어렵다. 다량의 물로 주수소화하며 물질자체가 산소를 함유하고 있어 질식효과의 소화방법은 효과가 없다. 화재초기에는 소화가 가능하지만 별다른 소화방법이 없어 주위의 위험물을 제거해야 한다.

유기과산화물은 일반적으로 과산화수소의 유도체 물질로 저장, 운반 시 산화제와 격리해야 한다.

질산에스테르류는 비수용성으로 알코올에 녹으며 용제, 폭약 등에 이용된다. 이중 니트로셀룰로오스는 초산에틸, 초산아밀, 아세톤에 잘 녹으며 직사광선, 산 접촉 시 분해 및 자연 발화하므로 저장, 운반 시 물(20%) 또는 알코올(30%)을 첨가 습윤 시킨다.

니트로글리세린은 상온에서는 액체이지만 겨울철에는 동결하며 비수용성으로 메탄올, 아세톤 등에 녹는다. 가열, 마찰, 충격에 대단히 위험하고 화재 시 폭굉 우려가 있으며 산과 접촉 시 분해가 촉진되고 폭발우려가 있다.

니트로화합물에는 피크린산(TNP)과 트리니트로톨루엔(TNT)이 있으며 피크린산은 연소시 검은 연기를 내고 폭발성은 없으나 휘발유, 알코올, 유황과 혼합된 것은 마찰, 충격에 폭발하여 화약, 불꽃놀이에 이용된다. 트리니트로톨루엔은 강력한 폭약이며 급격한 타격에 폭발한다. 연속속도가 너무 빨라 소화가 곤란하고 무기 및 다이너마이트, 질산폭약 제조에 이용된다.

히드라진 유도체 중 디메틸히드라진은 암모니아 냄새가 나는 독성이 강한 액체로 물, 에탄올, 에테르에 잘 녹으며 로켓의 연료, 유기합성에 이용된다.

바. 제6류 위험물

표 3-43 제6류 위험물 품명 및 지정수량

성질	품명	지정수량	위험등급	비고
산화성 액체	1. 과염소산	300kg	I	
	2. 과산화수소			농도가 36%(w/w) 이상인 것
	3. 질산			비중이 1.49이상인 것

제6류 위험물은 자신은 불연성이지만 산소를 함유한 강산화제이다. 분해에 의한 산소발생으로 다른 물질의 연소를 도우며 액체의 비중은 1보다 크고 물에 잘 녹으나 물과

접촉시 발열한다. 증기는 유독하고 부식성이 강하다.

저장 및 취급방법은 내산성 용기재질을 사용하고 산화성고체(1류)와 접촉을 피해야 하며 용기는 밀봉하고 파손 및 누설에 주의한다. 액체가 누출되면 중화제로 중화한다.

소화방법은 마른모래 및 CO_2로 소화하고 무상(안개모양)주수도 효과적일 수 있으나 위급시에는 다량의 물로 냉각소화 한다.

과염소산은 강산화제로 물과 접촉 시 심한 열을 발생한다. 종이, 나무 조각과 접촉 시 연소하며 공기 중 분해하여 강하게 연기를 발생한다. 산화력 및 흡습성이 강하고 다량의 물로 분무 주수소화 한다.

과산화수소는 분해시 발생기산소를 발생시켜 농도가 높을수록 위험하다. 분해안정제로 인산 또는 요산을 첨가하고 저장용기는 밀폐하지 말고 구멍이 있는 마개를 사용한다. 강산화제이면서 환원제로도 사용하며 60% 이상의 고농도에서는 단독으로 폭발위험이 있고 히드라진과 접촉 시 분해 작용으로 폭발 위험이 있다. 과산화수소는 표백제 및 살균제로 이용되며 다량의 물로 주수소화 한다.

질산은 무색의 발연성 액체로 시판품은 일반적으로 68%이다. 저장용기는 직사광선을 피하고 찬 곳에 저장하며 실험실에서는 갈색병에 넣어 햇빛을 차단시킨다. 환원성 물질과 혼합하면 발화 또는 폭발하고 다량의 질산화재에 소량의 주수소화는 위험하므로 마른모래 및 CO_2로 소화한다. 위급시에는 다량의 물로 냉각소화 한다.

철, 알루미늄, 크롬, 코발트, 니켈은 진한질산에 의하여 부동태(금속이 보통상태에서 나타내는 반응성을 잃은 상태)가 된다.

● NFPA의 위험물 표시 및 위험물 분류

물질은 반드시 단독의 성질을 가지는 것만이 아니라, 가연성이면서 유독성인 것도 있다.

NFPA(National Fire Protection Association) 위험성 분류
– 연소 위험성 (Flammability Hazards)
– 건강 위험성 (Health Hazards)
– 반응 위험성 (Reactivity Hazards)

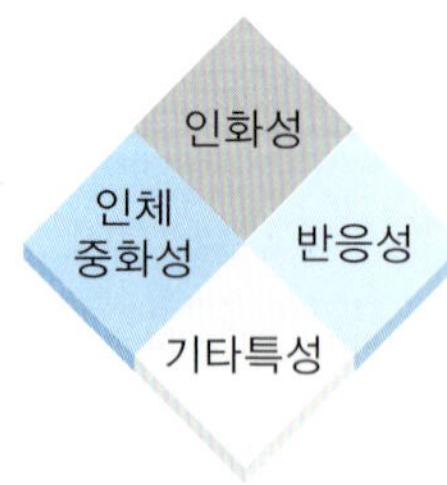

세가지 위험성에 대해 5단계 위험등급으로 표기한다. (위험이 없는 것은 0, 위험이 가장 큰 것은 4) 하단부의 기타특성은 주로 물과의 반응성이나 산화성 화학물질을 표시하기 위해 사용되는데 '₩'는 물의 사용이 위험하다는 것을 의미(금수성물질)하고 산화성 화학물질은 OX로 표시(산화제)한다.

인화성액체 (Flammable Liquid)의 분류

인화성액체는 100°F(37.8℃) 미만의 인화점을 가진 액체로, 100°F에서 40psi(276kPa) 이하의 증기압을 가진 액체로 Class I 액체로 불린다.

Class I 액체

– Class I A : 인화점이 73°F(22.8℃) 미만이며, 비점이 100°F(37.8℃) 미만인 액체
– Class I B : 인화점이 73°F(22.8℃) 미만이며, 비점이 100°F(37.8℃) 이상인 액체
– Class I C : 인화점이 73°F(22.8℃) 이상 100°F(37.8℃) 미만인 액체

가연성액체 (Combustible Liquid)의 분류

가연성액체는 100°F(37.8℃) 이상의 인화점을 가진 액체로 다음과 같이 세분화된다.
– ClassⅡ 액체 : 인화점이 100°F(37.8℃) 이상 140°F(60℃) 미만의 액체
– ClassⅢA액체 : 인화점이 140°F(60℃) 이상 200°F(93.4℃) 미만의 액체
– ClassⅢB액체 : 인화점이 200°F(93.4℃) 이상인 액체

3. 화학물질관리법에 따른 물질의 분류

화학물질관리법에서 정의하는 유해화학물질은 유독물질, 사고대비물질, 제한물질, 금지물질, 허가물질 및 유해/위해 우려물질로 분류된다.

법에서 정의하는 유해성이란 화학물질의 독성 등 사람의 건강이나 환경에 좋지 아니

한 영향을 미치는 화학물질 고유의 성질을 말하고 위해성이란 유해성이 있는 화학물질이 노출되는 경우 사람의 건강이나 환경에 피해를 줄 수 있는 정도를 말한다.

가. 유독물질

유독물질은 유해성이 있는 화학물질로써 대통령령으로 정하는 기준에 따라 환경부장관이 정하여 고시한 물질로 정의한다.

가. 설치류에 대한 급성경구독성 : 시험동물 수의 반을 죽일 수 있는 양(LD50)이 킬로그램당 300 밀리그램(300mg/kg) 이하인 화학물질

나. 설치류에 대한 급성경피독성 : 시험동물 수의 반을 죽일 수 있는 양(LD50)이 킬로그램당 1,000밀리그램(1,000mg/kg) 이하인 화학물질

다. 설치류에 대한 급성흡입독성 : 기체나 증기로 노출시킨 경우 시험동물 수의 반을 죽일 수 있는 농도(LC50, 4hr)가 2,500피피엠(2,500ppm) 이하이거나 리터당 10밀리그램(10mg/*l*) 이하인 화학물질 또는 분진이나 미립자로 노출시킨 경우 시험동물 수의 반을 죽일 수 있는 농도(LC50, 4hr)가 1.0밀리그램(1.0mg/*l*) 이하인 화학물질

라. 피부 부식성/자극성 : 피부에 3분 동안 노출시킨 경우 1시간 이내에 표피에서 진피까지 괴사(壞死)를 일으키는 화학물질

마. 어류, 물벼룩 또는 조류에 대한 급성독성 : 어류에 대한 급성독성 시험에서 시험어류 수의 반을 죽일 수 있는 농도(LC50, 96hr)가 리터당 1.0밀리그램(1.0mg/*l*) 이하인 화학물질, 물벼룩에 대한 급성독성 시험에서 시험물벼룩 수의 반에게 유영저해를 일으킬 수 있는 농도(EC50, 48hr)가 리터당 1.0밀리그램(1.0mg/*l*) 이하인 화학물질 또는 조류에 대한 급성독성 시험에서 시험 조류의 생장률을 반으로 감소시킬 수 있는 농도(LC50, 72hr 또는 96hr)가 리터당 1.0밀리그램(1.0mg/*l*) 이하인 화학물질

바. 어류, 물벼룩 또는 조류에 대한 만성독성 : 어류, 물벼룩 또는 조류에 대한 만성독성 시험에서 무영향농도 또는 이에 상응하는 영향을 주는 농도(ECx)가 리터당 0.01밀리그램(0.01mg/*l*) 이하인 화학물질

사. 반복노출독성 : 사람에 대한 사례연구 또는 역학조사로부터 반복 노출에 의해 사람에게 중대한 독성을 일으킨다는 신뢰성이 있고 양질의 증거가 있는 화학물질 또는 시험동물을 이용한 적절한 시험으로부터 일반적으로 낮은 수준의 노출농도에서 사람의 건강과 관련된 중대하거나 또는 강한 독성영향을 일으켰다는 소견에 기초하여 반복 노출에 의해 사람에게 중대한 독성을 일으킬 가능성이 있다고 추정되는 화학물질

아. 변이원성 : 사람에 대한 역학조사연구에서 양성인 증거가 있는 물질로서 사람의 생식세포에 유전성 돌연변이를 일으키는 것으로 알려진 화학물질, 포유동물을 이용한 유전성 생식세포 변이원성시험에서 양성인 화학물질, 포유동물을 이용한 체세포 변이원성시험에서 양성이고 생식세포에 돌연변이를 일으킬 수 있는 증거가 있는 화학물질 또는 사람의 생식세포에 변이원성 영향을 보여주는 시험에서 양성인 화학물질

자. 발암성 : 사람에게 발암성이 있다고 알려져 있는 물질로서 주로 사람에게 충분한 발암성 증거가 있는 화학물질 또는 사람에게 발암성이 있다고 추정되는 물질로서 주로 시험동물에게 발암성 증거가 충분한 물질이거나 시험동물과 사람 모두에게서 제한된 발암성 증거가 있는 화학물질

차. 생식독성 : 사람에게 성적기능, 생식능력이나 발육에 악영향을 주는 것으로 판단할 만한 증거가 있은 화학물질 또는 사람에게 성적기능, 생식능력이나 발육에 악영향을 주는 것으로 추정할 만한 동물시험 증거가 있는 화학물질

카. 기타 : 위의 가목부터 사목까지의 규정에 해당하는 유독물질을 1퍼센트 이상 함유한 화합물 또는 혼합물과 위의 아목부터 차목까지의 규정에 해당하는 유독물질을 0.1퍼센트 이상 함유한 화합물 및 혼합물

해당 화학물질의 분해산물이 위 항목별 기준에 해당되는 경우에는 해당 화학물질이 항목별 기준에 해당되는 것으로 본다. 다만 위 항목별 기준에 해당되는 화학물질이라도 해당 화학물질의 용도, 예상 노출량, 물리적·화학적 특성, 유해성 정도 등을 고려하여 유독물질로 지정하지 않을 수 있다.

또한, 혼합물의 경우 개별물질의 함량이 유독물질지정기준에 해당하지 않더라도 유독물질로만 구성된 혼합물은 유독물질로 분류된다.

- **LC50 (Median lethal concentration)**

  시험물질에 노출 후 일정시간 또는 노출 중에 시험동물의 반수(50%)를 사망시킬 수 있는 물질의 농도를 말한다. LC50의 단위는 증기(vapor) 및 분진(dust)/연무(mist)일 경우 공기의 표준부피당 시험물질의 무게(mg/*l*)로 가스일 경우 ppm으로 표시한다.

- **LD50 (Median lethal dose)**

  1회 투여 시 시험동물의 50%를 치사시킬 수 있는 시험물질의 용량을 말한다.

- **EC50 (50% effective concentration)**

  주어진 조건 하에서 특정 약물을 시험 집단에 적용하였을 때 50%에 해당되는 수에서 약리 효과나 독성이 나타나는 농도를 말한다.

나. 사고대비물질

화학물질 중에서 급성독성·폭발성 등이 강하여 화학사고의 발생 가능성이 높거나 화학사고가 발생한 경우에 그 피해 규모가 클 것으로 우려되는 화학물질로써 화학사고 대비가 필요하다고 인정하여 화학 물질관리법 제39조에 따라 환경부장관이 지정·고시하는 물질로 정의한다.

사고대비물질은 인화성, 폭발성 및 반응성, 유출·누출 가능성 등 물리적·화학적 위험성이 높은 물질과 경구(經口) 투입, 흡입 또는 피부에 노출될 경우 급성독성이 큰 물질, 국제기구 및 국제협약 등에서 사람의 건강 및 환경에 위해를 미칠 수 있다고 판명된 물질, 그 밖에 화학사고 발생의 우려가 높아 특별한 관리가 필요하다고 인정되는 물질로서 화학물질관리법 시행규칙 별표10에 의해 69종이 지정·고시 되어있다.

다. 제한물질

특정용도로 사용되는 경우 위해성이 크다고 인정되는 화학물질로써 그 용도로의 제조, 수입, 판매, 보관·저장, 운반 또는 사용을 금지하기 위하여 환경부장관이 관계 중앙행정기관의 장과의 협의와 [화학물질의 등록 및 평가 등에 관한 법률] 제7조에 따른 화학물질평가위원회의 심의를 거쳐 고시한 물질로 정의하며 12종의 물질이 지정되어 있다.

유해성심사 및 위해성평가 결과 위해성이 있다고 인정되는 경우, 국제기구 등이 위해성이 있다고 인정하는 경우, 국제협약 등에 따라 제조·수입 또는 사용이 금지되거나 제한되는 경우, 허가물질을 대체할 수 있는 물질과 신기술을 개발하여 허가물질을 사용하지 아니하여도 되는 사유로 지정 해제된 허가물질에 해당하는 경우 제한물질로 지정한다.

라. 금지물질

위해성이 크다고 인정되는 화학물질로써 모든 용도로의 제조, 수입, 판매, 보관·저장, 운반 또는 사용을 금지하기 위하여 환경부장관이 관계 중앙행정기관의 장과의 협의와 [화학물질의 등록 및 평가 등에 관한 법률] 제7조에 따른 화학물질평가위원회의 심의를 거쳐 고시한 물질로 정의하며 60종의 물질이 지정되어 있다.

유해성심사 및 위해성평가 결과 위해성이 있다고 인정되는 경우, 국제기구 등이 위해성이 있다고 인정하는 경우, 국제협약 등에 따라 제조·수입 또는 사용이 금지되거나 제한되는 경우, 허가물질을 대체할 수 있는 물질과 신기술을 개발하여 허가물질을 사용하지 아니하여도 되는 사유로 지정 해제된 허가물질에 해당하는 경우 금지물질로 지정한다.

마. 허가물질

위해성이 있다고 우려되는 화학물질 또는 사람에게 암, 돌연변이, 생식능력 이상 또는 내분비계에 장애를 일으키거나 일으킬 우려가 있는 물질이나 사람 또는 동식물의 체내에 축적성이 높고, 환경 중에 장기간 잔류하는 물질 또는 이러한 물질과 동등한 수준 또는 그 이상의 심각한 위해를 줄 수 있는 물질로써 환경부장관의 허가를 받아 제조, 수입, 사용 하도록 환경부장관이 관계 중앙행정기관의 장과의 협의와 [화학물질의 등록 및 평가 등에 관한 법률] 제7조에 따른 화학물질평가위원회의 심의를 거쳐 고시한 물질로 정의한다.

사람에게 암, 돌연변이, 생식능력 이상 또는 내분비계에 장애를 일으키거나 일으킬 우려가 있는 물질

가. 발암성 : 사람에게 발암성이 있다고 알려져 있는 물질로서 주로 사람에게 충분한 발암성 증거가 있는 화학물질 또는 사람에게 발암성이 있다고 추정되는 물질로서 주로 시험동물에게 발암성 증거가 충분한 물질이거나 시험동물과 사람 모두에게서 제한된 발암성 증거가 있는 화학물질

나. 변이원성 : 사람에 대한 역학조사연구에서 양성인 증거가 있는 물질로서 사람의 생식세포에 유전성 돌연변이를 일으키는 것으로 알려진 화학물질, 포유동물을 이용한 유전성 생식세포 변이원성시험에서 양성이 화학물질, 포유동물을 이용한 체세포 변이원성시험에서 양성이고 생식세포에 돌연변이를 일으킬 수 있는 증거가 있는 화학물질 또는 사람의 생식세포에 변이원성 영향을 보여주는 시험에서 양성인 화학물질

다. 생식독성 : 사람에게 성적기능, 생식능력이나 발육에 악영향을 주는 것으로 판단할 만한 증거가 있는 화학물질 또는 사람에게 성적기능, 생식능력이나 발육에 악영향을 주는 것으로 추정할 만한 동물시험 증거가 있는 화학물질

라. 내분비계 장애 : 사람의 내분비계에 장애를 일으키거나 일으킬 우려가 있는 화학물질

사람 또는 동식물의 체내에 축적성이 높고, 환경 중에 장기간 잔류하는 물질

가. 다음 세가지 기준에 모두 해당하는 화학물질 :

- 잔류성 : 수중에서 반감기가 40일을 초과, 퇴적물에서 반감기가 120일을 초과, 토양에서 반감기가 120일을 초과 중 하나의 기준에 해당할 것
- 생물축적성 : 생물농축계수가 2,000을 초과할 것
- 독성 : 유독물질 지정기준에 해당할 것

나. 다음 두가지 기준에 모두 해당하는 화학물질 :

- 잔류성 : 수중에서 반감기가 60일을 초과, 퇴적물에서 반감기가 180일을 초과, 토양에서 반감기가 180일을 초과 중 하나의 기준에 해당할 것
- 생물축적성 : 생물농축계수가 5,000을 초과할 것

사람에게 암, 돌연변이, 생식능력 이상 또는 내분비계에 장애를 일으키거나 일으킬 우려가 있는 물질 및 사람 또는 동식물의 체내에 축적성이 높고, 환경 중에 장기간 잔류하는 물질과 동등한 수준 또는 그 이상의 심각한 위해를 줄 수 있는 물질 허가물질을 지정 · 고시하는 경우에는 지정기준과 함께 해당 화학물질의 용도, 노출정보, 물리적 · 화학적 특성, 유해성 및 위해성 정보, 국제적 관리기준, 사회경제적 영향 분석 등을 고려해야 한다.

4. 산업안전보건법에 따른 물질의 분류

산업안전보건법에서는 GHS에 따른 화학물질의 분류를 적용한다.

이 외에도 법령에서 정하는 유해물질은 금지물질, 허가대상물질, 허용기준 이하 유지 대상 유해인자, 작업환경측정 대상 유해인자, 특수건강진단 대상 유해인자, 관리대상 유해물질로 분류된다.

가. 제조 등 금지물질

제조 등 금지물질은 사람에게 강력함 암을 발생시키거나 건강에 치명적인 위해를 주는 물질로서 유해한 물질의 제조·사용을 근원적으로 금지시키는 물질을 뜻한다.

표 3-44 제조 등이 금지되는 유해물질

해당 물질 종류
1. 황린 성냥
2. 백연을 함유한 페인트(함유된 용량의 비율이 2퍼센트 이하인 것은 제외한다)
3. 폴리클로리네이티드터페닐(PCT)
4. 4-니트로디페닐과 그 염
5. 악티노라이트석면, 안소필라이트석면 및 트레모라이트석면
6. 베타-나프틸아민과 그 염
7. 백석면, 청석면 및 갈석면
8. 벤젠을 함유하는 고무풀(함유된 용량의 비율이 5퍼센트 이하인 것은 제외한다)
9. 제3호부터 제7호까지의 어느 하나에 해당하는 물질을 함유한 제제(함유된 중량의 비율이 1퍼센트 이하인 것은 제외한다)
10. 「화학물질관리법」 제2조제5호에 따른 금지물질
11. 그 밖에 보건상 해로운 물질로서 산업재해보상보험및예방심의위원회의 심의를 거쳐 고용노동부장관이 정하는 유해물질

나. 허가 대상 유해물질

보건상 해로운 석면 등 8종의 유해물질을 제조 또는 사용하고자 하는 사업주는 근로자 건강장해 방지를 위하여 적정 시설, 설비를 갖추고 지방노동관서장의 사전 허가를 받아 제조 또는 사용하여야 하는 물질이다.

표 3-45 허가대상 유해물질

해당 물질 종류
1. 디클로로벤지딘과 그 염
2. 알파-나프틸아민과 그 염
3. 크롬산 아연
4. 오로토-톨리딘과 그 염
5. 디아니시딘과 그 염
6. 베릴륨
7. 비소 및 그 무기화합물

8. 크롬광(열을 가하여 소성 처리하는 경우만 해당한다)
9. 휘발성 콜타르피치
10. 황화니켈
11. 염화비닐
12. 벤조트리클로리드
14. 제1호부터 제11호까지의 어느 하나에 해당하는 물질을 함유한 제제(함유된 중량의 비율이 1퍼센트 이하인 것은 제외한다)
15. 제12호의 물질을 함유한 제제(함유된 중량의 비율이 0.5퍼센트 이하인 것은 제외한다)
16. 그 밖에 보건상 해로운 물질로서 고용노동부장관이 산업재해보상보험및예방심의위원회의 심의를 거쳐 정하는 유해물질

다. 허용기준 이하 유지 대상 유해인자

표 3-46 대통령령으로 정하는 유해인자

해당 물질 종류	
1. 납 및 그 무기화합물	8. 이황화탄소
2. 니켈(불용성 무기화합물로 한정)	9. 카드뮴 및 그 화합물
3. 디메틸포름아미드	10. 톨루엔-2, 4-디이소시아네이트
4. 벤젠	11. 트로클로로에틸렌
5. 2-브로모프로판	12. 포름알데히드
6. 석면(제조·사용하는 경우만 해당)	13. 노말헥산
7. 6가크롬 화합물	

작업장 내 사용되는 발암성물질이나 직업별 발생물질 등에 노출되어 있는 근로자들에게 중대한 건강장해를 끼칠 우려가 있어, 이에 대한 보호를 위해 해당물질에 대해서 항상 일정기준 이하로 유지하여야 하는 물질이다.

라. 작업환경측정 대상 유해인자

작업환경 측정대상 유해인자는 산업안전보건법 시행규칙 고용노동부령 제122호 별표11의4에서 규정하며 화학적 인자로 유기화합물 113종, 금속류 23종, 산 및 알칼리류 17종, 가스 상태 물질류 15종, 허가대상 유해물질 12종, 금속가공유 1종과 물리적 인자로 8시간 가중평균 80dB 이상의 소음과 안전보건규칙 제3편 제6장에 따른 고열 2종과

분진으로 광물성분진, 곡물분진, 면 분진, 나무분진, 용접 흄, 유리섬유를 포함한다.

마. 특수건강진단 대상 유해인자

표 3-47 작업환경측정 및 특수건강진단 대상 유해인자

작업환경측정	특수건강진단
1. 벤젠, 톨루엔, 노말헥산, DMF, TCE, 포름알데히드 등의 유기화합물류 113종 2. 구리, 납, 수은, 알루미늄, 주석, 산화철, 카드뮴 등 금속류 23종 3. 질산, 초산, 수산화나트륨 등 산 및 알칼리류 17종 4. 불소, 브롬 등 가스 상태 물질류 15종 5. 디클로벤지딘과 그 염, 베릴륨 등 허가대상 유해물질 12종 6. 소음, 고열 등 물리적 인자 2종 7. 광물성분진, 곡물분진, 나무분진, 면분진, 용접흄 등 분진 7종 8. 그 밖에 고용노동부장관이 정하여 고시하는 인체에 해로운 유해인자	1. 벤젠, 톨루엔, 노말헥산, DMF, TCE, 포름알데히드 등의 유기화합물류 108종 2. 구리, 납, 수은, 알루미늄, 주석, 산화철, 카드뮴 등 금속류 19종 3. 광물성분진, 곡물분진, 나무분진, 면분진, 용접흄 등 분진 6종 4. 질산, 초산, 시안화나트륨 등 산 및 알칼리류 8종 5. 염소, 아황산가스, 일산화탄소 등 가스 상태 물질류 14종 6. 디클로로벤지딘과 그 염, 베릴륨 등 허가대상 유해물질 13종 7. 기타 소음 등 물리적 인자 8종

특수건강진단 대상 유해인자는 산업안전보건법 시행규칙 고용노동부령 제122호 별표12의2에서 규정하며 화학적 인자로 유기화합물 108종, 금속류 19종, 산 및 알칼리류 8종, 가스 상태 물질류 14종, 허가대상 유해물질 13종, 금속가공유 1종과 분진으로 곡물분진, 광물성분진, 면 분진, 나무 분진, 용접 흄, 유리섬유 분진과 물리적 인자로 소음, 진동, 방사선, 고기압, 저기압, 유해광선과 야간작업을 포함한다.

바. 관리대상 유해물질

산업안전보건기준에 관한 규칙에서 규정하며 유기화합물 113종, 금속류 23종, 산 및 알칼리류 17종, 가스 상태 물질류 15종을 포함한다.

표 3-48 관리대상 유해물질 지정현황

구분	물질		
유기화합물 (116종)	가. 글루타르알데히드	누. n-부틸알코올	댜. 초산 에틸
	나. 니트로글리세린	두. sec-부틸알코올	랴. 초산 프로필
	다. 니트로메탄	루. 1-브로모프로판	먀. 초산 이소부틸
	라. 니트로벤젠	무. 2-브로모프로판	뱌. 초산 이소아밀
	마. p-니트로아닐린	부. 브이엠 및 피 나프타	샤. 초산 이소프로필
	바. p-니트로클로로벤젠	수. 브롬화 메틸	야. 크레졸
	사. 디니트로톨루엔	우. 비닐 아세테이트	쟈. 크실렌
	아. 디메틸아닐린	주. 사염화탄소	챠. 클로로벤젠
	자. 디메틸아민	추. 스토다드 솔벤트	캬. 2-클로로-1,3-부타디엔
	차. N,N-디메틸아세트아미드	쿠. 스티렌	탸. 1,1,2,2-테트라클로로에탄
	카. 디메틸포름아미드	투. 시클로헥사논	퍄. 1,1,2-트리클로로에탄
	타. 디에탄올아민	푸. 시클로헥사놀	햐. 1,2,3-트리클로로프로판
	파. 디에틸렌 트리아민	후. 시클로헥산	겨. 테트라하이드로푸란
	하. 2-디에틸아미노에탄올	그. 시클로헥센	녀. 톨루엔
	거. 디에틸아민	느. 아닐린 및 그 동족체	뎌. 톨루엔-2,4-디이소시아네이트
	너. 디에틸 에테르	드. 아세토니트릴	려. 톨루엔-2,6-디이소시아네이트
	더. 디(2-에틸헥실)프탈레이트	르. 아세톤	며. 트리에틸아민
	러. 1,4-디옥산	므. 아세트알데히드	벼. 트리클로로메탄
	머. 디이소부틸케톤	브. 아크릴로니트릴	셔. 트리클로로에틸렌
	버. 디클로로메탄	스. 아크릴아미드	여. 퍼클로로에틸렌
	서. o-디클로로벤젠	으. 알릴글리시딜에테르	져. 페놀
	어. 1,2-디클로로에틸렌	즈. 에탄올아민	쳐. 페닐글리시딜에테르
	저. 디클로로플루오로메탄	츠. 2-에톡시에탄올	켜. 포름알데히드
	처. 1,1-디클로로-1-플루오로에탄	크. 2-에톡시에틸아세테이트	텨. 프로필렌 이민
	커. 디하이드록시벤젠	트. 에틸렌 글리콜	펴. 피리딘
	터. 2-메톡시에탄올	프. 에틸렌글리콜 디니트레이트	혀. 하이드라진
	퍼. 2-메톡시에틸아세테이트	흐. 에틸렌글리콜 모노 부틸 아세테이트	교. 헥사메틸렌 디이소시아네이트
	허. 메틸렌 디(비스)페닐 디이소시아네이트	기. 에틸렌이민	뇨. n-헥산
	고. 메틸 아민	니. 에틸렌 클로로히드린	됴. 헵탄
	노. 메틸 알코올	디. 에틸벤젠	료. 황산디메틸
	도. 메틸 에틸 케톤	리. 에틸아민	묘. 가목부터 료목까지의 물질을 용량비율 1퍼센트이상 함유한 제제
	로. 메틸 이소부틸 케톤	미. 에틸 아크릴레이트	
	모. 메틸 클로라이드	비. 2,3-에폭시-1-프로판올	
	보. 메틸 n-부틸케톤	시. 1,2-에폭시프로판	
	소. 메틸 n-아밀케톤	이. 에피클로로히드린	
	오. o-메틸시클로헥사논	지. 요오드화 메틸	
	조. 메틸시클로헥사놀	치. 이소부틸 알코올	

	초. 메틸클로로포름 코. 무수 말레인 토. 무수프탈산 포. 벤젠 호. 1,3-부타디엔 구. 2-부톡시에탄올	키. 이소아밀 알코올 티. 이소프로필 알코올 피. 이염화에틸렌 히. 이황화탄소 갸. 초산 메틸 냐. n-초산 부틸	
금속류 (23종)	가. 구리 및 그 화합물 나. 납 및 그 무기화합물 다. 니켈 및 그 화합물 라. 망간 및 그 화합물 마. 바륨 및 그 가용성화합물 바. 백금 및 그 화합물 사. 산화마그네슘 아. 셀레늄 및 그 화합물	자. 수은 및 그 화합물 차. 아연 및 그 화합물 카. 안티몬 및 그 화합물 타. 알루미늄 및 그 화합물 파. 요오드 하. 은 및 그 화합물 거. 이산화티타늄 너. 주석 및 그 화합물	더. 지르코늄 및 그 화합물 러. 철 및 그 화합물 머. 오산화바나듐 버. 카드뮴 및 그 화합물 서. 코발트 및 그 무기화합물 어. 크롬 및 그 화합물 저. 텅스텐 및 그 화합물 처. 가목부터 저목까지의 물질을 중량비율 1퍼센트
산알칼리류 (17종)	가. 개미산 나. 과산화수소 다. 무수초산 라. 불화수소 마. 브롬화수소 바. 수산화나트륨	사. 수산화칼륨 아. 시안화나트륨 자. 시안화칼륨 차. 시안화칼슘 카. 아크릴산 타. 염화수소 파. 인산	하. 질산 거. 초산 너. 트리클로로아세트산 더. 황산 러. 가목부터 더목까지의 물질을 중량비율 1퍼센트 이상 함유한 제제
가스 상태 물질류 (15종)	가. 불소 나. 브롬 다. 산화에틸렌 라. 삼수소화비소 마. 시안화수소 바. 암모니아	사. 염소 아. 오존 자. 이산화질소 차. 이산화황 카. 일산화질소 타. 일산화탄소	파. 포스겐 하. 포스핀 거. 황화수소 너. 가목부터 거목까지의 물질을 용량비율 1퍼센트 이상 함유한 제제

5. 고압가스 안전관리법에 따른 물질의 분류

고압가스 안전관리법에서 정의하는 고압가스란 상용의 온도에서 압력(게이지압력을 말한다.)이 1메가 파스칼 이상이 되는 압축가스로서 실제로 그 압력이 1메가파스칼 이상이 되는 것 또는 섭씨 35도의 온도에서 압력이 1메가파스칼 이상이 되는 압축가스(아세틸렌가스는 제외)는, 섭씨 15도의 온도에서 압력이 0파스칼을 초과하는 아세틸렌가스, 상용의 온도에서 압력이 0.2메가파스칼 이상이 되는 액화가스로서 실제로 그 압력이 0.2메가파스칼 이상이 되는 것 또는 압력이 0.2메가파스칼이 되는 경우의 온도가 섭씨 35도 이하인 액화가스, 섭씨 35도의 온도에서 압력이 0파스칼을 초과하는 액화가스 중 액화시안화수소·액화브롬화메탄 및 액화산화에틸렌가스로 정의한다.

- 상태에 따른 분류
  - 압축가스 : 수소·산소·질소·메탄 등 기체 상태로 압축한 가스
  - 액화가스 : 암모니아·염소·탄산가스·프로판·부탄 등과 같이 상온에서 압축하여 고압용기에 저장된 가스
  - 용해가스 : 아세틸렌등 다공물의 고체 물질에 용해하여 저장하는 가스
- 연소성에 따른 분류
  - 가연성가스 : 프로판·부탄·수소·아세틸렌 등 산소와 작용하여 열과 빛을 내며 연소하는 가스
  - 조연성가스 : 산소·공기 등 다른 가연성 가스의 연소를 돕는 가스
  - 불연성가스 : 질소·탄산가스 등과 같이 연소하지 않는 가스
- 독성에 따른 분류
  - 독성가스 : 염소·암모니아·일산화탄소 등과 같이 공기중에 일정량 이상 존재하면 인체에 유해한 가스
  - 비독성가스 : 산소·질소·수소 등 인체에 유해하지 않는 가스

● **액화가스**

가압·냉각 등의 방법에 의하여 액체상태로 되어 있는 것으로서 대기압에서의 끓는 점이 섭씨 40도 이하 또는 상용 온도 이하인 것을 말한다.

● **압축가스**

일정한 압력에 의하여 압축되어 있는 가스를 말한다.

일반적으로 가스를 상업적으로 분류할 때 산업용가스와 특수가스로, 유해성으로 분류할 때는 불연성가스, 가연성가스, 부식성가스, 조연성가스 및 독성가스로 구분한다.

산업용 가스란 원유정제, 석유화학, 정밀화학, 발전, 광업, 제련, 금속, 의학, 음료 등에 널리 사용되는 가스를 지칭하며, 대기 중의 주요 구성 성분인 산소, 질소, 아르곤 및 미량 구성요소인 이산화탄소·헬륨·수소 등을 의미한다. 즉, 주변에서 쉽게 반응 등을 거치지 않고 접할 수 있는 가스들이라 이해하는 것이 좋다. 특수가스란 일상 대기 중에서 존재하나 구성 비율이 매우 희박한 가스(네온, 제논, 크립톤 등), 일상 자연환경에서는 존재하지 않는 삼불화질소, 실란 등과 자연 상태에서는 존재하지 않는 특정 구성 비율을 가진 가스(예: 10% O_2/N_2)와 초고순도로 정제된 산업용 가스들을 의미한다.

특수가스 중 반도체, LCD, LED, 태양광, Healthcare, Academic 등의 분야에 사용되는 가스들을 일반적으로 Electronics Specialty Gas(ESG)라 부르며, 이들 전자산업용 특수 가스는 매우 높은 순도의 품질이 요구되며 순수가스 또는 혼합가스 형태로 사용되고 있다.

용기 내의 가스 제품의 물리적 성상에 따라 액화압축가스와 비액화압축가스로도 분류한다. 가스를 취급 할 때, 용기 내의 제품 성상은 가스의 사용 및 관리, 누출 시 비상대응 방안을 선택하는 데 매우 중요한 요소로 작용하게 된다. 일반적으로 사용되는 용기 내에 액상 부분이 존재하면 액화압축가스로, 용기 내에 가스만 존재하는 경우에는 비액화압축가스로 이해하면 된다.

기체는 가스와 증기로 나눌 수 있는데 그 차이점은 가스는 상온 상압 하에서 일정한 공간을 점유한 무정형 유체를 의미하며, 25℃ 1기압상태에서 기체 상태로 존재한다. 이에 반하여 증기는 상온 상압 하에서 액체나 고체로 존재하는 물질이 압력강하나 온도상승에 의해 기체상태로 존재하는 유체로서 보통 기체와 액적이 섞여있는 상태로 존재한다.

True Gas라 함은 임계점(Critical Point, 압력에 관계없이 물질의 액체상태가 더 이상 존재하지 않게 되는 온도, 예: CO_2의 임계온도는 31℃이다. 즉, 이온도 이상에서는 아무리 압력을 가하더라도 액화되지 않는다.) 이상의 온도로 존재하는 가스를 의미한다.

고압가스안전관리법 시행규칙 제2조에 의한 특수가스란 압축모노실란·압축디보레인·액화알진·포스핀·세렌화수소·게르만·디실란 및 그 밖에 반도체의 세정 등 산업통산부장관이 인정하는 특수한 용도에 사용되는 고압가스를 말한다.

가스 물질에 대한 유해성분류는 크게 5가지로 나눌 수 있다. 불연성(Non-Flammable), 가연성(Flammable), 산화성(Oxidizer), 독성(Toxic) 및 부식성(Corrosive)이다.

불연성 가스는 말 그대로 연소가 되지 않는 가스를 의미하며, 대표적으로 질소, 헬륨 등의 산업용가스와 제논·크립톤·육불화황 등의 특수가스가 불연성 특징을 가지고 있다.

이들 물질은 무취, 무미, 비자극성의 특징을 가지고 있으므로 실내에서 가스 누출이 발생한 경우, 적절한 환기와 감지기를 통한 작업자 보호가 이뤄지지 않는다면 산소 결핍 환경이 유발될 수 있다.

가. 가연성 가스

가연성 가스는 불연성 가스가 가지는 유해성(질식과 압력)에 추가적으로 화재 또는 폭발을 일으키는 성질을 가지고 있다. 가연성 가스의 유해성을 인식할 때의 주요 인자로는 대기 중에서의 연소범위, 자연발화온도, 비중 세 가지가 있다.

표 3-49 가연성 가스 물질현황

물질			
아크릴로니트릴	아크릴알데히드	아세트알데히드	아세틸렌
암모니아	수소	황화수소	시안화수소
일산화탄소	이황화탄소	메탄	염화메탄
브롬화메탄	에탄	염화에탄	염화비닐
에틸렌	산화에틸렌	프로판	시클로프로판
프로필렌	산화프로필렌	부탄	부타디엔
부틸렌	메틸에테르	모노메틸아민	디메틸아민
트리메틸아민	에틸아민	벤젠	에틸벤젠
그 밖에 공기 중에서 연소하는 가스로서 폭발한계(공기와 혼합된 경우 연소를 일으킬 수 있는 공기 중의 가스 농도의 한계를 말한다.)의 하한이 10퍼센트 이하인 것과 폭발한계의 상한과 하한의 차가 20퍼센트 이상인 것			

나. 조연성가스

산소, 염소, 플루오르, 오존, 이산화질소 등과 같이 다른 가연성가스의 연소를 도와주거나 지속시켜주는 가스로 지연성가스라고도 한다. 가연성물질을 연소하는데 산화제로 작용하거나 직접 연소에 필요한 산소를 공급해주는 역할을 하므로 가연성가스와 조연성가스가 혼합되어 있을 경우 강력한 화재, 폭발의 발생가능성이 있어 취급에 주의해야 한다.

다. 불연성가스

불연성 가스는 연소가 되지 않는 가스를 의미하며, 대표적으로 질소, 헬륨, 제논, 크립톤, 육불화황 등이 포함된다. 불연성 가스는 유해성은 낮지만 무취, 무미, 비자극성의 특징을 가지고 있어 실내에서 누출이 발생할 경우 적절한 환기가 이루어지지 않으면 산소 결핍환경에 의한 치명적 결과를 유발할 수 있다. 우리 인체는 아무런 자각이나 저항 없이 10~15초 사이에 의식을 잃게 되며 약간의 몽롱함 정도 이상을 느끼지 못해 즉시 조치하지 않는 경우 수 분 내로 사망한다.

또한 용기 내에 저장된 가스는 높은 압력 에너지를 가지고 있어 용기 전도로 인한 밸브 파손이 발생하게 되면 위험한 상황을 초래할 수 있다.

라. 독성가스

독성 가스는 생명체에 나쁜 영향을 주는 것으로 일반적으로 독성 물질이 인체에 나쁜 영향을 미치는 경로는 흡입, 흡수, 섭취 등의 형태로 유발되며, 가스 상 독성물질로 인한 중독현상은 대부분 흡입에 의하여 발생한다.

표 3-50 독성 가스 물질현황

물질			
아크릴로니트릴	아크릴알데히드	아황산가스	암모니아
일산화탄소	이황화탄소	불소	염소
브롬화메탄	염화메탄	염화프렌	산화에틸렌
시안화수소	황화수소	모노메틸아민	디메틸아민
트리메틸아민	벤젠	포스겐	요오드화수소
브롬화수소	염화수소	불화수소	겨자가스
알진	모노실란	디실란	디보레인
세렌화수소	포스핀	모노게르만	

그 밖에 공기 중에 일정량 이상 존재하는 경우 인체에 유해한 독성을 가진 가스로서 허용농도(해당 가스를 성숙한 흰쥐 집단에게 대기 중에서 1시간 동안 계속하여 노출시킨 경우 14일 이내에 그 흰쥐의 2분의 1 이상이 죽게 되는 가스의 농도를 말한다.)가 100만분의 5000 이하인 것을 말한다.

6. 화학물질의 분류에 관한 예시

가. 암모니아가스 (NH_3)

1) 물리 화학적 특성

강한 자극취를 갖는 무색의 기체이다.

끓는점은 -33.4℃이며, 공기에 대한 비중은 0.58이다.

가압하면 쉽게 액화하며 액체 암모니아는 내압용기에 넣어 사용하기도 한다.

물에 쉽게 용해되어 수산화암모늄을 생성하며 그 수용액은 알칼리성을 띈다.

공기와 혼합 폭발성 가스를 생성한다.

2) GHS 기준에 따른 물질 분류

표 3-51 암모니아 가스의 GHS 기준에 따른 물질과 그림문자

인화성 가스	고압가스	급성 독성 물질	피부 부식성 또는 자극성 물질	발암성 물질	급성 수생환경 유해성 물질

3) 위험물안전관리법에 따른 물질 분류

해당사항 없음

4) 화학물질관리법에 따른 물질 분류

유독물, 사고대비물질

5) 산업안전보건법에 따른 물질 분류

노출기준설정물질, 작업환경측정물질, 관리대상유해물질, PSM 제출대상물질

6) 고압가스 안전관리법에 따른 물질 분류

독성가스, 가연성가스

나. Xylene ($C_6H_4(CH_3)_2$)

1) 물리 화학적 특성

벤젠 고리에 메틸기 2개가 결합하고 있는 구조의 방향족 탄화수소이다.

독특한 냄새를 가지며 침전물이 없는 무색, 투명한 휘발성 액체이다.

끓는점은 138℃이며, 비중은 0.8611이다.

인화성 액체 및 증기와 격렬하게 중합 반응하여 화재 및 폭발을 일으킬 수 있다.

주로 기초화학물질을 만들 때 원료로 사용되며, 합성수지나 합성섬유 등의 원료로 도 사용된다.

2) GHS 기준에 따른 물질 분류

표 3-52 Xylene의 GHS 기준에 따른 물질과 그림문자

자연발화성 액체	자극성 물질	발암성 물질	급성 수생환경 유해성 물질

3) 위험물안전관리법에 따른 물질 분류

제4류 제2석유류(비수용성)

4) 화학물질관리법에 따른 물질 분류

유독물

5) 산업안전보건법에 따른 물질 분류

노출기준설정물질, 작업환경측정물질, 관리대상유해물질, 특수건강진단대상물질

6) 고압가스 안전관리법에 따른 물질 분류

해당사항 없음

다. 황산 (H_2SO_4)

1) 물리 화학적 특성

무색의 지용성 액상으로서 물에 용해되나 격렬한 발열반응이 동시에 일어난다.

끓는점은 290℃이며 비중은 1.84이다.

주로 가수분해에 이용되고 가수분해한 다음 탄산칼슘을 가하여 황산칼슘으로 제거하기가 쉽다.

피부나 옷에 접촉되면 부식시킨다. 특히, 점막에 대한 부식작용이 강하다.

묽은 황산은 경우에 따라서 청량제로 사용하는데 독성은 거의 없다.

2) GHS 기준에 따른 물질 분류

표 3-53 황산의 GHS 기준에 따른 물질과 그림문자

피부 부식성 또는 자극성 물질	급성 독성 물질	발암성 물질

3) 위험물안전관리법에 따른 물질 분류

해당사항 없음

4) 화학물질관리법에 따른 물질 분류

유독물, 사고대비물질

5) 산업안전보건법에 따른 물질 분류

노출기준설정물질, 작업환경측정물질, 관리대상유해물질, 특수건강진단대상물질, 특별관리물질

6) 고압가스 안전관리법에 따른 물질 분류

해당사항 없음

EXERCISES

연습문제

01 산화성고체의 특징과 성질이 맞게 짝지어진 것은?

① 산화력 – 불연성　② 환원력 – 불연성
③ 산화력 – 가연성　④ 환원력 – 가연성

02 반응성물질에 해당되지 않는 것은?

① 오산화인　② 니트로화합물
③ 니트로소화합물　④ 유기과산화물

03 인화성물질과 관련된 내용 중 틀린 것은?

① 인화성액체의 경우 비중이 1보다 적은(물보다 가볍다)것이 많고 열, 스파크, 불꽃에 의해 쉽게 점화된다.
② 수소와 중수소 화재의 경우 눈에 보이는 불꽃을 내며 연소하므로 식별하기가 용이하다.
③ 인화성고체의 경우 일부는 섬광연소효과를 일으키며 급격히 연소할 수 있다.
④ 인화성액체의 경우 화재에 사용된 물이 하수구로 유입되면 화재나 폭발위험이 발생할 수 있다.

04 NFPA(National Fire Protection Association) 위험성 분류의 3요소를 설명하고 그림에 나타내시오.

05 사고대비물질의 종류와 수가 맞게 짝지어진 것은?

① 디보란 – 51종　② 메틸에틸케톤과산화물 – 69종
③ 황산 – 144종　④ 과산화벤조일 – 79종

06 독성관련용어와 채택기관이 잘못 짝지어진 것은?

① IDLH – NIOSH(미국산업안전보건연구원)
② TWA – ACGIH(미국산업위생사협의회)
③ PEL – OSHA(미국안전보건청)
④ ERPG – AIHA(미국산업위생협회)

07 부식성물질과 관련된 내용 중 틀린 것은?

① 아크릴산, 황산, 질산 등은 사고대비물질로서 피부부식성이 있다.
② 부식의 형태에는 전면부식, 식공부식, 균열부식 등이 있다.
③ 부식성 물질은 흡입이나 피부 접촉 시 소화기관, 피부와 눈에 심한 화상을 입히는 등 심한 상해나 사망을 초래할 수 있다.
④ 부식은 크게 건식과 습식이 있으며, 고온환원, 고온의 부식성 가스, 물 또는 전해질 용액 등에 의해 일어난다.

08 트리메틸아민의 위험성으로 틀린 것은?

① 극인화성 물질로 열, 스파크, 화염에 의해 쉽게 점화하고 폭발 위험
② 공기와 섞여 폭발성 혼합물 형성
③ 산화제, 산, 산화에틸렌, 금속와의 혼합은 안정
④ 증기가 매우 자극적, 접촉 시 화상/상해/동상, 흡입 시 현기증/질식 유발할 수 있음

09 클로로술폰산의 위험성으로 틀린 것은?

① 증기, 분진, 물질에 노출 시 심각한 상해, 화상, 사망을 초래할 수 있음
② 비가연성 물질이나, 화재에 노출 시 급속하게 분해되어 염화수소, 이산화황, 황산 생성
③ 물과 접촉하면 느리게 분해하고 염산, 황산 등과 같은 유독/인화성 물질을 생성
④ 가연성물질, 질산염, 염소산염, 금속성 분말류, 탄수화물류, 피크르산염류, 격발류 등과 혼합을 금지

10 다음 중 사고대비물질과 화학식이 틀리게 짝지어진 것은?

① 아크롤레인 – CH_3CHCHO ② 아르신 – AsH_3

③ 포스핀 – PH_3 ④ 트라이메틸아민 – $(CH_3)_3N$

11 Le Chatelier 법칙에 따른 혼합물의 LEL 계산식을 설명하고 부피로 0.8% 헥산, 2.0% 메탄과 0.5%에틸렌으로 구성된 혼합가스의 LEL을 구하시오.

12 화학물질의 유해성을 나타내는 LC50/LD50/EC50에 대해 각각의 의미와 구분 특성을 설명하시오.

13 강관 등 배관의 부식발생 메카니즘을 설명하시오.

14 급성독성의 판단 기준으로 사용되는 독성기준치가 아닌 것은?

① LD50

② LC50

③ STEL

④ ATE

15 발암성 물질에 대한 설명 중 틀린 것은?

① 발암성 물질에 대한 GHS분류는 4가지이다.

② 발암성은 물질에 노출된 후 암의 발생율을 증가시키는 물질이다.

③ 동물에 대한 발암성이 있다고 간주될 경우 구분 2로 구분된다.

④ 기구별로 발암성에 대한 분류기준은 다르다.

16 GHS에 따른 수생환경 유해성 물질 분류기준이 아닌 것은?

① 급성 수생 독성

② 생농축 잠재력

③ 신속분해성

④ 오존층 유해성 물질

17 다음 중 위험물안전관리법에 따라 분류하였을 경우 다른 종에 속하는 물질은?

① 황린
② 황화린
③ 적린
④ 유황

18 인화성액체의 종류가 아닌 것은?

① 제 1석유류
② 알코올류
③ 동식물 유류
④ 유기과산화물

19 인화성액체에 대한 설명중 틀린 것은?

① 인화성 액체의 증기는 일반적으로 공기보다 무겁다.
② 정전기 방지를위한 접지는 필수적이다.
③ 밀폐보관하므로 통풍장치는 필요없다.
④ 알코올포를 사용하여 소화하여야 한다.

20 제 5류 위험물의 성질과 품명이 맞에 짝지어진 것은?

① 산화성액체 – 니트로화합물
② 자기반응성 – 니트로화합물
③ 산화성액체 – 과염소산
④ 자기반응성 – 과염소산

21 미국 NFPA에 따른 인화성 액체를 분류하는 기준온도는 몇 도인가?

① 73°F
② 80°F
③ 92°F
④ 100°F

22 산업안전 보건법에 따른 물질분류 기준이 아닌 것은?

① 금지물질

② 허가대상 유해물질

③ 작업환경측정 대상 유해인자

④ 관리대상 유해물질

23 고압가스 안전전관법에 따른 고압가스가 아닌 것은?

① 상용온도에서 압력이 1메가 파스칼 이상인 압축가스

② 섭씨 25도의 온도에서 압력이 1메가 파스칼 이상인 가스

③ 아세틸렌 가스

④ 상용온도에서 압력이 0.2메가 파스칼 이상인 액화가스

Chapter 4 화학물질의 부정적 영향

화학물질은 현대문명에 없어서는 안되는 중요한 요소이나 화재, 폭발, 독극물 누출 등의 잠재적인 위험요소를 포함하고 있으므로 인체에 노출될 경우 적은 양으로도 죽음, 질병, 부상 또는 장애 발생의 원인이 될 수 있다. 특히 임산부, 여성, 어린이, 노인들은 유해 물질에 조금만 노출되어도 영향을 받기 쉽다.

이 단원에서는 화학물질의 인체 및 환경에 대한 부정적인 영향과 독성학 및 물리학적인 위험 요소를 알아보고 이를 최소화할 수 있는 방법을 서술하였다.

1. 인체에 대한 영향

가. 인체 유입 경로

유해화학물질이 인체에 유입되는 네 가지 주요 경로는 다음과 같다.

- 흡입 : 호흡을 통한 유입
- 피부흡수 : 피부막을 통한 유입
- 섭취 : 식품, 유동액 또는 물을 통한 유입
- 주입 : 손상된 피부 또는 직접 주입을 통한 유입

인체 속으로 유입되는 유해화학물질의 흡수율은 진입경로나 접촉 표면적과 직접적으로 연관되어 있다. 그 중에서 흡입은 가장 즉각적인 진입 경로인데, 이는 생체기관인 입 또는 코로 유입되는 독성물질이 체내혈관을 통해 이동하여 인체에 즉시 영향을 주기 때문이다.

독성물질은 혈류로의 직접 주입을 통해 신체로 유입될 수 있으나, 본 장에서는 표 4-1에서 보는 것과 같이 화학물질 취급자가 우선적으로 알아두어야 할 흡입, 섭취, 피부흡수를 통한 인체 유입에 대해 설명한다.

표 4-1 노출경로에 따른 영향

흡입	피부흡수	섭취	주입
- 가장 손상이 심한 경우가 많음 - 분말형태의 증기, 분진, 액체증기, 에어로졸 등 - 혈류를 통해 내장기관으로 전달 - 호흡기 마비 - 혈액의 산소운반능력 저하 - 기도에 영향	- 자연 영향 발생 - 몇 방울 흡수로도 사망가능 - 눈을 통한 흡수는 가장 빠른 노출방법의 하나 - 독성연기, 가스 혹은 증기 형태로 흡수	- 음식물 - 침, 타액 등 혼합	- 심각한 피부 화상 및 손상 - 산은 표면조직에 큰 손상을 가하는 반면, 염기는 더 깊은 손상 및 변형을 일으킴

흡입　　　　섭취　　　　직접적인 접촉

그림 4-1　인체의 노출경로

1) 흡입

호흡은 공기 중 화학물질이 인체로 유입되는 가장 즉각적인 진입 경로이다. 화학물질 또는 철성분이 폐를 통해 혈중에 유입되면 혈중 화학물질의 용해도에 따라 흡수가 되며, 뇌를 포함한 신체 부위에 부정적인 영향을 미치게 된다. 흡입에 의한 인체 유입의 가장 일반적인 예로는 흡연을 통한 일산화탄소(CO) 흡수가 있다. 용해된 일산화탄소는 헤모글로빈에 대한 결합 친화도가 산소보다 수백 배 높기 때문에 혈중에서 산소의 수송을 책임지고 있는 유기화합물인 헤모글로빈과 결합하여 혈액의 산소운반능력을 저하시켜 인체에 부정적인 영향을 미치게 된다.

2) 피부 흡수

피부는 신체가 정상 체온을 유지하는데 도움을 주며, 내부기관을 보호하고 내부기관과 외부 물질 사이의 직접적인 접촉을 방지한다. 평균적으로 성인의 피부는 2㎡의 면적에 4kg의 중량을 갖고, 18km 이상의 혈관을 함유하고 있다. 피부는 방어기관의 역할뿐만 아니라, 유해화학물질이 점막이나 눈과 직접 접촉 시 투과막으로도 작용할 수 있다. 대부분의 물질은 피부에 의해 쉽게 흡수되지 않지만, 일부 물질은 피부 최외각 층에 있는 죽은 세포의 얇은 표면 막인 표피를 투과하여 인체 내부로 흡수된다.

3) 섭취

섭취는 입 또는 위를 통해 유입되는 진입 경로이며, 식품으로 섭취한 물질은 소화관으로 직접 운반되어 흡수된다. 섭취는 입을 통한 위 속으로의 연하작용과 위장을 통한 이의 후속적인 이동을 말한다. 화학물질이 섭취되면, 장벽을 통해 순환계로 통과하고 신체의 각 기관 및 조직으로 전파된다. 일단 흡수된 물질은 배설되거나 대사되어 신체 조직에 저장된다. 이 물질은 신체 기관 및 조직의 세포에서 화학적으로 변화될 수 있다. 섭취를 하는 동안 위액과의 화학적 상호작용에 의해서 화학물질의 용해도와 인체 내부로의 확산이 영향을 받게 된다.

나. 독성물질이 건강에 미치는 부정적인 영향

독성물질이 인체로 흡수되면, 다음과 같은 작용을 한다.

- 즉각적인 기능 장애, 손상, 사망 유발
- 불화수소 흡입 시, 접촉 부위나 주변 영역에 폐 부종 발병 등 국소적 영향 유발
- 사람이 독성물질에 노출되면 전체 신경계에 영향을 미침
- 독성물질이 특정 기관에 영향을 미칠 때, 다음과 같은 증상을 유발할 수 있음
  - 혈액독(hemotoxicant) : 혈액 헤모글로빈의 기능을 감소시키고 기관의 조직에 부정적인 영향
  - 간독(hepatotoxicant) : 간 손상 유발
  - 신장독(nephrotoxicant) : 신장 손상 유발
  - 신경독(neurotoxicant) : 중추 신경계(뇌 · 척수)에 부정적인 영향
  - 호흡기 독(respiratory toxicant) : 비강, 인두, 기관, 기관지, 폐에 부정적인 영향
  - 생식기 독(reproductive toxicant) : 성인의 성 기능, 생식력에 부정적인 영향
- 물질대사의 부산물이 인체에 악영향을 미칠 수 있음
  - 예 메탄올이나 에틸렌글리콜을 섭취하는 경우, 섭취한 물질로 인한 직접적인 영향

1) 질식제(Asphyxiant)에 의한 영향

질식제는 기체 또는 증기가 눈, 목, 호흡기 계통을 침범하여 조직의 호흡을 방해하여 질식, 신경 손상, 사망에 이르게 하는 물질이다. 가장 일반적인 질식제는 일산화탄소, 이산화탄소, 질소가스, 수소가스, 메탄, 불활성 기체 등이다. 질식제는 독성이거나 비독성일 수 있으며, 사람에게 영향을 미치는 일반적인 수단은 다음과 같다.

① 단순 질식제

단순 질식제는 대기 중에 존재하여 호흡기 계통으로 인체에 유입되어 혈중 산소량을 낮추는 불활성 가스를 말한다. 이산화탄소를 흡입한 사람은 신체에 충분한 산소가 공급이 되지 않아 순환계에 이상을 일으켜 의식을 잃을 수 있다. 신선한 공기나 산소가 적시에 공급되면 의식은 회복될 수 있지만 방치할 경우에는 질식으로 혼수상태 또는 사망에 이르는 체내의 산소 농도 감소는 다양한 부정적인 영향을 유발할 수 있다.

② 화학적 질식제

화학적 질식제는 혈액 중의 혈색소와 결합하여 산소의 운반능력을 화학적으로 저하시키고 조직 중의 산화효소를 불활성화시켜 질식을 유발한다. 대표적인 화학적 질식제인 일산화탄소는 혈액의 헤모글로빈과 반응하여 혈류 중의 산소 전달을 방해하여 의식을 잃게 한다.

③ 세포의 산소 이용 능력 저하

질식제가 사람의 의식을 잃게 하는 또 다른 방법은 세포의 산소 이용 능력을 저하시키는 것이다. 시안화수소를 흡입 또는 노출되면 산화효소가 불활성이 되어 산소를 효과적으로 이용하지 못하게 된다. 인체가 독성물질에 노출되어 신선한 공기나 산소를 공급하여도 회복되지 못하는 경우에는 적합한 해독제로 신속하게 치료하여 생존 가능성을 높일 수 있다.

2) 자극제(Irritants)에 의한 영향

일반적으로 기체 또는 증기 형태의 자극제가 호흡기를 통하여 체내로 유입되면 조직을 손상시켜 신체에 부정적인 영향을 미칠 수 있다. 저농도 및 소량의 자극제도 흡입되면 호흡기 통로를 따라 늘어선 조직에 가벼운 염증을 유발한다. 한 가지 예로 소량의 암모니아 증기를 흡입할 때도 발생하는데 고농도의 물질을 흡입하면 호흡부전이 발생할 수 있다. 자극제가 코, 인두, 후두, 기관, 기관지, 폐를 부식시키는 정도에 따라 호흡기 자극 또는 호흡부전이 발생한다. 액체 상태의 자극제인 약산 용액이 피부에 반복적으로 접촉되면, 접촉 부위에서 발진이나 기타 피부장애가 발생할 수 있다.

표 4-2 대기 중의 산소 농도에 따른 인체반응

산소 농도 (%)	징후 및 증상
>85	산소중독 가능
65-85%	격렬한 운동 후에 피로회복 효과 큼(단시간), 산소중독 가능성 있음(장시간)
50-60	운동능력이 최대가 되는 농도(단시간)
35-50	가벼운 운동 후 피로회복 효과 큼(단시간), 산소중독 가능성 없음(장시간)
21-23	산소농도증가에 따른 운동능력증가(산소 30%농도로 운동능력 10%상승)
20.9 (정상 대기 농도)	대기의 표준산소농도
15-19	업무 수행능력 감소, 심장/폐/순환기 문제 발생
12-15	맥박수 증가, 호흡수 증가, 집중력 저하, 계산착오, 세심한 근육작업의 약화, 두통, 귀울림, 메스꺼움
10-12	현기증, 판단력 저하, 청색 입술
8-10	구역질, 구토, 무의식, 잿빛 얼굴, 실신, 정신 부전
6-8	8분 만에 사망, 6분 내 치료 시 50% 회복, 4~5분 내 치료 시 100% 회복
<4	40초 만에 혼수 상태, 경련, 호흡 중단, 1분 내 사망

다. 독극물의 영향

물질의 노출이 건강에 미치는 유해성은 가역적, 비가역적, 단기적, 장기적 영향으로 분류할 수 있다.

1) 가역적 영향 (Reversible effect)

화학물질의 영향이 지속적이지 않고 상황에 따라 변화하는 영향을 말한다. 특히, 화학물질의 노출 농도가 감소할 경우 그 독성 영향도 지속적이지 않고 감소될 때 이를 가역적 영향(Reversible effect)이라고 한다. 대표적인 예로는 피부독성, 혈액독성, 신장독성, 신경독성, 허파독성 등이 있다.

2) 비가역적 영향 (Irreversible effect)

화학물질의 영향이 지속적이고 상황에 따라 변화하지 않는 반영구적인 영향을 말한다. 대표적인 예로는 암을 유발시키는 발암물질, 염색체를 손상시키는 돌연변이 원인물, 기형출산을 야기시키는 기형 생성인자, 생식기에 손상을 야기시키는 생식위험물이 있다.

3) 단기적 영향 (Short-term health effect)

단기적 영향은 상대적으로 짧은 기간에 발생하는 것으로 상해 또는 질환으로부터 신속하게 회복되는 것을 말한다. 예를 들면, 이산화탄소에 노출되면 일시적으로 질식이 되지만 충분한 산소 또는 공기가 제공되면 호흡이 회복된다.

4) 장기적 영향 (Latent health effect)

장기적 영향은 물질에 노출되어 유발된 손상 또는 질환이 긴 시간이 지난 후에야 발생하는 경우를 의미한다. 예를 들면, 석면 섬유에 노출 이후 특정 암 또는 비암 질환의 발병이 잠재성 건강 영향으로 간주되는데, 이는 이러한 질환이 통상적으로 석면 섬유에 노출된 지 20년 내지 40년 후에 나타나기 때문이다.

라. 독성 정도에 영향을 미치는 인자

인체는 음식물로부터 영양소를 소화하고 생물학적인 공격에 저항 및 재생하며 생존에 필요한 물질을 생성하는 등 매우 복잡하고 섬세하게 균형 잡힌 시스템으로 구성되어 있다. 인체 내의 세포 반응은 생명 자체를 책임지고 있지만 독성물질이 세포에 흡수되면 섬세하게 조절되던 생화학적 과정이 제대로 작동하지 않아 건강상의 위험이 발생하거나 사망에 이를 수 있다.

인체는 외부 물질로부터 자신을 보호하기 위한 자연적인 메커니즘을 가지고 있다. 예를 들면, 간은 독성 물질의 화학적 구조를 개질하여 해독하거나 신속하게 배설물로 전환시키는 특정 작용을 한다. 자연적 메커니즘을 통해 독성물질이 제거되지 않는다면 인체에 손상 및 질환이 발생하고, 심한 경우 사망에 이를 수 있다.

독성물질의 양, 노출 기간, 혈류 흡수 속도, 연령, 성별 등에 따라 노출이 인체에 미치는 영향은 다르게 나타난다. 독성물질에 부모가 노출되면 태아를 포함한 자녀들의 건강도 영향을 받을 수 있다.

1) 물질의 양

모든 물질이 독성일 가능성이 있지만 소량으로 생물체에 부정적인 영향을 미치는 물질이 있다. 체중당 투여되거나 흡수되는 물질의 양을 용량(Dose)이라고 한다. 일부 물질은 고독성이어서 최소 용량에 노출 되어도 치명적인 영향을 미친다. 예를 들면, 보툴리누스 중독(Botulism)의 원인 인자인 클로스트리듐 보톨리눔(Clostridium botulinum) 독소는 매우 강력한 독성분을 함유하고 있어 단지 1g만으로도 100,000명 이상을 사망에 이르게 할 수 있는 박테리아를 방출하는 단세포이다. 하지만 이러한 강한 독성을 나타내는 물질은 소수에 불과하다.

어떤 물질은 용량에 따라 신체에 다른 영향을 미친다. 예를 들면, 알코올성 음료를 마시고 혈중 알코올 농도가 50mg/dl이 되면 정신적으로 가라앉거나 느슨해지고, 기분이 들뜬 상태가 될 수 있지만, 혈중 알코올 농도가 150mg/dl 이상이 되면 취한 상태가 된다. (1dl = 100ml)

2) 노출 기간

독성물질이 인체에 빈번하게 노출되면 인체는 부정적인 영향을 받게 된다. 담배 연기의 성분으로 밝혀진 약 4,000개의 물질 중, 약 200개는 독성물질이다. 독성물질의 노출은 흡연자의 폐, 입, 후두, 신장, 방광의 기종, 만성 기관지염, 암 등을 유발시킬 수 있지만, 비흡연자에게도 영향을 미칠 수 있다. 담배 연기 중 약 200개의 독성물질이 건강상에 문제를 유발하지만 모든 흡연자들에게 질환이 발생하는 것은 아니다. 독성물질에 더 빈번하게 노출될수록 부정적인 영향이 발생할 가능성은 증가한다. 또한, 인체에 같은 기간 동안 독성물질에 노출되어도 동일한 방식으로 반응하지는 않으며, 일부 사람은 다른 이들보다 담배 연기에 영향을 적게 받는다. 인체는 다음과 같은 방법으로 노출 기간에 영향을 받는다.

- 일부 사람은 독성물질로부터 부정적인 영향을 받지만, 다른 사람은 긴 기간 동안 반복해서 노출된 후에 동일한 영향을 받을 수 있다.
- 일부 사람은 독성물질의 특정 농도에 노출되어 부정적인 영향을 받지만, 다른 사람은 동일한 물질 및 농도에 노출되어도 영향을 받지 않을 수 있다.
- 독성물질의 특정 농도에 단기간 노출되어 부정적인 영향을 받지 않더라도 동일한 물질의 낮은 농도에 장기간 노출되어 부정적인 영향을 받을 수 있다. 이러한 경우는 신체 부하(Body burden)를 유발하는 농도에 이르기까지 보다 긴 노출 기간이 필요하기 때문에 발생한다.

3) 물질이 혈류로 흡수되는 속도

독성물질이 흡입되어도 부정적인 효과가 즉시 나타나지 않을 수 있다. 예를 들면, 염소나 일산화탄소를 일정 농도 이상 흡입하면 수 초 또는 수 분 내로 사망에 이르는 반면, 염화수소나 이산화질소를 일정 농도 이상 흡입하면 수 시간 또는 수 일 후에 사망에 이를 수 있다. 이러한 예는 독성물질 노출로 인한 피해영향이 개인이 노출된 농도뿐만 아니라 물질이 혈류로 흡수되는 속도에도 크게 영향을 받음을 나타낸다. 독성물질이 피부를 통하여 흡수 또는 흡입되면 위에서 소장으로 이동하고, 충분한 시간이 경과한 후에 혈류로 흡수된다. 독성물질이 혈류로 흡수되는 시간동안 독성물질을 흡수 또는 흡입한 사람에게 해독제를 투여, 구토 유도 등 적합한 응급조치를 시행할 수 있다.

마. 독성측정

독물학자들은 생물체가 상해, 질환 또는 사망에 이르게 하는 독성물질의 농도를 측정하는 절차를 고안하였다. 이러한 절차는 실험실 동물 집단을 물질의 농도에 노출시키고, 노출로 인한 영향을 관찰하여 사람에게 미치는 영향을 추론하는 것이다. 특정한 물질의 농도에 노출 시, 동물이나 사람은 항상 동일한 방식으로 반응하지는 않는다.

작업장에서 독성물질 노출인해 발생 가능한 부정적 영향을 감소 또는 제거하기 위해 다음의 세 가지 지표를 고려하여야 한다.

- 단기간 노출 제한
- 허용 노출 제한
- 생명 및 건강에 즉각적으로 위험한 수준

1) LD 50 (Medain lethal dose)

반수치사량 (LD50, lethal dose for 50 percent kill)은 일정 시간동안 물질을 투여한 실험동물의 50%를 사망시키는 독성물질의 양을 말하며, 수량적으로 독성의 정도를 나타내는 지표로 널리 사용된다. LD50은 동물 체중에 대한 투여된 독성물질의 양 (mg/kg)으로 나타낸다. 물질이 특정 기관에 영향을 미치는 경우, LD50은 그 기관의 질량을 고려하여 측정될 수 있다. 사람에 대한 물질의 치사량은 동물 연구로부터 LD50을 측정하여 계산할 수 있다. 예를 들면, 70kg의 질량을 가진 사람에 대한 치사량은 LD50과 질량의 곱으로 표현할 수 있다.

$$\text{치사량} = LD_{50} \times 70\text{kg}$$

2) LC 50 (Median lethal concentration)

치사 농도, 50% 사망률(lethal concentration, 50% kill) 또는 LC50은 일정 시간 동안 물질을 투여한 모집단 동물의 반수를 사망하게 하는 공기 중의 가스농도 및 액체 중 물질의 농도이다. 50%의 치사농도로 반수치사농도라고도 하며, 반수치사량(LD50)과 같은 개념으로 쓰이기도 한다. LC50은 일반적으로 기체 및 휘발성물질은 ppm으로, 분말인 물질에 대해서는 mg/l로 표시한다. 사람에 대한 물질의 치사 농도는 동물 연구로부터 LC50을 측정하여 계산할 수 있다. 예를 들면, 70kg의 질량을 가진 사람에 대한 치사 농도는 LC50과 질량의 곱으로 표현할 수 있다.

치사 농도 = $LC_{50} \times 70kg$

3) 허용한계 값

허용한계 값 (Threshold Limit Value, TLV)은 근로자가 작업실 조건에서 하루 종일 또는 매일 반복해서 노출되더라도 아무런 해가 없다고 판단되는 노출 농도의 상한선이다. 작업실 대기중 떠다니는 기체상 부유 물질의 허용농도로 일반적으로 백만분율(ppm)로 나타낸다. 대기중에 있는 연기, 안개, 미립자에 대한 허용한계 값은 입방 미터당 밀리그램(mg/m^3)으로 나타낸다. 허용한계 값은 부정적인 건강 영향의 발생 가능성이 무시할 만한 노출 수준이다. 이 값은 미국 산업위생전문가협의회(ACGIH)에서 규정하고 있으며, 근로자의 장기간 건강에 대한 부정적인 영향을 고려하기 위해 작업현장에서 적용하도록 권고하고 있다.

※ TLV(Threshold Limit Values) : 매일 매일 반복적으로 노출되어도 거의 모든 작업자가 건강상 나쁜 영향을 받지 않을 것으로 믿어지는 공기 중의 농도[ACGIH]

※ 국내노출기준 : 우리나라는 미국 ACGIH의 TLV를 준용하고 있으며, 일부는 일본 기준치를 적용

표 4-3 독성정보를 나타내는 약어

노출지침	대상그룹	노출기간	정의	채택기관
TLV-TWA (Time Weighted Average)	Worker	1일 8시간 20~30년	1일8시간 동안, 1주일40시간 반복적으로 노출되어도 건강상 악영향을 받지 않을 것으로 믿어지는 시간가중평균농도.	ACGIH
TLV-STEL (Short Term Exposure Limits)	Worker	15분	하루 8시간의 TWA가 TLV-TWA 안에 있을지라도 하루 15분을 넘지 말아야하는 TWA농도. TLV-TWA를 초과하고 STEL 농도를초과, 일일 4회를 초과해서는 안됨. 이 범위에서 연속 노출이 되는 경우에는 적어도 1시간의 간격이 있어야 함.	ACGIH
TLV-C (Ceiling)	Worker	1일 8시간 20~30년	순간적으로 노출되어서는 안 되는 기준. TLV-TWA의 5배	ACGIH
PEL (허용노출한계) (Permissible Exposure Limits)	Worker	1일 8시간 20~30년	주당40시간 작업시 노출된 건강한 성인의 95%에서 부작용이 발생하지 않는 최대 시간가중평균농도. 법적인 효력이 있음.	OSHA
REL (권고노출한계) (Recommended Exposure Limits)	Worker	1일 8시간 20~30년	10시간 동안 시간가중농도에 대한 직업적 노출. 법적 효력이 없는 권고치	NIOSH
IDLH (생명과 건강에 즉각적인 위험)	Public	30분	30분 동안 노출 시 치명적이거나 회복 불가능한 건강장애 혹은 상해를 입을 수 있는 농도.	NIOSH
LOC (Level of Concern)	Public	30분	IDLH의 10%	EPA/ FEMA
LC 50 (Median lethal concentration)	-	-	시험물질에 노출 후 일정시간 또는 노출 중에 시험동물의 반수를 사망시킬 수 있는 물질의 농도.	-
LD 50 (Medain lethal dose)	-	-	1회 투여 시 시험동물의 50%를 치사시킬 수 있는 시험물질의 용량	-
EC 50 (Half maximal effective concentration)	-	-	주어진 조건 하에서 특정 약물을 시험 집단에 적용하였을 때 50%에 해당되는 수에서 약리 효과나 독성이 나타나는 농도.	-
ERPG	Public	1시간	비상대응계획수립지침(ERPG)은 관심의 우선순위, 취급, 저장평가, 누출 시 확산지역의 파악 및 지역사회의 비상대응계획을 수립하는데 사용되는 지침	AIHA

(1) 독성자료 제공 기관

• 한국 안전보건공단 (KOSHA : Korean Occupational Safety and Health Agency) http://www.kosha.or.kr
• 미국 산업위생사협회 (ACGIG : American Conference of Governmental Industrial Hygienists) http://www.acgih.org
• 미국 국립산업안전보건연구원 (NIOSH : National Institute of Occupational Safety and Health) http://www.cdc.gov/niosh/homepage.html
• 미국 직업안전 위생관리국 (OSHA : Occupational Safety and Health Administration) http://www.osha.gov
• 캐나다 직업안전보건센터 (CCOHS : Canadian Center for Occupational Health and Safety) http://www.ccohs.ca

(2) 독성물질에 대한 최초의 위험통제지역 설정

- 위험지역 (Hot zone) – STEL 또는 IDLH 노출치 이상의 모니터링 측정치
- 준위험지역 (Warm zone) – TLV–TWA 또는 PEL 노출치와 같거나 큰 모니터링 측정치
- 안전지역 (Cold zone) – TLV–TWA 또는 PEL 노출치보다 낮은 모니터링 측정치

(3) ERPG (Emergency Response Planning Guideline)–1, 2, 3

- ERPG–1: 거의 모든 사람이 1시간 동안 노출되어도 오염물질의 냄새를 인지하지 못하거나 건강상 영향이 나타나지 않는 공기 중의 최대 농도
- ERPG–2: 거의 모든 사람이 1시간 동안 노출되어도 보호조치 불능의 증상을 유발하거나 회복 불가능 또는 심각한 건강상의 영향이 나타나지 않는 공기 중의 최대 농도
- ERPG–3: 거의 모든 사람이 1시간 동안 노출되어도 생명의 위험을 느끼지 않는 공기 중의 최대 농도

4) 허용 및 상한 노출 한계

허용노출한계(PEL, Permissible Exposure Limit)는 미국 OSHA에서 규제하고 있는 내용으로 근로자가 일일 8시간 또는 주 40시간의 근무 시간에 대하여 연속적으로 노출될 수 있는 독성 물질에 대한 시간가중평균농도이다. 미국 국립산업안전보건연구원

(NIOSH)에서는 일부 물질에 대한 상한값(ceiling limit)을 OSHA에 권고하고 있다. 이 값은 근로자가 부작용이 발생하지 않고 안전하게 노출될 수 있는 최대 농도를 나타낸다. 근로자가 이 상한값을 초과하는 물질의 농도에 노출이 되면, 위험한 상황에 처한 것으로 간주된다.

5) 단기간 노출 한계

단기간 노출 한계(STEL, Short-Term Exposure Limit)는 근로자가 돌발적인 부상, 작업 효율성을 실질적으로 감소시키기에 충분한 자극, 비가역성 조직 손상 또는 혼수상태로 고통 받지 않고 15분 동안 연속적으로 노출될 수 있는 물질의 최대 농도이다. STEL은 노출 간격을 60분 이상 두고, 근무일 내내 4회 이상 초과되지 않아야 한다.

6) 생명 및 건강에 대한 즉각적 위험 한계

생명 및 건강에 대한 즉각적 위험 한계(IDLH, Immediately-Dangerous-to-Life-and-Health limit)는 생명에 즉각적인 위협을 주거나, 30분 동안 노출 시 치명적이거나 회복 불가능한 건강장애 혹은 상해를 입을 수 있는 모든 물질의 공기 중 농도이다.

7) 권고 노출 한계

NIOSH는 시설로부터 근로자를 보호하기 위한 특정 물질의 농도에 관한 지침을 OSHA에 권고하고 있다. NIOSH는 10시간 동안 시간가중농도에 대한 직업적 노출을 개발하여 발행하였고, 각각의 농도는 권고 노출 한계(REL, Recommended Exposure Limit)라고 한다. REL은 고글 및 마스크와 같은 권장 보호 장비, 노출시 잠재적인 위험을 경고하기 위한 표지판, 노출 모니터링 등을 통해 근로자의 안전을 책임진다.

바. 특정 오염물의 영향

1) 발암 물질

발암 물질은 암을 유발할 수 있는 오염물이며, 암은 대략적으로 유전적 요인 15%와 생활 방식 및 환경을 모두 포함한 환경적 요인이 85% 정도 이다.

2) 돌연변이

돌연변이원은 생식 세포에 유전적 손상을 유발하는 인자이다. 이는 유전자의 DNA 구조를 변형시켜 작용하고, 그 효과는 다음 세대에 영향을 미칠 수 있다. 방사선 노출로 인한 돌연변이 발생이 대표적인 예이다.

3) 잠복성

독성 물질로 인한 영향에 있어서 중요한 개념은 잠복기이다. 이는 개인의 노출과 부작용의 임상적 징후 사이의 시간을 말한다. 흉부 벽 내층의 암인 중피종은 잠복성의 대표적인 예이다. 제2차 세계 대전 동안 조선업에 관여한 근로자들은 공기 중 매우 높은 농도로 존재하는 석면에 노출되었지만, 그 영향(암)은 노출이 중단된 지 20년 내지 30년 후에야 발생하였다.

4) 기형/생식 독성 물질

기형 발생원(teratogen) 또는 생식독은 발달상 태아기에 자식에게 부정적인 영향을 미치거나 재생 기관 자체를 표적으로 하는 인자이다. 따라서 임산부는 환경적 유해물질에 노출되어 아기가 기형으로 태어날 수 있는 가능성이 가장 높다.

2. 환경에 대한 영향

가. 공기 중 독성 및 오염

공기 중 독성 및 오염물질은 크게 가스상 물질, 분진, 매연, 악취로 나눌 수 있고, 대표적인 것으로는 황산화물, 탄소함유가스, 질소산화물, 2차 오염물질인 오존과 과산화물이 있다.

1) 황산화물

아황산가스(SO_2)는 황산화물(SO_X)의 대표적인 가스상 대기오염물질이며, 무색의 달걀 썩는 자극성 냄새가 나는 불연성 기체이다. 아황산가스가 황산화물의 대부분을 차지하고 있기 때문에, 대기오염과 관련하여 황산화물을 측정할 때는 아황산가스 실측을 주로 하고 있다.

아황산가스는 대기중에서 삼산화황(SO_3)으로 쉽게 산화하고, 수분과 반응하여 아황산, 황산 미스트 등을 형성하여 인체에 악영향을 미치게 된다. 황산화물 가스로 인한 급성피해로는 불쾌한 자극성 냄새, 시야감축, 생리적 장애, 압박감, 기도저항 증가 현상 등이 있고, 만성피해로는 폐렴, 기관지염, 천식, 폐기종, 폐쇄성 질환 등이 있다. 대표적인 피해로는 1952년에 발생한 영국 런던 스모그 사건이 있으며, 화학연료가 발생할 때 발생된 황산화물이 안개와 결합되어 장기간 지속되면서 약 4,000명의 인명을 앗아간 사건이다.

황산화물은 질소산화물과 함께 대기 중에 있는 수증기와 작용하여 강산성의 황산이나 질산을 형성하고 이것이 비에 녹아 내려 산성비를 내리게 한다. 산성비는 생명체뿐만 아니라 지하수, 산림, 농토 등에도 피해를 주고, 빌딩과 금속구조물을 부식시키는 큰 피해를 주고 있다. 이산화황은 중국의 대기오염 및 산성비가 지속적으로 악화되는 주요 요인이며, 약 50% 이상이 석탄 화력발전소에 의해 발생한다.

2) 탄소함유가스

일산화탄소(CO)는 체내에서 산소를 운반하는 헤모글로빈과 결합하여 일산화탄소-헤모글로빈을 생성하고 혈액의 산소운반능력을 저하시켜 그 농도에 따라 건강한 사람도 위험하게 만들 수 있다. 일산화탄소는 근육마비, 운동신경, 사고능력 저하 등 뇌조직과 신경계통에 주로 피해를 주고 심각한 경우에는 사망에 이르기도 한다. 일산화탄소는 대기오염에 기인하는 것 이외에도 생체의 신진대사 산물로서 존재하며, 혈액 중에 약 0.3~0.8% 존재한다. 탄소함유가스로는 일산화탄소, 탄화수소, 산화탄화수소 등이 있다. 일산화탄소는 화석연료의 불완전 연소 시에 많은 양이 배출되며, 무색, 무미, 무취의 기체로 연소 시 파란 불꽃이 생성된다.

일산화탄소 소량을 흡입하여도 중독을 일으킬 수 있고, 심하면 목숨까지 잃게 된다. 일산화탄소가 인체로 흡입되면 뇌의 산소 공급이 원활하지 못하여 기억 장애, 운동 장애 등의 신경 증상이 동반된다. 소량의 일산화탄소에 중독되면 두통, 귀 울림, 현기증 증상이 발생하고, 중독 증상이 심해지면 구역질을 하기도 한다. 일산화탄소에 심하게 중독되면 구토, 창안, 호흡 불안정 등이 발생하고, 정신경련을 하다가 사망하게 된다.

3) 질소산화물

질소산화물에는 산화질소(NO), 이산화질소(NO_2), 아산화질소(N_2O), 무수질소(N_2O_5) 등과 불안정한 삼산화질소(NO_3)가 있으며, 대기환경에서 문제가 되는 물질은 NO 및 NO_2로, 통상 이 물질들의 합을 NO_X라고 한다.

NO_2는 질소산화물 중에서 가장 영향이 많은 물질로 알카리 및 클로로포름에 용해되는 자극성 냄새의 적갈색 기체이며, 독성은 NO의 5~10배로 매우 높다. NO는 물과 황산에 약간 용해되는 자극성 냄새의 무색 기체로써 대기 중에 높은 농도로 배출되면 갈색을 띄며, 산소와 반응하여 NO_2를 형성한다.

질소산화물은 식물보다는 사람이 피해를 받기 쉬우며, 대기 중 저농도에서는 폐 기능과 생리반응에 거의 영향을 주지 않으나 고농도에서는 점막을 심하게 자극하고 메타헤모글로빈을 형성하여 기도와 폐에 악영향을 준다. 질소산화물은 휘발성 유기화합물과 반응하여 오존(O_3)을 생성하는 전구물질 역할을 하기도 한다. 고농도의 이산화질소에 노출 시 눈과 호흡기 등에 자극을 주어 기침, 인두통, 현기증, 두통, 구토 등이 나타나고 심하면 폐수종, 폐렴, 폐출혈, 혈압상승으로 의식을 잃기도 한다. 저 농도에 장시간 노출되면 만성중독으로 기관지염, 폐기종, 위장병, 불면증 등을 일으키며 혈당의 감소, 헤모글로빈의 증가 등이 발생한다.

대표적인 피해로는 미국 로스앤젤레스 스모그 사건이 있으며, 1940년에는 이 지역에서 처음 발생하여 식물에 피해를 주었고, 1950년 경에는 사람에게도 큰 피해를 준 대기오염사건이다. 자동차에서 배출된 질소산화물과 탄화수소가 지리적 특성으로 인해 상공으로 확산되지 못하고 축적되어 있으면서 햇빛과 반응하여 생성된 광화학스모그가 생성되었다.

4) 오존

오존(O_3)은 산소 원자 3개가 결합하여 대기중에 형성된 기체로서 무색, 무미, 자극적인 냄새가 있으며, 산화력이 강한 것이 특징이다. 공기보다는 조금 무겁고 물에는 잘 녹지 않는다. 오존에 반복적으로 노출되면 기도와 폐포의 신경 수용체를 자극하고 평활근을 수축시켜 기도를 좁게 만든다. 이로 인해, 가슴통증, 기침, 메스꺼움 등이 발생하고, 심하면 기관지염, 심장질환, 폐기종, 천식의 악화를 가져온다. 오존 오염은 일반적으로 더운 기후에서 형성되기 때문에 여름에 외부활동이 있는 사람들은 누구나 영향을 받을 수 있고, 특히, 호흡기 질환자, 노약자, 어린이들에게 영향이 크므로 고농도 상황하에서 주의를 필요로 한다.

표 4-4 주요 대기오염 물질이 인체에 미치는 영향

오염물질	피해
아황산가스(SO_2)	인체 호흡기 질환, 식물의 성장 피해
먼지	아황산가스와 결합하여 호흡기 질환 유발
일산화탄소(CO)	혈중 헤모글로빈과 결합하여 산소 공급 저해, 두통 유발
이산화질소(NO_2)	코와 인후 자극, 호흡기에 나쁜 영향을 미침 탄화수소와 함께 광화학 스모그 생성
탄화수소(HC)	이산화질소와 혼합될 스모그 생성 인체 호흡기 질환 ,두통 유발
오존(O_3)	눈 자극, 농작물 피해
납(Pb)	중독되면 신경염 및 두통·현기증 등 유발
포름알데히드	호흡곤란, 어지러움, 눈과 피부의 자극(오래된 건물에서 발견)
석면	폐암, 복강암, 폐질환(오래된 건물에서 발견)

표 4-5 오존이 인체에 미치는 영향

구분	발령 기준	인체에 미치는 영향
주의보	오존 농도 0.12ppm 이상일 때	눈·코 자극, 불안, 두통·호흡수 증가
경보	오존 농도 0.3ppm 이상일 때	호흡기 자극, 가슴 압박, 시력 감소
중대 경보	오존 농도 0.5ppm 이상일 때	폐기능 저하, 기관지 자극, 폐혈증

식물의 아황산가스 피해증상　　식물의 질소산화물 피해증상　　식물의 오존가스 피해증상

그림 4-2 대기오염물질로 인한 식물의 피해증상 (출처: 보경환경연구원. (2015))

나. 배출원

1) 이산화황

이산화황은 황성분이 함유된 물질의 연소, 금속의 용융·제련, 황산제조, 석유정제 및 화학비료제조 과정 등에 의해 생성되거나, 화산가스, 광천 등에서 자연적으로 생성된다. 황이 함유된 연료가 연소하면 배출되는 가스의 약 95%는 SO_2이고, 나머지는 SO_3 형태로 구성되어 있다. 배출된 이산화황은 대기 중에서 물리·화학적 현상에 의해 제거 또는 자연적으로 소멸된다. 대기 중에서 약 4시간이 지나면 배출된 양이 반으로 줄어들고, 약 25일이 지나면 전체가 소멸된다.

2) 탄소함유가스

일산화탄소는 무색, 무미, 무취의 맹독성 기체이며, 연료의 불완전 연소 시에 주로 발생한다. 일산화탄소는 자동차의 배기가스 중에 많이 포함되어 있기 때문에 교통체증이 심한 도심지역에서 일산화탄소의 농도가 높게 관측된다. 자동차 외에는 연탄의 연소 가스나 석유화학공업, 유기합성 공업 등에서 많이 발생한다. 또한, 담배연기나 큰 산불이 발생하여 산소 부족으로 인해 일산화탄소가 발생되기도 한다.

3) 질소산화물

질소산화물은 공기 중에 있는 질소가스가 연소온도에 영향을 받아 산소와 결합하여 생성된다. 토양에 있는 세균에 의해 생성되거나, 화학물질 제조공정, 질산에 의한 금속 처리공정, 화석연료를 사용하는 내연기관, 발전소와 같은 고온연소, 폭약, 비료, 필름 등의 제조시설에서 인위적으로 생성된다. 공기 중의 질소가 연소시설에 공급되어 질소가 고온에서 산화하여 NO 및 NO_2가 된다. 질소산화물은 다시 수화되어 질산이 되거나 질산염으로써 지표에 침강하여 비료가 되는 등 자연계에서 질소 순환과정을 통해 다른 물질로 전환되기도 한다.

4) 오존

오존은 대기 중에서 질소산화물과 휘발성 유기화합물이 태양광선을 받아 화학반응에 의해 생성된다. 오존 생성의 주범인 대기오염물질 중 질소산화물, 탄화수소, 일산화탄소, 메탄 등은 주로 자동차 배기가스로부터 배출되고, 전구물질의 하나인 휘발성 유기화합물은 화학공정, 석유정제, 석유저장탱크, 주유소 등에서 주로 배출된다. 또한, 대류권에서는 인위적으로 생성된 전구물질의 화학반응에 의한 생성 외에 해안가, 삼림 등에서도 많은 양이 자연배출 되고 있다.

다. 규제 법규 및 각종 기준

1) 대기환경기준

대기환경기준은 대기오염으로 인해 발생한 환경 위해로부터 국민을 보호하기 위한 목표치로서 인체와 동식물에 해로운 영향을 미치는 양으로 기준치를 설정한 것이다. 정부에서는 대기환경기준 및 배출허용기준을 정하여 준수하도록 하는 등 다양한 관리정책을 수립 및 추진하고 있다.

대기환경기준은 1956년에 영국에서 청정공기법(Clean Air Act)을 제정하여 연기 규제를 시작하였고, 우리나라는 1978년 2월 이산화황에 대한 대기환경기준을 최초로 도입하였다. 2011년부터 시행하고 있는 환경기준 및 오염물질별 측정방법은 표 4-6과 같다.

표 4-6 대기환경기준 (환경정책기본법 시행령 별표, 2014)

항목		기준	측정방법
이산화황 (SO_2) *아황산가스		• 연간평균치 0.02ppm이하 • 24시간평균치 0.05ppm이하 • 1시간평균치 0.15ppm이하	자외선형광법 (Pulse U.V. Fluorescence Method)
일산화탄소(CO)		• 8시간평균치 9ppm이하 • 1시간평균치 25ppm이하	비분산적외선분석법 (Non-Dispersive Infrared Method)
이 산 화 질 소 (NO_2)		• 연간평균치 0.03ppm이하 • 24시간평균치 0.06ppm이하 • 1시간평균치 0.1ppm이하	화학발광법 (Chemiluminescent Method)
미세먼지	PM10	• 연간평균치 50㎍/㎥이하 • 24시간평균치 100㎍/㎥이하	베타선흡수법 (β-Ray Absorption Method)
	PM2.5	• 연간평균치25㎍/㎥이하 • 24시간평균치 50㎍/㎥이하 (2015년부터 적용)	중량농도법 또는 이에 준하는 자동측정방법
오존 (O_3)		• 8시간평균치 0.06ppm이하 • 1시간평균치 0.1ppm이하	자외선광도법 (U.V. Photometric Method)
납 (Pb)		• 연간평균치 0.5㎍/㎥이하	원자흡광도법 (Atomic Absorption Spectrophotometry)
벤젠		• 연간평균치 5㎍/㎥이하	가스크로마토그래프법 (Gas Chromatography)

* 1시간 평균치는 999천분위수(千分位數)의 값이 그 기준을 초과하여서는 아니되고, 8시간 및 24시간 평균치는 99백분위수의 값이 그 기준을 초과하여서는 아니된다.
* 입자의 크기가 10㎛ 이하인 미세먼지는 거대분진이라고도 부르며, 세계 여러 나라에서 대기오염의 지표로 삼고 있다.
* 입자의 크기가 2.5㎛ 이하인 초미세먼지는 크기가 작아 호흡기에서 걸러지지 않고 폐포까지 도달하기 때문에 가장 몸에 해로운 미세먼지로 알려져 있으며, 혈관으로도 흡수되어 뇌졸중이나 심장질환을 일으킬 수 있다.

2) 대기오염물질 지정

「대기환경보전법」 제2조의 규정에 따라 대기오염의 원인으로 인정된 가스 및 입자상물질이 대기오염물질로 정의되어 있으며, 일산화탄소, 암모니아, 질소산화물, 황산화물 등 61종이 있다. 가스는 물질이 연소·합성·분해될 때에 발생하거나 물리적 성질로 인해 발생하는 기체상 물질이며, 입자상 물질은 물질이 파쇄·선별·퇴적·이적될 때, 그 밖에 기계적으로 처리되거나 연소·합성·분해될 때에 발생하는 고체상 또는 액체상의 미세한 물질을 말한다.

「대기환경보전법」 제7조에 따라 유해성대기감시물질 중 저농도에서도 장기적인 섭취나 노출에 의해 사람의 건강이나 동식물의 생육에 직접 또는 간접으로 위해를 끼칠 수 있어 대기 배출에 대한 관리가 필요하다고 인정된 물질을 특정대기유해물질이라 하며, 다이옥신, 벤젠, 크롬, 카드뮴 등 35종의 물질이 지정·관리되고 있다.

환경부에서는 2012년 5월에 「대기환경보전법」을 개정하여 기존의 '대기오염물질'과 '특정대기유해물질'에서 '대기오염물질', '유해성대기감시물질' 및 '특정대기유해물질'로 대기오염물질의 분류체계를 세분화하여 관리하고 있다. 또한, 국립환경과학원에서는 매년 대기오염물질의 위해성을 심사 및 평가하여 신규로 지정 또는 재분류하는 등 관리를 강화하고 있다.

3) 배출허용기준 설정

배출허용기준은 개별 오염물질 배출시설에 적용되는 규제기준이며, 오염물질의 최대허용치 또는 최대허용농도이다. 배출허용기준은 엄격할수록 바람직하지만 현실적으로 기준을 정할 때는 오염물질 처리기술, 경제적, 사회적 여건 등이 고려되며, 우리나라의 경우에는 황산화물, 질소산화물, 암모니아 등을 포함한 26개 대기오염물질이 설정되어 있다.

「대기보전특별대책지역지정 및 같은 지역내 대기오염저감을 위한 종합대책」에 따라 대기오염이 심각한 지역에 대해서는 강화된 배출허용기준을 적용할 수 있다. '엄격한 배출허용기준'은 대기보전특별대책지역으로 지정된 지역에 이미 설치된 배출시설에 적용되며, '특별배출허용기준'은 새롭게 설치되는 배출시설에 적용할 수 있다.

4) 대기오염물질 배출사업장 관리

대기오염물질을 관리하는 대표적은 법은 대기환경보전법이며 1990년 8월에 제정되어 시행되고 있다. 대기환경보전법에서는 대기오염물질배출시설의 설치 및 변경에 대한 허가 · 신고제도의 운영, 배출허용기준의 단계적 강화 및 예고제 시행, 사업장에 대한 지도 · 점검 등을 통해 배출시설을 관리하고 있다.

배출시설 중에서 대기보전특별대책지역에 설치하거나 특정한 대기유해물질을 배출하는 시설은 허가를 받고, 이외의 시설에 설치하는 경우에는 신고하여야 한다. 환경정책기본법에서 배출허용기준이 설정되어 있는 물질은 먼지를 포함하여 총 26종이다. 배출허용기준은 1991년 예고제를 도입한 이후 업계 상황에 따라 5차례에 걸쳐 단계적으로 강화되어 왔으며, 3~5년 단위로 배출허용기준 정보를 미리 알려주는 예고제를 운영하고 있다. 또한, 사업자의 방지시설 및 배출시설이 적절하게 운영되도록 유도하기 위해 사업장에 대한 지도 · 점검을 지속적으로 실시하고 있다. 방지시설 및 배출시설이 정당한 사유없이 비정상적으로 가동하거나, 오염물질이 방지시설을 거치지 않고 배출되는 경우에는 조업정지, 개선명령, 배출부과금 등의 처벌을 받게 된다.

3. 생물학적 위험 요소

가. 생물학적 위험의 특징

생물학적 위험의 근원은 미생물, 곤충, 식물, 동물, 조류, 사람을 포함하며, 생물학적 위험에 노출된 사람은 알레르기, 자극, 감염, 독성, 세포 돌연변이, 암, 생물학적 장애, 조직 손상 등이 발생할 수 있다.

사람 또는 동물에 장애를 유발하거나, 환경에 부정적인 영향을 미치는 잠재성을 지닌 미생물학적 요소를 생물학적 위험이라고 한다. 미생물의 종류에 따라 산소 또는 이산화탄소를 필요로 할 수 있으며, 어떤 미생물은 어떠한 환경에서도 체류할 수 있는 특성을 가지고 있다. 보툴리늄 독소, 포도구균 독소, 진균 독소 등에 의해 생성된 위험한 부산물은 생물학적 위험으로 분류가 된다. 생물학적 위험을 분류할 때는 다음 사항을 고려하여야 한다.

- 유기체가 사람에게 감염, 병, 질환을 유발할 수 있는가?
- 환경, 먹이 사슬에 대한 부작용을 가질 수 있는가?
- 미생물의 성장 및 증식을 허용하는 저장소 또는 성장원이 존재하는가?
- 병원체가 성장원으로부터 전달되어 사람에게 전파될 가능성이 있는가?
- 병원 유기체가 사람에게 전달될 수 있는 방법 또는 병인은 무엇인가?
- 어떠한 매질(물, 식품, 공기 등)이 유기체로부터의 오염에 의해 영향을 받을 수 있는가?
- 사람이 생물학적 위험에 노출 시 어떻게 영향을 받는가? (민감성, 면역성, 독성 효과 등)
- 오염 또는 감염의 진행을 조절할 방법이 존재하는가?

나. 생물학적 위험의 노출

일반적으로 생물학적 위험요소에 노출되는 직업군의 형태는 다음과 같다.

(1) 농업/임업/수렵 근로자

- 농작물 경작 및 수확에 관련된, 자연 수정에 관련된 직원
- 동물 사육 및 관리에 관련된 근로자
- 임업/수렵 근로자

(2) 농산물 취급자

- 육류 제조 및 가공
- 종이, 목재, 코르크 등 가공업자
- 직물 생산자

(3) 실험실 근로자

- 미생물학 실험실 직원
- 연구, 기술 및 동물 시험 직원

• 약제 생산자
• 영안실 근로자

(4) 건강관리 전문가
• 의료 서비스 제공자

(5) 개인 관리 제공자
• 모발, 피부, 미용 관리 등 서비스 제공자

(6) 환경, 건강, 안전 및 응급 서비스 직원
• 환경, 건강 및 안전(EHS), 산업위생 관리 직원
• EHS 트레이너, 강사 및 전문 서비스 제공자
• 경찰, 범죄 현장 조사(CSI) 및 법의학 직원
• 소방대 및 화재 감식반원, 군 복무자
• 재해 현장 근로자 및 응급 대응자

(7) 현장 개선 및 청소 직원
• 화재 청소, 수해 청소 및 복구 직원
• 사상균 및 수계 미생물 오염 제거 직원

(8) 건물 서비스 및 시설 서비스 직원
• 건물 보수, 관리 서비스 근로자

(9) 레크리에이션 및 스포츠 근로자
• 호텔/숙박 서비스 및 청소 직원

(10) 위생 서비스
• 쓰레기 수거, 하수도/폐기물 처리 직원

(11) 지역 사회 봉사 직원

• 사회 복지 사업 직원, 교사 및 교육자

이와 같이 특정한 직업군에서는 작업 중 직면할 수 있는 생물학적 위험요소를 고려하여야 한다. 일반적으로 사람이 유해물질로부터 생물학적 위험에 노출되는 주요한 네 가지 경로는 다음과 같다.

• 감염된 에어로졸, 안개, 먼지 등 공기 중 오염된 입자로 부터의 흡입
• 피부 내 모공 및 균열로의 진입
• 섭취되거나 삼킨 오염물질
• 피부, 눈 및 기타 조직을 통한 흡수

1) 바이러스 노출

바이러스성 병원체는 매우 작아서 신체 내의 순환 액체 및 조직에서 발견되는 모든 세포를 투과한다. 세균의 크기는 1~5㎛(100만분의 1미터)이지만, 바이러스는 0.05~0.1㎛에 불과해서 세균보다 최고 100분의1 정도로 작다. 이는 전자 현미경이나 보다 정교한 방법을 사용하여 보는 것과 같이 극도로 확대하지 않고는 볼 수 없다. 바이러스는 유전정보가 들어있는 핵(RNA 또는 DNA)이 단백질에 둘러싸여 있을 뿐 세포는 아니다.

근로자가 혈액 또는 체액과 접촉할 수 있는 직업에서는 바이러스에 대한 오염 가능성이 매우 높다고 추정할 수 있다. 위에서 열거된 직업 형태 중 대부분이 에이즈, 간염 및 기타 혈행성 바이러스 등에 노출되어 있으므로 근로자는 바이러스에 노출되지 않도록 자신을 보호하여야 한다.

동물 및 곤충에 물릴 수 있는 직업을 가지고 있는 근로자는 바이러스 감염의 가능성이 있다. 곤충의 대표적인 예로 모기는 웨스트 나일 바이러스, 바이러스성 수막염 등 질환의 매개체가 되어 사람에게 바이러스를 전염시킬 수 있다. 또한, 동물의 경우 광견병 바이러스나 기타 병원성 바이러스의 매개체가 될 수 있다.

2) 박테리아(세균) 노출

박테리아는 바이러스보다 큰 세포 형태를 가지고 있으며, 통상적으로 항생제 치료에 반응한다. 박테리아는 저배율 현미경을 사용하여 볼 수 있으며, 박테리아의 형태 및 형상은 덩어리, 사슬 또는 개별적 형태의 봉형 및 원형으로 매우 단순하다. 세균은 하나의 세포로 이뤄져 있으며 세포벽, 세포막, 유전정보(DNA, RNA)가 들어있는 핵, 단백질 등으로 구성되어 있다. 대부분의 박테리아는 포자 형태로 존재하고 있어 노출 가능성이 높으며, 극한의 온도, 수분 결핍 및 화학 노출과 같은 환경적 변화를 견딜 수 있다. 탄저병, 보툴리눔 중독(botulism), 생물학적 대량 살상 무기는 포자 형성체이다. 포자는 건조하고 먼지투성이인 상태로 존재하여 우리가 호흡하는 공기에 쉽게 진입할 수 있다. 박테리아 감염은 피부, 호흡계, 신체 내에서 국소 감염으로 인해 발생할 수 있다.

박테리아 병원체에 주로 노출되는 직업군은 다음과 같다.

- 감염된 혈액 또는 체액을 받을 수 있는 누구나
- 건강 관리 및 실험실 서비스, 수의 및 동물 취급, 식품 가공, 폐기물 취급 및 처리, 목재 및 종이 가공, 수해 개선(remediation), 비상 조치 및 대응, 개인 및 미용 서비스, 건물 서비스 및 보수, 건설, 실외 활동 등에 관련된 근로자

3) 진균(곰팡이) 노출

진균류는 곰팡이나 효모의 일종인 미생물이며, 박테리아와 상대적인 특성을 가지고 있어 배지의 반대 면에서 성장이 이루어진다. 진균은 박테리아를 죽이는 진균독을 생성하고, 박테리아는 진균을 죽이는 박테리아 독소를 생성한다. 미생물 독소의 항생제와 같은 약물을 제조하는 데 사용되고, 일부는 대량 살상 무기를 제조하는 데 사용된다. 진균류는 전 세계에서 발견되고 있으며, 포자 형태로 존재한다. 이는 축축한 "물기가 많은" 환경과 설탕을 함유하고 있는 식품원을 좋아한다. 진균류는 흐릿한 빛이 있는 구역이나 어두운 구역에서 잘 자란다. 진균에 노출되면 알레르기, 국소 피부 감염, 호흡기 감염, 피하 감염 및 전신 건강 상태에 이르는데, 대부분의 사람에게 건강상 문제를 발생시킬 수 있다. 진균에 주로 노출되는 직업군은 다음과 같다.

- 습하고, 물이 많은 상태에서 근무하는 직업 (배관공, 밀폐된 공간의 근로자, 건설, 건축 공학 및 시설 보수, 난방-환기-에어 컨디셔닝(HVAC) 직원 및 수처리 직원)
- 발굴, 채광, 하수 및 폐수 처리, 화재 및 수해 개선에 관련된 직원

4) 병원성 기생충

병원성 기생충은 오염된 물, 토양에서 발견되는 병원체와 곤충 또는 야생 동물로부터 직·간접적으로 전염되는 병원체를 포함한다. 병원성 기생충에 의한 질환은 실외나 야생에서 작업하는 직원에게 건강상 문제가 발생할 가능성이 높다. 또한, 사람이나 동물의 배설물로 오염된 모래나 모래로 덮인 토양에서 작업하는 직원은 병원성 기생충에 의한 감염 발병률이 높다. 가장 흔하게 질환을 유발하는 기생 동물은 원생 동물(protozoa), 장내 기생충(helminth), 절지동물(arthropod) 등이 있다.

- 병원성 기생충에 의한 질환의 매개체는 오염된 식품, 물, 직접 접촉, 곤충 자상 등이 있으며, 질환의 예로는 말라리아, 아메바 이질, 장염, 질염, 수면병, 혈액 및 조직 질환 등이 있다.
- 장내 기생충은 원생동물과 유사한 메커니즘으로 질환이 발생하며, 사람에게 발생 가능한 질환으로는 상피병, 선모충병, 촌충, 갈고리충, 출혈 이질, 피부병 등이 있다.
- 절지동물(모기, 진드기, 양충 등), 야생 동물 및 조류는 박테리아, 리케치아(richettsiae), 바이러스 및 원생 동물로 감염되면서 병원성 질환을 전달한다. 질환의 예로는 림프절 페스트(bubonic plague), 패혈증 및 폐렴 흑사병, 야토병(tularemia), 황열병, 뎅기열, 유행성 뇌염, 말라리아, 수면병, 반점열(spotted fever), 라임 병(lime disease), 발진 티푸스, 리케치아 두창(rickettsial pox), 참호열(trench fever) 등이 있다.

  (주: 탄저병 박테리아는 양, 염소, 사슴 등 기타 동물에 의해 옮겨지고, 광견병 바이러스는 설치류(박쥐 포함)나 감염 동물의 자상에 의해 옮겨진다.)

다. 생물학적 위험의 종류

미국의 직업안전 위생관리국(OSHA), 질병통제관리국(CDC), 산업안전 보건연구원(NIOSH)은 직업적 안전의 관점과 생물테러의 잠재적 위협을 고려하여 생물학적 위험에 대한 우려사항을 다음과 같이 열거하고 있다.

- 생물학적 위험과 연관된 요소는 사람의 건강에 영향을 미칠 가능성이 있다.
- 생물학적 위험과 관련된 사람의 건강에 대한 영향은 노출량 및 노출된 사람의 면역 시스템 상태에 따라 약한 반응에도 사망에 이를 수 있다.
- 대부분의 미생물제는 신속하게 재생되고, 일부는 제한된 자원만 있어도 생존을 할 수 있어 매우 위험하기 때문에 살아있는 위험물질이라고 한다.

1) 탄저병 (Anthrax)

탄저병은 탄저균(Bacillus anthracis) 감염에 의해 발생하는 급성 전염성 감염 질환으로서 포자 형성 박테리아 유기체(박테리윰)의 특성을 갖는다. 탄저균은 탄저병을 일으키는 원인균으로 탄저병은 감염된 동물 또는 오염된 동물의 부산물과 접촉하거나 공중에 퍼져 있는 탄저병 포자를 흡입해 전파되는 감염성 질병이다. 탄저균에 노출된 부위에 따라 증상이 다를 수 있으며, 균은 대부분 피부를 통해 침범하고 드물게 흡입이나 입을 통하여 들어와 호흡기 또는 소화관을 침범하기도 한다. 탄저균은 상대적으로 전파되기 용이하기 때문에, 생물테러 제제로서 사용되어 왔다. 탄저병 감염은 통상적으로 세 가지 노출 메커니즘에 의해 발생한다.

- 피부 접촉 또는 질환은 적합하게 치료되지 않으면 피부를 분해시켜 치명적인 전신 질환이 발생할 수 있다.
- 탄저병 포자의 흡입은 빠르게 증식하고, 사망률이 높은 호흡기 감염을 유발한다.
- 오염된 제품을 섭취하거나 덜 조리되거나 감염된 육류를 먹은 경우, 탄저병은 위장 계통에 질환을 유발할 수 있으며, 심한 경우 사망에 이를 수 있다.

(주: 일반적으로 탄저병 감염은 사람과 사람 간의 접촉으로 발생하지 않는다. 또한, 호흡기가 감염된 환자를 상대하여도 건강관리 근로자가 위험에 처하지는 않는다.)

탄저병에 대한 면역 조치가 존재하지만 예방 접종을 받은 사람 모두에게 면역력이 발생하는 것은 아니다. 탄저병에 주로 노출되는 직업군은 다음과 같다.

- 탄저병을 취급하는 실험실 근로자
- 동물 가축, 모피를 가공하는 근로자 (제혁소, 제융소 등)
- 수의사 또는 감염된 동물을 상대할 수 있는 관련 근로자
- 생물테러 또는 전쟁 무기(warfare agent)로 탄저병을 사용할 위험이 있는 군 복무자
- 탄저병 오염 사건을 취급할 수 있는 응급 대응자 및 오염 제거 직원

2) 인플루엔자 (Influenza)

열, 근육통, 호흡 장애를 특징으로 하는 질환인 인플루엔자는 전 세계에서 일상적으로 발병하고 있다. 인플루엔자는 다양한 바이러스로 인해 발생하며, 질환이 심한 정도는 환자의 의학적 상태나 바이러스의 특정한 특성에 의해 좌우된다.

- 바이러스 유형: A, B, C
- 하위 유형: 분류는 바이러스 상 표면 피막을 기준으로 하며, 이는 바이러스가 사람을 감염시키는지 또는 기타 동물 종을 감염시키는지 여부를 나타낸다.

인플루엔자 바이러스는 주어진 기간에 걸쳐 돌연변이가 되거나 변화할 수 있다. 예를 들면, 사람이 인플루엔자 바이러스와 조류형 바이러스에 감염되면, 두 바이러스는 유전 특성을 교환할 수 있다. 이와 관련하여, 인체 내부의 바이러스성 유전자 교환은 대부분의 사람들에게 면역력이 전혀 없는 새로운 하위 유형의 인플루엔자 바이러스를 발달시킬 수 있기 때문에, 조류형 바이러스는 새로부터 사람에게 또는 사람과 사람 간에 전달될 수 있다.

3) 후천성 면역 결핍증 (AIDS)

후천성 면역 결핍 증후군(AIDS, Acquired Immunodeficiency Syndrome)은 인간 면역결핍 바이러스(HIV, Human Immunodeficiency Virus)에 의해 발생하며, 감염된 희생자가 더 이상 건강한 면역 체계를 갖지 않음을 의미한다. AIDS에 감염된 사람은 정상면역체계에서는 견뎌낼 수 있는 질환으로 사망에 이를 수 있다.

신체의 면역 체계는 침입한 미생물 및 오염물과 싸우는 백혈구(WBC, White Blood Cell) 사이의 협력관계로 구성되어 있으며, 주요 방어 세포는 B세포와 T세포로 구성되어 있다. B세포는 침입한 유기체에 결합하여 이를 불활성화 시키는 항체라는 단백질을 생성한다. 면역 체계가 침입체에 노출되면 순환 항체는 신체의 면역 기억체계를 강화시킨다. 면역 기억체계는 잔여 병원체로부터의 복귀 공격이 없도록 하는 신체 능력을 결정한다. 건강한 면역 체계는 침입체의 복귀 시 병원체를 인지하고 이를 불활성화시키는 항체를 함유한다.

T세포는 항체를 생성하지는 않지만 B세포에게 정보를 제공하여 항체 생성의 조력자 역할을 할 뿐만 아니라, 침입 병원체를 직접 공격하여 파괴하는 면역 기능까지 한다. T도움세포는 면역 체계의 특수 집단인 백혈구이며, B-세포 및 T-세포를 자극시키거나 깨우고 이들이 침입 병원체를 공격하도록 지시하는 역할을 한다. 이들은 모두 함께 작동하여 사람의 혈류 또는 조직 내로의 미생물 침입체를 조직적으로 전멸시킨다.

인간 면역결핍 바이러스의 사이즈는 매우 작아서 T도움세포를 투과하여 내부에 들어가 증식한다. 복제된 인간 면역결핍 바이러스는 T도움세포를 파괴하는 독소를 생성한다. 이러한 활성이 상당수 발생할 때, 정상 면역체계는 기능을 잃게 되고, 순환하는 B세포 및 T세포는 침입하는 병원체중 가장 단순한 것도 공격하지 못하는 상태로 비활성화 된다. 따라서 후천성 면역 결핍 증후군의 희생자는 정상 면역체계를 가진 사람이 감기약으로 치료되는 질환에도 사망하게 된다.

인간 면역결핍 바이러스는 통상적으로 다음 메커니즘에 의해 사람에게 전달될 수 있다.

- 감염된 사람과 성 관계
- 감염된 날카로운 물체로부터의 자창
- 감염된 혈액의 수혈
- 감염된 혈액 제품의 투입
- HIV에 감염된 어머니로부터 태아 감염
- 감염된 공여자로부터 장기 이식을 받아 생긴 감염

4) 식중독 (Food poisoning)

식중독은 감염이나 오염된 식품으로부터 발생할 수 있으며, 250가지 이상의 상이한 질환이 존재한다. 식중독은 바이러스, 박테리아, 기생충, 미생물 독소, 화학 독소, 금속 등의 물질로 인해 발생할 수 있다. 또한, 식중독의 종류는 소화 불량에서부터 신경계, 간, 신장과 같은 기관에 발생할 수 있는 생명을 위협하는 병에 이르기까지 범위가 다양하다. 식품을 매개체로 발생하는 질환인 식중독은 단시간 내에 다수의 사상자를 낼 수 있기에 때문에 매우 위험하며, 식품과 관련된 일반적인 질환은 다음과 같다.

- 보툴리늄 중독
- 브루셀라 병(brucellosis)
- 캄필로박터 장염
- 대장균 감염
- A형 간염
- 리스테리아증(listeriosis)
- 살모넬라증(salmonellosis)
- 적리(shigellosis)
- 톡소 플라즈마증(toxoplasmosis)
- 바이러스성 위장염
- 조충증(taeniasis)
- 선모충증(trichinosis)

5) 한타바이러스 (Hantavirus)

한타바이러스와 관련된 질환은 주로 감염된 설치류로부터 발생하며, 건조된 설치류 배설물, 타액 등으로 부터 전달된다. 한타바이러스 감염의 초기 증상은 독감과 유사하며, 감염된 사람은 열, 오한, 근육통 등이 발생한다. 이 질환은 심각한 폐렴으로 신속하게 진행하고 폐는 유체로 채워져 사망에 이르게 한다. 한타바이러스에 주로 노출되는 직업군은 다음과 같다.

- 실험실 환경에서 설치류를 이용한 작업
- 감염된 설치류로 오염된 건물에서 근무
- 먼지가 많은 환경에서 근무

6) 흑사병 (Plague)

페스트는 인류 역사를 통하여 위험성이 높은 전염병으로 평가되고 있으며, 이미 수백만 명의 사람들이 페스트로 인해 비명횡사하였다. 페스트는 페스트균(Yersinia pestis)이라고 하는 바이러스에 의해 발생하는 급성·열성 전염병이며, 벼룩과 같은 매개체에 의해 전달된다. 오늘날 페스트는 전 세계적으로 감소하는 추세이지만, 생물학적 테러의 우려가 존재하여 사망 또는 재해의 위험이 발생할 수 있다. 페스트로 인한 질환의 증상은 다음과 같다.

- 림프절 페스트: 림프절 고통, 열, 오한 등 모든 신체 기능 약화
- 패혈성 페스트: 고열, 오한, 복통, 쇼크, 피부, 기타 기관의 출혈 등 모든 신체 기능 약화
- 폐 페스트: 고열, 오한, 호흡 장애, 기침, 호흡 곤란, 심한 쇼크 발생, 치료되지 않는 경우 사망

  (주: 페스트 희생자에게 즉각적인 의학적 치료가 제공되지 않는 경우, 사망률은 약 90%이며, 즉각적인 의학적 치료를 받는 경우, 사망률은 약 15%이다.)

4. 물리적 위험 요소

가. 복사열

화재 발생 시 화염이 성장하고 점점 확대되면 큰 복사열을 방출하게 된다. 화구 등과 같이 짧은 시간동안 발생하는 강렬한 복사열에 의한 위험 또는 증기운 화재, 고압분출 화재, 액면 화재 등에 의한 장시간의 복사열에 의하여 근로자 또는 주변 기기에 부정적인 영향을 준다. 복사열에 의한 영향 및 통증을 느끼기 시작하는 시간은 표 4-7, 4-8과 같다.

표 4-7 복사열의 영향

복사열의 강도		영향
(Btu/hr·ft^2)	(kW/m^2)	
500	1.6	장기간 노출되면 불편함을 느낌
1300	4	20초 내에 보호되지 않으며 통증을 느끼며 피부가 부풀어 오름
3000	9.5	8초 후에는 심한 고통을 느끼며, 20초 후에는 2도 화상을 입음
4000	12.5	목재 또는 플라스틱 튜브의 착화를 발생하는데 충분한 최소 에너지
7900	25	오랫동안 노출되면 최소 에너지에 의해 목재가 발화됨
11900	37.5	장비 및 설비가 손상됨

표 4-8 통증을 느끼기 시작하는 시간

복사열의 강도		고통을 느끼기 시작하는 시간 (sec)
(Btu/hr·ft^2)	(kW/m^2)	
500	1.6	60
740	2.3	40
920	2.9	30
1500	4.7	16
2200	6.9	9
3000	9.5	6
3700	11.7	4
6300	19.9	2

나. 압력

폭발은 충격파의 전파속도에 따라 폭연 (Deflagration)과 폭굉 (Detonation)으로 구분이 된다. 폭연과 폭굉은 가스 내에서 반응면이 음속 이상으로 전파되는지 여부에 따라 구분이 된다. 폭연은 압력파 또는 충격파가 미반응 매질속으로 음속보다 느리게 이동하는 경우이며, 폭굉으로 전이될 수 있다. 폭굉은 압력파 또는 충격파가 미반응 매질속으로 음속보다 빠르게 이동하는 경우이며, 압력상승은 폭연의 경우보다 10배 이상이다. 폭발 과압에 따른 영향은 표 4-9와 같다.

표 4-9 폭발 과압의 영향

과압		영향
kPa	(psi)	
0.15	0.02	소음 발생 (137dB, 낮은 주파수 10-15Hz일 때)
0.2	0.03	변형되어 있는 대형 유리창 일부 파열가능
0.3	0.04	음속돌파, 유리파열과 같은 큰 소음 발생 (143dB)
1	0.15	창유리 일부 파손
2	0.3	집의 지붕과 유리창의 10% 파손, 안전 거리, 비산물 한계
3	0.4	구조물의 가벼운 손상
3.5-7	0.5-1.0	유리창이 부서지며 일부 창틀이 파손
5	0.7	주택의 구조물 파손
7	1.0	주택의 일부 파손 (복구 불가능)
9	1.3	철 구조물이 약간 손상
15	2	주택의 벽과 지붕이 약간 파손
15-20	2-3	비강화 콘크리트 벽 파손
16	2.3	구조물이 심하게 손상되기 시작
18	2.5	주택의 벽돌이 50% 정도 파손
20	3	건축물의 철구조물이 손상되며 기초에서 이탈
20-28	3-4	지지대가 없는 철제 건축물 또는 기름 저장 탱크 파손

30	4	공장건물의 파손
35	5	나무 기둥이 부러짐
35-50	5-7	주택의 완파
50	7	짐 실은 화물차가 전복
50-55	7-8	두께 20-30cm의 벽돌벽 붕괴
60	9	대형 화물차의 전파
70	10	대부분의 건축물 전파, 빌딩전파
2068	300	분화구 생성한계

다. 소음

소음의 노출은 화학공장에서 발생하는 일반적인 위험요소이다. 지나친 소음이 매일 노출되면 작업자는 청력을 상실할 수 있기 때문에 산업 현장에서는 적절한 방법으로 소음을 측정하여 청각보호구 제공 등 대응책을 권고하여야 한다. 8시간을 작업 기준으로 하면 사업장은 90dB 이하여야하고, 이것이 어려운 경우에는 귀마개 등을 사용하여 청력을 보호하여야 한다. 일반적인 작업에 대한 소음 강도 및 허용 소음 노출도는 표 4-10, 4-11과 같다.

표 4-10 일반적인 작업에 대한 소리의 강도 수준

소 리	강도수준(dB)
리벳작업(고통스러움)	120
펀치 프레스 작업	110
트럭 통과	100
시끄러운 사무실	90
공장	80
일상적인 대화	60

개인 사무실	50
보통 수준의 주거지	40
녹음실	30
나뭇잎 흔들리는 소리	20
좋은 청각의 한계	10
우수한 청각의 한계	0

표 4-11 허용 소음 노출도

소리수준(dB(A))	최대 노출시간(hr)
90	8
92	6
95	4
97	3
100	2
102	1.5
105	1
110	0.5
115	0.25

EXERCISES 연습문제

01 유해화학물질이 인체에 유입되는 경로 및 특징에 대해 서술하시오.

02 아래에 기술된 독성물질이 인체에 미칠 수 있는 증상에 대해 서술하시오.

> ① 혈액독(hemotoxicant)
> ② 신경독(neurotoxicant)
> ③ 호흡기 독(respiratory toxicant)
> ④ 생식기 독(reproductive toxicant)

03 대기 중의 산소 농도가 11%일 때, 인체에 발생할 수 있는 징후 및 증상에 대해 서술하시오.

04 다음에서 설명하고 있는 비상대응계획수립지침(ERPG)의 단계는 무엇인가?

> |다음|
> 거의 모든 사람이 1시간 동안 노출되어도 보호조치 불능의 중상을 유발하거나 회복 불가능 또는 심각한 건강상의 영향이 나타나지 않는 공기 중의 최대 농도

05 부피비가 42% 메탄과 9% 산소를 함유한 대기를 호흡한 응급대응자가 경험할 가능성이 가장 큰 부정적인 건강 영향에 대해 서술하시오.

06 피부 접촉에 의한 페놀의 반수치사량 (LD_{50})은 630mg/kg이다. 기술적 근거로서 이 측정을 사용하여 80kg인 응급 대응자의 피부 접촉에 의한 페놀의 치사량을 추정하라.

07 다음 중 매일 일하는 근로자가 일주일에 40시간, 하루에 8시간씩 정상 근무할 경우에 근로자에게 노출되어도 아무런 나쁜 영향을 주지 않는 최고 시간 가중 평균 농도 값은 무엇인가?

|다음|

① TLV-TWA ② TLV-STEL
③ TLV-C ④ PEL

08 공기 중 독성 및 오염물질인 아황산가스(SO_2)의 특징을 3가지 이상 서술하시오.

09 대기중 오존이 0.5ppm 이상일 때 인체에 미치는 영향은 무엇인가?

10 생물학적 위험요소인 바이러스와 박테리아(세균)의 차이점에 대해 서술하시오.

11 다음에서 설명하고 있는 생물학적 위험이 있는 질환은 무엇인가?

|다음|

주로 감염된 설치류로부터 발생하며, 건조된 설치류 배설물, 타액 등으로 부터 전달된다. 감염의 초기 증상은 독감과 유사하며, 감염된 사람은 열, 오한, 근육통 등이 발생한다. 이 질환은 심각한 폐렴으로 신속하게 진행하고 폐는 유체로 채워져 사망에 이르게 한다.

12 아래 표의 빈 칸 ①~⑥에 해당하는 복사열의 영향에 대해 서술하시오.

〈복사열의 영향〉

복사열의 강도		영향
(Btu/hr · ft^2)	(kW/m^2)	
500	1.6	①
1300	4	②
3000	9.5	③
4000	12.5	④
7900	25	⑤
11900	37.5	⑥

13 폭발 과압이 5.6kPa(0.81 psi)인 경우, 주변에 미치는 영향에 대해 설명하시오.

14 공장에서의 소리 강도수준 및 최대 노출시간(hr)은 얼마인가?

Chapter 5 화학물질의 화재 및 폭발특성

화학물질은 화학반응에 의한 발열과 대류, 복사 등에 의한 발화현상이 일어나기 때문에 위험성이 매우 높다.

이 장에서는 화학물질의 응축상물질의 폭발해석, 가연성기체의 폭발해석, 가연성액체의 폭발해석 및 가연성분진의 폭발 위험성 등에 대하여 서술하였다.

1. 폭발의 정의

폭발은 갑작스러운 물리적 팽창 또는 급격한 화학반응 결과로 인해 발생하는 기체의 급격한 팽창을 의미한다. 기체의 급격한 팽창으로 인하여 압력파 또는 충격파가 발생하게 된다. 폭발은 파괴 잠재력 부분에 있어서 일반적으로 화재보다 더 큰 경향이 있다.

그림 5-1 폭발의 분류

물질상태 및 종류에 따라 폭발의 특성이 달라지는데, 물질의 상태에 따른 종류는 가스폭발, 분진폭발, 미스트폭발, 고체폭발, 증기폭발등이 있다. 본 장에서는 응축상 물질, 가연성기체, 가연성액체, 가연성 분진에서의 폭발에 대해서 자세히 다루도록 한다.

폭발은 또한 폭굉과 폭연으로 구분된다. 폭연은 가연성 혼합기체가 비교적 천천히 연소되는 것을 의미하며, 폭굉은 특정 농도에서 반응속도가 급격히 증대하여 음속을 초과하는 경우를 말한다. 폭굉이 일어나는 경우 충격파와 파괴력이 큰 압축파를 형성한다. 전파 방향에 따른 폭연과 폭굉의 압력 분포는 그림 5-2와 같다.

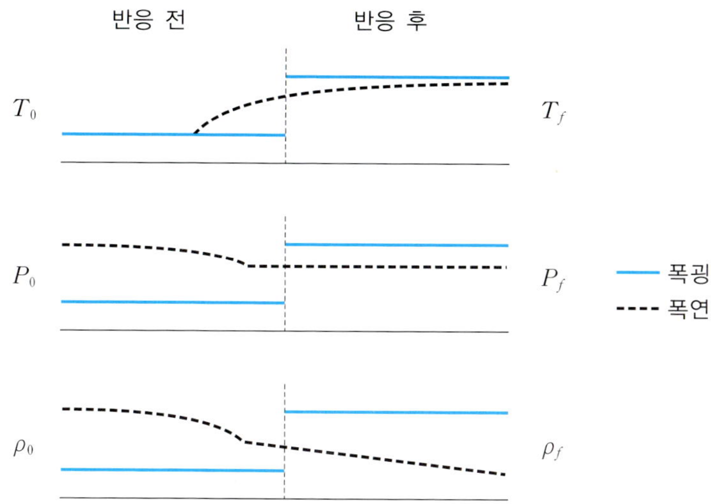

그림 5-2 폭굉과 폭연시의 온도, 압력, 밀도 변화

2. 응축상 물질의 폭발 위험성

가. 열폭발 이론(Thermal Explosion Theory)

연소의 발생은 발화, 착화 또는 점화라고 한다. 일반적으로 산화 반응은 강한 발열 반응을 수반하는 경우가 많고, 반응 속도는 반응 온도의 상승과 함께 급격히 증가하기 때문에, 발열 반응에 의해 자기 가열이 생기고 계의 온도가 발화 온도에 이르면 발화한다. 열폭발 이론은 반응계 내의 화학 반응에 의한 발열과 열전도, 대류, 방사 등에 의한 반응계 외부로 방열의 열 균형을 설명하는 이론을 말한다. 유체 속에 물체가 잠겨 냉각되는 상황에서 열전달이 과도 상태일 때 사용하는 상수인 비오트수(biot number)를 살펴보면 물체의 표면과 내부 사이의 온도강하 정도를 알 수 있다. 비오트수가 클 경우 물체 내에서의 온도 강하가 심하고, 작을 경우 물체 내에서의 온도가 거의 일정하다. 비오트수가 작을 경우 물체를 하나의 덩어리로 온도가 일정하다고 가정할 수 있으므로 시스템을 단순화시킬 수 있다. 일반적으로 비오트수가 1보다 작을 때 물체 내의 온도가 일정하다고 가정한다. 모델에 따른 비오트 수 및 표면과의 온도 구배는 그림 5-3과 같다.

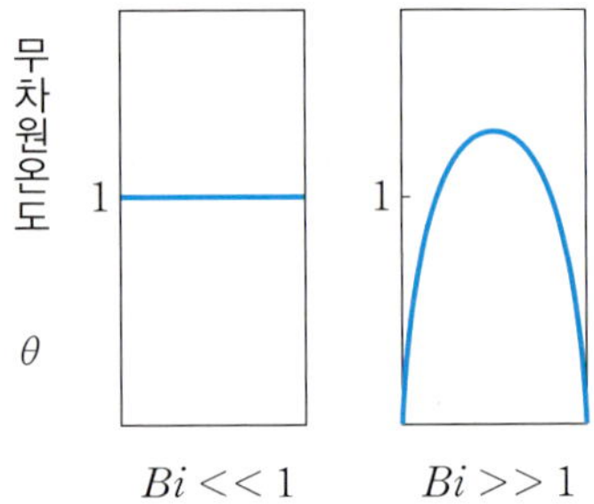

그림 5-3 열발열량 모델에 따른 온도분포

열 폭발 이론은 반응계 내의 화학 반응에 의한 발열과 열전도, 대류, 방사 등에 의해 반응계 외부로 방열의 열 수지를 고려하여 발화현상을 설명한 이론체계이다. 가연성 물질 또는 혼합물을 균일하게 가열 할 때 계의 온도가 자기 가열에 의해 상승하여 화재, 폭발에 이르는 과정을 해석하는 열 폭발 이론이다.

열 폭발 대표적인 이론으로는 Semenov 모델, Frank-Kamenetskii 모델이 있다.

1) Semenov 모델

Semenov 모델은 아주 균일하게 섞인 혼합물 내부의 온도가 동일할 때 적용된다. 열 손실은 벽 또는 코일 표면에서 온도 구배가 급격하게 발생할 때 일어난다. 화학 반응에 의해 발생하는 계 내의 발열 속도 (q_1)과 발생한 열이 주변의 벽을 통해 외부로 나가는 발열 속도 (q_2)가 만나는 점을 임계 조건으로 한다.

열 발생은 아레니우스식에 따라

$$q_1 = QVC^n Bexp(-E/RT) \qquad (1)$$

여기서, V : 반응부피, Q : 발열량, C^n : 반응 속도의 농도 항, B 이하는 속도 상수이다.

한편, 열 방출은 Newton의 냉각 법칙을 이용하여

$$q_2 = \alpha S(T - T_0) \tag{2}$$

여기서, S : 벽의 표면적, α : 총괄 열전달 계수, T_0 : 가열벽면 온도, T : 반응물의 온도이다.

q_1이 q_2의 상태 일 때 양자는 T_i에서 접하게 되고, 여기에서 발열 속도와 방열 속도가 동등하게 된다. 이것이 열 폭발의 한계 조건으로 T_i를 초과한 후는 급속히 자기가열이 진행되어 발화, 폭발에 이른다.

$$q_1 = q_2 \ ; \ \frac{dq_1}{dT} = \frac{dq_2}{dT} \tag{3}$$

위의 (1) ~ (3)으로부터

$$T_i^2 - (E/R)T_i + ET_0/R = 0$$

$$\therefore T_i = E/2R \pm E/2R(1 - 4RT_0/E)^{1/2} \tag{4}$$

를 얻을 수 있으며, (4)식의 계산에 따르면 플러스 값을 갖는 온도는 매우 고온이 되어 q_1 곡선의 변곡점을 초월하게 되어 물리적 의미가 없다. 활성화에너지 또한 초기값과 달라지면서 음수가 되어 평방근항을 전개하여 제 3항까지만 취하면

$$T_i \sim T_0 + RT_0^2/E \tag{5}$$

$$\triangle T_{CR} = T_i - T_0 \sim RT_0^2/E \tag{6}$$

을 유도할 수 있어 발화시 한계온도 상승값을 계산 할 수 있다.

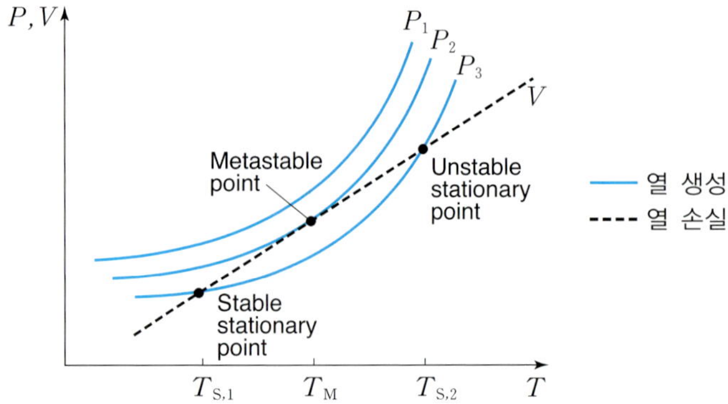

그림 5-4 온도에 따른 열생성 선도

온도에 따른 열 발생 및 손실 곡선은 위의 그림 5-4와 같이 나타낼 수 있다. 곡선 P_3를 살펴보면 열손실(점선)과 교차하는 지점에서 열 생성과 손실의 양이 같다. 이러한 점을 포화점 이라 하며 두개의 고정된 점($T_{s,1}$과 $T_{s,2}$)이 발생한다. 만약 이 시스템의 온도 T가 $T_{s,1}$보다 낮으면 열 생성이 지배적이며 시스템의 온도는 $T_{s,1}$까지 증가한다. 시스템의 온도가 $T_{s,1}$과 $T_{s,2}$ 사이에 있는 경우 열 손실이 지배적이며 시스템의 $T_{s,1}$까지 온도는 내려간다. T와 $T_{s,1}$이 같아질 때 포화점이라고 한다. 또한, 시스템의 온도 T가 $T_{s,2}$보다 높을 경우 열생성이 지배적이므로 온도는 계속 상승하고 열 생성량이 가속되는 화학반응이 일어난후, 폭발이 발생한다. T와 T_M이 같은 지점을 준안정점(metastable point)이라 부른다. 시스템 상에서 작은 온도 편차가 발생한다.

곡선 P_1의 경우 열손실 직선과 교차하지 않는다. 이러한 경우 포화점에 도달하지 못하며 열 생성량이 열 냉각보다 항상 크게 발생한다. 이 시스템은 모든 초기 온도에서 폭발이 발생한다. P_2는 임계열 발생 곡선이라 부르며 정확히 한 점에서 만난다.

2) Franc-Kamenetskii 모델

Frank-Kamenetskii 모델은 반응 물질의 유동이 없는 경우 방열은 물질내의 열전도에 따른다.

$$c\rho(\partial T/\partial t)=\lambda\triangle^{2}T+q \tag{7}$$

여기서 c : 반응 물질의 평균 비열 용량, ρ : 반응 물질의 밀도, λ : 평균 열전도율 △ : 라플라시안(laplacian)

식 (7)은 정상 값이 존재하기 위한 필요조건을 구하는 것이다.

$$\rho\triangle^{2}T+QC^{n}Bexp(-E/RT)=0 \tag{8}$$

이 되고 아래와 같은 무차원 변환을 통하여 (13)식을 얻을 수 있다.

무차원 온도 $\theta=(E/RT_0^2)(T-T_0)$ (9)

무차원 시간 $\tau=(\lambda/C_v\rho r^2)t$ (10)

무차원 좌표 $\zeta=r/a$ (11)

무차반응 속도 $\delta=(BQ/\lambda)a^2(E/RT_0^2)\exp(-E/RT_0)$ (12)

$d^2\theta/d\zeta^2+(j/\zeta)(d\theta/d\zeta)+\delta\exp\theta$ (13)

다만, 식변형에 따라 구형은 대칭 1차원이고 여기서 j는 형태를 나타내는 파라미터로, 평행 평판, 무한 원통, 구의 경우 각각 $j=0$, 1, 2가된다. 또한 반응계내의 온도 상승은 가열 온도에 비해 작기 때문에

$$\exp(E/RT)-\exp(-E/RT_0)\exp[(E/RT_0^2)(T-T_0)] \tag{14}$$

가 성립한다. 여기에서 반응 물질의 소모는 무시할 정도의 값이다.

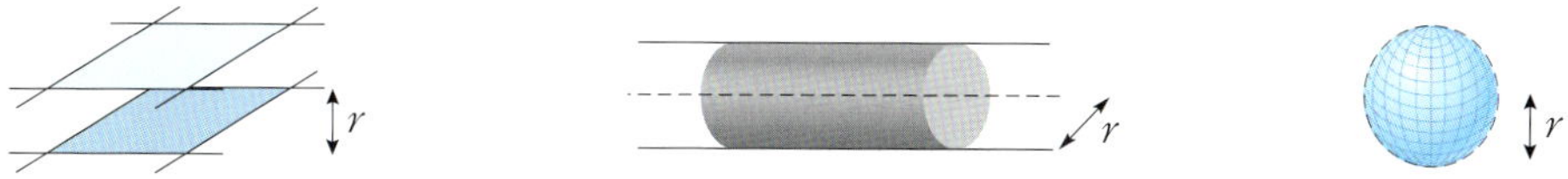

그림 5-5 One-dimensional geometrics : infinite slab(left), infinite cylider(center), and sphere(right)

평행평판 $(j=0)\delta_c=0.88$ $\theta_c=1.20$

무한원통 $(j=1)\delta_c=2.00$ $\theta_c=1.38$ (15)

공 $(j=2)\delta_c=3.32$ $\theta_c=1.61$

나. 폭굉 이론 (Detonation theory)

폭굉 (detonation)은 충격파 (shockwave)를 동반하는 연소파이며, 연소 파면이 미반응 매질의 음속을 초월하여 일정하게 전파하는 현상이다. 이 장은 일정한 속도로 전파하는 1차원 정상 폭굉파 (steadydetonation wave)에 관한 이론에 대하여 서술한다.

1) 랭킹 – 유고니오(Rankine Hugoniot) 식

랭킹 유고니오 방정식은 유입되는 흐름의 방향과 수직방향으로 존재하는 충격파의 움직임을 나타내는 방정식이다. 1차원의 정상상태에서의 질량, 운동량, 에너지가 보존된다고 가정하며 오일러 방정식을 따르고, 폭굉파는 화학 반응을 수반하는 충격파이기 때문에 충격파 이론을 적용한다. 다음 그림 5-6은 1 차원 충격파의 모식도이다.

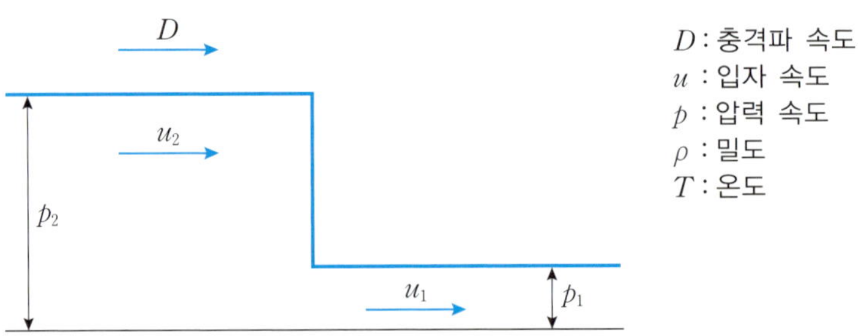

그림 5-6 1차원 충격파 모식도

평면 충격파가 속도 D로 진행할 때 압력, 온도, 비체적, 내부 에너지를 각각 P, T, V, E로 하고, 파면 후면 흐름의 속도, 즉 입자 속도를 u라고하면 질량, 운동량 및 에너지 보존법칙에 의해 다음의 식이 성립한다.

$$D/V_0=(D-W)/V \tag{16}$$

$$P_0+D^2/V_0=P+(D-W)^2/V \tag{17}$$

$$E_0+P_0V_0+D^2/2=E+PV(D-W)^2/2 \tag{18}$$

여기서 첨자 0는 파면 직전의 상태를 나타낸다.

식 (16), (17)의 W를 삭제하면 다음식이 얻어진다.

$$(D/V_0)^2=(P-P_0)/(V_0-V) \tag{19}$$

식 (19)는 PV 면에서 초기 상태 (P_0, V_0)를 통과하는 기울기 $-(D/V_0)^2$ 직선이며, 레일리 (Rayleigh) 선이라고 한다.

식 (16), (17)에 의해 D를 삭제하면 다음식이 얻어진다.

$$W_2=(P-P_0)(V_0-V) \tag{20}$$

(18)에서 식 (16), (17)를 이용하여 D, W를 삭제하면 유고니오 (Hugoniot) 곡선이 얻어진다.

$$E-E_0=(P+P_0)(V_0-V)/2 \tag{21}$$

물질의 초기 상태가 결정되면 압력, 비체적, 엔탈피, 내부에너지 등의 열역학 상태량 및 충격파 속도, 입자 속도 등의 유체 역학량의 관계가 정해지는 것을 유고니오 (Hugoniot)라고 한다.

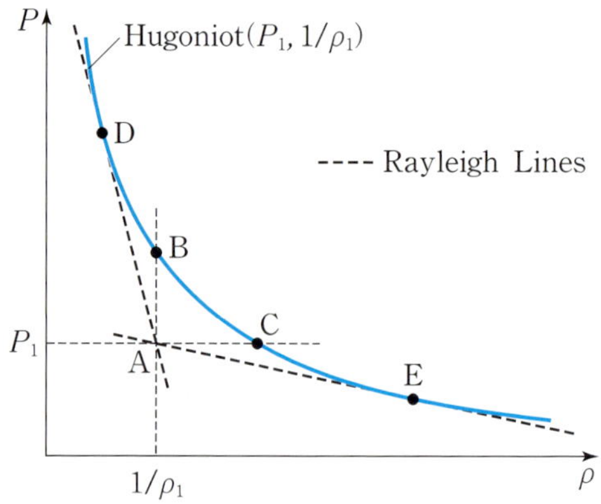

그림 5-7 충격파와 폭굉파를 나타내는 선도(1)

표 5-1 충격파와 폭굉파 선도 분석

Segment	Characteristic	Burned Gas Velocity	Remarks
Above D	Strong Detonation	Subsonic	Seldom observed Special exp. equip.
Point D	Upper C-J point	Sonic	Observed in tubes
D-B	Weak Detonation	Supersonic	Seldom observed
B-C	Inaccessible		
C-E	Weak Deflagration	Subsonic	Often observed P~1
Point E	Lower C-J point	Sonic	Not observed
Below E	Strong Deflagration	Supersonic	Not observed

2) Chapman-Jouguet 조건

Chapman은 랭킹-유고니오 식을 만족하는 D는 최소 안정적인 폭굉 속도로 가정하고 Jouguet는 다음 식과 같이 안정적인 폭굉 속도 D는 가스의 유속 W와 폭굉 가스 중의 음속 C의 합으로 가정한다.

$$D = C + W \tag{22}$$

이때 C-J 조건을 만족하는 폭굉파의 폭굉 속도를 D_{CJ}라 부르며, C-J 조건은 다음과 같이 가정한다.

(1) 폭굉파는 1차원의 정상 평면파이다.

(2) 폭굉은 파면 뒤에 즉시 열 화학 평형에 도달하며 반응 속도는 무한대이다.

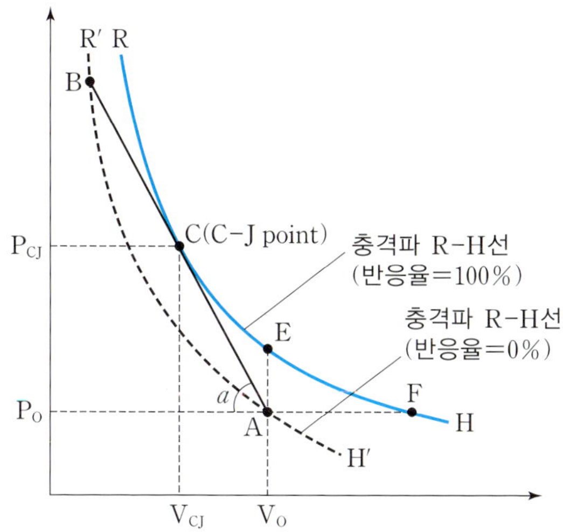

그림 5-8 충격파와 폭굉파를 나타내는 선도(2)

그림 5-8의 A점에서 곡선 RH로 선을 그었을때 기울기 α에서 곡선 RH의 접선이 될 때, 그 접점을 C(P_{CJ}, V_{CJ})하면

$$\tan\alpha=(P_{CJ}-P_0)/(V_0-V_{CJ}) \tag{23}$$

이며, (19)과 조합하면

$$D=V_0(\tan\alpha)^{1/2} \tag{24}$$

이 된다. C점이 최소의 폭굉 속도를 나타내는 점이며 이때 Chapman 조건을 충족한다. C−J점에서는

$$(dE/dV)_H=-P \tag{25}$$

이 성립하고 관계식 $dE=TdS-PdV$로 부터 등엔트로피곡선은

$$(\partial E/\partial V)s=-P \tag{26}$$

이 된다. 따라서 C－J점을 통과하는 등엔트로피 곡선은 직선 AC와 유고니오 곡선 RH 모두에 접하고 있다. 여기서 첨자 H는 유고니오 조건을, S는 등엔트로피 조건을 의미한다.

따라서

$$(dP/dV)_H = (\partial P/\partial V)s = -(P-P_0)/(V_0-V) \tag{27}$$

을 만족한다. 음속 C는 $C=V[-(\partial P/\partial V)s]^{1/2}$이다.

식 (28)은 단열지수(adiabatic exponent)를 나타낸 식이다.

$$\gamma = -(\partial \ln P/\partial \ln V)s = (1-P/P_0)(V_0/V-1) \tag{28}$$

식(19)와 (29)로부터 C－J점에서의 압력은 아래와 같아진다.

$$P_{CJ} = [D^2/(\gamma+1)V_0] + P_0(\gamma+1) = (\rho D^2 + P_0)/(\gamma+1) \tag{29}$$

여기에서 ρ는 물질의 초기 밀도를 의미하며, 응축상 폭발성 물질의 경우 P_{CJ}는 P_0dp 비해 무시할 수 있으므로 C－J 점에서의 특성값은 아래와 같이 주어진다.

$$P_{CJ} = D^2/(\gamma+1)V_0 = \rho D^2/(\gamma+1) \tag{30}$$

$$V_{CJ} = \gamma V_0/(\gamma+1) \tag{31}$$

$$W = D/(\gamma+1) \tag{32}$$

$$D_{CJ} = \gamma D/(\gamma+1) \tag{33}$$

많은 폭발성 물질에 대해 γ는 3에 가까운 것이 실험과 이론에 의해 알려져 있으며, 폭굉 압력은 $D^2/4V_0(=\rho D^2/4)$로 추정되는 것이 일반적이다. 즉 식(29)의 γ를 압력에 관계없이 일정하게 하는 경우를 γ법칙이라고 부르고, 이때 폭굉 가스의 팽창 특성은 다음 식으로 표시된다.

$$PV^{\gamma} = P_{CJ}V_{CJ}^{\gamma} \tag{34}$$

다. 화학물질의 폭발특성

화학물질의 폭발 위력은 충격파에 의한 동적인 위력과 발생 가스에 의한 정적 위력으로 구분하는데, 총 폭발 에너지는 물질의 종류뿐만 아니라, 기폭 조건과 폭굉의 상태에 따라 크게 변하므로 이론계산에 의한 예측과 반드시 일치하지는 않지만, 폭발 위력의 규모나 피해정도에 대한 검토는 안전상 매우 중요하다. 또한 실제로 외부에 미치는 물리적인 효과는 대상물질의 강도와 특성에 의존하기 때문에 일반적인 폭발성 물질의 폭발 위력을 폭굉 특성 값(파라미터)으로 표현하는 경우가 많다.

화약류뿐만 아니라 일반적으로 사용되는 화학 물질도 특정 조건이 충족되면 폭굉을 일으키는 경우가 있다.

표 5-2 에너지 물질의 폭굉특성 계산 값

	밀도(g/cm^3)	생성열 (kcal/mol)	C-J속도 (km/sec)	C-J압력 (GPa)	C-J온도 (K)	폭발열 (kcal/g)
니트로글리세린	1.59	-89.0	7.58	23.5	3,871	1,455
니트로셀룰로즈 (N:13.3%)	1.67	-41.3	5.90	11.0	3,229	1,127
펜슬릿(PETN)	1.76	-127.2	8.30	31.7	3,668	1,500
니트로메탄	1.13	-27.0	6.29	12.7	3,300	1,293
트리니트로톨루엔 (TNT)	1.64	-14.2	6.95	19.0	3,420	1,274
피크린산	1.77	-51.7	7.35	24.4	3,495	1,262
헥소겐(RDX)	1.80	16.9	8.72	34.7	3,488	1,482
옥토겐(HMX)	1.90	17.9	9.10	39.3	3,361	1,470
테트릴	1.70	8.1	7.56	25.0	3,791	1,402
DDNP	1.63	-76.7	6.26	15.1	2,412	800
아지화연	4.80	134.0	5.30	30.0	3,200	391

표 5-2에 다양한 폭발성 물질의 폭굉 특성 계산 값을 나타내었다. 고성능 폭약의 폭굉특성 계산 값은 실제값과 비교적 일치하고, 이용한 계산 코드에 의한 차이도 거의 없으나 질산암모늄과 같은 무기염소의 물질은 계산에 이용하는 가정이나 상태식에 따라 차이가 있고, 계산값과 실측값은 그다지 일치하지 않는다.

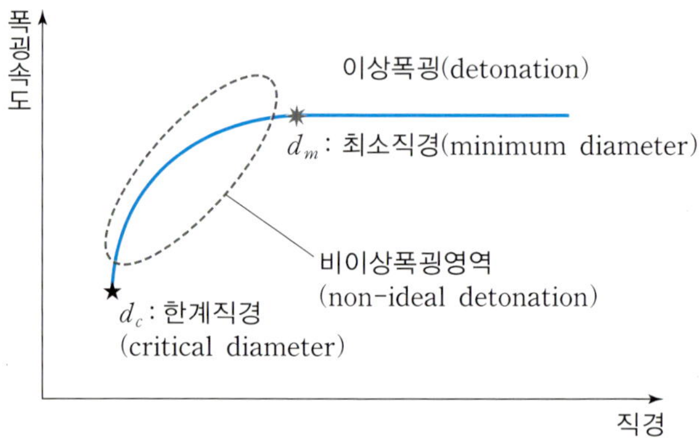

그림 5-9 폭약의 직경과 폭속과의 관계

그림 5-9는 각종 폭발성 물질의 폭굉 속도에 미치는 직경의 영향을 보여준다. 폭굉이 정상적으로 진행하지 않는 한계직경 (d_c : critical diameter)과 그 이상에서 이상폭굉이 되는 최소직경 (d_m :minimum diameter) 사이의 영역에서 비 이상적 폭굉이 된다.

직경이 커질수록 폭굉 속도도 상승하고 물질 고유의 직경을 초과한 이후에는 폭굉 속도는 일정하게 된다. 직경 증가에 따라 폭굉속도가 증가하고 있는 영역이 비이상 폭굉 영역이고, 일정한 값이 실험적으로 얻어지는 이상폭굉 속도 이다.

라. 폭발에 의한 영향

1) 폭발 에너지

폭발에 의한 에너지는 폭풍, 복사열, 비산물, 지반진동, 소리, 빛 등으로 방출된다. 일반적으로 화학 물질이 폭발하면 대량의 가스가 발생하고, 생성된 가스는 고속으로 팽창한다. 그 결과 폭발원 인근에서는 고속 기류가 발생하여 주변의 물체나 폭발로 인해 파괴된 파편 등을 비산시킨다.

폭굉의 경우에는 폭굉파 중의 충격파가 주변 공기중으로 투과 하여 공기중으로 강한 충격파가 전파된다. 또한 격렬하게 폭연한 경우에도 가스의 팽창속도가 매우 크기 때문에 충격파를 형성하여 공기 중으로 전파된다.

일반적으로 폭발(blastwave) 이라고 하는 현상은 폭발로 생성된 가스의 빠른 팽창과 그에 따른 폭원 인근의 고속 기류 및 공기 중으로 전파하는 충격파를 총칭한 것이다.

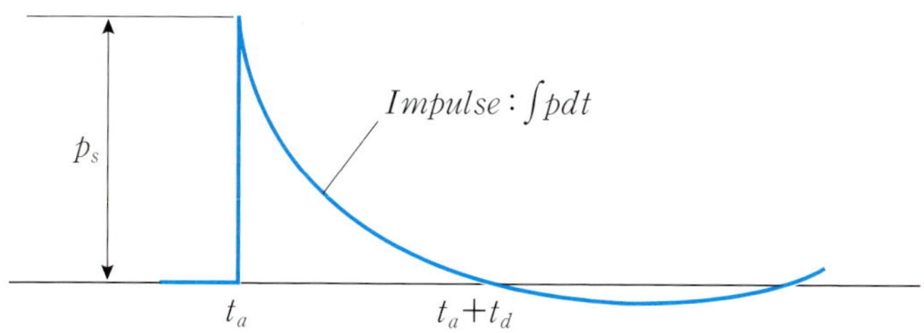

그림 5-10 폭풍파형의 예

충격파로서 전파하는 폭풍을 폭풍파라고 부른다. 폭풍파의 전형적인 압력 파형은 그림 5-10과 같다.

2) 폭풍의 TNT 환산

고성능 폭약인 트리니트로톨루엔(TNT)의 폭발에 의한 폭발의 특성은 많은 연구자에 의해 연구되고 있다. 다른 폭발성 물질의 폭발 특성치도 TNT 폭발을 기준으로 구하는 것이 일반적인데, 이 기술을 TNT 환산라고 부른다. 화학적인 폭발은 용기 내부의 물질이 화학적인 반응에 의하여 폭발을 일으키는 것으로 폭발의 위력을 TNT상당량으로 환산하여 구할 수 있다.

$$Q = \frac{\eta M E_c}{E_{cTNT}}$$

Q : TNT상당량(kg－TNT)

η : 폭발효율(보통 0.03)

M : 질량(kg)

E_c : 연소열(kJ/kg)

E_{cTNT} : 4,651 kJ/kg

이는 TNT 폭발에 대하여 많은 실험 자료가 존재하므로, 일반적인 물질의 폭발 위력을 TNT의 폭발위력과 비교하여 계산하는 방법이다. 거리별에 따른 과압분포 계산식은 다음과 같다.

$$Z = \frac{r}{Q^{1/3}}$$

r : 폭발원으로부터 거리(m)

Z : 환산거리(m/kg1/3)

Q : TNT 상당량(kg－TNT)

그림 5-11을 참고하여 거리별 폭발과압의 분포를 구할 수 있다.

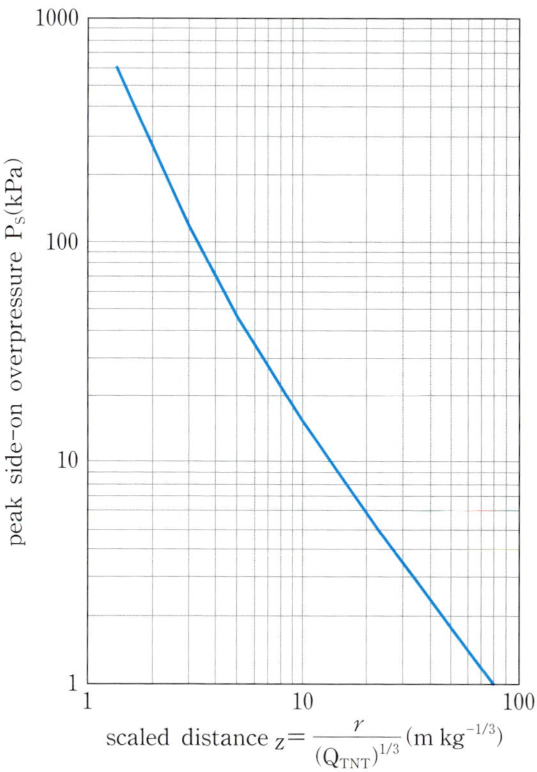

그림 5-11 반구형 TNT 표면폭발에 대한 과압의 매개변수

TNT 환산으로 다른 폭발성 물질의 폭발 특성치를 추정 할 경우 폭발에 의해 발생되는 에너지양을 TNT 양으로 환산하여 구한다. 또한 이러한 폭발의 강도는 폭발직전 용기 내부압력에 비례한다. 어떤 체적을 가진 용기가 압력 에서 대기압 로 갑자기 강하하여 부피가 팽창할 때 배출되는 폭발과압은 TNT 상당량으로 나타내면 다음 식과 같이 된다.

$$TNT\text{당량} = (\triangle H_c \cdot W_c)/2000(Btu/lbm)TNT = (\triangle H_c \cdot W_c)/1120(cal/g)TNT$$

$\triangle H_c$: 폭발성 물질의 연소열

W_c : 폭발에 참여한 물질의 양

$$W_c = 1.4 \times 10^{-6} VR\left[\frac{P_1}{P_0}\right]\left[\frac{T_1}{T_0}\right]T_1 \ln\left[\frac{P_1}{P_2}\right]$$

W_c : TNT 상당량(lb)

V : 용기의 체적(ft^3)

P_1 : 초기압력(psia)

P_2 : 최종압력(psia)

P_0 : 대기압력(≒ 14.7psia)

T_1 : 초기온도(° R)

T_0 : 대기온도(492° R)

R : 기체상수(1.987 Btu/lb mol° R)

이 경우 폭발원이 폭굉 물질인 경우는 문제가 없으나 폭굉하지 않는 화학물질의 경우는 TNT 폭발과는 다르다.

(1) 에너지 방출 속도는 같은 양의 TNT 폭발에 비해 훨씬 작다

(2) 폭풍 파의 지속 시간이 길다

이와 같이 폭굉이 발생하지 않는 물질의 폭발은 TNT 폭발과 큰 차이가 있기 때문에 폭풍파의 예측시 물질이 가진 에너지양 만 TNT 변환 기법을 적용 할 수 없다. 이 경우 에너지양에서 산출 한 TNT 환산양에 수정 계수를 곱할 필요가 있다. 이 수정계수를 TNT 수율이라고 한다. TNT 수율은 물질의 폭발시 에너지 방출 속도 및 가스발생 속도에 의존한다.

에너지 방출 속도는 다음 식과 같다.

$$q_r = Q\rho DS$$

여기에 q_r: 에너지 방출 속도, Q : 단위 질량 당 폭발 에너지, ρ : 밀도, D :폭연 속도, S : 반응면의 면적

폭발 사고처럼 제어되지 않은 폭연의 경우 폭연 속도나 반응면의 면적은 일정하지 않아 그 추정 방법이 아직 확립되어 있지 않다. 폭풍압과 피해 관계는 실험결과나 사고 사례의 해석 등에 기초한 것들이 공표되고 있으나, 이들 대부분은 폭풍의 피크 과압과 주택과 구조물의 피해와의 관계를 나타내고 있지만, 폭풍파에 의한 피해는 피크 과압뿐만 아니라 그 임펄스에도 의존한다. 폭발에 의한 비산물은 용기가 폭발 및 파열에 의한 경우 용기 내외의 압력 차에 의해 용기의 일부가 손상되어 내부의 고압 물질이 고속으로 분출되면서 발생한 추력, 폭발시 생성된 가스 및 고압가스의 팽창 운동이나 그로 인한 주변 공기 운동에 의한 동압, 폭풍파를 받은 경우의 물체 전후의 압력 차 등에 의해 운동에너지를 얻어 비산한다. 비산 거리는 비산물이 날아가는 각도, 비산물의 회전 상태, 공기 저항, 비산물의 밀도 등을 고려하여 추정한다. 가장 간단한 형태로 비산물의 최대 거리를 추정할 경우 다음 식을 적용하고, 일반적으로 파편은 최대거리까지는 비산하지 않고 최대거리의 0.3~0.8배 지점에 낙하한다.

$$L = 294W^{0.236}$$

여기에 L : 비산물의 최대거리(m), W : TNT 질량(kg)이다.

Clancey는 공기 저항을 고려한 경험식을 다음과 같이 제공하고 있다.

$$x = (w^{1/3}/k\alpha)\ln(u_i/u)$$

여기에 x : 비산거리, u_i : 비 산물의 초속, u : 비산거리×비산속도, w : 비산물 중량, k : 상수 α : 저항 계수 (보통 1.2~2)이다.

표 5-3 압력의 형태 설명

구분	설명
과압 (Over pressure)	양압부(Positive phase)에서 충격파가 지속되는 동안 생기는 대기압이상의 순압력(Net pressure)으로 정압 또는 side-on 압력
피크과압 (Peak over pressure)	양압부의 충격파에 관계되는 대기압 이상에서의 순 최대압력(Net max. pressure)
음압 (Under pressure)	음압부(Negative phase)에서 충격파가 지속되는 동안 생기는 대기압 이하의 순압력(Net pressure)
동압 (Dynamic pressure)	고체 대상물에 부딪칠 때 팽창가스 운동에너지에 의해 생성된 압력 $P_d = \rho u^2/2gc$ $\rho\left[\frac{2\gamma P_a+(\gamma+1)P_s}{2\gamma P_a+(\gamma-1)P_s}\right]\rho_a$ 여기서 P_d = 동압 $[N/m^2$, Pa$]$ P_s = 충격면 뒷면의 피크과압 $[N/m^2$, Pa$]$ P_a = 충격파 전방의 주위압력 $[N/m^2$, Pa$]$ ρ = 충격파 뒷면의 공기밀도 $[kg/m^3]$ ρ_a = 충격파 전방의 주위공기밀도 $[kg/m^3]$ u = 충격면 뒤의 피크풍속 (Particle Velocity) $[m/sec]$ γ = 공기의 비열비 $\simeq$ 1.4
반사압 (Reflected pressure)	목표물에 실제로 부딪친 압력 $P_r = 2P_s + (\gamma+1)P_a$
양압부의 사고충격량 (Positive Incident Impulse)	양압부에서 충격파가 지속되는 동안 시간이 경과된 압력의 적분값 $I_s = \int_{t0}^{td} P(t)dt$ 여기서 I_s = 양압부의 사고충격량 (psia-msec) $P(t)$ = 주어진 위치에서 시간의 함수로서 과압 (psia) t_0 = 주어진 위치에서 충격파의 도착시간 (msec) t_p = 양압부에서 충격파가 끝나는 시간 (msec)

Clancey는 비산 거리를 ft, 비산물 중량으로 한 경우의 k 값으로 초음속으로 비산하는 경우는 0.002, 음속에 비산하는 경우 0.0014을 부여하고 있으나, 비산거리를 m, 비산물 중량을 kg으로 하는 식으로 환산하면 k의 값은 동일하다.

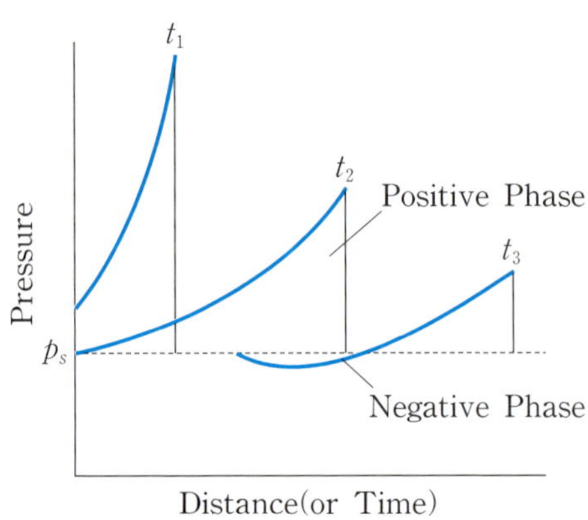

그림 5-12 충격파의 강도와 거리의 관계

3. 가연성기체의 화재폭발 위험성

가. 가연성 기체의 연소현상

가연성 가스의 연소 현상은 그림 5-13과 같이 가연성 기체나 증기 및 지연성 기체가 있는 곳에서 착화원으로부터 에너지가 주어지면 연소가 시작된다. 가연성 기체, 지연성 기체 (산화제, 공기 중의 산소, 아산화 질소 등), 점화원을 관리하는 것이 재해 방지의 기본이다. 또한 연소가 유지되기 위해서는 연소대로부터 미연소 기체로 열이 공급되고, 연쇄반응 지속을 위한 활성화학종 공급이 있어야 하므로 이들의 공급을 조절하여 연소를 제어할 수 있다.

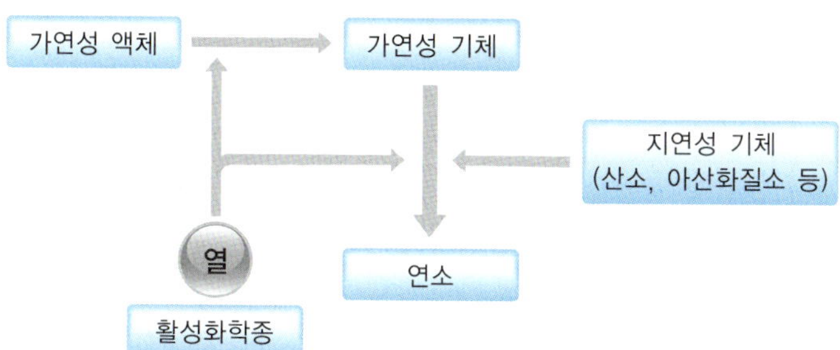

그림 5-13 연소현상에 대한 개요

연소는 다음의 두 가지 형태가 있다.

(1) 확산연소

- 가연성 가스 (연료)와 지연성 기체 (산화제)가 개별 존재하고 이들의 접촉면에서 연소 반응이 일어나는 것
- 화염 (확산화염)은 가연성 기체와 지연성 기체의 경계에 형성되어 전파성은 없음)

(2) 예혼합연소

- 가연성 가스 (연료)와 지연성 기체 (산화제)를 사전에 혼합 하고 있는 예혼합 가스가 연소 반응을 일으키는 것
- 연소에 의해 혼합기를 소비하면서 다음의 혼합기가 연소 해 나가기 위해 화염 (예혼합 화염)은 전파성을 가짐

가연성 기체와 지연성 기체가 혼합되지 않은 상태에서 착화한 경우에 이들 경계에서 확산연소가 일어나지만 확산화염은 전파성이 없어 경계에서 화염이 지속적으로 연소하면서 가스화염이 된다. 예혼합 화염과 확산 화염의 구조는 그림 5-14와 같다. 예혼합 화염에서는 예열대에서 가열된 예혼합 기체가 반응대에서 연소 반응을 일으키므로 화염(연소대)은 미연소 기체측으로 화염 전파성을 갖는다. 한편, 확산 화염에서는 가연성 기체와 산화제가 화염의 양쪽에서 농도에 따른 분자 확산에 의해 공급되면서 연소반응을 일으키고 있다. 예혼합 화재와 같은 전파성은 없다.

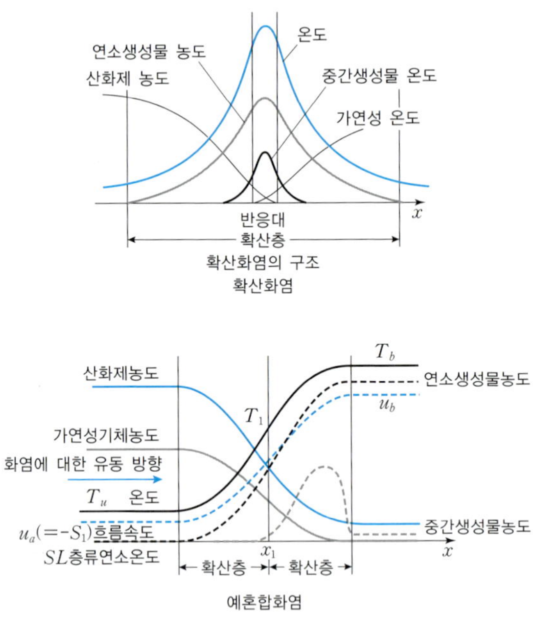

그림 5-14 화염의 구조

나. 가스 화재 및 가스폭발 현상

가연성 가스가 누출되어 점화되면 누출부위에서 확산화염이 지속적으로 연소되지만 폭발은 없는 화염이 된다.

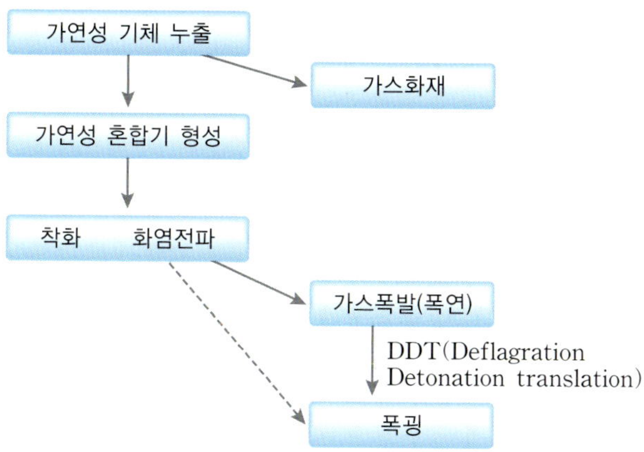

그림 5-15 누출기체의 착화시 거동

표 5-4 폭발현상의 종류

폭발현상의 종류	체적팽창, 압력상승 원인	사례
기상폭발	연소파의 전파	가스·증기계 폭발(폭연)
	폭굉파의 전파	폭굉
	가연성분무 연소	분무폭발
	가연성분진 연소	분진폭발
	압력의 급격한 개방	용기 파열
액체폭발	액체화약류의 분해 또는 연소반응	액체폭약의 폭발
	액체로부터 기체로의 급격한 상변화	증기폭발
고체폭발	고체화약류의 분해 또는 연소반응	고체폭약의 폭발

누출기체가 공기와 혼합하여 일정양의 가연성 혼합기가 형성된 후에 착화가 발생되면 가스폭발이 발생한다. 가스폭발은 화염이 가속되면 초음속으로 전파하는 폭굉으로 천이한다. 폭발은 급격한 팽창과 압력이 개방되는 것으로 표 5-4와 같이 다양하다.

다. 가스화재 현상

가스 화재는 누출된 가연성 기체가 확산 연소되면서 누출 부위에 확산 화염이 꺼지지 않는 현상이다. 가스 화재가 발생한 경우에는 함부로 소화하지 않아야 한다. 가스 화재를 진화하면 비 연소 가연성 가스가 누출 상태가 되기 때문에 누출된 가연성 가스가 공기와 혼합되면서 가연성 혼합 기체를 형성하고 점화원이 존재할 경우 가스 폭발 사고가 발생할 위험이 있어 소화할 경우 오히려 큰 피해가 발생할 수도 있다. 가스 화재시에는 가연성 가스의 누출을 중지한 후 소화해야하며, 누출을 멈출 수 없는 경우에는 연소 화염 주위에 발열이나 열 손상을 위해 방수 의한 냉각 등을 실시하면서 가연성 가스가 소진될 때를 기다려야 한다.

라. 가스폭발 현상

1) 가스 폭발 과정

가스 폭발의 과정은 다양한 조건에 따라 결정된다. 특히 발생하는 공간의 형태에 따라 크게 달라진다. 그림 5-16은 가스 폭발이 발생하는 공간의 형태에 따른 가스 폭발 거동의 변화에 대해 크게 세 종류로 분류하여 나타낸 것이다.

(1) 개방 공간 (그림(a) 참조)

이 경우에는 상당히 많은 양의 가연성 가스가 누출 된 경우를 제외하고 큰 피해가 발생하는 것은 드물다. 대량 누출이 아닌 경우는 가연성 혼합기 (반경 몇 미터 정도 이하)가 형성되어도 일상적인 흐름이 있는 장소는 단시간에 농도가 연소 하한계 이하로 되고, 점화되어도 개방계에서는 압력상승이 없고, 화염으로부터 열의 공급도 매우 단시간에 종료되어 버린다. 개방 공간에서 문제가 되는 것은 형성된 가연성 혼합기의 범위가 반경 수십 미터에 달하는 경우이다. 이 경우 압력 파의 발생, 화염에 의한 열영향, 특히 파이어 볼 (화염 구)이 발생한 경우는 강력한 열복사가 발생한다.

(2) 가로, 세로, 높이 비율이 1에 가까운 폐쇄공간(그림(b) 참조)

실내에서 가스 폭발이나 치수 비가 1에 가까운 형상의 플랜트 설비에서의 가스폭발이 해당된다. 개방 공간에 비해 가연성 기체의 농도는 상승하기 쉽고, 화염이 공간으로 전파하면서 공간내의 압력이 상승한다.

(3) 좁고 긴 폐쇄공간(그림(c) 참조)

덕트나 배관 내의 가스 폭발이 이에 해당한다. 화염은 관을 따라 전파하고, 가연성 기체의 종류와 농도, 벽면의 상태에 따라 데토네이션(폭굉)이 전이한다. 이 공간에서는 화염의 가속이 쉽게 발생하기 때문에 다른 형태에 비해 폭발에 전이가 일어나기 쉽다.

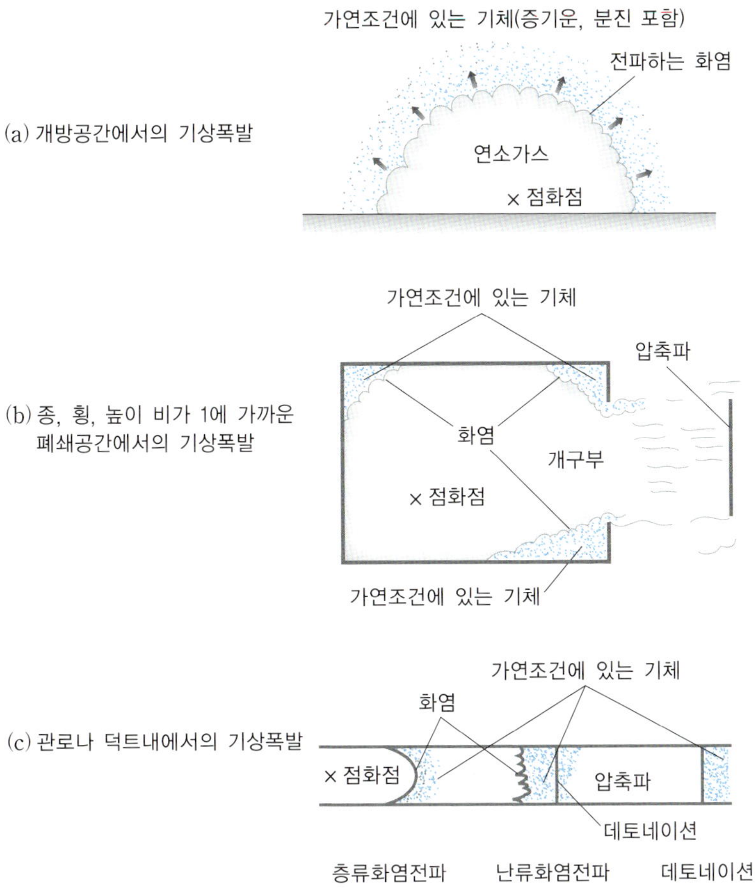

그림 5-16 공간형상에 따른 가스폭발 현상 비교

이처럼 공간의 형태에 따라 가스 폭발 과정은 다양한 양상을 나타낸다. 여기에서는 가로, 세로, 높이 비율이 1에 가까운 폐쇄공간에 대하여 중점적으로 설명한다. 이는 주거 공간과 제조설비를 덮는 건물 등에서 발생하는 가스 폭발에 해당한다. 이러한 공간에서 가스 폭발 과정은 대략 다음과 같다.

① 가연성 혼합기의 형성

폐쇄 공간 내에 가연성 기체가 유입 또는 가연성 액체의 증발에 의해 가연성 가스가 발생하여 공기와 혼합되면서 가연성 혼합 기체를 형성한다. 일반적으로 가연성 가스의 발생 장소 인근에서 가연성 기체의 농도가 높고, 멀어 질수록 공기 중으로 확산, 혼합이 발생하여 농도가 낮아진다.

② 점화

가연성 혼합 기체에 에너지를 가하면 착화가 일어난다.

③ 화염 전파와 압력 상승

폐쇄 공간 내의 가연성 혼합기를 화염이 전파하면서 공간 내의 압력이 상승한다. 공간을 구성하는 벽면, 창 등 내압성이 낮은 부분이 파손되어 개구부가 발생하고, 이를 통하여 내부 기체가 유출하기 시작한다.

④ 압력파, 화재, 유해 물질, 비산물의 발생

개구부의 발생 시에는 압력파가 발생하고 폐쇄 공간 외부로 전파되면서 주위로 피해를 미친다. 또한 개구부의 파괴시에 구조물의 일부 또는 개구부 인근에 있던 물체 등이 비산하기도 한다. 공간내의 가연물이 착화되면 화재로 전이하고, 가스폭발 및 화재에 의해 유해 가스가 발생하기도 한다.

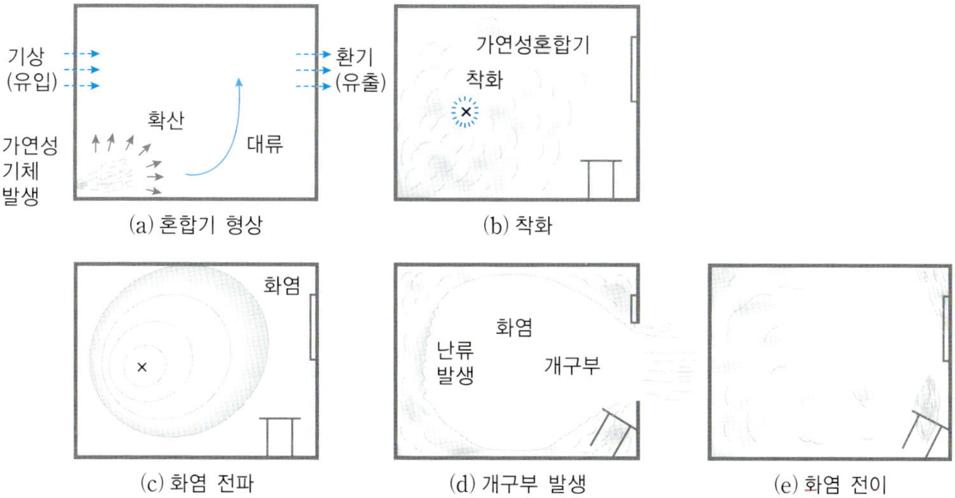

그림 5-17 가스폭발 과정

2) 가연성 기체에서의 폭연과 폭굉

화염의 전파는 충격파 후부에 연소대를 따라 음속 이상의 속도로 전파하는 폭굉(Detonation)과 음속보다 작은 속도로 전파하는 일반적인 화염전파인 폭연(Deflagration)이 있다. 폭굉파의 전파는 음속을 초과 하므로 공간의 압력이 균일하지 않고 폭굉파 부분에서 매우 크게 된다. 따라서 압력 상승이 공간 내에서 평균화되는 폭연과 비교해 매우 큰 피해가 발생한다. 폭굉이 발생하기 위해서는 가연성 혼합 기체를 매우 강력한 에너지로 점화하여야 한다.

가) 가연성 혼합기의 형성

가스 폭발이 발생하려면 연소 범위 농도의 가연성 혼합 기체가 존재하여야 한다. 유입되거나 발생한 가연성 기체가 폐쇄공간으로 확산하고, 공기와 혼합되어 가연성 혼합기가 형성된다(그림 5-18 참조). 공기중으로의 기체 분자 확산은 Fick's law에 따른다.

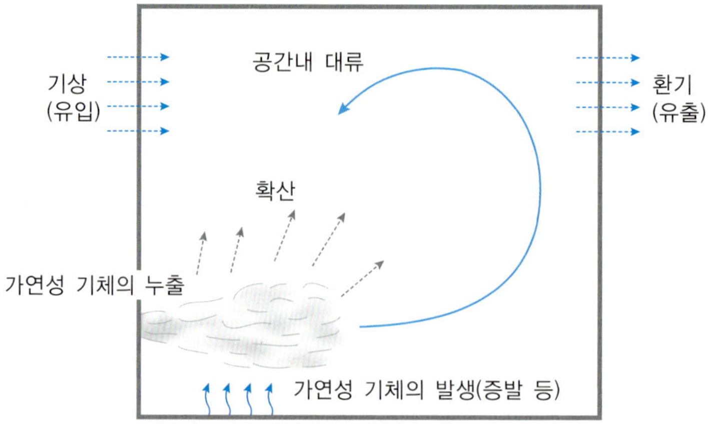

그림 5-18 폐쇄공간내의 가연성혼합기의 형성

$$m''_A = -\rho D_{AB} \nabla Y_A \qquad (35)$$

여기에 m''_A는 A 성분의 질량 유속, ρ는 밀도, D_A는 확산 계수, Y_A는 질량분율이다.

그러나 실제로는 공간 내의 유동성이 가연성 기체의 이동을 촉진하므로 가연성 기체의 확산 속도는 분자 확산만을 고려할 때 더 커진다. 공간 내에서 가스 유동 발생원으로는 벽면의 틈새 등으로 부터의 기체의 유입, 유출, 공조 장치에서 발생하는 기류, 가연성 가스의 누출에 따른 유동 등을 고려할 수 있다. 공간내에 형성되는 가연성혼합기의 농도 분포나 시간변화를 예측하기 위해서는 공간에서 기류의 상태에 대해 알아야 한다. 난류의 영향에 대하여는 $k-\varepsilon$ 모델을 사용하고, 질량, 화학종류, 운동량, 에너지, 난류 에너지, 난류에너지 소비율의 각 기초방정식을 사용한다.

이 식은 다음 식 (36)와 같다.

$$\frac{\partial}{\partial t}(\rho\varnothing) + \div(\rho u\varnothing) - \div(\rho\Gamma grad\varnothing) = S \qquad (36)$$

여기에 u는 속도, ρ는 밀도이다. (36) 식의 $\varnothing$, Γ, S를 표 5-5에 나타낸 각 변수로 바꾸면 각각의 기초 방정식을 얻을 수 있다.

표 5-5 기초방정식의 각 변수

$\varnothing$	보존량	Γ	S
l	질량	0	0
Y_i	화학종	D_i	R_i
u	운동량	v	$-\frac{\partial p}{\partial x}+B+V$
h	에너지	α	S_h
k	난류에너지	Γ_k	$G-\rho\varepsilon$
ε	난류에너지 소비율	Γ_ε	$\frac{\varepsilon}{k}(GC_1-C\rho\varepsilon)$

일반적으로는 한 변이 수 미터인 공간의 한 점에서 가연성 가스가 누출 된 경우 강한 기체의 유동이 없는 한 공간에서 농도가 균일하게 될 때까지 몇 시간이 걸린다. 따라서, 공간내에 가연성 기체의 농도 분포를 고려하는 것이 필요하다.

부피 V의 공간에 가연성 가스가 유량 q로 누출될 경우이다. 유출량을 기준으로 한 환기율(단위 시간에 실내 용적의 몇 배의 기체가 유출하는가)을 n으로 하여, 유출기체 중의 평균농도 $\overline{X_f}$가 실내 평균 농도와 같다고 하면 가연성 기체 양의 수지에 따라

$$\frac{d(\overline{X_f}V)}{dt}=q-\overline{X_f}Vn \tag{37}$$

가 성립되고, $t=0$에서 $\overline{X_f}=0$라 하면

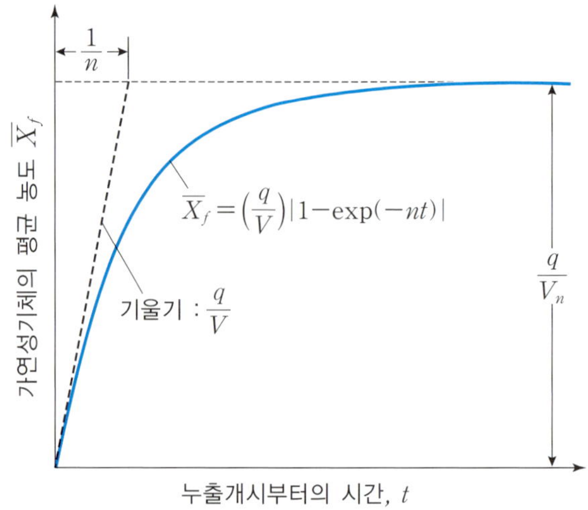

그림 5-19 공간내의 가연성기체 평균농도변화

$$\overline{X_f}=\left(\frac{q}{Vn}\right)[1-\exp(-nt)] \tag{38}$$

이 된다.

식 (37)에서 나타낸 평균농도 $\overline{X_f}$의 시간변화를 나타낸 것이 그림 5-19이다. 이에 따라 공간 용적에 대한 누출유속의 비율이 클수록 가연성기체의 농도 상승이 쉬워 도달 농도가 높아지나, 환기율이 크면 농도 상승이 어려워 농도가 낮아지는 것을 알 수 있다.

최종도달농도 $= q/(Vn)$
최초 농도증가속도 $= q/V$
농도증가 소요시간 $= \propto 1/n$

나) 가연성 혼합기체의 착화

가연성 혼합기의 착화는 혼합기의 조성이 연소 범위 내에 있고 연소반응을 개시하고 유지하기에 충분한 에너지가 공급될 때 발생한다. 연소범위는 가연성 기체의 종류, 온도, 압력을 비롯해 혼합기의 산화제, 가연성 기체의 종류와 농도 등에 의존한다.

누출 된 가연성 기체가 혼합기를 형성하여 가스폭발이 발생할 때 연소 하한계가 중요하다. 연소 하한계에서 가연성 가스 농도와 연소열의 곱은 일정 범위의 가연성 기체(탄화수소 등)는 거의 일정하다.(이하 Burgess Wheeler의 법칙).

$$L(vol\%)\cdot Q(kJ/mol)\approx 4600((vol\%)(kJ/mol)) \tag{39}$$

여기에서 L : 연소 하한계 농도, Q : 가연성 가스의 연소열이다.

(39)식의 좌변은 혼합기의 연소시 발열량이 되기 때문에 이 관계는 하한계에서의 화염 온도가 거의 동일하다고 할 수 있다.

예를 들어, 탄화수소와 공기 혼합기의 연소 하한계에서 화염온도는 약 1200℃이다. Burgess Wheeler 법칙에 따라 몇 가지 가연성 기체를 혼합한 가연성 가스를 고려하면, (39) 식의 Q(혼합 가스에 대하여 Q_m(kJ / mol)은 혼합한 가연성 가스 중의 i 성분의 농도를 $Q_i(vol\%)$로 하면,

$$Q_m=\sum\left(Q_i\frac{C_i}{100}\right) \tag{40}$$

이 되고, 각 성분의 연소 하한계 농도를 Li로 하면 각각의 가스에 Burgess Wheeler의 법칙을 적용하여

$$L_i\cdot Q_i=4600 \tag{41}$$

(40), (41) 식을 (39) 식($L_m\cdot Q_m=4600$)에 적용하여 정리하면 혼합된 가연성 가스의 연소 하한계 농도 L_m는 다음 식에 의해 계산할 수 있다.

$$L_m = \frac{100}{\left(\sum_i (C_i/L_i)\right)} \quad (42)$$

이 관계를 르 샤트리에 법칙라고하며, 혼합 연료의 연소 하한계 농도를 추정하는 데 주로 사용된다.

다만, BurgessWheeler의 법칙이 성립하지 않는 가스 종류(수소 등)는 정확하지 않을 수 있어 주의가 필요하다.

연소범위 내의 혼합기에 국소적으로 충분한 에너지를 주면 착화가 일어난다. 에너지가 불충분하면 국소적으로 고온의 부분이 발생하여도 즉시 온도가 냉각되어 연소반응은 지속되지 않는다. 연소를 유지하기 위해서는 일정량 이상의 에너지가 필요하고 필요최소 에너지를 최소착화(발화) 에너지가 필요하다.

최소 착화에너지 값은 혼합기 조성, 온도, 압력이외에 발화원의 특정에도 의존한다.

다) 화염 전파와 압력 상승

점화 후 화염이 폐쇄 공간을 전파하는 경우, 연소시의 발열에 의해 기체의 체적이 팽창하여 공간 내 압력이 상승한다. 가스 폭발에 의한 피해는 대부분이 압력 상승에 의한 구조물의 파괴나 압력 파의 발생에 의한 경우이다. 화염이 전파하는 속도는 가연성 혼합기의 연소 속도에 의존한다. 연소속도는 화염면에 유입되는 가연성 혼합 기체의 속도에 따른 화염면에 수직방향이며, 화염 부근의 흐름에 혼란이 없을 때의 값을 층류 연소 속도 이라고 한다.

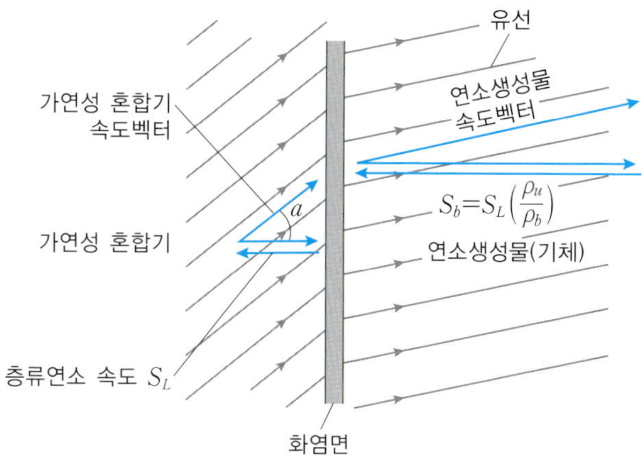

그림 5-20 층류연소속도와 화염면 인근의 흐름

화염면 부근의 흐름과 층류 연소 속도의 관계는 그림 5-20과 같다. 이 그림에서는 화염면에 고정 된 좌표계에 있는 속도를 나타내고 있으나, 화염면에 수직 방향의 속도 성분의 관계를 살펴보면, 가연성 혼합 기체는 층류 연소 속도로 화염에 유입되고, 체적 팽창에 의해 ρ_u/ρ_b배로 가속되어 나간다. 화염면에 평행한 방향의 속도 성분은 화염면을 통해 변하지 않기 때문에 가연성 기체의 흐름에 대하여 화염이 기울어져 있을 때는 흐름이 화염으로 구부러지게 된다. 화염구 내부의 연소 기체는 거의 정지하고 있는 것으로 간주하므로 화염은 $S_L(\rho_u/\rho_b)$의 속도로 전파한다. 이것은 화염의 전파로 인해 화염구 외측의 가연성혼합기가 밀려 화염 바로 직전에서 $S_L(\rho_u/\rho_b-1)$의 속도로 바깥으로 이동하기 때문이다.

폐쇄공간에서 화염이 전파하면 공간 내의 압력이 상승한다. 이것은 화염이 전파하면서 가연성 혼합기가 연소하여 연소 반응에 의해 발열이 일어나고, 기체의 온도를 상승시킨다.

예를 들어 폐쇄공간 내에서 폭발이 발생하면 가연성 혼합기체가 모두 연소하고 열손실 없으면, $p_{2,\,max}$은 다음식과 같다.

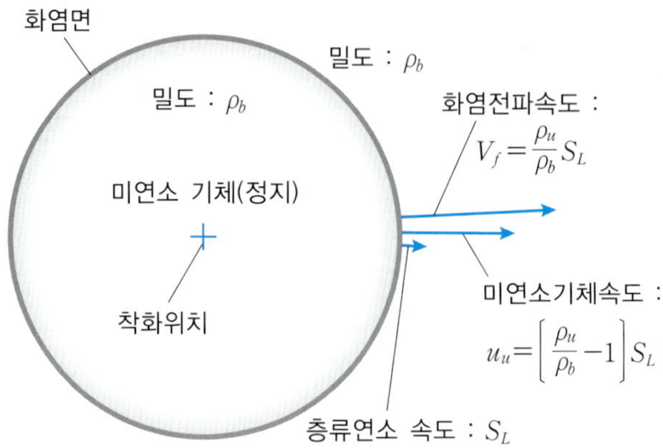

그림 5-21 개방공간에서 정지한 가연성 혼합기를 구형으로 전파하는 화염의 거동

$$\frac{p_{2,\,\max}}{p_1}=\frac{n_2T_2}{n_1T_1} \tag{43}$$

여기에, p는 압력, n은 혼합기의 분자 수, T는 절대 온도, 첨자 max는 최대 값, 1은 초기 상태, 2는 모두 연소 한 최종 상태이다.

이 최대 폭발 압력과 초기 압력의 비율 $p_{2,\,\max}/p_1$은 탄화수소/공기 혼합물에서 8 정도, 탄화수소 / 산소 혼합기에서 16 정도이다.

몇 가지의 가정을 하면, 화염전파에 동반하여 상승하는 압력변화는 다음식으로 주어진다.

$$\frac{dp}{dt}=\frac{\overline{\gamma}_u pSA_f(\rho_u/\rho_b-1)}{V[1+(V_b/V)(\overline{\gamma}_u/\overline{\gamma}_b-1)]} \tag{44}$$

여기에 t는 점화 시간, p는 공간 내 압력, A_f은 화염면적, ρ_u는 가연성 혼합 기체의 밀도, ρ_b는 기존 연소 기체의 밀도, $\overline{\gamma}_u$는 가연성 혼합기체의 비열 비, $\overline{\gamma}_b$는 가연성 혼합 기체의 비열 비, V는 공간 체적, V_b는 기존 연소 가스체적, S는 연소 속도이다.

유동 없는 화염이 구형으로 전파하고 압력 상승이 크지 않은($V_b \ll V$) 시점에서는 $A_f=4\pi(St)^2$, $V_b=4\pi(St)^3/3$과 근사해지면서 식 (44)은 다음과 같이 변형시킬 수 있다.

$$\frac{p-p_0}{p_0} \propto \frac{S_L^3 - t^3}{V} \tag{45}$$

이 식에 의해 초기 압력상승은 연소 속도의 3 제곱에 비례하고 시간의 3 제곱에 비례하여 증가하는 것을 알 수 있다. 압력 상승 속도는 식 (45)에서 알 수 있듯이 발화이후 시간 경과와 함께 커진다. 따라서, 폭발의 종료 시기에 최대가 된다. 그 최대치 $\left(\frac{dp}{dt}\right)_{max}$는 최대 압력 상승 속도로 압력 상승 속도의 지표로 사용된다. 그러나 이 값은 공간의 규모가 클수록 작아지기 때문에 혼합기의 비교를 위해서는 규모를 고려해야한다. 그래서 최대 압력 상승 속도에 체적의 1/3 제곱을 곱한 다음의 값이 종종 사용된다.

$$K_G = \left(\frac{dp}{dt}\right)_{max} V^{1/3} \tag{46}$$

공간 내의 압력이 상승하면, 창이나 문 등 내압성이 낮은 부분이 파괴되면서 개구부가 발생한다. 파괴는 공간내외의 압력 차이에 따른 힘이 구조물에 걸리면서 발생한다.

동일한 재질이면 면적이 작고 압력 상승 속도가 클수록 큰 압력 차이로 파괴가 일어나는 것으로 알려져 있다.

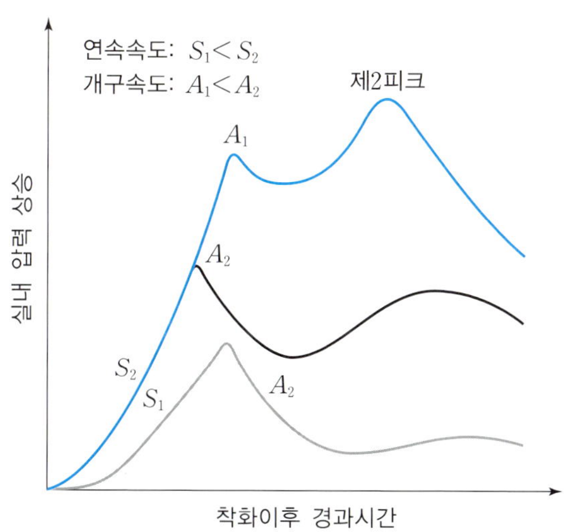

그림 5-22 연소속도 및 개구면적 변화에 따른 압력변동 변화

개구부가 발생하면 외부와의 압력 차에 의해 내부의 기체가 유출하기 시작한다. 이 유출속도와 실내에서의 연소에 의한 부피 팽창 속도에 따라 공간의 압력 변동이 결정된다.

연소에 의한 부피 팽창 속도가 개구부로부터 기체의 유출 속도 보다 큰 경우에는 공간 내의 압력은 상승하고 작은 경우에는 압력은 감소하게 된다. 따라서 압력 변동은 개구부의 크기 및 공간내의 가연성 혼합기의 연소 속도에 의존한다. 개구면적 및 연소 속도가 다를 때 압력 변동은 그림 5-22와 같다.

개구 면적이 작은 경우 (A_1)나 연소속도가 커서 (S_2) 압력상승 속도가 빠른 경우에는 개구부에서 발생하는 압력이 커지는 것을 알 수 있다. 이러한 경우에는 개구부 발생 직후 감소한 압력이 다시 크게 상승하고 두 번째 극대화 (제 2 피크)가 현저하게 나타난다.

라) 개구부로부터 압력파의 발생

공간 내의 압력이 상승하여 공간을 구성하는 벽면 등의 내압이 낮은 부분이 파괴되면서 압력파(폭발)가 외부로 전파된다.

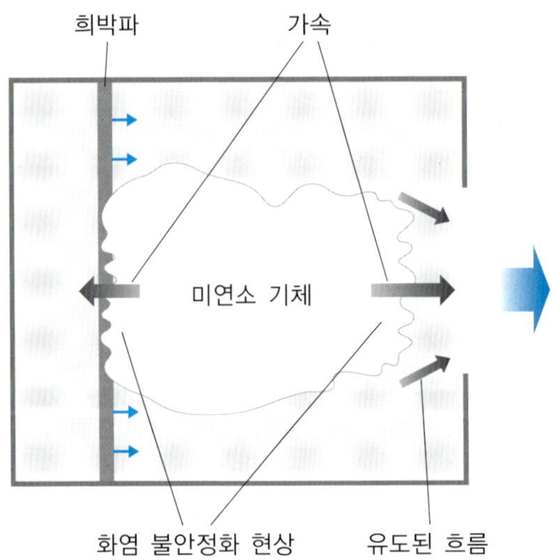

그림 5-23 가스폭발시 화염과 압력파의 간섭에 의한 화염의 불안정화

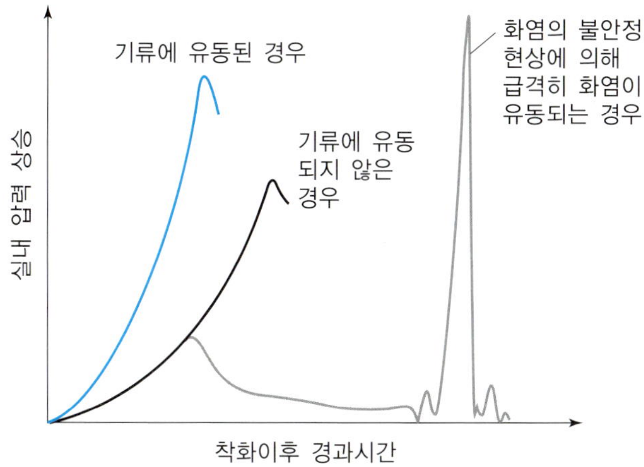

그림 5-24 화염의 유동에 의한 압력변동의 변화

개구부 발생 후에 유동의 급속한 성장으로 발열속도가 증가하는 경우에는 그에 따른 압력 변동이 전파되어 압력파가 외부로 전파함에 따라 감쇠해 간다.

폭발로 발생하는 피해를 표현하기 위해 폭발에서 발생하는 에너지와 같은 에너지를 방출하는 TNT의 중량(아래 식의 TNT 당량 WTNT)이 이용된다.

$$(W_{TNT})_{\max}=\frac{-\triangle H_c \cdot W_g}{4200} \tag{47}$$

여기에 $\triangle H_c$는 가연물의 연소열(kJ / kg), W_g는 가연성 물질의 중량이다. 폭발 지점으로부터의 거리 R은 아래의 Scaled Distance Z로 나타낸다.

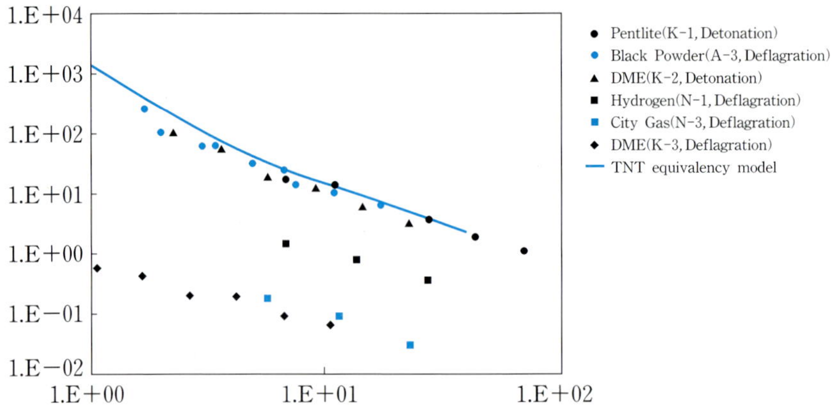

그림 5-25 Scaled Distance Z에서 정리한 대규모실험에서 측정한 폭풍압 강도

$$Z=\frac{R}{{W_{TNT}}^{1/3}} \tag{48}$$

여기서, Z : 환산거리[$\mathrm{ft/1b_m^{1/3}, m/g^{1/3}}$]

R : 폭발물로부터의 반경[ft, m]

W_{TNT} : TNT상당량[$\mathrm{1b_m}$, kg]

즉, 그림 5-25와 같이 거리 (가로축)를 Scaled Distance Z로 나타내면 폭발물에 관계 없이 압력파의 강도(폭풍압 강도)는 동일한 선에 있게 된다.

폭굉의 경우는 매우 짧은 시간에 전체 에너지가 방출되므로 전체 에너지에서 거리를 규격화 한 식 (48)을 이용하여 폭발하는 물체와 상관 없이 일정한 관계식을 얻을 수 있는 것으로 생각되지만, 폭연에서는 화염의 전파로 인한 에너지가 폭굉에 비해 오랜 시간에 걸쳐 방출되기 때문에 전체 방출 에너지만으로 규정할 수 없다. 또한 $(W_{TNT})_{\max}$ 중 실제 폭발 사고의 피해에 관여한 비율을 %로 나타낸 것이 η_{TNT}이다.

$$\eta_{TNT}=\frac{(W_{TNT})_{blast}}{(W_{TNT})_{\max}}\times 100 \tag{49}$$

$(W_{TNT})_{blast}$는 폭발로 발생한 압력파(폭풍)가 가지는 에너지로 폭발 사고의 피해 정도와 발생원으로부터의 거리를 추정하여 계산한다.

마) 화재로의 전환

가스 폭발 후 공간의 가연성 고체 또는 액체가 연소하고, 화염으로 천이하는 현상이 발생한다. 화재로 전환하기 위해서는 최소한 다음의 조건이 필요하다.

① 실내에 가연성 물질이 존재한다

② 가스 폭발 시 화염 및 고온의 연소기체로부터 가연성물질이 발화하기에 충분한 열이 공급된다.

③ 발화 및 그 이후의 연소에 필요한 산소가 연소부분에 공급된다.

4. 가연성액체의 폭발현상 해석

가. 인화점

가연성 액체 (combustible liquid)는 그 자체가 연소하는 액체의 총칭으로, 휘발유, 등유, 경유, 알코올, 페인트 등에서 석유 제품류까지 폭넓게 존재한다. 국제연합위험물 운송 권고서(오렌지 북 [1])에서 인화점 (밀폐식인 경우)이 60.5℃ 이하인 물질을 클래스 3 (인화성 액체)으로 규정하고 있다. GHS (화학 물질의 분류 및 표지에 관한 세계 조화 시스템, The Globally Harmonized System of Classification and Labeling of Chemicals)에서 인화점 93℃ 이하의 물질을 인화성 액체라고 한다.

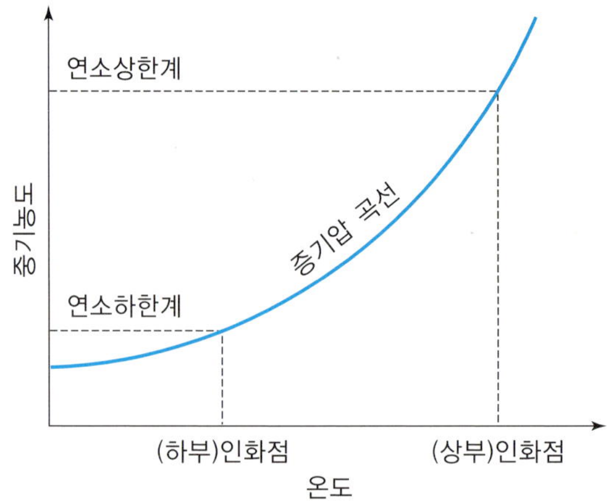

그림 5-26 인화점과 연소한계의 관계

물질에서 발생하는 가연성 증기가 공기와 혼합되고 정화원에 의해 화염이 발생하는 현상을 인화 (Piloted ignition)라고 부르며, 물질의 온도에 영향을 받는다. 가연성 혼합 기체를 형성하는 최저 온도(하부)를 인화점(Flashpoint)라고 부른다. 인화에 따른 가연성 증기의 농도범위를 연소범위(폭발범위)라고 하고 그림 5-26과 같다.

인화점이란 어떤 온도 T에서 액면 상부에 연소 하한계 농도 이상의 증기 농도(증기압 P 또는 농도x)에 도달해야 한다. 이들의 관계는 다음 식과 같다. (R은 기체 상수)

$$dlnP/dT = \lambda/RT^2$$

P는 연소 하한계의 증기 농도로 구해지므로 인화점 T가 얻어진다.

또한, 폭발 하한계 농도는 액체의 연소열에 의해 영향을 받는다. (Burgess Wheeler 의 법칙).

인화점 T와 끓는점 T_b 사이에는 일정한 관계가 있어 지방족 탄화수소는 다음의 관계식으로부터 비점을 알면 어느정도 추정 할 수 있다.

$$T = 0.695 \cdot T_b - 73.7$$

또한, 혼합물의 인화점은 르샤트리에의 법칙 (LeChatelier's law)에서 구할 수 있다. 즉, 연소 하한계 농도는 혼합물의 연소 하한계농도 x_n, 몰농도 n_n으로 부터 구해진다.

$$x = 1/(\sum n_n/x_n) \quad (\sum n_n = 1)$$

나. 폭발현상

가연성 액체는 증발하면서 공기와 적당한 비율로 혼합되고 점화원이 존재하면 파이어 볼을 형성하는데 그 온도는 1,500℃ 정도에 이른다. 화염이나 폭발의 복사열은 절대온도의 4 제곱에 비례하기 때문에 폭발의 복사열은 보통의 화염에 비해 크다. 폭발은 폭굉 (detonation), 폭연 (deflagration)으로 나뉘는데 화약이나 폭약의 폭발은 대부분 폭굉이다. 가연성 액체 공기의 혼합 상태가 좋은 경우 폭굉에 도달 할 수 있지만, 화약 등이나 가연성 가스에 비하면 폭발은 격렬하지 않다. 가연성 액체의 최소 발화 에너지는 가연성 가스보다 크지만 분진 폭발에 비하여 작다. 이 외에도 증기운 폭발, BLEVE (Boiling liquid expanding vapor explosion)라는 폭발 현상을 일으키기도 한다. 증기운 폭발은 탱크에서 누출 된 가연성 증기가 폭발하는 현상이고, BLEVE는 탱크가 주위에서 가열 등에 의한 파열로 위험물질이 누출되면서 증기가 되어 공기와 혼합된 후 점화 폭발하는 현상이다.

다. 석유탱크 화염과 파이어볼

원유, 중유 등의 탱크 등에서의 화재 관리도 매우 중요한 문제로 석유화재는 화염온도가 높고 복사열이 강한 연기가 대량으로 발생하는 특징을 갖는다.

그림 5-27은 연소 속도 V 및 화염 높이 L/d 및 용기 직경 d에 대한 러시아의 실험을 정리한 것이다. 연소 속도는 탱크의 연료의 하강속도 v (mm/min)로 나타내는 경우가 많다. 화염 높이는 용기직경 d로 나눈 무 차원 높이 (L/d)로 나타내고 있다. 화염은 용기

직경과 밀접한 관련이 있어 d가 작은 경우에는 유동이 없는 층류 화염 (예: 촛불의 불꽃)이 있지만, 용기 직경이 커지면 화염은 유동되어 일정한 진동값으로 맥동을 일으켜 난류 화염이 된다. 연료에 의한 연소 속도의 차이를 고려한 레이놀즈 수 Re(Reynols number = C 관성력 / C 점성 힘) J와 F_r 수 F_r(Froude Number = C 관성력 / C 중력)의 무차원 수로 나타내는 경우도 있다.

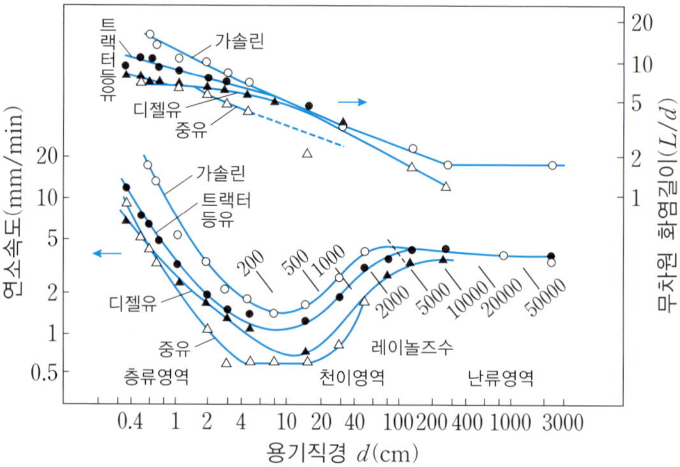

그림 5-27 석유화재의 연소속도, 화염높이와 용기직경과의 관계

화염을 원통의 균일한 방사체라고 가정(원통 화염 모델)하면 임의의 위치에서의 복사열을 구할 수 있다. 방사 열량 E는

$E=\varphi\cdot R_r=\varphi\cdot\varepsilon PT_f^4$ 이다

ρ는 Stefan-Boltzmann 상수, T_f는 화염의 절대 온도, 복사열은 화염 온도의 4 제곱에 비례한다. 이러한 값은 용기 직경 1~6m 정도에서 측정한 것으로 직경이 수 10m의 대형 탱크는 거의 3 분의 1 부터 5분의 1 정도 작은 값이 된다. 화염의 방사 발산도는 헥산, LNG, 가솔린 등의 연소 속도가 크고, 연기 발생량이 비교적 적은 액체가 높고, 원유와 같이 연기를 대량으로 발생시키는 액체나 연소속도가 작은 중유는 낮고, 연소속도도 작다.

표 5-6 주요한 액체의 복사 발산도

물 질	복사 발산도(kcal/m^2·h)	복사발산도(J/m^2·S)
가솔린, 납사	50,000	58,000
등유	43,000	50,000
경유	36,000	42,000
중유	20,000	23,000
원유	35,000	41,000
벤젠	53,000	62,000
헥산	73,000	85,000
메타놀	8,400	9,800
에타놀	10,000	12,000
LNG	65,000	76,000

원유나 중유탱크에서 장시간의 화염이후에 발생하는 폭발적 현상을 보일오버(Boilover)라고 한다. 1982년 12월 베네수엘라 타코아에서 일어난 C 중유 보일 오버 사고로 사망자 150 명이 발생하였다. 이 보일 오버 발생시 심한 복사열과 탱크에서 분출된 기름으로 인해 피해가 커진다.

그림 5-28 베네수엘라 중유탱크 폭발 사고 (Industrial fire world. (2015))

보일 오버 사고는 종종 대규모로 발생하고 있으며, 중동에서의 테러 시 탱크에서 화재가 발생하고 소화되지 않은 채 보일 오버에 이르는 사례가 있어 특히 구미에서는 현재도 적극적으로 연구가 이루어지고 있다. 보일 오버를 일으키는 액체로는 원유와 중유에 한정되고 휘발유, 등유, 경유는 발생하지 않지만, 이러한 물질이 혼합 된 경우에는 보일 오버가 일어날 가능성이 높다.

5. 가연성 분진의 화재 폭발현상 해석

가. 분진 폭발의 개요

1) 분진폭발의 개념

분진(dust)은 기체 중에 부유하는 미세한 고체입자를 총칭하는 것으로서 입자는 주로 파쇄, 선별, 퇴적, 이적 기타 기계적 처리 또는 연소, 합성, 분해 시 발생한다. 분진이란 200BS mesh 체를 통과하는 76 μm 이하의 입자로 정의한다. 분진폭발은 가연성 분진이 공기중에 분산되어 있고 점화원이 존재할 때 발생한다. 발생 조건은 연소의 개시조건과 같이 일반적으로 가연물, 산소 및 점화원이 존재하여야 한다. 특히, 분진의 경우 단위 무게당 표면적(비표면적)이 증가하기 때문에 반응속도가 증가하게 되어 위험성이 높다. 분진폭발은 가스폭발과 비교할 때 연소속도가 느리지만 발열량이 크다는 특징을 갖는다.

2) 분진 폭발의 특징

분진 폭발은 가스 폭발과 달리 가연성 성분이 고체 입자 상태로 응집하고 있기 때문에 몇 가지 특징이 있다.

① 가연성 분진의 연소는 일반적으로 8,400 ~ 42,000J/g 정도 이지만 분진·공기 혼합물의 밀도가 0.1 ~ 6.0 g/l으로 비교적 크기 때문에 폭발 시 발생하는 총 열량이 커지는 경향이 있고, 연소시간이 길다. 용기 내의 분진 폭발은 발생 열로 인해 기체의 팽창이 일어나고 그 결과 달성 된 폭발 압력 용기가 파괴 될 수 있다.

② 입자 크기가 비교적 큰 분진은 입자 표면만 연소하고 대부분은 미연소 입자로 침강하거나 벽에 붙어 있게 된다. 유기물 분진이면 입자 표면이 녹아 연소하거나 그을음이 발생하는 경우가 가스 폭발에 비해 불완전 연소를 일으키기 쉽다. 탄광에서의 분진폭발은 탄소가 연소하지 못한 다량의 CO가 형성되어 일산화탄소 중독의 위험이 생긴다.

③ 분진 폭발의 또 다른 특징은 2차 폭발이다. 일반적으로 강제로 부유 또는 유동 조작을 가하지 않는 한 부유 분진은 중력 침강에 의해 퇴적 또는 층상 분진이 되는 경우가 많다. 플랜트내에서 첫 번째 폭발이 일어나 그 폭발 압력으로 플랜트가 파열 된 경우 폭풍이 주변에 축적되어 있는 분진을 상승시켜 심각한 난류 유동분진을 형성한다. 이것이 일차 폭발화재이고, 연소생성물이 발화되면 2차 폭발이 발생하면서 폭발의 팽창 효과 (폭발)로 인해 퇴적 분진이 부유되면서 격렬한 폭발이 반복되면서 폭발 화재가 전파된다. 이러한 일련의 폭발을 총칭하여 2차 폭발이라고 한다. 퇴적 분진이 존재하는 한, 일차 폭발 발생원인뿐 아니라 먼 지역까지 폭발 화재가 전파하여 큰 공장 전체가 2차 폭발에 의해 전소 한 사례가 있다.

④ 가연성 가스나 증기는 복사열로 인한 발화는 고려하지 않지만, 어떤 종류의 금속 분말 (Zr, Ti, Al 등)은 복사열에 의한 발화의 위험이 있다.

⑤ 분진 입자나 장치 벽등에 분진 입자가 충돌하거나 마찰에 의한 정전기가 대진되어 발화원이 될 위험성도 있다.

3) 분진 폭발의 발생 조건

분진 폭발은 분진의 연소로 인한 폭발을 의미하고, 가연성 분진이 발화·폭발하기 위해서는 다음의 3가지 조건이 필요하다.

① 분진이 공기 중에 부유 분산한 분진의 농도가 폭발 하한계 이상의 농도이다.
② 가연성 분진을 연소시키는 충분한 산소농도가 존재한다.
③ 충분한 에너지와 에너지 밀도를 가진 점화원이 존재한다.

이 세 조건 중 하나만 없어도 분진 폭발은 발생하지 않기 때문에 안전 대책을 검토함에 있어서는 그 중 하나를 제거 할 수 있는 가를 먼저 생각해야한다.

분진폭발이 전파되기 위해서는 다음 조건을 만족하여야 한다.

① 분진이 가연성이다.

② 분진이 적당한 농도로 공기 중에 부유하고 있다.

③ 분진이 화염을 전파할 수 있도록 분진의 크기가 약 420㎛이하의 분포를 가진다.

④ 분진농도가 폭발범위 이내이다.

⑤ 화염의 전파를 개시할 수 있는 충분한 에너지의 점화원이 존재한다.

⑥ 연소가 유지되도록 충분한 산소가 존재한다.

분진폭발은 1차와 2차폭발로 나눌 수 있다. 1차 분진폭발은 부유된 가연성 분진이 초기에 점화되었을 때 일어난다. 2차 분진폭발은 바닥에 쌓인 분진이 1차 분진폭발의 결과로 발생한 충격파에 의하여 다시 부유되어 연속적으로 점화한다. 2차 분진폭발은 다른 설비로 과압을 전파시킨다.

4) 분진 폭발의 전파

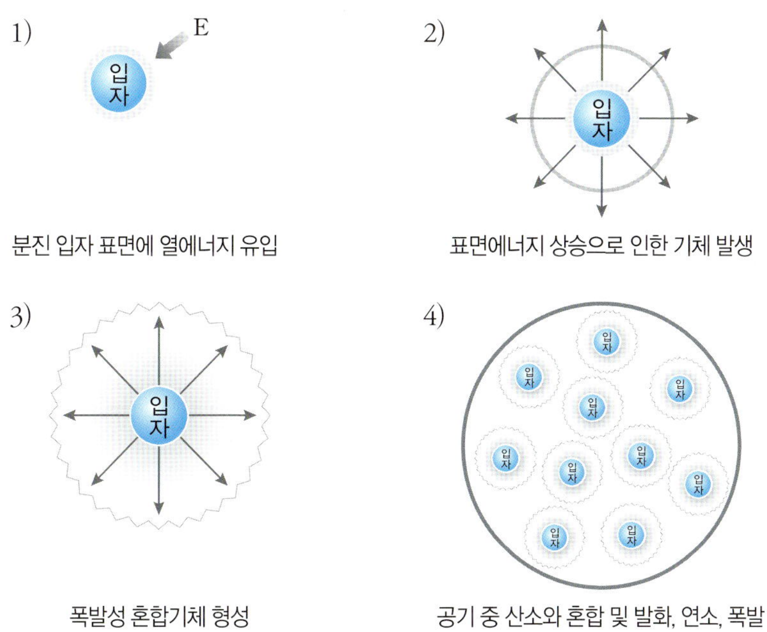

그림 5-29 분진폭발의 발생 과정

분진 폭발의 발생 과정은 충분히 규명되어 있지 않지만, 고체의 연소와 유사하고, 유기물이나 석탄, 일부 금속 등의 분진은 다음의 과정을 따르고 있다.

(1) 입자 표면에 열에너지가 주어지면 표면 온도가 상승한다.
(2) 고체가 열분해 휘발성 또는 증발에 의해 가연성 가스 또는 증기를 방출한다.
(3) 증기가 공기 중에 확산 혼합하여 폭발 범위의 혼합기를 형성한다.
(4) 혼합물이 발화하여 연소하는 화염에서 발생한 열은 또 다른 분진의 분해, 휘발을 촉진하여 연쇄적으로 화염이 전파해간다.

부유 분진 중에서는 위의 과정을 순차적으로 반복하면서 화염 (연소 범위)이 전파되는 것으로 생각되지만, 입자의 가열 및 가연성 가스의 방출은 열전도, 대류, 복사등에 따라 열전달이 복잡하게 화염과 미연소 분진 입자 사이에서 이루어진다. 따라서 이러한 분진 폭발 과정에서 그 속도를 결정하는 중요한 요인은 분진 입자의 가열 및 열분해 또는 휘발, 확산, 연소 반응이지만 어느 것이 지배적 영향을 주는지는 분진의 종류나 입자 크기에 따라 다르다. 폭발 규모, 폭발 용기의 부피, 분진의 유동 상태, 난류 연소 또는 입자 크기 분포 등에 따라 지배적인 열전달 및 폭발의 속도 결정 요인이 변화한다.

사고 사례가 많은 알루미늄이나 마그네슘 금속 분진도 이와 같은 증기상 연소를 하지만, 이 경우 산화 생성물은 높은 끓는점을 가지고 있고, 연소 에어로졸(산화물 고체 입자)이 폭발 후 형성되는 특징이 있다. 한편, 입자의 가열 속도에 따라서도 탄소 폭발에서는 휘발분(분해 가스)이 우선 연소하는 경우와 빠른 전파 속도 (10~1000m/s)의 화염 속에서, 휘발성 (분해) 시간이 없어서 표면에서 연소하는 경우 즉, 이상표면 연소가 있다.

① 입자 표면으로 산소의 확산
② 표면 흡착 산소와 고체와의 반응 (연소 생성물 또는 산화물의 생성)
③ 입자 표면에서 연소 생성물의 외부로의 확산

과 같은 프로세스가 될 것이다. 이러한 표면 연소를 하는 분진에는 탄소 이외에 티타늄, 붕소, 탄탈 등의 금속 분말등이 있다.

5) 분진 폭발속도

폭발성의 경험적 지수는 미국 광산국에서 피츠버그산 석탄분진의 특정한 등급에 근거하여 폭발지수를 전개하였다. 그 식은 다음과 같다.

$$\text{폭발지수} = \text{점화감도} \times \text{폭발강도 (Explosion severity)}$$

$$\text{점화감도} = \frac{(T_{\min} \times E_{\min} \times C_{\min})\text{의 피츠버그산석탄}}{(T_{\min} \times E_{\min} \times C_{\min})\text{의 샘플분진}}$$

$$\text{폭발강도} = \frac{(P_{\max} \times \frac{dp}{rdt_{\max}})\text{의 샘플분진}}{(P_{\max} \times \frac{dp}{dt_{\max}})\text{의 피츠버그산석탄}}$$

여기서, $T_{\min}$ = 최소점화온도 [℃]

$E_{\min}$ = 최소점화에너지 [mJ]

$C_{\min}$ = 최소폭발농도 [g/㎥]

$P_{\max}$ = 최대폭발압력 [bar]

$\frac{dp}{dt_{\max}}$ = 최대압력상승속도 [bar/sec]

나. 분진 폭발의 영향인자

여기에서는 분진 폭발에 영향을 주는 인자 중 중요한 인자에 대해 간단히 설명한다.

1) 입자크기

입자 크기가 분진 폭발 특성에 미치는 영향은 크다. 입자크기는 입경 분포의 50 % 값인 메디안 값 (M)로 나타낼 수 있다. 더 미세한 분진은 분진과 공기 혼합물이 분진운으로 오랫동안 존재하기 때문에 더 큰 폭발 특성을 나타낸다. 또한 분진의 입자크기는 최소 발화 에너지 (MIE)에 중요한 영향을 미치므로 미세 분말은 쉽게 점화 한다.

2) 수분

제품의 수분도 폭발에 영향을 미친다. 적어도 50%의 수분을 가진 제품은 폭발이 억제된다. 최소 발화 에너지는 제품의 수분이 증가함에 따라 증가한다.

3) 온도

온도는 공정의 운전 조작에 매우 중요한 파라미터이다. 온도의 상승은 폭발 하한계 농도 (LEL)를 감소시킨다. 이 영향은 실온에서 LEL 값이 높을 수록 크고, 대기압에서 온도가 상승할수록 최대 폭발 압력은 감소한다. 가연성 가스의 경우에도 동일한 현상을 나타낸다. 이에 대해 지금까지의 연구 결과에서는 K_{max}는 아주 미세하게 변하고, MIE는 온도의 영향을 받는다.

4) 압력

초기 압력 (P_i)의 증가는 최대 폭발 압력과 K_{max}의 상승과 비례 관계에 있다. 따라서, 초기 압력을 줄이면 폭발의 강도도 줄일 수 있다.

5) 점화 에너지

$10^4 \sim 10^5$mJ 이상 점화 에너지 (IE)가 있으면, 분진 하한계 농도 (LEL)는 IE의 넓은 범위에 걸쳐 IE에 무관하다. IE는 상대적으로 높은 LEL을 가진 분진에만 영향을 미치고 있다. 대부분의 가연성 분진에 대해 최대 폭발 압력, 최대 압력 상승 속도는 IE에 무관하다. 소그룹 분체만, IE가 감소하면 폭발 특성이 감소한다.

다. 복합혼합분진 (Hybrid Mixture)

1) 폭발하한계농도, 최대폭발압력, 최대압력상승속도

용매나 CO 가스 등의 가연성 증기 또는 가스와 가연성 분진이 공존하면 가연성 분진 단독의 경우보다 일반적 위험은 증가한다. 이들의 혼합물을 복합 혼합물 (Hybrid Mixture)이라고 한다. 분진 LEL은 프로판 농도 증가에 따라 선형적으로 감소한다. 일반적으로 하한계 농도 변화는 다음 식과 같다.

$$L_{d/g} = \{1-(C_g/L_g)\}^n \cdot L_d$$

$L_{d/g}$: 복합 혼합물의 폭발 하한계 분진운의 농도 [g/㎥]

C_g : 가연성 가스의 농도 [%]

L_g : 가연성 가스의 폭발 하한계 농도 [%]

L_d : 분진운 폭발 하한계 농도 [%]

단독 가연성 물질은 폭발 범위를 벗어나도 분진 가스/공기 혼합물이 함께 존재하면 폭발 혼합물을, 만들 수 있다. 고 에너지 점화원이 없어 폭발을 일으킬 수 없는 분진이라도 가연성 증기가 혼입되면 폭발을 일으키는 것이 가능하다.

가연성 분진이 있는 곳에 가연성 가스를 추가하면 비록 그 농도가 폭발 하한계 농도 이하로 되어도 최대 폭발 압력, $K_{\max}$는 증가한다. 특히 $K_{\max}$는 최대 폭발 압력이므로 가연성 가스 또는 가연성 증기가 존재하면 더 높은 폭발 랭크가 된다. 최적의 가스 농도가 존재하는 경우 모든 분진 폭발은 가장 높은 폭발 등급으로 분류된다.

2) 최소점화에너지

그림 5-30은 5 종류의 분진에 대하여 가연성 분진과 프로판 혼합물의 최소 발화 에너지 (MIE)에 미치는 영향을 보여 주고 있다. MIE는 프로판 농도와 선형 관계에 있고, 직선은 가연성 가스인 프로판의 최소 발화 에너지를 나타내는 점에 모이기 때문에 앞으로 분진과 프로판의 최소 발화 에너지를 알면 복합 혼합물의 MIE를 예측할 수 있다.

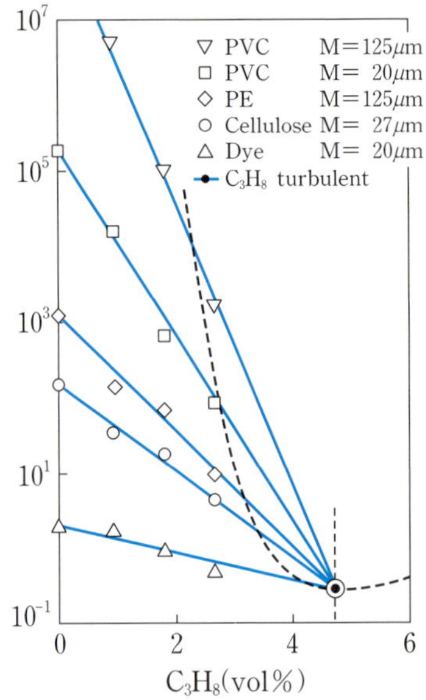

그림 5-30 분진 / 프로판 혼합물의 MIE

일반적으로 분진 / 공기 혼합물을 점화시킬 수 없는 낮은 에너지(IE 〈MIE)라도 복합 혼합물을 점화 폭발시킬 수 있다.

3) 한계 산소농도

가연성 분진과 가연성 가스 또는 가연성 증기 혼합물의 한계 산소 농도는 각각 단독 성분일 경우의 한계 산소 농도 중 가장 낮은 값에 해당한다.

EXERCISES

연습문제

01 화학적 폭발에는 폭연과 폭굉이 있다. 폭연과 폭굉의 정의를 서술하고, 반응 전 후의 온도, 압력, 밀도 변화를 각각 비교 및 설명하시오.

02 랭킹-유고니오(Rankine Hugoniot)식으로부터 얻어지는 충격파와 폭굉파의 관계는 아래의 그림과 같다. D-B 구간에서의 특징을 서술하시오.

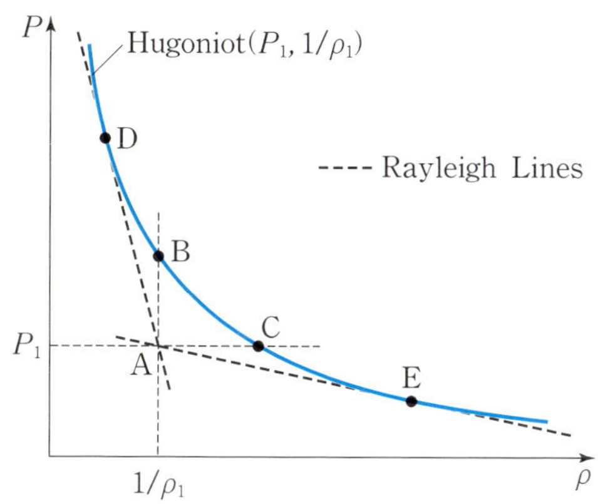

03 폭발성 물질의 연소열($\triangle H_c$)이 2,400kcal, 폭발에 참여한 물질의 양(W_c)이 2.5kg일 때의 TNT 당량을 구하시오.

04 가연성기체의 화재에 대하여 공간 형상에 따른 가스 폭발의 특징을 논하시오.

(1) 개방 공간

(2) 가로, 세로, 높이의 비율이 1에 가까운 폐쇄공간

(3) 좁고 긴 폐쇄공간

05 가연성기체의 폭발단계를 말하시오.

06 가연성 분진이 발화·폭발하기 위한 조건을 서술하시오.

07 분진폭발이 전파되기 위한 조건을 말하시오.

08 분진폭발의 발생과정을 설명하시오.

09 분진폭발의 영향인자에는 무엇이 있는가?

10 이때 혼합물의 가연성가스의 농도는 5%, 폭발하한계의 농도는 12.5%이며 분진운 폭발 하한계 농도는 7%일 때 복합혼합분진에서의 폭발 하한계 분진운의 농도를 구하시오.

Chapter 6 화학물질의 위험성 평가

화학물질의 위험성평가(hazard evaluation)는 공정 또는 운전과 연관된 위험한 상황의 의미를 확인하고 분석하는 체계적인 활동으로 특히 화학물질의 화재, 폭발 및 누출을 방지하기위한 시설의 설계와 운전안전성을 향상하고 위험도를 관리하는데 유용하다.

이 장에서는 위험성평가의 종류와 여러 가지 기법에 대하여 서술하였다.

1. 화학물질의 위험성

일반적으로 화학물질에 대한 위험성평가는 화학물질을 취급하는 공장 근로자나 주민에게 어떠한 영향을 미치는 지에 초점을 맞추어야 한다. 이를 통해 확인하고자 하는 것은 다음과 같다.

1) 화학물질 취급시설의 설치 · 운영으로 사람의 건강이나 주변 환경에 영향을 미치는지 여부
2) 화학사고 발생으로 화학물질이 사업장 주변 지역으로 유출 · 누출될 경우 사람의 건강이나 주변 환경에 영향을 미치는 정도
3) 화학물질 취급시설의 입지 등이 다른 법률에 저촉되는지 여부

위험을 찾지 않고서는 위험성평가를 수행할 수 없기 때문에 위험성평가의 필수조건이 되는 동시에 시작점은 공정에서의 위험을 발견하는 것이다. 이에 따라 시설을 운전함에 있어 시설에 대한 정확한 위험도를 이해하는 경험과 지식이 필요하다.

2. 위험성평가 준비

가. 평가기반 구축

위험성평가 프로그램을 수행하기 위해 경영진은 기업문화를 조성하고 위험성 평가팀을 지원할 기반시설을 구축하여야 한다. 회사내 안전관리의 기반은 회사의 안전정책과 관련된 시설안전에 대한 분명한 의지(commitment)가 중요하다. 특히 관리자가 회사 자원을 안전관리활동에 쓸 수 있도록 권한을 주어야 하고 공정안전관리 프로그램에

직접 참여하는 사람을 적극적으로 지원하여야 한다. 이를 위해서는 다음의 요소들을 기반으로 하여야 한다.

첫째, 회사가 공정과 장치에 관한 지식을 습득하고 기록하는 시스템을 갖추어야 한다. 예를 들어 필수 도면과 운전절차서는 최신 본으로 유지하고 회사표준, 지침과 체크리스트를 주기적으로 검토해야 한다. 위험성평가의 품질이 공정 자료에 달려 있으므로 공정문서가 정확한 것이 매우 중요하다.

또한, 회사는 공정에 대한 모든 변경이 적절하게 검토되고 관련 도면과 절차서가 최신 본으로 유지되도록 변경관리 프로그램을 운영해야 한다.

둘째, 경영진은 전문성을 갖춘 사람을 위험성평가에 참여할 수 있도록 배치하여야 한다. 참여자는 설비가 어떻게 운전되고 정비되는지를 알고 있어야 하고 위험성평가 결과에 따른 조치사항을 이행할 수 있는 운전원, 부서 감독자, 정비원 등으로 구성하는 것이 좋다.

셋째, 위험성평가 결과의 기록 · 유지, 경영진의 조치 사항을 적시에 해결하는 시스템 구축이 이루어 져야 한다. 일관된 문서작성 지침을 수립하고 위험성평가 보고서의 보관 서류철과 평가결과의 개선 권고안의 진행상황을 확인할 전담자가 필요하다. 이 전담자는 개선 권고안의 승인, 거절, 대체 및 수정 등의 조치결과를 기록하고, 경영진은 위험감소를 위해 개선 권고안을 실행하도록 자원을 할당하여 공정안전을 강화하고 모든 시정활동이 적시에 이행되도록 감사시스템을 운영한다.

나. 평가범위

위험성에 대한 효율적인 분석이 되려면 위험성평가 목적을 명확히 해야한다. 명확한 목적이 없으면 상대적으로 중요하지않은 공정 또는 상황을 조사하는데 시간을 낭비할 수 있다. 평가 목적을 실행하는데 경영진의 조언이 필요하더라도 조언이 너무 세부적이거나 제한적이어서는 안된다. 일반적으로 위험성 평가팀은 잠재위험 조사에 자유로워야 하나 위험분석이 평가의 주된 목적에서 벗어나서는 안된다. 평가를 하는 동안 주기적으로 평가팀이 정한 방향이 위험성평가의 본래 목적을 만족하는지 확인해야 한다. 평가할 공정의 평가범위가 평가 시작 전에 참여자와 상호 협의가 되지 않으면 불필요한 부분에 많은 시간을 낭비하거나 중요한 부분을 놓칠 수 있다. 플랜지나 밸브 같이 현장에서 확인할 수 있는 특정 공정 연결부를 배관 · 계장도(P&ID) 상에서 표시하여 확인한다. 또한 평가의 범위는 공정지역의 건물이나 장치 등을 배치도(Plot Plan) 상에 나타낼 수 있다.

다. 공정정보

흐름도, 화학공정 데이터, 배관 및 계장 도면, 절차 등 이용 가능한 공정정보를 사용하여 위험성평가를 수행한다. 공정에 관한 정보와 지식이 많을수록 위험성평가가 더 세밀하고 가치 있게 된다. 위험성평가의 질은 평가자가 사용 가능한 정보의 질에 달려 있다고 할 수 있다. 공정지식을 취합하고 기록하는 시스템이 위험성평가를 지원하는데 필요한 핵심부분이다.

라. 평가팀 구성

위험성평가팀 구성은 평가의 성공을 위한 필수 요건이다. 분석할 공정 또는 운전의 종류와 복잡도, 선정된 위험성평가 기법과 분석 목적에 따라 위험성 평가팀을 구성하여야 한다. 평가팀의 리더는 위험성평가 기법을 훈련 받았거나 사용 경험이 있어야 하고 분석할 공정이나 운전에 관한 충분한 전문성을 가지고 있어야 한다. 다른 팀원들도 운전이나 정비 사례 등 위험성평가에 필요한 세부지식이나 제어 시스템 설계와 같은 특정 기술을 제공할 수 있어야 한다. 평가범위를 명확히 하고 필요한 자원을 파악하여 평가목적을 달성하는 것이 리더의 의무이다.

평가팀은 선정된 평가기법과 대상공정의 복잡도나 규모에 따라 적게는 2명, 많게는

8명이 될 수 있다. 위험성평가팀의 최적 규모는 평가의 요구에 따라 다르나 너무 많은 인원은 피하는 것이 좋다. 위험성 평가팀의 구성은 평가할 공정의 종류, 공정수명주기 단계, 평가목적, 평가기법 및 가용자원에 따라 리더, 서기(리더를 포함한 위험성평가 팀의 누구나 수행할 수 있는 역할), 토론자로 구성된다.

표 6-1 위험성평가팀 구성

평가팀 구성	역할
리더	• 평가방향 제시, 평가활동 준비 및 실행, 팀 회의 촉진 • 평가 범위 및 목적의 이해와 대인관계 기술 보유 • 평가기법의 적용 경험 보유
서기	• 위험성평가 시 토론내용 기록 • 컴퓨터 기반 기록 수단의 활용 능력 보유 • 언어 감각 및 조직화 기술 보유
토론자	• 공정 설계 및 운전 분야의 전문가 • 화학, 장치설계, 운전절차, 정비실무 등의 경험과 지식 보유

마. 일정 및 실행

위험성평가의 범위와 목적이 정해지면 팀리더는 평가 참석자를 선정하고 관련 정보를 취합하며 회의 일정을 계획한다. 위험성평가 회의는 대면회의나 원거리에서 전화회의, 화상회의, 인터넷 또는 기타 방법으로 할 수 있으며 회의의 효율성을 위하여 하루 4 내지 6시간을 초과하지 않도록 한다.

리더는 위험성평가 범위와 목적을 정의하고 적절한 평가기법의 제의, 팀 구성원 선발, 정보 취합의 책임배정 및 평가일정을 정하고 조정하여야 한다. 또한 리더는 필요한 checklist, worksheet와 평가 시 사용할 마커보드, 프로젝터, 차트 패드, 컴퓨터 등을 갖춘 회의 장소를 정하여야 한다.

3. 위험성 발견 방법 (Hazard Identification)

위험성평가에는 두 단계가 있다. 첫째는 공정위험을 찾는 것이고, 둘째는 각종 방호장치가 위험을 통제하기 적합한지를 평가하는 것이다. 위험이 사업장내 모든 활동과 연관되어 있으므로 평가자는 위험이 무엇인지 알게 될 때까지 그 위험을 평가할 수 없다. 위험요소 확인은 1) 바람직하지 않은 특정 결과의 확인, 2) 결과를 초래할 물질, 시스템, 공정 및 공장 특성의 확인으로 이루어진다. 바람직하지 않은 결과는 독성노출, 열, 과압, 기계적 힘, 방사선, 전기충격 등으로 세분화 할 수 있는데 결과를 세분화 할수록 위험을 확인하기 쉬워진다.

사업장내 중요한 모든 위험을 확인하기 충분한 위험성 확인기법을 선택하는 것이 중요하다. 일반적인 사업장내의 위험요소는 공정내 물질의 물성과 공정조건의 분석, 회사와 관련 산업계의 공정 경험의 검토와 연관성 등을 통하여 확인하고 이를 감안하여 적절한 위험성평가 기법 적용을 적용한다.

위험 분석가는 위험 발견결과를 활용하여 위험성평가 수행의 적절한 범위를 정의하고 적절한 기법을 선정하고 사업장내에서의 위험요소를 줄이거나 제거의 타당성을 기록하는 등 위험발견을 위한 본질적인 노력이 필요하다. 일반적으로 위험성평가의 범위는 확인된 위험의 수와 종류에 비례한다.

위험 발견을 위해서는 위험성 평가기법의 하나인 체크리스트 분석이 위험확인에 효과적으로 사용될 수 있다. 체크리스트는 위험 물질에 대해 해결해야 할 질문과 문제목록으로 이루어진다. 이 기법의 결점은 체크리스트가 모든 잠재적 위험상황을 예상할 수 없다는 것이다. 따라서 What-IF 분석과 HAZOP Study 기법과 같은 다른 위험성평가 기법을 활용하면 보다 전문적이고 세부적으로 위험을 발견하고 해결방안을 모색할 수 있다.

4. 위험성평가 기법 및 수행절차

가. 예비위험분석 (PHA, Preliminary Hazard Analysis)

1) 개요

예비위험분석은 미국의 군사 표준시스템안전프로그램에서 유래된 기법이다. 예비위험분석은 일반적으로 공정 개념설계나 연구 · 개발(R&D) 단계에 적용하거나 부지선정과 공정배관 · 계장도(P&ID)를 개발하기 전 설계 검토수단으로 이용된다. 예비위험분석 기법은 공장개발의 초기단계에 사용되는 반면 대규모 기존 시설을 분석하거나 광범위한 기법을 사용할 수 없는 경우에 위험의 우선순위를 매길 때 도움이 될 수 있다. 일반적으로 상세설계 또는 운전절차에 대한 정보가 없는 공정개발 초기에 예비위험분석이 수행된다.

예비위험분석은 다양한 공정특성을 고려하여 위험과 포괄적 위험상황 목록을 만들어 각 위험상황을 확인하고 잠재원인 및 영향과 가능한 개선사항이나 예방조치 사항을 작성하게된다. 1명 이상의 위험분석가가 공정위험의 중요성을 평가하고 각 상황 마다 위험상태의 순위를 매기고 공정수명주기의 후속단계에서 위험을 줄이거나 제거하는 권고사항의 우선순위를 매길 수 있도록 위험상태의 정성적 순위를 정한다.

예비위험분석을 위해서는 공장설계기준, 장치사양, 물질규격 등 자료의 활용이 필요하다. 예비위험분석은 공정안전에 종사하는 한 두 사람에 의해 수행할 수도 있다. 경험이 적은 사람도 예비위험분석을 수행할 수 있으나 상당히 많은 지식과 판단이 필요로 하기 때문에 검토(study)가 철저하지 않거나 세밀하지 않을 수 있다. 다음은 예비위험분석 기법을 사용한 위험성평가에 소요되는 예상시간이다

표 6-2 예비위험분석 기법을 사용한 위험성평가의 예상 소요시간

범위	준비	평가	기록
소규모 시스템	4 ~ 8 시간	1 ~ 3일	1 ~ 2일
대규모 공정	1 ~ 3일	4 ~ 7일	4 ~ 7일

2) 분석 절차

예비위험분석(PHA)은 대상공장 또는 시스템에 대한 정보뿐만 아니라 유사 공장이나 다른 공정이지만 유사장치와 재료를 사용하는 공장의 정보를 필요로 한다. 예비위험분석은 공장수명 초기의 위험을 발견하므로 공장에 대한 정보가 제한적일 수 있으나 효과적인 평가를 위해 평가팀은 최소한 개념의 설계서를 가져야 한다. 용기, 열교환기 등 주요 장치, 기초화학, 반응 및 공정변수, 공장 운전목표와 기본 성능요건은 위험의 종류와 시설의 운전환경을 이해하는데 도움이 될 수 있다.

예비위험분석은 주요 위험과 바람직하지 않은 결과를 초래하는 사고상황을 발견하고 설계기준이나 위험을 제거하거나 줄이는 대안을 확인한다. 그 같은 판단을 하는 데는 무엇보다 현장의 경험이 중요하다. 예비위험평가에서는 반드시 다음 사항을 고려해야 한다.

- 위험한 공장장치와 물질
  (예, 연료, 고반응 화학물질, 독성물질, 폭발물, 고압시스템 및 다른 에너지 저장 시스템)
- 공장장치와 재료 간 안전관련 접점
  (예, 물질상호작용, 화재/폭발 개시 및 전파, 계기 보호 시스템)
- 공장장치와 물질에 영향을 주는 환경요소
  (예, 지진, 진동, 홍수, 극한온도, 정전기 방출 및 습도)
- 운전, 실험, 정비와 비상절차
  (예, 인간실수 중요성, 운전원 기능, 장치 배치/접근 및 인체안전보호)
- 시설 지원 (예, 저장, 실험장치, 훈련 및 유틸리티)
- 안전관련장치 (예, 완화시스템, 소방 및 개인보호장구)

위험분석가는 각 대상공정의 위험을 확인하고 잠재사고의 원인 및 영향을 평가하게 된다. 보통 평가팀은 완벽한 원인목록을 작성하기 보다는 사고 신뢰성을 판단하기에 충분한 수의 목록을 작성한다. 그 다음으로 각 사고의 영향을 평가하는데 이 영향은 잠재사고와 관련된 최악의 영향을 고려하여야 한다. 최종적으로 사고 원인 및 영향의 중요도에 따라 각 잠재적 사고상황을 다음의 위험범주(Hazard Category)로 분류하여 정리한다.

표 6-3 사고 원인 및 영향의 중요도에 따른 위험 범주

Category Ⅰ	Category Ⅱ	Category Ⅲ	Category Ⅳ
무시 (Negligible)	한계 (Marginal)	중대 (Critical)	파국 (Catastrophic)

예비위험분석 기법의 의도는 사건 시나리오를 완전하게 전개하거나 시나리오 위험도를 평가하는 것이 아니라 설계단계에서 개발될 위험도 조정전략과 방호장치를 찾는 것이다.

분석 결과는 확인된 위험, 원인, 잠재적 결과(영향), 위험범주와 제안된 교정 또는 예방대책을 보여주는 표에 기록한다. 다음 표 6-4는 예비위험분석 결과를 기록하는 서식이다. 분담된 후속조치 책임과 주요 현안의 실행 일정을 기록하고 실제 개선조치 활동을 반영하는 항목을 표에 추가한다.

표 6-4 예비위험분석에서의 개선조치 활동 반영항목

위험	원인	잠재적 결과(영향)	위험 범주	교정/예방 대책

나. 체크리스트 분석 (Checklist Analysis)

1) 개요

체크리스트 분석은 시스템 상태를 확인하기 위한 항목의 목록이나 절차적 단계를 사용한다. 체크리스트는 체크 항목별 세부사항이 다르며 기준과 관례의 준수 여부를 확인

하는데 사용된다. 경우에 따라서는 체크리스트 만으로는 놓칠 수 있는 위험을 발견하기 위해 다른 위험성평가법과 결합하여 사용하기도 한다. 이 분석법은 사용하기 쉽고 시설 수명주기의 어느 단계에서나 적용할 수 있다.

체크리스트는 경험이 부족한 사람에게 공정의 속성과 다양한 체크리스트의 필요조건들을 비교하게 하여 공정에 익숙하게 하고 경영진에게는 평가자의 공정 및 운전평가에 대한 일반적 검토기준을 제공한다. 분석 시 위험분석가는 공정장치 및 운전과 관련된 알려진 위험, 설계결함, 잠재적 사고상황 등을 확인하기 위해 특정항목의 목록을 사용한다. 또한, 이 기법은 때때로 상당히 많은 경험이 있는 특정설계를 평가하는데 사용되지만 완전히 새로운 공정의 개발 초기단계에 유사한 시스템의 수년간 운전을 통해 인지한 위험을 찾아 제거하는데도 사용된다.

체크리스트는 개별 회사, 공장 또는 제품 등의 특징에 맞게 구성되어야 하고 기존 공정에 대한 분석은 대상공정 지역을 순회하면서 각 장치를 체크리스트와 비교한다. 아직 건설되지 않은 공정의 분석은 숙련된 사람이 설계도를 바탕으로 구성한 적절한 체크리스트와 비교 분석한다.

체크리스트는 작성자의 경험에 좌우되므로 분석하려는 시스템에 관한 다양한 경험과 배경을 가진 사람에 의해 작성하고 현재 적용되는 코드, 표준 또는 규정의 정보를 간단히 정리하여 만들어진다. 체크리스트는 살아있는 문서 같이 정기적으로 검토, 감사, 갱신되어야 한다.

많은 조직이 초기 설계부터 공장 철거까지의 프로젝트를 관리하기 위해 표준 체크리스트를 사용한다. 작성된 체크리스트는 프로젝트가 어느 단계에서 다음 단계로 진행되기 전 다양한 직원과 관리자에 의해 승인되고 관리되어야 하고 인쇄물이나 컴퓨터 기반 형태로 사용할 수도 있다

체크리스트를 만들기 위해 분석가는 표준설계 또는 운전관행을 정의하여 미흡 또는 차이를 기반으로 질문목록을 작성하고 작성된 체크리스트의 질문에 대해 '예', '아니오', '부적합' 또는 '추가정보 필요'로 답한다. 정성적 결과는 특정상황에 따라 다르나 일반적으로 표준절차 준수 여부에 대한 '예' 또는 '아니오'를 판단하고 그 결과는 관리자가 고려할 안전성 향상 대안의 목록이 된다.

체크리스트 기법 수행을 위해 필요한 자원으로 적절한 체크리스트, 엔지니어링 설계절차, 운전 매뉴얼과 분석대상 공정에 관한 기초지식 있는 인적 자원이 있어야 한다. 과거의 작업과 관련된 체크리스트가 이용 가능하다면 그것을 사용할 수도 있고 없으면 체크리스트를 준비하여 평가를 하여야 한다. 경험 있는 관리자나 직원이 체크리스트 분석결과를 검토하고 조치사항을 지시하여야 하고 최신 코드, 표준과 규정 및 관행이 포함하도록 체크리스트를 주기적으로 검토하는 것이 보다 중요하다.

다음은 체크리스트 기법을 사용한 위험성평가에 소요되는 예상시간이다. 체크리스트 기법의 성공은 체크리스트를 사용하는 사람과 작성자의 경험에 달려 있다.

표 6-5 체크리스트 기법을 사용한 위험성평가의 예상소요시간

범위	준비	평가	기록
소규모 시스템	2 ~ 4시간	4 ~ 8시간	4 ~ 8시간
대규모 공정	1 ~ 3일	3 ~ 5일	2 ~ 4일

2) 분석 절차

체크리스트 분석은 경험기반 접근법이다. 위험 분석가는 표준, 코드 및 지침 등의 가용 자원으로부터 적절한 체크리스트를 선정한다. 적절한 체크리스트가 사용 가능하지 않으면 공장운전, 회사의 방침과 절차에 익숙한 경험 있는 엔지니어가 자신의 경험과 참고 자료를 이용하여 적절한 체크리스트를 만든다. 일단 체크리스트가 준비되면 경험이 적은 엔지니어도 독자적 평가나 다른 위험성평가의 부분에 적용할 수 있다.

기존 시스템에 대한 분석은 위험성평가팀 구성원에 의한 대상공정 지역의 현장답사와 육안조사가 포함되어야 한다. 현장답사 중 분석가는 공정장치와 운전을 체크리스트 항목과 비교하고 시스템 문서, 운전원과의 면담 및 개인적 지각을 기초로 하여 체크리스트 항목을 확인한다. 관찰된 시스템 속성 또는 운전특성이 체크리스트와 일치되지 않을 때는 불일치 되는 내용을 기재한다. 체크리스트 분석은 독자적으로 사용되거나 본질적인 안전 검토를 위해 사고예상질문분석(What-If Analysis)기법과 조합하여 사용할 수 있다.

체크리스트 분석팀은 현장답사나 회의에서 언급된 결함사항을 요약하고 보고서에는 분석 시 사용한 체크리스트 사본을 포함시킨다. 적절한 설명과 함께 안전성 향상을 위한 개선권고안이 제시되어야 한다

표 6-6 체크리스트에 따른 예상 질문

체크리스트	예상질문
대체	• 가연성 용제를 물로 대체할 수 있는가? • 유해한 원료, 공정 반제품 또는 부산물을 대체공정이나 화학으로 완전히 제거할 수 있는가?
최소화	• 유해한 제품 재고를 줄일 수 있는가? • 유해물질 재고를 줄이도록 대체 장치를 사용할 수 있는가? – 추출탑을 원심추출기로 대체 – 트레이 건조기를 플래쉬 건조기로 대체 – 교반 용기나 반응기를 연속식 배관 교반기로 대체
완화	• 원료의 공급압력을 용기의 최대 허용운전압력 이하로 제한할 수 있는가? • 촉매를 사용하여 반응조건(온도, 압력)을 완화할 수 있는가?
간소화	• 장치가 운전이나 정비실수로 인해 잠재적 위험상황이 발생하기 어렵거나 불가능하도록 설계할 수 있는가? – 부적절한 과오를 방지하기 위한 운전과 접근 – 불필요한 연결부의 제거 – 최고 공정 또는 장치설계 온도 초과를 방지하는 온도 제한 열전달 장치의 설계

체크리스트 분석팀은 현장답사나 회의에서 언급된 결함사항을 요약하고 보고서에는 분석 시 사용한 체크리스트 사본을 포함시킨다. 적절한 설명과 함께 안전성 향상을 위한 개선권고안이 제시되어야 한다

다. 사고예상질문분석 (What-If Analysis)

1) 개요

사고예상질문분석 기법은 대상 공정에 익숙한 경험 있는 집단이 상호 질문을 하거나 원하지 않은 위험 사건에 대해 서로 말하는 브레인스토밍 접근법이다. 이 분석의 목적은 원하지 않는 결과를 낳는 위험, 위험한 상태나 특정사건 순서(sequence)를 확인하는 것

이다. 경험있는 사람은 비정상적 상황이나 결과, 기존의 방호장치를 확인하여 개선이 이루어지는 지 확인되거나 방호장치가 부족하다고 판단되는 곳의 위험도를 줄일 수 있는 대안을 제시할 수 있다. 이 방법은 설계, 건설, 개조 또는 정상 운전에서의 이탈의 검토를 포함하며 공정의도에 대한 기본적인 이해가 필요하므로 충분한 경험이 있는 사람에겐 효과적인 기법이나 그렇지 않다면 결과가 불완전할 수 있다. 사고예상질문분석은 위험과 운전분석(HAZOP Study)이나 고장형태와 영향분석(FMEA) 등의 기법과 같이 근본적으로 구조화되어 있기 때문에 분석가가 이 기법적용에 대한 기본개념을 가지고 적용하여야 하고 공정수명주기의 모든 단계에서 사용되며 숙련된 사용자들 사이에 평판이 좋다. 이 기법은 위험성평가팀이 What-If(~라면 어떻게 될까?)로 시작하는 질문을 하게 한다. 예를 들어

- 시운전 시 '펌프 A'가 멈추면 어떻게 될까?
- 운전원이 '밸브 A' 대신 '밸브 B'를 열면 어떻게 될까?

서기는 모든 질문을 차트 패드, 마킹보드나 컴퓨터에 기록하고 질문들을 가스, 전기, 소방 또는 보건과 같이 특정 분야로 분류할 수 있다. 질문은 경험, 기존도면과 공정설명을 기초로 해서 만들어진다. 운전 중인 공장의 조사에는 공정의 담당 직원면담을 포함할 수 있다. 리더가 논리적인 패턴을 제시하지 않는 한 질문에 대한 특정 패턴이나 순서는 없다. 질문은 단지 기기고장이나 공정변화가 아닌 공장과 관련한 비정상적인 조건을 다루게 된다. 이 기법은 공정에 대한 질문과 응답 목록을 만들고 위험상태, 그 결과, 방호장치와 위험도 감소를 위한 개선사항을 표형식의 목록으로 만든다.

사고예상질문분석은 매우 유연해서 가용한 공정정보와 지식을 사용하여 공정 운전 중 어느 단계에서나 사용할 수 있다. 분석을 위해서는 각 공정지역별로 2내지 3명의 인력이 필요하다. 전체 공정을 소규모 팀으로 장시간동안 운영하는 것 보다 공정을 적은 규모로 나누어 더 많은 팀의 운영이 때로는 더 나을 수 있다. 이 분석에 소요되는 시간과 비용은 분석할 공정의 수와 복잡도에 비례한다. 다음은 사고예상질문분석 기법을 사용한 위험성평가에 소요되는 예상시간이다.

표 6-7 체크리스트에 따른 예상 질문

범위	준비	평가	기록
소규모 시스템	4 ~ 8시간	4 ~ 8시간	1 ~ 2일
대규모 공정	1 ~ 3일	3 ~ 5일	1 ~ 3주

2) 분석 절차

사고예상질문분석(What-If Analysis)에 필요한 정보는 화학물질 데이터, 공정설명, 도면 및 운전절차서이다. 시설수명주기 단계, 충족해야 할 법적요건 및 What-If 질문에 대한 응답에 필요한 특정정보에 따라 또다른 정보도 필요로 할 수 있다. 모든 정보는 최신 본으로 회의에 앞서 위험성평가팀이 이용 가능해야 한다. 기존 공장을 검토한다면 검토팀이 운전, 정비 유틸리티나 다른 서비스를 맡고 있는 사람과 면담을 할 수 있다. 검토준비의 마지막은 분석회의를 촉진할 예비 What-If 질문을 준비하는 것이다. 분석이 이전 검토서의 갱신이나 공장변경에 따른 검토라면 이전 검토 보고서에 열거된 질문을 사용할 수 있다. 신규공장이나 최초 적용의 경우 검토회의 중에 추가질문이 만들어지더라도 회의 전에 팀 리더와 팀 구성원이 미리 질문을 개발하여야 한다. HAZOP Study에서 사용되는 원인과 영향 분석이 질문을 만드는데 도움이 될 수 있다.

검토 회의는 검토지역과 관련된 전체 공장과 공정 지식 및 전문성을 가진 공장직원의 공정설명으로 시작한다. 설명에는 공장 안전예방책, 안전장치 및 보건관리절차가 포함되어야 한다. 안전상 문제점을 중심으로 대상공정들이 검토되어야 하나, 준비된 What-If 질문에 한정하거나 질문에 대한 발언을 제한하지 않아야한다. 팀은 급히 서두르거나 연속해서 오랜 시간 회의해서는 안 된다. 하루 4 ~ 6시간 이상 회의를 해서는 안 되며 1주일 이상 연속하는 What-If 회의는 바람직하지 않다. 회의에는 2가지 방식이 있는데 하나는 우선 모든 안전 문제와 질문을 차트패드나 마킹보드에 열거하고 생각해 보는 것이고, 다른 하나는 팀으로부터 다른 질문이나 문제를 구하기 전에 각 상황의 중요성을 정함과 함께 각 질문과 현안을 한 번에 하나씩 생각하는 것이다. 두 방식을 모두 사용할 수 있으나 팀의 창조적 모멘텀을 이끌기 위해 질문에 답하기 전에 모든 질문을 열거하는 것이 필요하다. 공정이 복잡하거나 크면 작은 부분으로 나누어 팀이 질문을 열거하는데 수일을 소모하지 않도록 한다.

초기에 팀 리더는 검토 범위를 설명하고 팀이 이에 동의하여야 한다. 팀은 대상공정의 시작부터 끝까지 각 질문에 답하고 각 문제를 다루어 위험, 잠재적 결과, 방호장치 및 가능한 해결책을 찾는다.

사고예상질문분석 기법은 근본적인 안전검토 시 위험을 평가하는데 사용되므로 팀 구성원이 본질적인 안전 원칙에 정통해야 효과적이다. 팀은 공정이탈 시나리오를 떠올려 시나리오의 잠재위험을 줄이거나 제거하기 위한 근본적인 안전 개선안을 찾는다. 대체, 최소화, 완화 및 간소화 전략이 안전성 개선안을 도출하는데 사용된다.

기록은 팀이 발견한 위험을 제거하거나 감소시키는 대책의 핵심이다. 사고예상질문분석 서식의 예시는 다음과 같다.

표 6-8 사고예상질문분석 서식 예시

What-If	위험	결과(영향)	방호장치	개선 권고안

라. 위험과 운전분석 (HAZOP, Hazard and Operability Study)

1) 개요

위험과 운전분석(HAZOP Study)기법은 공정에 존재하는 위험요인과 공정의 효율을 떨어뜨릴 수 있는 운전상의 문제점을 찾아내어 그 원인을 제거하는 방법으로 공장의 위험을 찾아 평가하고 위험이 아니더라도 공장의 안전성을 위태롭게 하는 운전상 문제점을 찾기 위해 개발되었다. HAZOP의 목적은 설계 운전 의도로부터 이탈하는 원인을 체계적으로 공정이나 운전을 면밀하게 검토하는 것이다. 이 기법은 연속 또는 회분식 공정에 사용할 수 있고 절차서 평가에 적용할 수 있다.

HAZOP 팀은 이탈 방지를 위한 기존 방호장치 뿐만 아니라 이탈의 잠재 원인과 결과를 열거하고 이탈에 대한 방호장치가 불충분하다고 판단될 때는 위험도를 줄이는 조치를 제안한다. HAZOP 기법의 사용에는 공정설계와 운전에 관한 상세한 정보를 필요로 한고 상세설계 중 또는 이후에 공정을 분석하는데 사용된다. HAZOP팀은 공정설계 의도의 이탈로부터 발생하는 위험과 운전상 문제를 찾아내기 위해 창조적이고 체계적인 접근법을 사용한다.

팀 리더는 가이드워드(변수의 질이나 영을 표현하는 간단한 용어를 말한다)를 사용해 팀을 체계적으로 이끈다. 가이드워드는 공장운전 의도로부터 잠재적 이탈(가이드 워드와 변수가 조합되어 유체흐름의 정지 또는 과잉상태와 같이 설계의도로부터 벗어난 상태를 말한다)을 찾기 위해 공정변수와 조합하여 특정 검토구간에 대하여 적용된다.

예를 들어 공정변수 "Flow"와 조합한 가이드워드 "No"는 이탈 "No Flow"가 된다.

표 6-9 이탈의 원인, 결과, 방호장치의 예시

이탈의 원인	이탈의 결과	이탈에 적용된 방호장치
운전원 실수로 펌프를 차단	펌프 과열	펌프 토출배관의 압력방출용 밸브

HAZOP과 관련된 브레인스토밍의 주요 장점은 창의성을 자극해 새로운 아이디어를 만들어내는 것이다. 이러한 창의성은 다양한 경험을 가진 팀원간의 상호작용으로부터 나온다. 결과적으로 HAZOP의 성공은 모든 참석자가 자유롭게 자신의 견해를 표현하되 참석자 간 상호 비방을 삼가는 것이 중요하다. 위험상황 검토를 위한 프로토콜 사용과 창조적 접근법은 HAZOP의 완성도를 높이는데 도움이 된다. HAZOP Study는 공정부분 또는 운전단계인 '검토구간'(Study Node)이라 불리는 공정 또는 운전의 특정 포인트에 집중한다. HAZOP 팀은 일련의 가이드워드로부터 얻은 공정이탈에 대해 각 부분이나 단계를 한번에 하나씩 조사한다. 가이드워드의 목적은 모든 공정매개변수의 이탈이 평가되도록 하는 것이다. 팀은 각 부분이나 단계에 대해 상당히 많은(예, 10~20개 이상) 이탈들을 고려하여 그것들의 잠재원인과 결과를 찾는다. 주어진 각 부분이나 단계에 도출된 모든 이탈은 다음 단계로 진행하기 전에 분석한다.

효과적인 HAZOP Study를 위해서는 공정이탈을 설계나 운전의도로부터 벗어난 비정상상태로 간주하여야 하고 Study 팀에 의해 모든 안전한계와 운전절차 단계로부터의 이탈이 평가되도록 하여야 한다. HAZOP Study는 기존 시설 뿐만 아니라 신규 프로젝트에서도 수행할 수 있으며 신규 프로젝트에서 공정설계가 어느 정도 확정되었을 때 HAZOP을 수행하는 것이 최적이다. HAZOP Study는 분석에 필요한 충분한 공정자료와 지식을 가지면 공정 수명주기 초기 단계에 수행할 수 있으나 초기 단계에 수행되는 HAZOP Study가 설계검토용 대체물이 되어서는 안된다.

표 6-10 HAZOP Study에서 일반적으로 사용되는 용어

용어	정의
검토구간 (Study Node)	이탈 배관계장도 상의 위치
설계의도 (Design Intent)	이탈 없는 운전 정의
Guide Words	설계의도를 정성화 또는 정량화하고 공정위험을 확인하는 브레인스토밍 과정을 이끌고 촉진하는데 사용하는 단어
공정변수 (Process Parameter)	공정과 관련된 물리적 또는 화학적 성질. 반응, 혼합, 농도, pH 같은 일반적 항목과 온도, 압력, 상태와 흐름과 같은 특정 항목
이탈 (Deviation)	정상운전 상태에서 벗어남
원인 (Cause)	개시 원인, 왜 이탈이 발생했는지의 이유
결과 (Consequence)	이탈의 결과(예, 독성물질의 누출) 예방 방호장치가 실패하여 손실사건으로 인한 결과와 영향을 검토한다. HAZOP Study 목적과 무관한 미미한 결과는 고려하지 않는다.
조치항목 (Action)	설계변경, 절차변경 또는 추가 HAZOP Study 등을 제안 (예, 압력경보기 추가설치 또는 운전단계 순서 변경 등)

표 6-11 HAZOP Study의 가이드워드

가이드워드		공정 변수
가이드워드	의미	
No 또는 Not	설계 의도의 부정	유량(Flow), 압력(Pressure), 온도(Temperature), 액위(Level), 시간(Time), 조성(Composition), pH, 속도(Speed), 빈도(Frequency), 점도(Viscosity), 전압(Voltage), 정보(Information), 혼합(Mixing), 추가(Addition), 분리(Separation), 반응(Reaction)
Less 또는 Less of	정량적 감소	
More 또는 More of	정량적 증가	
Part of	정성적 감소	
As well as 또는 More Than	정성적 증가	
Reverse	의도의 논리적 반대	
Other than	완전한 대체	

가이드워드는 일반 공정변수(예, 반응, 혼합)와 특정 공정변수(예, 압력, 온도) 둘 다 적용된다. 일반 공정변수에 하나의 가이드워드에 하나 이상의 이탈을 갖는 것이 드물지는 않다. 예를 들어 "more reaction"은 반응이 급속하게 일어나거나 다량의 반응물이 생기는 것을 의미할 수 있다.

HAZOP 결과는 시스템 개선을 위한 위험 및 운전문제의 발견, 설계 변경권고, 절차 등을 포함한 결과이다. 정보부족으로 결론을 낼 수 없는 지역의 검토 수행 권고, 원인, 영향 및 방호장치에 관한 팀 토론 결과를 열 서식표에 기재한다. HAZOP Study는 최신본 배관 · 계장도 또는 동등한 도면과 운전절차서와 같은 다른 상세 공정정보와 공정 및 계기와 관련된 운전지식을 필요로 한다. 공장 운전경험 있는 리더는 효율적이고 고품질 HAZOP 결과 도출에 있어 필수적이다.

대규모 공정의 경우 HAZOP 팀은 설계, 엔지니어링, 운전 및 정비 등 다양한 경험을 가진 5 내지 7명으로 구성할 수 있다. 팀 구성원 1명이 분석을 이끌고 다른 사람(서기)이 팀의 검토 결과를 기록한다. 단순공정이나 한정된 범위의 경우 검토 팀이 필요한 기술과 경험을 가진 3내지 4명이 할 수 있다. 다음은 HAZOP 기법을 사용한 위험성평가에 소요되는 예상시간이다.

표 6-12 HAZOP Study 기법을 사용한 위험성평가의 예상 소요시간

범위	준비	평가	기록
소규모 시스템	8 ~ 12시간	2 ~ 6시간	2 ~ 6일
대규모 공정	2 ~ 4일	2 ~ 6주	2 ~ 6주

2) 분석 절차

HAZOP을 수행할 경우 사전 준비의 범위는 분석할 공정의 규모와 복잡도에 달려있다. HAZOP의 목적, 목표와 범위는 가능한 명백하게 해야 한다. 목적은 공장 또는 프로젝트를 책임지고 있는 사람에 의해 설정되어야 하고 HAZOP 방향과 목적을 위해 팀이 함께 일하는 것과 특정결과가 무엇인지 정의하는 것이 중요하다. 만약, 주민안전에 영향을 최소화하기 위한 HAZOP을 수행할 경우에는 공장을 어디에 건설해야지를 결정하

는 등 장외영향의 이탈에 집중해야 한다. HAZOP팀은 리더와 서기, 검토할 시설 또는 그와 유사한 시설의 운전 경험자, 공정설계 및 운전을 이해하는 자로 구성하여야 한다. 단순하고 덜 위험한 공장은 작은 규모의 팀이면 충분하지만 5 내지 7명이 이상적이다. 데이터는 배관 · 계장도(P&ID), 흐름도, 공장배치도, 운전지침, 계기순서제어차트, 논리도 및 컴퓨터 프로그램, 공장매뉴얼, 장치제조자 매뉴얼 등으로 구성된다. 중요 도면과 데이터는 HAZOP Study 전에 팀 구성원에게 제공되어야 한다.

리더는 회의 시 고려할 이탈목록을 개발하고 팀 활동 결과를 기록할 Worksheet를 준비한다. 이전에 모아둔 목록의 사용을 피하는 것이 좋은데 이는 공정위험을 찾는 팀의 창조적 활동을 억제하고 현실안주하는 것으로 위험이탈을 놓칠 수 있다. 리더는 팀이 공장과 운전에 체계적으로 접근하도록 HAZOP Study 계획을 준비한다. 이는 특정 공장이 어떻게 운전되는지를 기초로 하여 최적의 Study 순서를 확정하기 위해 회의 전에 팀리더가 일정 시간을 소비해야 한다는 의미이다. 팀 리더는 데이터와 도면이 취합되면 검토회의를 개최한다.

먼저, HAZOP Study에 필요한 회의시간을 추정한다. 대략 각 공정부분 또는 검토구간이 평균 20내지 30분 소요된다. 공정 부분 또는 검토구간의 수를 감안하여 HAZOP 회의 시간을 추정하고 회의시간 추정 후 팀 리더는 검토 회의를 가진다. 각 회의는 4 내지 6시간이상 지속되지 않도록 한다. 장시간 회의는 효율성을 떨어뜨려 바람직하지 않다. 큰 프로젝트는 배정된 시간 내에 팀이 모든 대상공정을 평가할 수 없다. 이 경우 몇 개의 팀과 리더를 운영할 필요가 있으며 이 경우 리더 중의 1명이 전체 조정자로서 역할을 해야 한다. 조정자는 공정을 논리적 세트로 나누어 공정의 각 부분을 서로 다른 팀에게 할당하고 HAZOP Study 전체 일정을 준비해야 한다. HAZOP Study에서는 가이드워드를 사용하여 공정 위험이 다루어지고 공정 도면이나 절차를 검토 구간, 공정부분이나 운전단계로 나눌 필요가 있다. HAZOP 회의의 전형적 흐름도는 다음과 같다.

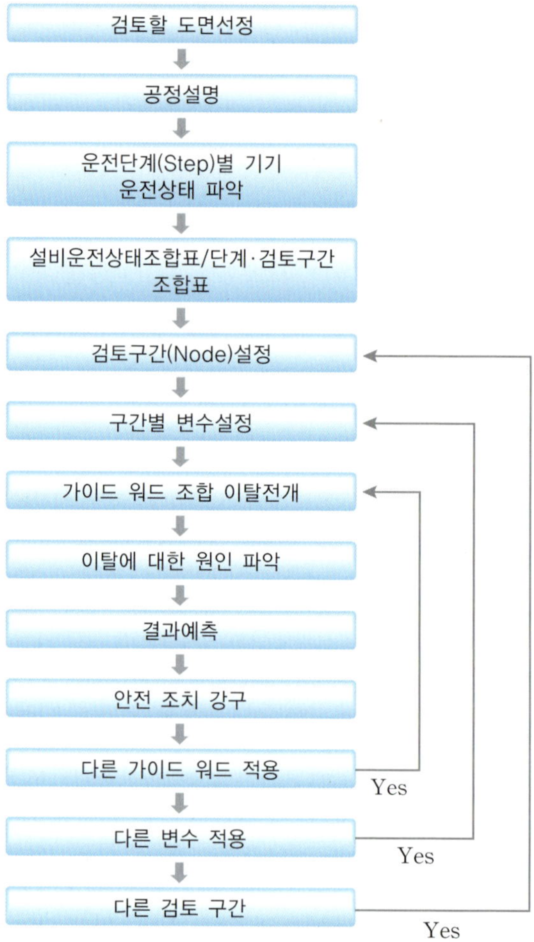

그림 6-1 HAZOP의 전형적 흐름도(KOSHA 기술지침)

모든 가이드워드를 각 공정부분 또는 운전단계에 적용하고 원인 결과, 방호장치 및 조치와 이탈, 이탈에 따른 평가 필요성을 기록한다. 팀 리더는 위험 상황을 발견하면 참여자 모두가 이해하도록 하고 팀 회의 도중에 생기는 문제해결의 수준을 조정하는 것이 중요하다. 또한, 기록과정이 HAZOP Study의 중요한 부분이다. 회의록을 기록하는 서기는 회의 도중 발생하는 수많은 대화에서 적절한 내용을 추출할 수 있어야 한다. 회의에서 나온 모든 내용을 수기하는 것이 불가능하지만 중요한 아이디어를 기록하여 남기는 것은 매우 중요하다. 중요성이 낮은 이탈 원인은 작성하기 않음으로서 문서작성의 노력을 최소화할 수 있고 핵심 현안의 검토는 결론을 세부적으로 조정하고 또다른 문제점도 찾아낼 수 있다. HAZOP 회의 결과는 다음 서식에 기록하고 조치사항은 별도로 정리할 수 있다.

표 6-13 HAZOP 회의 결과따른 조치사항 정리 예시

번호	이탈	원인	결과(영향)	방호장치	조치사항
1.1					

마. 고장형태와 영향분석 (FMEA, Failure Modes and Effects Analysis)

1) 개요

고장형태와 영향분석(FMEA)의 목적은 단일 장치와 시스템의 고장형태를 분석하고 각 고장형태가 시스템이나 공장에 미치는 영향을 찾는 것이다. 고장형태는 고장이 어떤 형태(open, closed, on, off, leak 등)로 일어나는지를 말하고, 고장영향은 고장이 장치의 운전, 기능 또는 상태에 미치는 즉각적인 결과를 말한다. 장치의 고장형태와 시스템 또는 공장에 미치는 영향을 표로 만들고 장치의 신뢰도를 증가시켜 공정의 안전성을 향상시키는 권고안을 만들게 된다. 사고를 직접 야기하거나 원인이 된 단일 고장형태를 찾는다. 고장형태의 영향은 장치 고장에 대한 시스템의 반응에 의해 결정된다. 운전원의 실수는 FMEA에서 직접 검토되지 않으나 부절적한 설계, 부실 공사, 정비 부족 또는 부적절한 운전의 영향이 장치 고장형태로서 나타난다. FMEA를 하는 동안 위험성평가자는 잠재적 결과를 기재하고 장치의 고장과 연계한다. 각각의 고장은 야기되는 후속영향이 아니면 다른 고장들과 무관한 독립된 발생으로 간주된다. 그러나 FMEA는 사고를 초래하는 장치고장들의 조합 목록을 찾는면에서 HAZOP Study 기법에 비해 효율적이지 못하다.

FMEA 평가자는 장치, 고장과 영향의 정성적이고 체계적인 참고 목록을 만들고 서식표의 적절한 항목에 안전성 개선을 위한 제안을 기재한다. FMEA 기법의 사용에는 시

스템 또는 공장 장치 목록, 배관계장도(P&ID), 장치 기능과 고장형태에 대한 지식, 시스템 또는 공장 기능과 장치 고장에 대한 대응에 관한 지식 등의 자료가 필요하다. FMEA는 1명의 평가자로 수행할 수 있으나 완성도를 높이기 위해 다른 사람의 검토를 받아야 한다. 참석자 요건은 분석 대상 장치의 규모나 복잡도에 따라 다르지만 모든 평가자는 장치의 기능, 고장형태와 고장이 시스템 또는 공장 다른 부분에 어떻게 영향을 주는지 잘 알아야 한다. FMEA의 시간과 비용은 분석하고자 하는 공정의 크기와 구성요소의 수에 비례한다. 평균적으로 2 내지 4개 장치를 분석하는데 1시간이면 충분하다. 다음은 FMEA 기법을 사용한 위험성평가에 소요되는 예상시간이다.

표 6-14 FMEA 기법을 사용한 위험성평가에 예상소요시간

범위	준비	평가	기록
소규모 시스템	2 ~ 6시간	1 ~ 3일	1 ~ 3일
대규모 공정	1 ~ 3일	1 ~ 3주	2 ~ 4주

2) 분석 절차

FMEA 절차는 1)문제 확인, 2) 검토 수행, 3) 결과 기록 순으로 수행한다.

① 문제 확인

이 단계는 FMEA에 포함된 특정항목과 처해 있는 조건을 발견한다. FMEA는 공장 원료 시스템, 회분 혼합 시스템, 산화 시스템, 제품분리 시스템 등 다양한 지원 시스템에 집중한다. 즉, 시스템 수준 위험이 다루어질 때 FMEA는 시스템을 이루는 장치의 개별 요소의 고장모드와 영향에 집중한다. 산화 시스템의 온도조절 기능의 상실과 같은 위험에 대해 FMEA는 원료 펌프, 냉각수 펌프, 냉각수 유량조절 밸브와 온도 감지기 및 경보기에 집중하여 분석한다. 물론 시스템이나 장치에서 발견된 영향이 나중에 잠재된 공장 수준 위험과 관련될 수 있다. 평가자는 고장모드의 원인으로 항공기 추락, 지진 또는 태풍 등은 검토범위를 벗어난 영향이므로 고려하지 않을 수 있다.

② 검토 수행

FMEA는 누락 확률을 줄이고 FMEA의 완성도를 높이도록 계획적이고 체계적인 방식으로 수행되어야 한다. 보다 효율적인 방법은 FMEA 결과를 기록할 일관된 양식을 개발하는 것이다. 표준 FMEA 양식은 기재된 정보가 일관되도록 하고 문제점의 해결을 위해 결과의 우선순위를 더 쉽게 이해할 수 있도록 고장모드 원인을 추가로 기재할 수 있다. FMEA 표는 참고 도면 상의 시스템 경계부터 출발하여 항목을 체계적으로 평가함으로서 만들 수 있다.

FMEA표의 표준 입력항목과 내용은 다음과 같다.

가) 장치 발견

장치 발견은 장치를 시스템 도면, 공정 또는 위치와 관련한 고유의 장치 식별이다. 식별은 동일 시스템내에서 다른 기능을 수행하는 유사한 종류의 장치들을 구별하는 것이다.

나) 장치 묘사

장치 묘사는 고장모드에 영향을 주는 장치 형식, 운전 배열과 다른 특성(고온, 고압 또는 부식성 등)을 포함해야한다. 예를 들어 밸브는 '자동밸브, 정상 열림, 3인치 황산배관'와 같이 기재할 수 있다. 이러한 묘사가 각 장치마다 독특할 필요는 없다.

다) 고장형태

평가자는 장치 묘사와 일치한 각 요소의 모든 고장모드를 열거해야 한다. 장치의 정상운전조건을 고려하여 평가자는 장치의 정상운전 상태를 변화시키는 가능한 모든 고장을 고려해야 한다. 예를 들어 정상 닫힘 밸브의 고장모드는 "밸브는 열림 위치로 이동한다. 밸브에서 외부로 누출된다. 밸브가 내부에서 샌다. 밸브 몸체가 파손된다" 등이다.

라) 영향

발견된 각 고장모드에 평가자는 고장 위치에서 공장의 직접영향과 다른 장치 뿐만 아니라 전체 시스템 또는 공정에 미치는 고장영향을 모두 기재해야 한다. 예를 들어 펌프 씰 누출의 직접영향은 펌프 주변의 유출물이다. 유체가 인화성이면 유출물은 펌프가 점화원이기 때문에 점화될 수 있고 화재가 부근에 있는 사람의 안전을 위협할 뿐만 아니라 장치를 손상시킬 수 있다. 일관된 FMEA 수행의 핵심은 공통된 기준을 사용하여 모든 장치 고장의 영향이 분석되도록 하는 것이다. 평가자는 기존 방호장치가 작동하지 않는다는 가정 하에서 최악의 경우에 대한 영향을 평가한다.

마) 방호장치

발견된 각 고장모드에 평가자는 특정 고장 가능성을 줄이거나 고장결과를 완화할 수 있는 시스템과 관련된 안전특성 또는 절차를 기재해야 한다. 예를 들어 반응기의 고압 차단은 반응기를 손상시키는 가능성을 줄일 수 있는 반면에 적절한 크기의 안전밸브는 반응기의 초고압 사건의 결과(피해)를 완화할 수 있다. 이점에서 FMEA는 방호장치를 발견하고 그 효과성을 What-If 분석 또는 HAZOP Study와 같은 방식으로 평가한다.

바) 조치사항

평가자는 고장모드와 관련된 영향을 줄이도록 발견된 각 고장모드에 시정조치사항을 기재해야 한다. 특정 장치의 시정조치는 특정 고장모드의 원인 또는 영향에 한정될 수 있으나 관련된 모든 고장모드에 적용할 수 있다.

③ 결과 기록

FMEA의 검토기록은 공정이나 시스템 내의 장치 고장의 영향을 분석한 체계적이고 일관된 표이다. FMEA의 결과는 반드시 관리계획서와 연결되도록 하여야 하고 이를 통해 위험을 종합적으로 관리할 수 있게 한다.

바. 결함수 분석 (FTA, Fault Tree Analysis)

1) 개요

결함수 분석(FTA) 기법은 사고의 원인되는 장치의 이상이나 고장의 다양한 조합 및 작업자실수 원인을 규명하는 방법으로서 설계 또는 운전단계에 있는 공정의 위험성평가 시 사고의 발생빈도와 예상 사고 시나리오를 추정하는데 적용한다. 이 기법은 하나의 특정사고 또는 주 시스템 고장에 맞춘 연역적 기법으로 사건의 원인을 판단하는 방법을 제공한다. FTA의 목적은 사고가 될 수 있는 장치고장과 인간 실수의 조합을 찾는 것이다. 사고를 초래하는 단일고장에 특히 취약한 시스템에는 고장형태와 영향분석(FMEA)이나 위험과 운전분석(HAZOP Study) 같은 단일고장에 중점을 둔 기법을 사용하는 것이 좋다. 결함수는 주요 시스템 고장을 일으키는 장치고장과 인간실수의 다양한 조합을 보여주는 도식 모형인데 FTA의 강점은 사고를 일으키는 기본 장치고장과 인간실수의 조합을 찾는 능력이다. 결함수는 정상사상(재해의 위험도를 고려하여 결함수 분석을 하기로 결정한 사고나 결과를 말한다.)이라고 불리는 하나의 특정 고장을 초래하는 고장들의 조합을 보여주는 도식모형이다.

FTA는 Boolean 논리 기호(예, AND gate, OR gate)를 사용하여 정상사상(Top Event)의 원인을 기본사상(더 이상 원인을 독립적으로 전개할 수 없는 기본적인 사고의 원인으로서 기기의 기계적 고장, 보수와 시험 이용 불능 및 작업자 실수사상 등을 말한다.)이라고 불리는 기본 장치고장과 인간실수로 나누는 연역적 기법이다. 평가자는 결함사상이라 불리는 직접적인 원인은 각 결함사상의 기본사상을 찾거나 평가의 경계에 이를 때까지 같은 방식으로 검토한다. 결함수 모형은 기본사상과 선택된 정상사상 간의 논리적 관계를 보여주게 된다. 정상사상은 What-If Analysis나 HAZOP Study와 같은 개괄적 위험성평가 기법을 통해 확인된 특정 위험상황이다. 결함수 모형은 컷세트(Cut Set)이라고 알려진 정상사상을 일으키는 고장조합(고장형태) 목록을 만드는데 사용될 수 있다. 최소 컷세트(정상사상을 발생시키는 기본사상의 최소집합을 말한다.) 모두 발생하거나 동시에 존재한다면 정상사상의 발생을 일으키는 구성요소 고장의 가장 작은 조합이다. 최소 컷세트에서 정상사상이 특정 최소 컷세트의 결과로서 정상사상이 발생한다면 최소 컷세트에서 모든 고장이 일어나야 한다. 다음은 FTA기법을 활용한 위험성 평가에 예상되는 소요시간이다.

표 6-15 결함수 기법을 사용한 위험성평가의 예상소요시간

범위	준비	모델 구성	정성적 평가	기록
소규모 시스템	1 ~ 3일	3 ~ 6일	2 ~ 4일	3 ~ 5일
대규모 공정	4 ~ 6일	2 ~ 3주	1 ~ 4주	3 ~ 5주

2) 분석 절차

결함수 분석을 수행하는 절차는 1) 문제 정의, 2) 결함수 작성, 3) 결함수 모델의 정량적 분석, 4) 결과 기록 순으로 이루어진다.

① 문제 정의

문제를 정의하기 위해 정상사상과 분석의 경계조건을 선정해야한다. 경계조건은 시스템 물리적 한계, 허용되지 않는 사상, 해결 수준, 기존 조건, 개시 조건 등을 포함한다. 정상사상이 광범위하거나 불명확하게 정의되면 비효율적인 분석이 될 수 있으므로 평가될 시스템 또는 공장을 위해 정확하게 정의되어야 한다. 예를 들어 공장 화재의 정상사상은 결함수 분석에 있어 너무 막연하므로 적절한 정상사상은 정상운전 중 공정 산화반응기의 폭주반응이 되어야 한다. 폭주반응은 사고의 종류를 말하고 공정 산화반응기는 사고를 포함한 시스템 또는 공정을 말한다. 더 나은 것은 지속되는 폭주반응에 의한 용기 파손과 같은 특정 손실사건으로 정상사상을 정의하는 것이다.

② 결함수 작성

결함수 작성은 정상사상에서 시작하여 모든 결함사상이 기본사상으로 거슬러 올라갈 때까지 수준별로 진행한다. 평가자는 정상사상이 되는 충분한 원인을 파악하기 위해 연역적인 원인과 영향 추론을 수행한다. 평가자가 정상사상의 기본 원인을 즉각 알아내면 문제는 매우 간단해 지고 FMEA 와 같은 다른 기법으로 평가할 수도

있다. 정상사상의 직접원인은 결함수 분석으로 알 수 있다. 직접원인의 하나가 정상사상이 된다면 이것은 OR 게이트로 정상과 연결될 수 있다. 직접원인이 모두 발생하여야만 정상사상에 이른다면 이것은 AND 게이트로 정상사상과 연결되어 있다.

③ 결함수 모델의 분석

완성된 결함수는 고장이 어떻게 상호작용하여 사고가 되는지를 보여줌으로서 유용한 정보를 제공한다. 그러나 경험 있는 평가자라도 결함수로부터 사고를 초래하는 모든 고장의 조합을 직접 발견할 수 없다. 따라서 각 단계에서 최소 컷세트(cut set)을 얻는 하나의 방법을 토의 한다. 최소 컷세트은 결함수 정상사상이 될 수 있는 사고의 모든 조합으로 사고가 일어날 수 있는 평가에 유용하고 적정한 데이터가 주어진다면 결함수를 정량화할 수 있고 결함수 모델을 푸는 데는 수기 또는 전산화 방법이 있다. 큰 결함수는 최소 컷세트을 알아내는데 컴퓨터 프로그램이 필요하게 된다. 결함수 분석은 1)모든 게이트와 기본사상을 발견한다 2) 모든 게이트를 기본사상 세트로 분해한다 3) 세트 내 중복 사상을 제거한다 4) 모든 확대세트(다른 세트를 포함하는 세트)를 지운다. 절차의 결과는 결함수의 최소 컷세트(cut set) 목록이 된다.

④ 평가결과 기록

결함수분석의 마지막 단계는 검토결과를 기록하는 것이다. 위험분석가는 분석할 시스템 서술, 문제 정의 토론, 가정 목록, 전개된 결함수 모델, 최소 컷세트 목록, 최소 컷세트의 중요성 평가를 제공하고 더하여 결함수 분석결과 나타난 개선 권고안을 제시하여야 한다.

사. 사건수 분석 (ETA, Event Tree Analysis)

1) 개요

사건수 분석(ETA) 기법은 공정의 실패나 혼란 등의 초기사건으로 인하여 발생할 수 있는 사고를 규명하는 방법으로서 설계 또는 건설 중인 공장에 대하여는 공정의 개발단계나 초기 시운전 단계에 적용하며 기존공장에 대하여는 공정 또는 운전절차의 변경이나 개선이 필요한 경우 등에 적용하고, 사고의 종류와 발생빈도 및 예상사고 시나리오를 도출하는데 사용할 수 있다.

각각의 개별 사건의 내용이 확인된 후 사고를 초래할 수 있는 고장의 특정 조합이 결함수 분석을 통해서 밝혀질 수 있으며 분석의 결과는 사건 배열 즉, 사고를 야기하는 일련의 고장 또는 실수이다. 사건수에서 사건배열은 사건의 논리 AND 조합을 보여준다. 이러한 배열은 정성적 분석을 위한 결함수 모델 형식으로 표현된다. 결과 분석을 통해 설계와 절차상의 결함을 찾고 잠재적 사고의 발생 가능성과 피해를 줄이기 위한 권고안을 도출하게 된다.

이 기법은 평가자가 시스템에 대한 상세 지식이 있으면 혼자 수행할 수 있으나 2 내지 4명의 팀이 구성되어 실시하는 것이 좋으며 완전한 사건수분석이 될 수 있도록 브레인스토밍 방식이 효과적이다. 팀에는 사건수분석의 지식을 가진 사람이 적어도 1명이상 포함되어야 하고 다른 팀원들도 분석 시스템에 대한 경험과 공정지식을 가져야 한다. 사건수분석에 소요되는 시간과 비용은 분석에 포함된 개시원인과 방호장치의 수와 복잡도에 달려 있고 평가소요 기간은 단순공정의 경우 수일이면 충분하나 복잡한 공정은 여러 주가 필요할 수 있다. 다음은 ETA기법을 활용한 위험성평가에 예상되는 소요시간이다.

표 6-16 사건수 분석기법을 사용한 위험성평가의 예상소요시간

범위	준비	모델 구성	정성적 평가	기록
소규모 시스템	1 ~ 2일	1 ~ 3일	1 ~ 2일	3 ~ 5일
대규모 시스템	4 ~ 6일	1 ~ 2주	1 ~ 2주	3 ~ 5주

2) 분석절차

사건수 분석의 일반절차는 1) 사건의 형태가 될 수 있는 개시원인 또는 손실사건의 확인, 2)개시원인 또는 손실사건에 대응하도록 설계된 방호장치의 확인, 3) 사건수의 작성, 4) 사건 순서 결과의 작성, 5) 사건 순서 최소 컷세트(Cut set)의 확인, 6) 결과 기록 순으로 이루어진다.

① 개시사건 확인 (Identifying a starting event of interest)

초기사건 또는 손실사건은 사건수 분석에 있어 중요한 부분이다. 초기원인(초기사상)은 개시사상으로 개시사상은 공정 상황조건과 같은 중간사상이 될 수 있다. 개시사상이 초기원인이면 시스템이나 장치의 고장 또는 종사자 실수이어야 한다. 선정된 사상이 특정사고가 된다면 결함수 분석이 원인 파악에 더 적합할 수 있다.

② 방호장치의 확인 (Identifying the safeguards designed to respond to the starting event)

초기원인이나 손실사상에 대응하는 방호장치가 개시사상의 잠재적 결과에 대한 공장의 방호시설일 수 있다. 이런 방호장치는 개시사상으로부터 발생한 사고의 최종결과에 영향을 준다. 평가자는 개시사상의 영향으로부터 보호하거나 완화할 수 있는 모든 방호장치를 다음의 예와 같이 예상되는 발생순서대로 찾아내야 한다.

- 초기 원인 발생을 운전원에게 알리는 경보
- 경보에 대응한 운전원 행동
- 초기원인에 자동적으로 대응 한 방호시스템
- 냉각시스템, 압력방출시스템과 세정시스템과 같은 최후 수단 안전시스템
- 손실사상 영향을 제한하는 자동 차단 또는 완화 방호장치

③ 사건수 구성 (Constructing the Event Tree)

사건수 구성의 첫 단계는 분석 대상 개시사건과 방호장치로 시작한다. 초기원인과 손실사상은 지면의 좌측에 기재하고 방호장치는 지면의 상단 가로로 기재한다. 다음으로 초기원인으로 시작한 사고의 첫 번째 완성단계를 기재하고 다음 단계로 방호장치를 평가하는 것이다. 이 경우 방호장치의 성공이냐 실패냐 두 개의 가능성만 고려한다. 평가자는 초기원인이 발생했다고 가정하고 방호장치의 성공/성패 기준을 정의하고 방호장치의 성공이나 실패가 사고의 전개에 영향을 주는지를 밝혀야 한다. 사고가 영향을 받으면 사건수는 방호장치의 성공과 실패를 구분하는 두 경로로 나뉜다.

성공은 위 경로에 나타내고 기능의 실패는 아래 경로에 나타낸다. 방호장치가 사고 전개에 영향을 미치지 않으면 사고경로는 다음 방호장치로 진행하다. 이 경우 방호장치의 성공(예, A)과 기능의 실패(예, $\bar{A}$)를 특정한 문자를 사용하여 나타낸다.

④ 사고 순서 결과의 작성 (Describing the resulting incident sequence outcomes)

사건수 분석의 다음 단계는 다양한 사고순서의 결과를 작성하는 것이다. 사고순서는 초기원인이 나타날 수 있는 다양한 결과를 나타낸다. 이러한 결과는 안전 회복과 정상 운전으로 복귀 또는 순차적 가동정지로 이어질 수 있다.

⑤ 사건순서 최소 컷세트의 확인 (Determining incident sequence minimal cut sets)

사건수의 사고순서는 결함수가 분석되어 최소 컷세트를 구하는 것과 같은 방법으로 분석될 수 있다. 각 사고 순서는 초기원인과 안전 시스템 실패의 논리 AND게이트로 나타낸다.

⑥ 결과 기록 (Documenting the results)

사건수 분석의 마지막 단계는 검토의 결과를 기록하는 것이다. 위험 분석가는 분석할 시스템의 서술, 분석될 사고 초기원인을 포함한 문제 정의 토론, 전개할 사건수 모델, 사고순서 최소 컷세트 목록, 다양한 사고순서의 결과 토론 및 사고순서 최소 컷세트의 중요성 평가 뿐만아니라 사건수 분석에서 생긴 개선 권고사항도 함께 제시되어야 한다.

아. 원인과 결과분석 (CCA, Cause-Consequence Analysis)

1) 개요

원인과 결과분석(CCA)기법은 FTA 및 ETA를 결합한 것으로 잠재된 사고의 결과 및 근본적인 원인을 찾아내고 사고결과와 원인사이의 상호관계를 예측하며 리스크를 정량적으로 평가하는 리스크 평가기법이다. CCA는 사건수 분석의 귀납적 추리 특성과 결함수 분석의 연역적 특성을 결합한 것으로 동일 도표 상에 결함수와 사건수를 결합한 도표 형식이 상세하기 때문에 분석된 사고의 고장논리가 단순할 때 가장 보편적으로 사용된다.

CCA는 사고순서와 잠재적 사고 결과의 정성적 표현을 보여주는 도표를 만들고 사고를 일으킬 수 있는 요소고장 또는 공정문제의 지식, 사고결과에 영향을 주는 안전 시스템 또는 비상절차의 지식, 그리고 모든 고장의 잠재적 영향에 관한 지식 등을 필요로 한다.

CCA는 경험이 있는 2 내지 4명으로 이루어진 팀으로 수행된다. 최소 한 명은 CCA(또는 결함수 분석과 사건수 분석)에 경험이 있어야 하고, 반면에 나머지 팀원은 분석하고자 하는 시스템의 설계와 운전 경험이 있어야 한다. 시간과 소요 비용은 분석하고자 하는 사고의 해결책의 수, 복잡성과 수준에 달려 있다. 다음은 CCA 기법을 사용한 위험성평가 수행에 필요한 예상 시간이다.

표 6-17 원인과 결과분석 기법을 사용한 위험성평가의 예상소요시간

범위	준비	모델 구성	정성적 평가	기록
소규모 시스템	1 ~ 2일	1 ~ 3일	1 ~ 3일	3 ~ 5일
대규모 시스템	4 ~ 6일	1 ~ 2주	1 ~ 2주	3 ~ 5주

2) 분석 절차

CCA의 일반적인 절차는 1) 사건 또는 평가할 사건의 선정, 2) 사건에서 발생한 사고과정에 영향을 주는 방호장치(시스템, 운전원 행위 등) 확인, 3) 사건에서 발생한 사건순서경로 영향, 4) 근본원인을 밝히는 중간사건과 방호장치 고장 영향, 5) 사건 순서 최소 컷세트의 평가, 6) 결과 기록 등의 순으로 이루어진다.

① 평가할 사건 선정 (Selecting an event to be evaluated)

원인 · 결과분석(CCA)에서 분석할 사상은 결함수 분석이나 사건수 분석에 적합한 결함사상 또는 장치고장이다.

② 방호장치 확인 및 사건순서 경로 영향 (Identifying safeguards and developing event sequence paths)

2단계는 사건수 분석에서 수행한 것들과 같다. 여러 사상 순서 경로는 적절한 방호장치의 성공과 실패에 기초하여 구성된다.

③ 근본원인을 결정할 방호장치 고장 영향 (Developing the intermediate and safeguard failure events to determine basic causes)

셋째 단계에서 평가자는 원인결과 다이어그램의 사건수 부분에서 나타나는 개시사상과 방호장치 실패 사상에 대해 결함수 분석 기법을 적용한다. 평가자는 원인 · 결과 모델에 각 사고 순서의 결과를 서술해야 한다.

④ 사고순서 최소 컷세트 평가 (Evaluating the incident sequence minimal cut sets)

사고 순서 최소 컷세트는 결함수 최소 컷세트와 유사한 방식으로 나타난다. 사상 순서는 원인결과 다이어그램의 부분인 결함수의 정상사상들로 구성된다. 모든 사상이 순서대로 발생해야 한다. 사고순서 결함 수는 새로운 정상사상으로서 사고순서 발생과 함께 모든 방호장치 실패와 AND 논리 게이트로 연결하여 구성된다.

⑤ 결과의 기록(Documenting the results)

CCA의 마지막 단계는 평가결과를 기록하는 것이다. 위험 평가자는 분석할 시스템의 서술, 분석할 사고 초기원인을 포함한 문제점에 관한 토의, 가정 목록, 전개된 원인결과 다이어그램, 사고 순서 최소 컷세트의 목록, 다양한 사고 순서의 결과에 관한 토의 및 사고순서 최소 컷세트의 중요성 평가 등을 기록한다. 또한 CCA에서 도출된 개선 권고사항도 함께 제시한다.

자. 사고영향분석 (Consequence Analysis)

사고의 영향분석(CA)은 사건에 대한 시나리오가 일어났을 때 미치는 영향 즉, 사고의 피해가 어떻게, 어디까지 미칠 것인가를 분석하는 것이다. 사고는 시설 및 유체의 특성별로 진행과정이 다양하나 가연물질이나 독성물질의 누출에 따른 일반적인 영향과 결과를 표시하면 다음 표 6-18과 같다.

표 6-18. 사고의 진행과정

초기원인	중간과정	결과
탱크나 배관의 틈(crack)에 의한 가연성 물질 누출	누출 즉시 점화	Jet Fire, Pool Fire
	시간이 흐른 후 점화	Flash Fire, Pool Fire VCE(Vapour Cloud Explosion)
Jet Fire 또는 Pool Fire	Fire가 인근 가연성물질 저장 탱크 가열	BLEVE
독성가스의 누출	독성가스 확산	독성효과

대부분의 사고는 폭발과압(Overpressure), 복사열(Heat Radiation), 파편(Missile) 및 독성가스(Toxic Load) 누출에 의하여 인명에 영향을 미친다. 이 인자들의 계산에 의하여 사람의 치명도(Number of Fatality)를 구한다. 따라서 이러한 치명도는 시설 주위에 상주하는 인구밀도와 관련이 있다.

1) 누출모델(Source Model)

사고의 시작은 유체의 누출로부터 시작된다고 할 수 있다. 기기장치의 고장이나 운전조건의 이탈로 발생되는 공정의 이상현상은 온도 및 압력을 제어 할 수 없는 상태로 이어지고, 공정 중 가장 취약한 부분에서 시설 및 장치가 파손되어 내부의 유체가 누출되기 시작한다. 정상운전 중에는 기기장치의 부식(Corrosion/Erosion)이나, 충격(Impact)에 의해서 발생되는 구멍으로 유체의 누출도 있을 수 있다. 그러므로 누출원 해석이 사고영향의 평가의 시작이라 할 수 있다. 누출원의 해석을 위하여 공정에서의 유체를 압축가스(Compressed Gas), 액화가스(Liquefied Gas), 액상의 유체(Liquid)로 분류하고 이들 유체는 액상누출(Liquid Outflow), 기상누출(Vapor Outflow), 2상누출(Two phase flow)로 나누어 누출속도(Release Rate)를 계산한다.

가) 액상 누출(Liquid Outflow)

액상의 유체가 누출되는 현상으로 주로 유면(Liquid Level)의 하부에서 누출되는 현상이다. 중력(Gravity)에 의하여 내용물을 모두 비우는데 걸리는 이론적인 시간(t)는 용기의 형태에 따라 다음과 같이 계산할 수 있다.

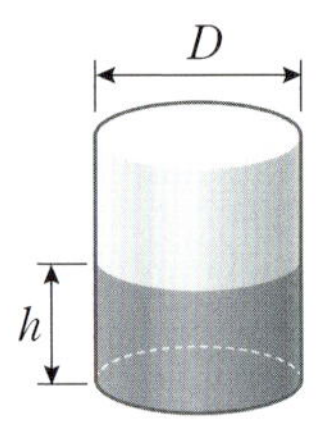

그림 6-2 Vertical cylinder

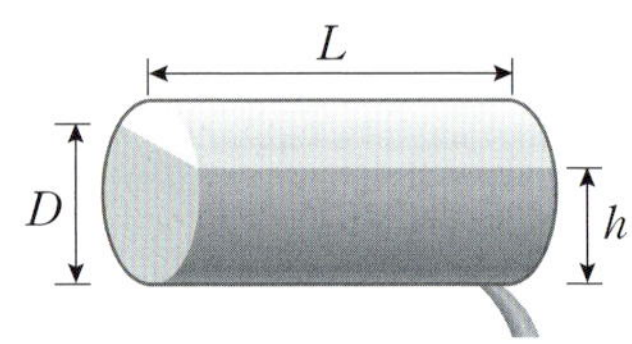

그림 6-3 Horizontal cylinder

$$t=\frac{\pi D^2\sqrt{h}}{\sqrt{8}\,C\,A\sqrt{g}}$$

$$t=\frac{\sqrt{8}\,L\,(D^{3/2}-(D-h)^{3/2}}{3\,C\,A\sqrt{g}}$$

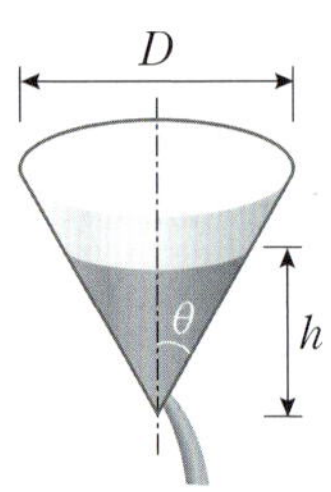

그림 6-4 Cone

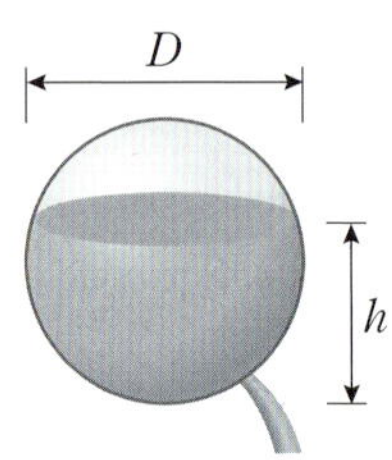

그림 6-5 Sphere

$$t=\frac{\sqrt{2}\,\pi\tan^2\theta\,h^{5/2}}{5\,C\,A\sqrt{g}}$$

$$t=\frac{\sqrt{2}\,\pi\,h^{3/2}\,(D-3/5\,h)}{5\,C\,A\sqrt{g}}$$

C : 마찰계수(Friction coefficient, dimensionless)

- 0.62 : sharp orifice contraction
- 0.95 ~ 0.99 : Round orifice contraction

A : 누출단면적(m^2)

탱크 또는 배관 내부의 압력이 있을 경우, 내부압력과 대기압의 차에 의해 누출속도를 구할 수 있다.

$$W = C\ A\sqrt{2(P_s - P_a)\rho_1}$$

W : 누출속도(kg/sec)

P : 초기압력(탱크내 압력, N/m^2)

P_n : 나중압력(대기압 ≒ 1.013 x 105 N/m^2)

ρ_1 : 초기압력에서의 밀도(kg/m^3)

유면의 Head를 고려한 탱크에서의 누출은 식으로 유도될 수 있다.

$$W = C\ A\ \rho\sqrt{\frac{2g(P_s - P_a)}{\rho} + 2gh}$$

g : 중력가속도(9.81 m/sec^2)

ρ : 유체의 밀도(kg/m^3)

나) 기상 누출(Vapour Release)

기체의 누출은 탱크내 유면과 접하지 않은 상부에서 일어나며 압축률에 의해 누출속도가 영향을 받는다. 또한 기체누출은 음속누출(Sonic Flow or Critical Flow)과 아음속누출(Non-sonic Flow)로 구분되며 그 식은 다음과 같다.

① 음속 누출식

$$\frac{P_a}{P_s} \le \left(\frac{2}{k+1}\right)^{\left(\frac{k}{k-1}\right)}$$

$$W = CAP_sB\sqrt{\frac{M}{ZRT_a}}$$

$$B=\sqrt{k\left[\frac{2}{k+1}\right]^{\frac{k+1}{k-1}}}$$

k : Poissen ratio(Cp/Cv)

M : 분자량(kg/kg-mol)

T_a : 대기온도(K)

R : 기체상수(8314 J/K kgmol)

Z : 압축률(dimensionless, see below)

압축률(Compressibility factor)은 가스누출시 온도 및 압력이 낮아지는 성분에 대한 보정치이다.

② 아음속 누출식

보통 가스의 k값이 1.1～1.4 정도 되는 것을 감안하여 내부와 외부의 압력비 ($\frac{P_a}{P_s}$)가 1.9이 넘으면 음속누출이 된다.

$$\frac{P_a}{P_s}>\left(\frac{2}{k+1}\right)^{\left(\frac{k}{k-1}\right)}$$

$$W=CAPs\sqrt{\frac{kgM}{RT_s}\left(\frac{1}{k-1}\right)\left[\left(\frac{P_a}{P_s}\right)^{\frac{2}{k}}-\left(\frac{P_a}{P_s}\right)^{\frac{k+1}{k}}\right]}$$

다) 2상 누출(2 Phase Release)

2상 누출은 배관에서 액상의 유체가 누출될 때, 배관 및 관부속품에 의한 압력손실에 의하여 유체의 압력이 액체의 증기압보다 낮게 될 경우(Choke 현상)에 나타난다.

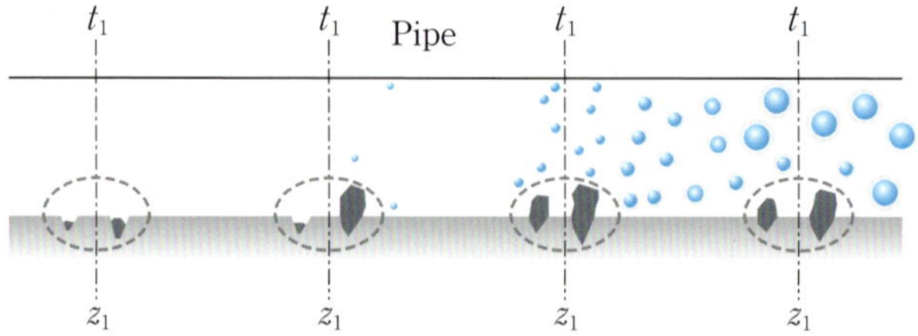

그림 6-6 Choke 현상(1)

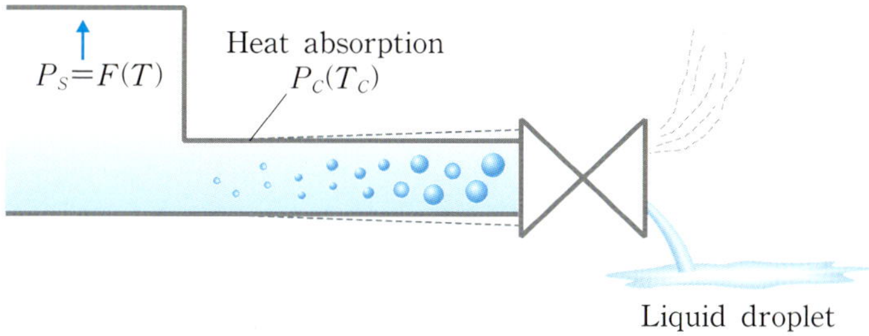

그림 6-7 Choke 현상(2)

또한, 가압된 액화가스의 경우 유면 상부에 큰 구멍이 생기면, 급속히 압력이 낮아지고 Superheated 상태의 액화가스는 급속한 증발을 시작한다. 이때 액중에서도 증발이 일어나 거품현상이 일어나고, 이에 따라 부피가 커진 액화가스는 용기상부의 구멍으로 넘치게 되어, 실제 누출원에서는 액상 및 기상의 유체가 누출되는 2상 누출(2 Phase Release)이 된다. 이러한 현상을 샴페인 효과(Champagne Effects)라 한다.

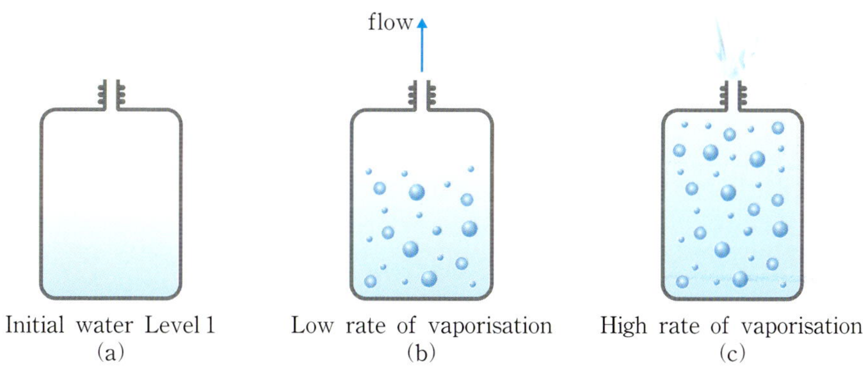

그림 6-8 샴페인 효과(Champane Effect)

기상 및 액체가 동시에 누출되는 2상(2 Phase) 누출의 누출속도는 다음과 같다.

$$W = CA\sqrt{2(P_c - P_a)\rho_c}$$

P_c : Choke 압력 (N/m^3)

ρ_c : Choke에서 2상의 평균밀도(kg/m^3)

ρ_c : $\dfrac{1}{\left(\dfrac{\Phi_a}{\rho_v}-\dfrac{(1-\Phi)}{\rho_l}\right)}$

p_v : 기상의 밀도(kg/m^3)

p_l : 액상의 밀도(kg/m^3)

Φ : 기상성분의 분율(kg/kg)

($\Phi = 1$: 기상누출, $0 < \Phi < 1$: 2상 누출, $\Phi = 0$: 액상누출)

$\Phi = \dfrac{Cpl\ T_1}{L}\ \ln\ \dfrac{T_1}{T_2}$ (Isentropic Flash Fraction Equation)

Cpl : 에서 액상의 비열(kJ/kg·K)

L : 에서 증발잠열 (kJ/kg)

T_1 : 초기온도(대기온도, K)

T_2 : 대기압에서 물질의 비점(K)

공정으로부터 누출된 유체는 종류 및 주변여건에 따라 화재, 폭발, 독성가스의 확산 등 다양한 형태의 사고로 이어질 수 있으므로 사고의 해석을 위해서 누출 시나리오를 선정하는 것이 먼저 이루어져야 한다. 따라서 누출원의 해석이 평가의 시작이라 할 수 있다.

2) 확산모델(Dispersion Model)

증기의 대기확산 예측은 사고결과 추정의 중심에 있다. 확산계산으로 영향 받는 구역, 예상 평균농도의 추정치를 알 수 있다. 단순계산에는 가스 누출속도, 기상조건, 지표면 거칠기, 온도, 압력 및 누출반경 등의 정보가 필요하지만 더 정교한 모델은 기하학 구조, 누출 메카니즘 및 기타 누출관련 정보 등이 필요할 수 있다. 누출된 유체는 대기중에서 확산하여 넓은 범위까지 도달하게 된다. 독성가스인 경우에는 아주 낮은 농도의 물질을 흡입해도 인체의 치명적인 영향을 줄 수 있으므로 수 km에 달하는 거리까지 영향을 주며, 가연성 가스인 경우에는 대기중에서 확산하여 폭발할 수 있는 분위기를 조성하게 되어 상당한 위험을 내포하기도 한다. 가스의 확산은 풍속, 시간, 지형지물, 대기안정도, 태양광 등 주로 환경에 영향을 받는다. 유체의 누출형태(순간 누출, 연속누출)에 따라 관점이 바뀌며 계산에 의하여 관심있는 위치의 농도를 구할 수 있다. 그러나 그 값은 일정한 시간동안의 평균 농도이다.

가) 환경의 영향

① 혼합층(Mixing Height)

혼합층은 대기와 유체의 가스가 섞이는 영역이다. 일반적으로 대기의 온도는 고도에 따라 감소하다가 어느 시점부터는 증가하게 되는데 이러한 고도까지를 혼합층이라 한다. 혼합층의 고도는 시간(주야간), 풍속, 일조량 등에 따라 달라진다. 혼합층의 높이는 수십 미터 정도에서 수천 미터에 달한다.

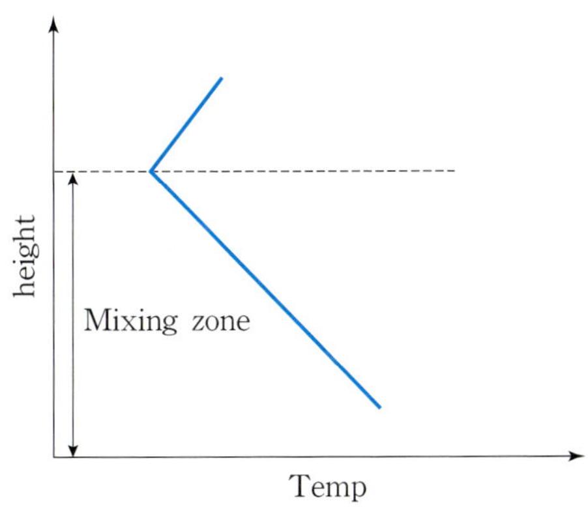

그림 6-9 혼합층의 높이

② 대기안정도(Atmospheric stability)

대기안정도는 대류 등에 의하여 혼합되는 정도를 나눈 것으로 A ~G등급으로 구분한다. 풍속, 태양의 조사 복사열 등에 의하여 등급이 결정되며 A등급은 대기가 불안정(unstable)하여 가스의 확산이 잘 되며, G등급은 아주 안정(stable)하여 확산이 잘되지 않는다.

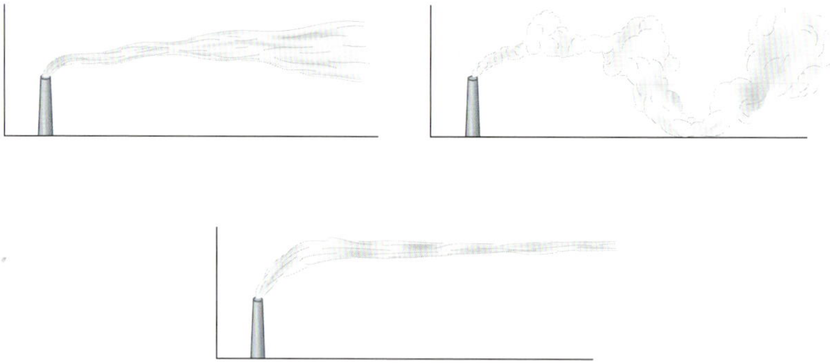

그림 6-10 대기안정도에 따른 가스확산의 형태

대기안정도는 풍속 및 태양의 조사 복사열을 감안하여 다음과 같이 분류할 수 있다.

표 6-19 대기안정도 분류(주간)

풍속 (지상 10m/s)	태양의 조사 복사열		
	Strong	Moderate	Slight
〈2	A	A – B	B
2 – 3	A – B	B	C
3 – 5	B	B – C	C
5 – 6	C	C – D	D
〉6	C	D	D

표 6-20 대기안정도에 따른 표면거칠도 지수

대기안정도		A	B	C	D	E	F
P	농촌	0.07	0.07	0.10	0.15	0.35	0.55
	도시	0.15	0.15	0.20	0.15	0.35	0.55

③ 풍속(Wind Velocity)

증기운 확산에 사용되는 풍속에 관한 자료는 인근 기상 당국에서 발행한 자료를 이용하면 된다. 그러나 기상자료로부터 풍속을 측정한 높이는 증기운 확산이 이루어지는 높이와 많은 차이가 있으므로 다음과 같은 보정이 필요하다.

$$u=\left[\frac{Z}{Z_R}\right]^p U_R(\mathrm{m/s})$$

U_R : 기상자료상의 풍속(m/s)

Z : 누출점의 높이(m)

Z_R : 기상자료상의 높이(m)

P : 표면거칠도에 따른 지수

위 식을 사용하면 어떤 높이에서 풍속을 알면 다른 높이의 풍속을 추정 가능하다. 기준높이와 지면에서의 풍속비를 비교해보면 그 지점의 표면 거칠도에 관한 지수를 알 수 있다.

나) 증기운 확산 모델

유체가 공정으로부터 누출되어 주위에 점화원이 없는 상태이면, 증발된 가스가 대기로 확산하게 된다. 확산된 증기운은 성질에 따라 증기운 폭발(Vapour Cloud Explosion) 또는 독성에 의하여 인명에 피해를 입힐 수 있다. 증기운의 확산의 실험 전경은 그림 6-11과 같다.

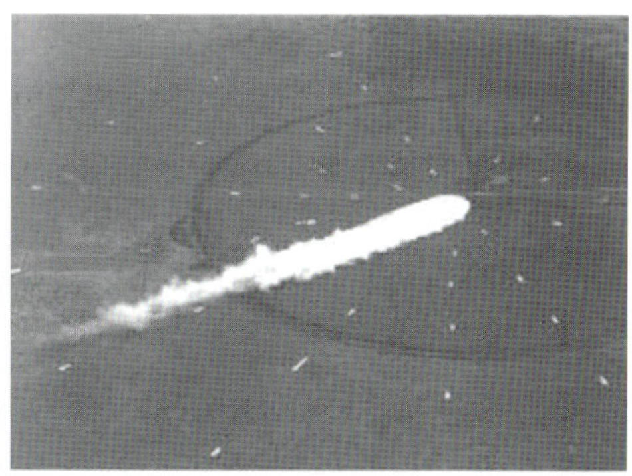

그림 6-11 증기운 확산 실험의 전경
(출처: Disaster management institute. (2016))

증기운 확산의 분포를 계산하기 위하여 가우시안 분포(Gaussian Distribution)를 이용한다. 누출지점으로부터 관심 있는 거리에 있는 한 점의 농도는 일정한 시간동안 그 점의 평균 농도를 계산하여 나타내는 가우스 안 분포를 나타낸다. 가우시안 분포(Gaussian Distribution)는 관심 있는 지점(Point)의 농도로 나타난다. 예를 들면 누출

지점에서 바람이 불어오는 반대방향 쪽으로 100미터 떨어져 있는 높이 1미터의 지점의 3차원 좌표는(100, 0, 1)이 되고 이 좌표에서의 평균 농도 값을 구하게 된다.

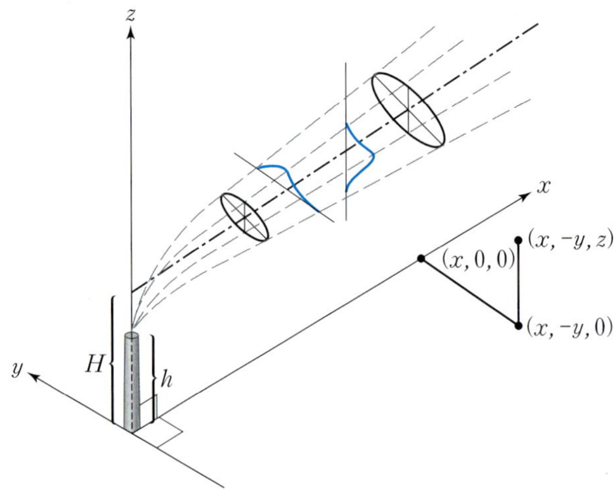

그림 6-12 관심있는 지점의 좌표

① 연속누출의 모델(Continuous Release Model)

굴뚝으로부터 연기가 방출되는 것과 같이 누출원으로부터 연속적으로 일정량의 가스가 누출되는 모델(Gaussian plume model for continuous release)이며 계산식은 다음과 같다.

$$C(x, y, z\ ;\ H)=\frac{W}{2\pi\,\sigma_y\,\sigma_z\,u}\exp\left[-0.5\left(\frac{y}{\sigma_y}\right)^2\right]\exp\left[-0.5\left(\frac{H-z}{\sigma_z}\right)^2\right]$$

x, y, z : 관심있는 위치의 좌표(m)

C : 관심있는 지점의 농도(kg/m^3)

W : 연속 누출속도(kg/s)

u : 누출점에서의 풍속(m/s)

σ_y, σ_z : 혼합계수(Briggs's Model, 표면거칠도 0.01−0.1 평균10분)

표 6-21 대기안정도에 따른 혼합계수

대기 안정도	y(m)	z(m)
Rural		
A	$0.22x(1+0.0001x)-1/2$	$0.20x$
B	$0.16x(1+0.0001x)-1/2$	$0.12x$
C	$0.11x(1+0.0001x)-1/2$	$0.08x(1+0.0002x)-1/2$
D	$0.08x(1+0.0001x)-1/2$	$0.06x(1+0.0015x)-1/2$
E	$0.06x(1+0.0001x)-1/2$	$0.03x(1+0.0003x)-1/2$
F	$0.04x(1+0.0001x)-1/2$	$0.16x(1+0.0003x)-1/2$
Urban		
A - B	$0.32x(1+0.0004x)-1/2$	$0.24x(1+0.0001x)-1/2$
C	$0.22x(1+0.0004x)-1/2$	$0.20x$
D	$0.16x(1+0.0004x)-1/2$	$0.14x(1+0.0003x)-1/2$
E - F	$0.11x(1+0.0004x)-1/2$	$0.08x(1+0.0015x)-1/2$

H : 유효 누출높이(m)

($H=h\Delta H_{DW}+[\Delta H_B$ or $\Delta H_m]$)

h : 누출높이(m)

ΔH_{DW} : Downwash Height Adjustment(m)

ΔH_B : Buoancy Induced Height Adjustment(m)

ΔH_m : Momentum Induced Height Adjustment(m)

$$\Delta H_m = \frac{4.77}{1+0.43\dfrac{U}{V}}\frac{Q\cdot V}{U}$$

(U : 풍속(m/s), Q : 누출속도(Nm^3/s), V : 가스의 분출속도(m/s)

② 순간 방출 모델(Instantaneous Release Model)

순간방출 모델은 저장탱크 등의 파손 등으로 내부의 유체가 일시에 대기로 방출된 상태에서 증기 확산을 계산하는 것으로 최초에는 고농도의 물질이 좁은 영역에 있다가 바람이 불어오는 반대방향으로 크기는 커지나 농도가 점점 낮아지며 확산하는 모델이다.

$$C(x, y, z, t)=\frac{M}{\sqrt{2\pi^3}\sigma_x\sigma_y\sigma_z}\exp\left[-0.5\left(\frac{x-X}{\sigma_x}\right)^2\right]\exp\left[-0.5\left(\frac{y}{\sigma_y}\right)^2\right]\exp\left[-0.5\left(\frac{z}{\sigma_z}\right)^2\right]$$

t : 관심시간(sec)

M : 순간 방출된 가스량(kg)

$X=u \cdot t$: t시간(sec)에 증기운의 중심(Puff)이 이동한 거리(m)

$\sigma_x \fallingdotseq \sigma_y$

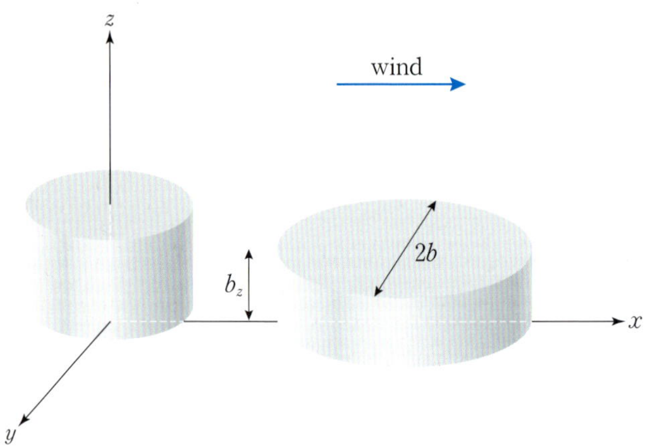

그림 6-13 순간방출 모델에서 증기의 이동

위 두 모델은 모두 증기운 확산의 기본식이다. 증기가 지면과 혼합층의 경계로부터 반사되는 현상에 대한 보정 등의 복잡한 변수를 고려할 수 있으나, 여기에서는 간략히 나타내었다.

다) 증기운 확산 모델 이용

증기운 확산 모델은 독성가스 및 가연성가스의 확산 반경을 계산하는데 이용한다. 독성가스의 경우 가스의 성질에 따라 가장 낮은 허용농도가 어디까지 확산될 수 있는지 계산할 수 있어, 사고 발생시에는 그 지역까지 주민의 대피 등 비상조치를 하여 대형의 재난을 줄일 수 있으며, 가연성가스의 경우에는 보통 폭발하한의 농도(LEL)가 확산할 수 있는 범위까지 점화원을 없애는 등 안전조치를 하여 증기운 폭발의 대형 사고를 막을 수 있다.

증기운 확산의 이론은 대부분 환경분야의 전문가로부터 연구가 되어왔다. 그러므로 사용되는 인자들도 환경분야에서 사용되는 것이 많으므로 환경분야에 대한 지식이 필요하다. 또한 정확한 증기운의 확산 거동을 예측하고 실시간에 정보를 제공하기 위해서는 점점 복잡해 지는 공식으로 인하여 컴퓨터가 사용되기도 한다. 증기운 확산의 예측은 인간이 최악의 시나리오 발생시 피해반경을 산정하여 재앙적인 사고를 미연에 예방하는 비상조치계획 설립에 많은 도움을 준다.

3) 화재의 이해

가연성 물질이 누출된 상태에서 점화되면 화재가 일어난다. 화재로부터 인적, 물적 피해를 주는 요인은 복사열(Radiation Heat)이다. 휘발유와 같은 액상의 가연성 유체 또는 액화가스가 누출될 경우에는 지면에 액상 풀(Pool)을 형성하게 된다. 지면에 액상 풀이 번지면 그 영역만큼 화재가 번져나갈 수 있으므로 풀 화재의 크기를 계산하기 위해서는 액상 풀의 크기를 먼저 알아야 한다. 고압의 공정에서 누출된 가연성 유체가 점화되어 불기둥을 이루어 연소되는 것을 제트 화재(Jet Fire)라고 한다.

가) 액체 풀(Liquid Pool)의 형성

누출된 유체가 증발하는 속도보다 누출속도가 빠른 경우에는 액상의 풀(Liquid Pool)이 형성된다. 시간에 따른 액상 풀의 크기는 다음의 식으로 계산할 수 있다.

$$A(t)=\frac{W_f}{\mathrm{me}}\left(1-e^{-\frac{\mathrm{me}\cdot t}{\mathrm{p}\cdot \mathrm{x}}}\right)$$

A : 액상풀의 표면적(m^2)

Wf : 액상유체의 누출속도(kg/sec)

me : 유체의 증발속도($kg/m^2 \cdot sec$)

p : 액상의 밀도(kg/m^3)

x : 풀의 높이(m)

t : 초기누출로부터 시간(sec)

풀의 높이는 지면의 표면거칠기에 따라 다르게 된다. 보통 콘크리트 포장은 5mm, 고운모래 10 mm, 농장 20mm, 거친모래 25mm로 정도이다.

위 식으로부터 시간을 무한대로 하면 풀의 최대 면적을 구할 수 있다.

$$A_{max}(\text{최대 표면적}) = \frac{W_f}{\text{me}}$$

또 A 에서 최대 반경을 계산할 수 있다.

$$r_{max}(\text{최대반경}) = \sqrt{\frac{W_f}{\text{me}\ \pi}}$$

액체 풀의 크기는 누출속도, 증발속도 및 누출된 지점의 토양(표면거침도) 등에 의하여 영향을 받는다. 그러나 대부분의 가연성물질의 저장탱크는 방류둑(Dike)이 풀의 확산을 막고 있으므로, 액체 풀의 표면적 계산크기가 방유둑의 바닥면적보다 클 경우에는 방류둑의 바닥면적을 액체풀의 표면적으로 산정할 수 있다.

나) 액화가스의 액상 풀

액상가스가 누출될 경우에는 누출전 공정내에서 증발을 시작하므로 누출점에서 액상성분의 비율은 다음 식으로 계산할 수 있다.

$$\frac{F}{W} = \frac{Cpl\ T_2}{L} = \ln \frac{T_1}{T_2}$$

F : 기상성분의 누출속도(kg mol/s)

W : 누출속도(kg mol/s)

Cpl : T_2에서 액상의 비열(kJ/kg · K)

L : 에서 증발잠열 (kJ/kg)

T_1 : 대기온도(K)

T_2 : 대기압에서 물질의 비점(K)

다) 풀의 증발속도

① 고비점 유체(Non Boiling Liquid)

휘발유, 등유, 납사 등 비점이 높은 유체가 누출되어 액상의 풀을 이룰 때 이들의 증발속도는 다음 식으로 계산할 수 있다.

$$Q_v = \frac{k_m A P_v M}{R T_l}$$ (Kawamura & Mackay 1978)

Q_v : 증발속도(kg/s)

A : 풀 표면적(m^2)

P_v : 유체의 증기압(N/m^2)

M : 유체의 분자량(kg/kgmol)

R : 기체상수(8314 J/K kgmol)

T_l : 풀의 온도(K)

km : 물질전달계수(m/s) = 0.0051497 u r−0.11

r : 풀의 반경(m)

u : 지상 10m에서의 풍속(m/s)

② 저비점 유체(Boiling Liquid)

프로판, 부탄 등 비점이 낮은 액화석유가스가 누출되어 액상의 풀을 이룰 때 이들의 증발속도는 다음과 같이 계산한다.

$$Q_v(t)=\frac{8\lambda(T_0-T_b)A}{L_v\sqrt{a_s\pi t}}(\mathrm{kg/s})$$

λ : 토양의 열전도도(J/(m·s·K))

T_0 : 풀의 초기온도(K)

T_b : 물질의 비점(K)

L_v : 비점에서의 증발열(J/kg)

t : 누출시작으로부터 시간(s)

$$a_s=\frac{\lambda}{\rho C_s}(\mathrm{m^2/s})$$

ρ : 토양의 밀도(kg/m^3)

C_s : 토양의 비열(J/kg·K)

라) 풀 화재(Pool Fire)

액체 풀이 형성된 후 점화원에 의해 화염이 형성된 상태를 풀 화재(Pool Fire)라 한다. 이론적으로는 액상 풀이 형성되고 점화에 의해 풀 화재의 크기를 계산하여야 하나 실제로 점화는 액상 풀이 형성되기 전에 일어날 수도 있기 때문에 점화시기를 정확하게 추정하기는 어려울 수 있다.

그림 6-14 풀 화재(Pool Fire)의 전경 (출처: Disaster management institute, (2016))

① 풀 화재의 크기

누출원으로부터 계속적인 누출이 있을 때 t시간에서의 풀 표면적은 다음식으로 계산할 수 있으며,

$$A(t)=\frac{W_f}{br}-\left(\frac{W_f}{br}-A_0\right)e^{\frac{-brt}{px}}$$

$A(t)$: t 시간에서 Pool Fire의 바닥 표면적(m^2)

A_0 : 점화전의 Pool 표면적(m^2)

W_f : 액상성분의 누출속도(kg/s)

br : 물질의 연소속도(kg/m^2 sec)

최대 풀 화재의 반경(rb)은 다음 식과 같다.

$$rb=\sqrt{\frac{W_f}{br\ \pi}}(m)$$

② 풀 화염의 높이

풀 화재에서 화염의 높이는 직경의 크기에 비례하고 다음 식을 이용하여 계산할 수 있다.

$$\frac{H}{D}=42\left[\frac{br}{\rho_a\sqrt{gD}}\right]^{0.61}\text{(Thomas 식)}$$

H : 가시적 화염의 높이(m)

D : 화염의 직경(m)

br : 물질의 연소속도(kg/m^3 sec)

ρ_a : 대기의 밀도(보통 1.2 kg/m^3)

g : 중력가속도(9.81 m/sec^2)

표 6-22 물질별 연소속도(kg/m^2 sec)

물질	연소속도	물질	연소속도	물질	연소속도	물질	연소속도
액상수소	0.169	Butane	0.078	Benzene	0.085	Kerosene	0.039
LNG	0.078	Hexane	0.074	Xylene	0.090	Methanol	0.015
LPG	0.099	Heptane	0.101	Gasoline	0.055	Ethanol	0.015

③ 풀 화재로부터 발생되는 복사열량(Heat Flux from Pool Fire)

풀화재에서 발생되는 복사열량은 다음의 식으로 산정할 수 있다.

$$Q_p\mathrm{max} = \frac{F_s\, b_r\, H_c}{1+4\dfrac{H}{D}} (\mathrm{J/m^2 \cdot s})$$

$Q_p\mathrm{max}$: 풀 화재 표면으로부터 발생되는 최대 복사열량(J/m^2 · s)

H_c: 물질의 연소열량(J/kg)

F_s: 화재표면으로부터 발생되는 열의 저항 변수

실제 풀 화재로부터 발생할 수 있는 복사열량은 다음 식과 같으며 이론적으로 계산한 최대발열량의 20%와 그을음(Soot)로부터 발생되는 발열량을 합하여 계산하게 된다.

$$Q_p act = 0.2\, Q_p\mathrm{max} + 1600 (\mathrm{J/m^2 \cdot s})$$

④ 일정 거리에서의 복사열량 계산

풀 화재로부터 어떤 거리에서는 복사열량이 얼마나 감소되어 미치는 알아보자. 복사열량이 거리에 따라 감소하는 요인은 뷰인자(View Factor)와 대기투과율에 의하여 영향을 미친다. 뷰인자는 멀리 떨어져 있을수록 작게 보이는 것과 같은 인자이며, 대기투과율은 대기중의 수증기 및 거리에 따른 감소인자이다.

$$Q_r = Q_p act\ F_{view}\ \tau (\mathrm{J/m^2 \cdot s})$$

Q_r : r(m) 떨어진 거리에서 복사열량(J/m^2 · s)

$$F_{view} = \frac{1}{4\pi r^2}$$

F_{view} : 뷰 인자(View Factor)

r : 포인트 누출원에서 목표까지의 거리(m)

$$\tau = 2.02(P_w \times r)^{-0.09}$$

τ : 대기투과율(무차원)

P_w : 대기중 수증기의 부분압력(N/m^2)

$P_w = PH \cdot P_w^o$(N/m^2)

RH : 상대습도(0 ~ 1)

P^0_w : 물의 포화증기압(2318N/m^2 at 15℃ RH = 1)

풀 화재의 화염 영역에 다른 가연성물질을 저장한 탱크가 있으면 BLEVE를 일으킬 수 있으므로 설계시 풀 화재의 영역에 위험시설을 배치하지 않는 것이 대형 사고로 전파를 막을 수 있다.

마) 제트 화재(Jet Fire)

압력이 있는 공정으로부터 가연성 유체가 누출되고 있는 상태에서 점화원에 의해 화재가 발생할 경우 제트 화재(Jet Fire)라 한다. 제트 화재는 압력으로 인해 굉장한 운동량(Momentum)을 가지고 있으므로 화염의 복사에너지가 풀 화재보다 높다.

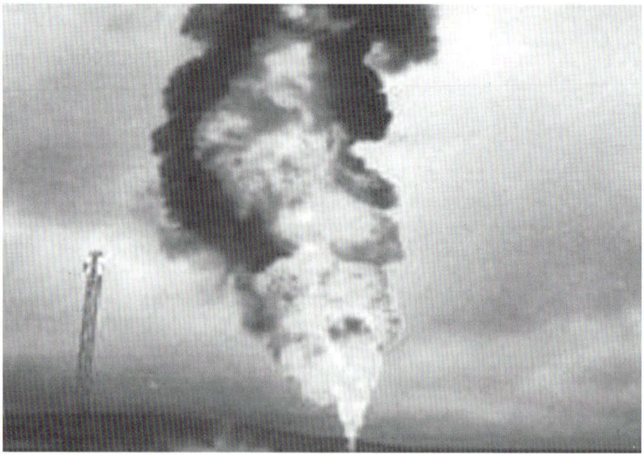

그림 6-15 제트화재(Jet Fire)의 전경 (출처: Disaster management institute. (2016))

제트 화재(Jet Fire)의 크기는 다음식을 이용하여 구할 수 있다.

$L = 9.1\sqrt{m}$

$W = 0.25l$ (Considine & Grint 1984)

L : 제트화염의 길이(m)

W : 제트화염의 원추반경(m)

m : 유체의 누출속도(kg/sec)

제트화재(Jet Fire)에 의한 위험범위는 다음 식(Crocker & Napier식)을 이용하여 추정할 수 있다.

$r_{S,50} = 1.9\ t^{0.4}\ m^{0.47}$

$r_{S,50}$: 50% 치명사에 이르는 추가 거리(m)

m : 누출속도(kg/sec, $1 < m < 3000$ kg/s)

t : 노출시간(sec, $1 < t < 300$ sec)

화재는 인근의 저장탱크를 가열하여 다른 시설에 피해를 입히고, 최악의 경우 BLEVE(Boiling Liquid Expanding vapor Explosion)와 같은 대형사고의 요인이 되기도 하므로 화재 발생시에는 조기에 누출원을 차단하고 화재를 진압하는 절차가 필요하다. 그러므로 사고의 발생확률이 높고 액화가스와 같이 진압이 어려운 유체를 다루는 공정은 설계시 도미노 효과(Domino Effect)에 의해 대형사고가 일어나지 않도록 풀 화재 및 제트 화재의 영역이 다른 장치를 가열하지 않도록 배열하고, 이것이 어려운 경우에는 방호벽이나, 수막시설(Water curtain) 등을 설치하도록 하여야 한다.

4) 폭발의 이해

일반적으로 위험물질을 취급하는 공장이나 저장소 등에서 발생할 수 있는 폭발은 충격파(Shock Wave), 폭발과압(Overpressure), 복사열(Radiation Heat) 및 파편(Missile) 등의 인자를 발생하고 이에 의하여 인명의 살상 또는 시설의 파손을 가져온다. 그 중 가장 넓은 범위에 피해를 입히는 인자는 폭발과압이다. 폭발과압을 계산하는 일반적인 방법은 TNT상당량으로 계산하는 방법과 증기운 폭발에 대해서는 TNO의 Multi-Energy(ME) 방법이 주로 사용된다. TNT상당량은 폭발의 위력을 TNT (Tri-Nitro-Toluene)의 폭발 강도로 환산하여 계산하는 방법이며, TNO의 ME 모델은 폭발은 실제 주위의 환경에 따라 강도가 영향을 받는데 이러한 변수를 보정하여 개발한 모델이라 할 수 있다.

가) 폭발과압(Overpressure)

폭발로 인해 발생되는 인자 중 가장 넓은 범위에 피해를 입히는 것는 폭발과압으로 수 msec(미리초) 동안 생성되었다가 사라지는 인자이다. 사소하게는 큰 소음으로 사람을 놀라게 하기도 하나 강도가 커질수록 고막파손, 유리창 파손, 폐출혈, 건물의 붕괴 등 막대한 피해를 유발할 수 있다.

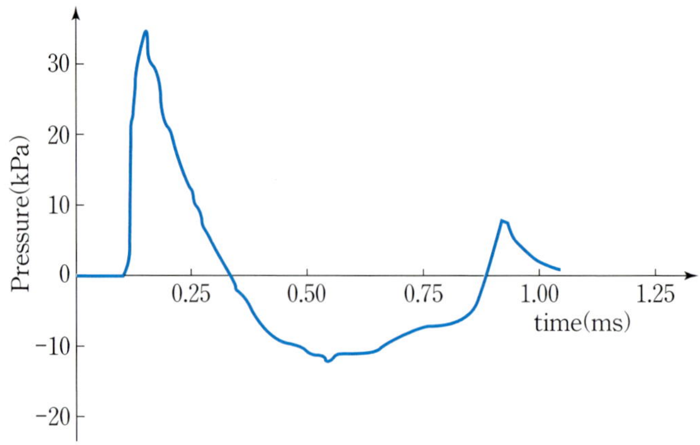

그림 6-16 폭발과압(Overpressure)의 형상

나) 물리적 폭발

기계적 폭발이라고도 불리며, 압력용기 등이 상승된 내부의 압력에 견디지 못하고 순간적으로 폭발하는 현상이다. 대부분의 경우, 공정에서는 용기내부의 압력이 상승하게 되면 가장 취약한 부분에서 누출이 시작되고, 점점 누출부위의 크기가 커져 용기 자체의 폭발은 드문 현상이나, 순간적으로 용기의 인장강도를 초과하는 압력이 유입될 때나, 폭주반응이 일어날 경우 압력상승을 효과적으로 해소하지 못할 경우 용기가 물리적으로 폭발하게 된다. 또한 BLEVE(Boiling Liquid Expanding vapor Explosion)의 폭발 현상도 물리적인 폭발 현상이며, BLEVE 이후 화구(Fire Ball)는 대량의 가연성물질이 물리적 폭발 이후 연소되는 현상으로써 화학적인 폭발이 이어지는 것이다. 이러한 폭발의 강도는 폭발직전 용기 내부압력에 비례한다. 기계적 폭발의 경우, 반응은 일어나지 않고, 에너지는 관련된 물질의 에너지 함량으로부터 얻어진다. 가압 가스에 대한 폭발 에너지를 추정하기 위해 여러 식들이 있지만 그 중 Brode 방법이 가장 단순하다. 이것은 일정한 부피의 용기 내에서 대기압으로부터 최종 가스압력까지 가스 압력을 상승시키는데 필요한 에너지를 결정한다. 그 이용식들은 다음과 같다.

총에너지는

$$E = \frac{(P_0 - P_1)V}{\gamma - 1} \tag{1}$$

환산거리는

$$\overline{R} = \frac{R}{\left(\frac{E}{P_0}\right)^{1/3}} \tag{2}$$

여기서, E = 폭발에너지[J]

P_0 = 대기압[Pa]

P_1 = 용기의 파열 압력[Pa]

V = 용기 내에서 팽창한 가스의 부피[m^3]

γ = 가스의 열용량비 (2원자 분자의 경우 1.4)

$\overline{R}$ = Sachs 환산거리[무차원]

R = 거리[m]

$P_2 \rangle P_1$이므로, (식 1)로 구한 에너지는 양(+)이며, 이는 용기 파열시 주위로 에너지가 방출되는 것을 의미한다. 이용방법은 먼저 지표반사 효과를 고려하여 2를 (식 2)에 곱해서 총에너지를 구한다.

그 후 환산거리식을 이용하여 환산거리를 구한 후 그림 6-17를 이용하여 폭발과압을 구한다. 이 때, P_1/P_0 비가 맞는 선을 따라가면서 해당 환산거리(x축)의 폭발과압(y축)을 읽으면 된다.

이 후 용기의 기하학적인 모양(실린더형, 구형)에 따른 인자를 곱하여 더 정확하게 계산을 할 수 있다.

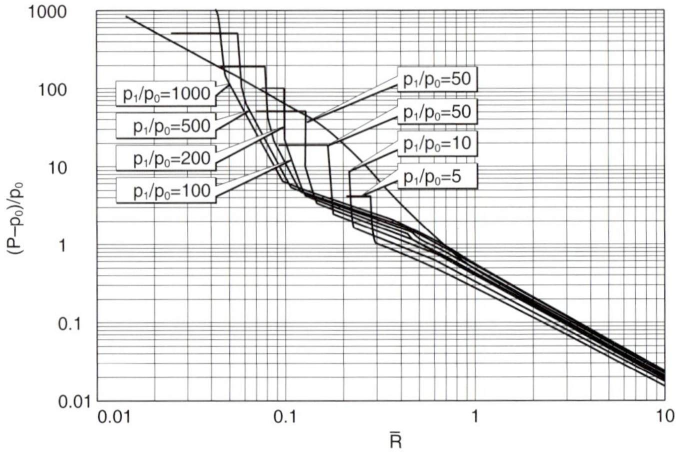

그림 6-17 압력비에 따른 폭발과압 그래프

다) 증기운 폭발(Vapor Cloud Explosion)

증기운 폭발은 누출된 가연성가스가 확산하여 증기를 형성하고 물질의 폭발범위의 농도가 있는 영역에 존재하는 점화원에 의하여 폭발하는 현상이다. 폭발과압의 크기는 화염의 전파속도에 의해 결정되는데 그 속도에 따라 폭굉(Detonation)과 폭연(Deflagration)의 2가지 종류로 구분된다. 폭굉은 화염의 전파속도가 1,000 ~ 3,500 m/s 정도로 매우 빠른 경우이며 보통 충격파를 발생하게 된다. 폭연은 전파속도가 초당 수 미터 정도로 느리다. 또한 점화원의 에너지에 의해 폭발의 정도가 달라지는데, 폭연을 일으킬 수 있는 최소 점화원의 에너지는 J 정도이며, 폭굉을 바로 일으킬 수 있는 에너지는 J이나 폭발 물질별로 차이가 있다.

그림 6-18 증기운 폭발의 형상 (출처: BakerRisk.(2016))

확산된 증기운이 모두 폭발에 참여하는 것은 아니다. 자료에 의하면 보통 가연성 가스의 경우 3% 정도가 폭발에 참여하며, Propylene Oxide와 같이 반응성이 높은 물질은 6%정도, 반응성이 아주 높은 Ethylene oxide와 같은 물질은 10%정도가 폭발에 참여하는 것으로 되어 있다. 증기운 폭발이 일어나기 위해 필요한 4가지 특징이 있다. 첫째 누출물질이 인화성이고, 둘째 충분한 크기의 증기운이 점화되기 전(증기운 폭발 발생 가능성이 있는 1 내지 5분의 점화지연)에 형성되어야 하며, 셋째 충분한 양의 증기운이 연소범위내에 있어야 하고, 넷째 충분한 증기운의 체류와 난류혼합이 있어야 한다.

① VCE 계산을 위한 TNO ME 방법(TNO Multi-Energy Method)

TNO ME 방법은 공정 내 밀폐 공간의 체적을 확인하고 밀폐계의 상대 등급을 정한 후, 이 밀폐된 체적이 과압에 어떻게 기여했는지에 대한 관여 정도를 이용한다. 이 모델의 기반은 외부에서의 증기운 폭발 시 폭발 에너지가 기체가 확산된 지역의 밀집도(level of congestion)에 의존한다는 것이다.

VCE에 대한 이 모델을 이용하는 절차는 다음과 같다.

1. 분산모델링을 통해 증기운 크기 및 도달할 수 있는 거리 결정
2. 현장조사 등을 통해 가연성 증기운으로 뒤덮일 수 있는 지역 내의 밀집된 공정지역 등 강한 폭풍의 잠재원 확인
3. 연료-공기 충전에 대한 당량에너지를 다음 절차에 의하여 추정
   - 각 폭풍원은 분리하여 처리
   - 폭풍원으로 확인된 개별지역 안의 체적 계산
   - 위에서 계산된 체적에서 장치들의 체적을 고려하여 연료-공기 혼합물이 채울 수 있는 부피 추정
   - 체적에 3.5×10^6 J/m^3 (이 값은 탄화수소-공기의 평균양론 혼합물에 대한 연소열)를 곱하여 연소에너지 E(J)를 계산
   - 각 폭풍원마다 위의 계산을 다시 수행
4. 밀집도의 추정: 폭굉의 대표 값인 최고 강도를 10으로 가정한다면, 안전하고 대부분의 보수적인 강한 폭풍원의 강도의 추정이 가능하지만 실제 화학공정 플랜트에

서는 7~8 정도의 밀집도를 가정한다.

개방되고 장애물이 없는 부분에 잔류하는 증기운에 의한 폭풍은 초기 강도를 낮게 가정하여 표현할 수 있다.

5. 폭풍원으로부터 실제로 R(m) 만큼 떨어진 거리에서의 무차원 환산거리식 〈그림 18〉과 표를 이용하여 폭풍과압 및 지속시간을 알 수 있다.

$$\overline{R}=\frac{R}{(E/P_0)^{1/3}} \tag{3}$$

여기서, $\overline{R}$ = Sachs 환산거리[무차원]

R = 거리[m]

E = 연소 에너지[J]

P_0 = 대기압[Pa]

폭풍 최고 입사 과압의 양(+)의 지속시간은 Sachs 환산 과압과 Sachs 환산 양상의 지속시간으로부터 계산된다. 이 과압은 다음 식으로 표시된다.

$$p_0=\varDelta\overline{P_s}\cdot p_a \tag{4}$$

양상의 지속시간은 다음 식으로 구한다.

$$t_d=\overline{t_d}\left[\frac{(E/P_0)^{1/3}}{c}\right] \tag{5}$$

여기서, P_s = 입사 폭풍 과압[Pa]

$\varDelta\overline{P_s}$ = Sachs 환산 입사 폭풍 과압[무차원]

P_a = 대기압[Pa]td = 양(+) 상의 지속시간[s]

$\overline{t_d}$ = Sachs 환산 양(+) 상의 지속시간[무차원]

E = 연소 에너지[J]

c_0 = 대기 중 음속[m/s]

라) 비등액체팽창증기폭발(BLEVE:Boiling Liquid Expanding vapor Explosion)

비등액체팽창증기폭발(BLEVE)은 인근의 풀화재나 제트화재가 가연성물질을 저장한 탱크를 가열하면 액체가 끓게 되고 탱크의 증기압이 점점 높아지며 가열되어 탱크의 약해진 부분으로부터 찢어지면서 폭발이 일어나고 일시에 많은 양의 가연성 물질이 누출되어 한번에 점화되어 화구(Fire Ball)를 이루며 상승하게 되는 현상을 말한다. 이러한 BLEVE는 많은 양의 에너지를 일시에 방출함으로 위험을 극대화한다.

BLEVE는 비등액체팽창 증기폭발로 해석할 수 있으며, 물리적 폭발 및 화학적 폭발과는 다른 방법으로 해석하여야 한다.

그림 6-19 BLEVE 화구(Fire Ball)의 전경 (출처: Disaster management institute. (2016))

BLEVE는 외부요인에 의한 용기의 폭발로 시작할 수 있다. 그러나 용기폭발에 의한 과압의 위력보다 BLEVE 폭발 때 발생하는 화구(Fire Ball) 및 복사열에 의한 피해가 더 크므로 폭발에 의한 과압의 영역은 화구에 의한 복사열의 영역내에 들어오므로 과압의 계산은 무시할 수 있다.

BLEVE의 화구(Fire Ball)의 크기 및 지속시간은 다음의 식들로 계산할 수 있다.

화구의 최대 직경 $D_{\max}(\text{m}) = 6.48m^{0.325}$

화구의 지속시간 $t\,\text{BLEVE}(\text{s}) = 0.825m^{0.26}$

화구의 중앙높이 $H\ \text{BLEVE}(\text{m}) = 0.75D_{max}$

초기 지면에서 화구의 직경 $D_{initial}(\text{m}) = 1.3D_{max}$

m : 액화저장된 가연성 물질의 양(kg)

화구로부터 발생되는 복사열량은 다음 식으로 계산할 수 있고

$$E = \frac{F_{\text{rad}}\, m\, H_c}{\pi\, D_{\max}^{\ 2}\, t_{BLEVE}}$$

E : 화구(Fire Ball)의 표면복사열량(KW/m^2)

H_c : 물질의 연소열(kJ/kg)

F_{rad} : 계수(0.25 – 0.40 사이)

일정 거리(x)에 미치는 화구의 복사열량은 화재의 해석에서와 같이 뷰인자 (View Factor) 및 대기투과율(Emission factor)에 의하여 복사열의 강도가 줄어드는 현상을 가지고 계산할 수 있으나, 그림 6-20에서와 같이 화구의 위치를 고려하여 실제 복사열의 조사거리를 계산할 필요가 있다.

$$(X + 1/2\ \text{Dmax})^2 = \text{HBLEVE}^2 + x^2$$

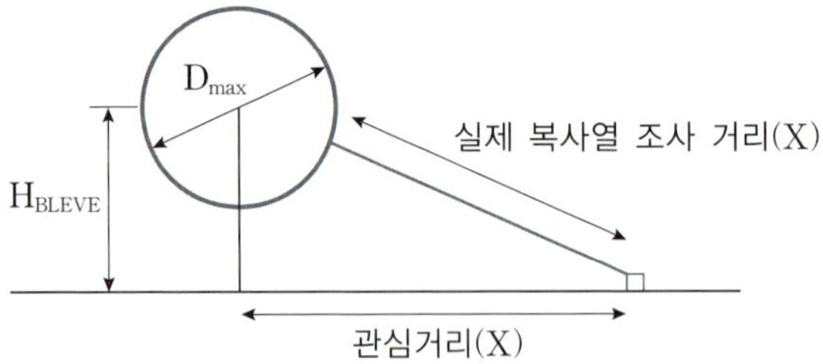

그림 6-20 화구에서 관심지점까지의 거리 계산

폭발은 예측하기 어려우며 사고피해 중에서도 인명피해를 극대화할 수 있다. 예측한 사고는 막을 수 있지만, 폭발의 경우는 예측하지 못하는 경우가 많기 때문이다. 설계기준을 무시하고 공정의 과도한 시험이나, 시설의 불안전한 요소를 계속적으로 방치하게 되면 인근의 모든 시설에 피해를 주는 폭발사고로 이어질 수 있다. 특히 BLEVE는 용기 주변에서 화재가 일어나 가열되어야 하므로 재앙적 사고를 초래하지 않으려면 항상 주변의 사고위험을 경계하고 주의하여야 한다.

마) TNT 상당량(TNT equivalent Model)

화학적인 폭발은 용기 내부의 물질이 화학적인 반응에 의하여 폭발을 일으키는 것으로 폭발의 위력을 TNT상당량으로 환산하여 구할 수 있다.

$$Q = \frac{\eta M E_c}{E_{cTNT}}$$

Q : TNT상당량(kg−TNT)

η : 폭발효율(보통 0.03)

M : 질량(kg)

E_c : 연소열(kJ/kg)

E_cTNT : 4,651 kJ/kg

이는 TNT 폭발에 대하여 많은 실험 자료가 존재하므로, 일반적인 물질의 폭발 위력을 TNT의 폭발위력과 비교하여 계산하는 방법이다. 거리별로 과압분포 계산하는 식은 다음과 같으며

$$Z = \frac{r}{Q^{1/3}}$$

r : 폭발원으로부터 거리(m)

Z : 환산거리($m/kg^{1/3}$)

Q : TNT 상당량(kg−TNT)

그림을 참고하여 거리별 폭발과압의 분포를 구할 수 있다.

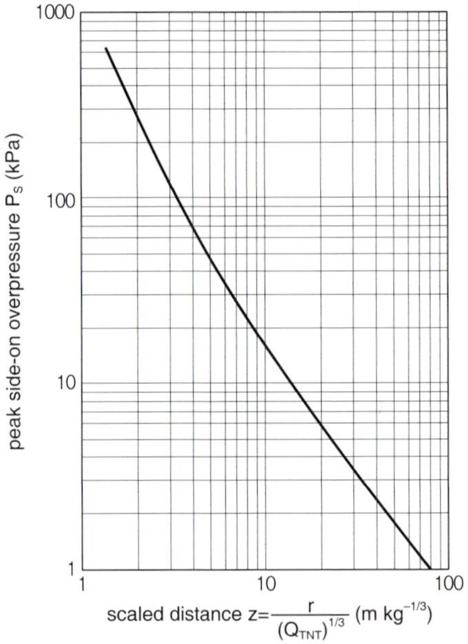

그림 6-21 반구형 TNT 표면폭발에 대한 과압의 매개변수

바) 절차

사고영향분석(CA)은 시설에 잠재하는 각 위험정도(Risk)을 정량적으로 나타내는 기법으로 각 시설간, 각 공장간 위험성의 상대적인 비교가 가능하며, 그 결과를 유도하는 과정에서도 객관적인 방법을 제시하고 있어 합리적인 위험관리를 하게 해 준다. 사고영향분석의 일반적인 절차는 다음 그림 6-22와 같다.

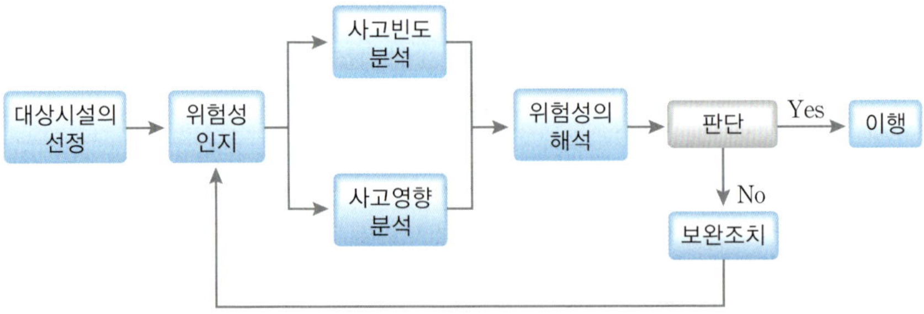

그림 6-22 사고영향분석 절차

위험은 "예상치 못한 사고의 발생확률과 예상치 못한 사고의 피해영향의 조합"으로 정의된다. 즉 사고의 발생빈도(Frequency)와 사고의 피해영향(Consequence)의 함수로 표시할 수 있다. 사고의 발생빈도는 연간 일어날 확률(Fr/Year)로 나타내며, 사고피해 영향은 사고로 인하여 사망에 이를 수 있는 인명의 수(Number of Fatality)로 나타낸다. 그러므로 사고의 발생빈도(F)나 피해영향(N) 중 어느 한쪽도 중요성를 따질 수 없고 시안에 따라 중요성을 판단할 필요가 있다.

"위험(Risk)=F(Frequency × Consequence)"

① 위험성 인지(Hazard Identification)

우선 분석 대상 시설의 위험성을 파악하기 위해서는 위험성(Hazard)을 구별할 수 있는 정성적분석이 실시되어야 한다. 정성적 분석방법으로는 Check List, Preliminary Hazard Analysis(PrHA), Hazard and Operability Study(HAZOP), Failure Mode Effect Analysis(FMEA), Failure Mode Effect Criticality Analysis (FMEA) 등이 있으며, 분석결과로 얻어진 주요 사고 시나리오를 통해 다음 사고발생 빈도분석 및 사고피해 영향분석을 실시하게 된다.

② 사고발생 빈도분석(Frequency Analysis)

위험성 인지로부터 사고의 빈도를 분석하기 위해서는 사고빈도 분석기법인 Fault Tree Analysis(FTA), Event Tree Analysis(ETA) 등을 실시하여 사고의 발생빈도를 분석할 수 있다. 대부분의 경우 사고의 빈도분석을 위하여 여러 가지 기법들이 조합되어 사용된다. 빈도분석은 사고가 일어난다는 가정 하에서 최소위험단위의 신뢰도 자료(Reliability Data)는 객관적으로 설명될 수 있는 공식이나 방법에 의하여 사용되어야 한다. 사고발생 빈도분석으로 나타난 빈도에 대한 의미는 표 6-23과 같으며, 빈도분석의 결과는 연간 발생할 확률(Fr/yr)로 표시된다.

표 6-23 사고 발생빈도와 의미

사고발생빈도	의 미
>10－3	자주 일어남
10－3 － 10－5	가끔 일어남
10－5 － 10－7	잘 안 일어남
10－7 － 10－9	거의 안 일어남
<10－9	가능성이 없음

③ 사고피해 영향분석(Consequence Analysis)

사고의 피해영향을 보다 정확하게 예측하기 위해 실제와 보다 비슷한 상황하에서 적용할 수 있도록 모델들이 개발되고 있으나, 보다 정확한 결과예측을 위해서는 유명도가 있는 단일 모델에 의존하지 않고 여러 가지 모델을 비교하여 환경에 가장 만족하는 모델을 사용하는 것이 바람직하다.

누출점으로부터 가연성가스의 확산범위를 계산하여 공장 전체 도면에 도식하여 나타낼 수 있고 확산가스의 농도가 폭발영역(LEL)에 포함되는 지역은 점화원에 의한 폭발로 이어질 가능성이 있으며 폭발로 인한 과압(Overpressure), 복사열(Radiation Heat) 등의 영향을 받기 때문에 인명사고의 확률을 계산하게 된다.

④ 위험의 해석

사고에 대한 빈도분석 및 결과분석에서 얻은 값의 해석은 다음의 그림 6-23에서 이루어진다. 그림 6-23의 가로축에 사고의 연간 발생확률(Fr/yr)을, 세로축에 사고영향의 치명도(No. of Fatality)를 표시하면, 점 a에 해당하는 시설은 사고빈도가 1×10^{-5}/yr가 되고, 사고시 치명도는 100명이 된다. 다른 점 b에 해당하는 시설은 빈도 및 치명도가 점 a보다 낮은 것을 알 수 있다. 그러므로 우선 위험관리 대상시설은 점 a에 해당하는 시설이 된다.

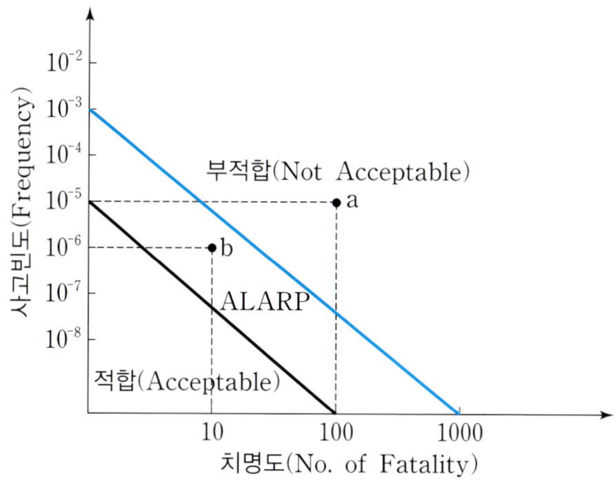

그림 6-23 사고 빈도-치명도에 따른 적합성 예

F-N (No. of Fatality) Curve상 표시된 2개의 사선은 위험 판단기준을 나타낸다. 양 선의 가운데 부분은 ALARP(As Low As Reasonably Practicable : 합리적으로 실행 가능한 낮은 수치)로서 시설의 위험성이 이 구역안에 들어오게 되면 시설의 설치는 가능하나, 위험을 하위사선 아래로 낮추기 위해 합리적인 방법으로 안전조치를 강구하여 관련기관과 협의하여야 한다. 그러므로 점a에 해당하는 시설은 위험성이 기준보다 높기 때문에 안전조치를 강화해야 함을 알 수 있다. 안전조치로서는 안전밸브, 살수시스템 및 이중화 등을 이용하여 사고빈도를 낮출 수 있고, 치명도를 줄이기 위해 사고의 영향이 멀리 미치지 못하도록 방호벽, 차단막 및 궁극적인 경우에는 위험시설 주변에 상주하는 인구밀도를 줄이는 방법도 있을 수 있다.

EXERCISES

연습문제

01 위험성 평가 기법의 종류와 그 개념을 간략하게 기술하시오

02 위험성 평가 기법중 결함수 분석(FTA)의 개념과 특징,구성요소에 대하여 설명하시오

03 위험성 평가기법중 HAZOP STUDY의 개념과 가이드 워드의 의미에 대하여 기술하시오

04 액화석유가스를 저장하고 있는 탱크와 연결된 배관에서 플랜지의 파손이나 벤트밸브(Vent Valve)의 개방 등의 이유로 액화가스가 방출될 때 예측할 수 있는 누출상(Phase)은 액상누출, 기상누출, 2상누출 중 어느 것인가?

05 화학적 폭발이 발생할 때, 인명 및 재산에 피해를 줄 수 있는 피해인자가 3가지를 기술하시오.

06 증기운 폭발(Vapor Cloud Explosion)을 일으키기 위한 필요조건 3가지를 쓰시오.

07 LPG 저장탱크의 하부의 Flange Leakage 발생으로 매초당 35kg의 액상 LPG가 대기중이 방출되고 있다. 이때 발생될 수 있는 최대 풀의 면적과 점화원에 의한 풀화재 발생시 화재의 크기(직경, 높이)를 계산하시오.

08 TNT 상당량 모델을 사용하여 프로판 10톤의 UVCE의 과압 10kpa(심한 건물 피해)까지의 거리를 계산하시오

09 20℃, 8.2 bara에서 100,000kg(200m[3])의 격리된 프로판 탱크의 BLEVE로부터 200m 거리에서 크기와 지속 기간 및 열 용량을 계산하시오. (화재의 해석 식활용)

10 1000 kg의 LNG가 누출되어 공기 중에서 증기운을 형성한 후 폭발하였다. TNO-ME 기법을 이용하여 폭발 지점(점화원)으로부터 100 m 떨어진 곳에 위치한 사람이 받게 되는 폭발 과압을 psi로 계산하시오.

|가정|

점화원은 LNG 누출지점으로부터 50 m 떨어진 곳에서 점화됐음. 점화원의 위치가 폭발 중점. 폭발에 관여한 물질의 양은 원래 LFL과 UFL사이에 있는 것만 계산되어야 하나 보수적인 접근을 위해서 모두 관여했다고 가정. 주변에 밀집된 구역이 없어서 confined strength는 3으로 가정

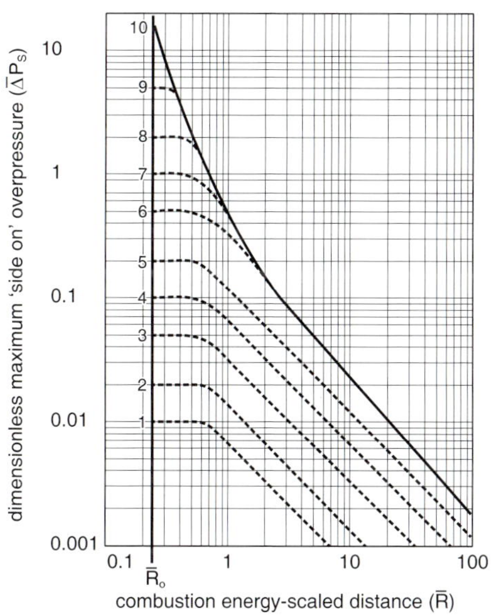

$$\Delta\overline{P}_s = \frac{\Delta\overline{P}_s}{P_0}$$

$$\overline{R} = \frac{R}{(E/P_0)^{1/3}}$$

P_0 = 대기압

E = 연소에너지

11 500 kg의 LNG가 누출되어 근처의 배관 및 용기들이 밀집된 구역으로 확산된 후 그 구역의 점화원과 만나 폭발하였다. 밀집된 구역의 부피는 200 m^3이다. TNO-ME 기법을 이용하여 폭발 지점(점화원)으로부터 100 m 떨어진 곳에 위치한 사람이 받게 되는 폭발 과압을 psi로 계산하시오.

|가정|

점화원은 LNG 누출지점으로부터 50 m 떨어진 곳에서 점화됐음. 점화원의 위치가 폭발 중점. 폭발에 관여한 물질의 양은 밀집된 구역안에 있는 인화성 기체만임. 밀집된 구역의 confined strength는 7로 가정. LNG를 메탄으로 가정, 따라서 1 m3당 에너지는 일반적인 탄화수소의 값인 3.5 MJ을 이용.

12 압력용기폭발 문제 – 지상에 위치한 500 m^3 실린더형의 압력 용기가 질소를 이용한 100 barg에서의 압력테스트 중 폭발하였다. 1 psig 폭발과압이 도달하는 거리를 계산하시오.

|가정|

Brode식 이용, 대기압력은 1 bar, 용기의 형태가 폭발과압에 미치는 영향은 고려하지 말 것. 질소의 열용량비는 1.4이며 단위 kg 당 연소에너지는 4,686 kJ/kg임. 지표면으로부터의 반사를 고려한 factor “2”를 반영할 것.

Brode 식: $E=\dfrac{(P_2-P_1)\times V}{\gamma-1}$

P_2: 대기압

P_1: 탱크 내부 압력

V: 탱크 부피

γ: 가스의 열용량비

13 메테인을 이용하는 설비의 배관에 누출공이 발생하여 즉시 점화가 되었다. 그 결과 누출공이 발생한 높이인 10 m에서 수직방향으로 고압방출화재가 발생했으며, 사고 당시 대기온도는 298 K였으며 바람은 불지 않았다. 설비로부터 25 미터 떨어진 지상에서 받는 복사열을 계산하시오. 다음의 주어진 식들을 이용하여 문제를 푸시오. (단, 누출률은 10 kg/s, 메테인의 연소열은 50,000 kJ/kg, 대기투과율 0.8, 연소에너지 복사열상수 0.3 가정)

$$L=0.00326(F_{dis}\times\Delta H_c\times1000)^{0.478}$$

$$I_{th}=\tau\times\eta\times\dot{m}\times\Delta H_c\times F_p$$

$$F_p=\frac{1}{4\times\pi\times r^2}$$

L: 화염의 길이(m)
F_{dis}: 누출률(kg/s)
ΔH_c: 연소열(kJ/kg)
I_{th}: 대상이 받는 복사열(kW/m^2)
τ : 대기투과율
η : 연소에너지 복사열상수
$\dot{m}$: 연소율(kg/s)
F_p: 보기인자
r: 화염으로부터 거리(m)

14 MAWP(최대허용압력)을 넘기지 않기 위한 장치가 다음 그림과 같이 설계되어 있다. Top Event 를 용기압력이 MAWP 이상으로 과압되는 것이라고 했을 때 고장수목(Fault Tree)을 작성하시오. (component 8개를 FT에 모두 포함할 것)

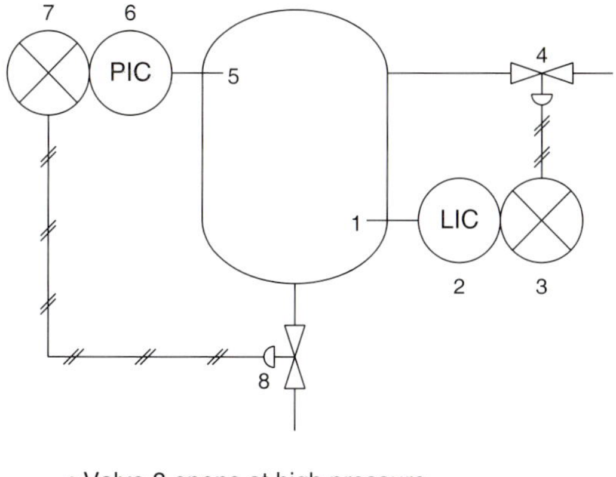

• Valve 8 opens at high pressure
• Valve 4 closes at high level
• Top event = vessel pressure exceeds MAWP

15 반응기의 폭주반응을 막기 위하여 고온(HT)감지시스템(1) 및 차단밸브(2), 고-고온(HHT)감지시스템(3) 및 차단밸브(4)가 안전방출밸브(5)와 함께 설치되어 있다. (1)~(5) 장치의 고장확률(PFD)이 모두 각각 0.1이라고 가정한 후, 개시사건인 냉각손실 빈도가 0.1/yr라고 할 때 고장수목(Fault Tree)을 작성하고 폭주반응사고의 연간 발생빈도를 계산하시오.

Chapter 7

안전기술 및 대책

화학공장은 인화성액체, 가연성가스 및 독성 물질 등 유해하고 위험한 화학물질을 다량으로 취급하고 있으므로 화재, 폭발 및 위험물질의 누출 등 잠재 위험성이 매우 높다. 화학물질로 인한 화재, 폭발, 누출과 같은 중대 산업사고가 발생할 경우 그로 인한 엄청난 인명, 경제적 손실과 사회적 물의를 일으킬 수 있으므로, 이러한 잠재 위험성을 최소화하고 화학사고 예방 및 대응을 위한 안전기술 및 대책 수립이 중요하다.

이 장에서는 예방설비, 보호장비, 사고대응장치, 비상대응조치 등에 대해 서술하였다.

1. 예방설비

가. 절연용방호구

절연용 방호구는 고압활선작업이나 활선 근접작업 시에 설비에 장착하는 감전방지용 방호구로서 선 커버, 애자 커버, 시트 등을 사용해 전로에 장착하는 것이다. 『산업안전보건기준에 관한 규칙』에서는 감전사고의 방지대책의 하나로서 충전전로에 절연용 방호구를 장착하도록 규정하고 있다. 또한 활선작업 중에 신체의 일부가 접지체에 닿아 통전하는 것을 방지하는 접지체용 방호구로도 사용된다. 절연용 방호구에는 고무관, 고무판, 경완금 커버, 저압개폐기 커버 등이 있으며, 각 방호구에 대한 설명은 다음과 같다.

1) 고무관

고무관은 고압배전선의 본선과 지선 등을 방호하기 위해 사용된다. 천연고무 재질로 되어있으며, 고무관의 상호 연결이 간단하고, 작업중에 잘 빠지지 않는 구조로 되어 있다. 7,000V 이하 전압에서 사용 가능하며, 20kV 전압에서 1분간 견딜 수 있다.

2) 고무판

고무판은 충전부와 작업자 사이의 전기적인 격리를 확보하여 작업자를 보호하기 위해 사용된다. 천연고무 재질로 되어있으며 작업성을 고려하여 대, 소 2종류로 구분된다. 인류애자부, 핀애자부, 테두리 돌림부 등에는 큰 것이 사용되며 선로의 직선부 등에는 작은 것이 사용된다. 고무판을 2장 이상 겹쳐서 사용하는 경우에는 겹치는 부분이 10cm 이상으로 하며 미끄러지지 않도록 고정하여야 한다. 7,000V 이하 전압에서 사용 가능하며, 20kV 전압에서 1분간 견딜 수 있다.

3) 경완금

경완금은 고압배선선로의 작업에서 전선이나 바인드선 등이 완금(접지체)에 접촉하여 전로 또는 기기의 외부에 위험한 전압이 나타나거나, 전류가 흐르는 것을 방지하기 위해 사용된다. 7,000V 이하 전압에서 사용 가능하며 15kV 전압에서 1분간 견딜 수 있다.

4) 애자덮개

애자덮개는 활선작업 시 특고압핀애자 또는 라인포스트 애자를 절연하여 작업자의 부주의로 접촉되더라도 안전사고가 발생하지 않도록 사용하는 절연장구이다.

고무관

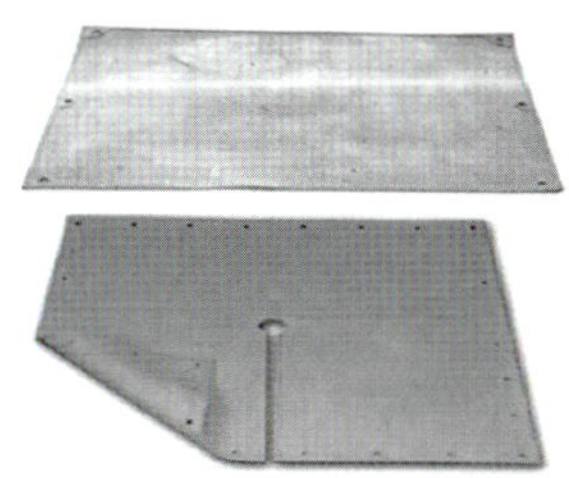

고무판

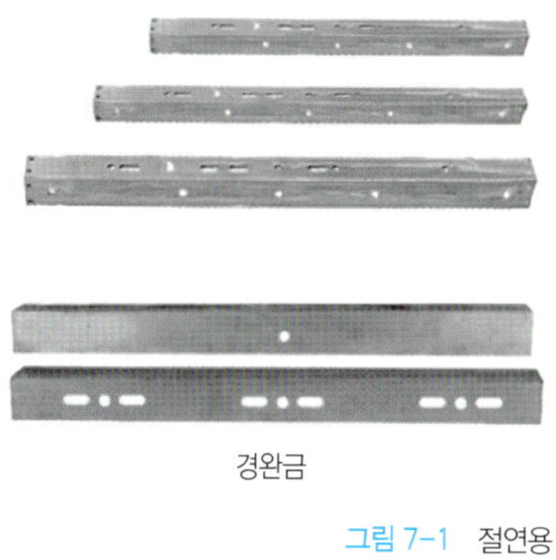

경완금

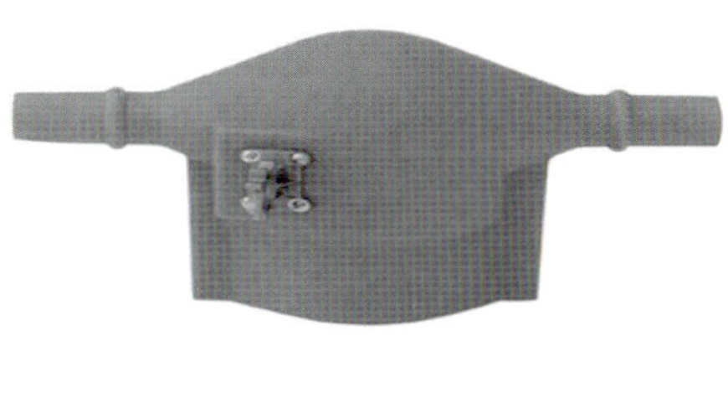

애자 덮개

그림 7-1 절연용 방호구 (출처: 안전보건공단.(2015))

나. 환기장치

환기장치는 인위적으로 실내공기질을 청정하게 유지하도록 공기정화장치가 포함된 설비로서 건물에 있는 사람들에게 영향을 주는 오염물질을 사전에 제거하고 인체에 미치는 위험을 최소화할 수 있다. 국내에서는 다중이용시설의 실내공기질을 양호하게 유지하기 위해 정부에서 정한 환기설비의 설계, 설치 및 유지관리에 관련된 기준을 제시하고 있다. 특히, KOSHA GUIDE 『산업환기설비에 관한 기술지침』에서는 산업안전보건법 및 안전보건규칙에 의하여 설치하는 전체환기장치 및 국소배기장치 등 산업환기설비에 대하여 적용하고 있다. 환기설비는 환기범위에 따라 다음과 같이 분류할 수 있다.

1) 전체환기(희석환기)

전체환기는 열, 수증기, 독성이 낮은 가스 · 증기 등 유해물질이 실내에 널리 산재되어 있거나 발생원이 이동하여 분산되어 있는 경우에 급기로 실내의 전체 공기를 희석하여 배출시키는 방법으로 일명 희석환기라고도 한다.

2) 집중환기

집중환기는 유해 물질이 한 구역에 집중되어 있는 경우, 그 구역만을 집중적으로 환기시키는 방법으로 투입된 공기의 일부는 실내 공기로 혼입된다.

3) 국소환기

국소환기는 주방, 공장, 실험실에서와 같이 오염물질의 확산 및 방산을 가능한 한 국소화시키려고 할 때 적용되며, 발생원에서 발생되는 유해물질을 후드, 덕트, 공기정화장치, 배풍기 및 배기구를 설치하여 배출하거나 처리한다. 일반적으로 효과적인 환기를 위해서는 국소환기에서 누설된 유해물을 집중환기나 희석환기에 의해 배출시키는 것이 바람직하다.

다. 압력방출장치 (Pressure relief system)

압력방출장치는 계통내 유체압력이 비정상적으로 상승시 증기를 신속히 대기로 방출하기 위한 장치로써 안전밸브, 릴리프밸브, 파열박판 등이 있다. 용기 밸브에는 용기의 안전을 유지하기 위해서 안전밸브가 부착되어 있고 만일 용기의 내압이 높아져서 용기가 위험한 상태가 되었을 때 그 안전장치가 작동하여 가스를 용기 밖으로 방출하여 위험한 상태를 피할 수 있는 구조로 되어 있다. 압력방출장치는 일반적으로 스프링식과 파열판식으로 분류가 된다.

스프링식 안전밸브는 스프링의 힘으로 밸브디스크를 시트에 눌러 놓고 내부압력이 그 이상이 되는 경우 내부의 가스를 배출하여 압력을 낮추는 형태이다. 배기형태에 따라 방출관으로 전부 방출하는 밀폐형과 방출 유체 일부가 가이드와 밸브봉 사이를 통해 대기로 직접 방출되는 개방형으로 분류하며 양정(揚程, 안전밸브의 작동거리)에 따라 저양정식, 고양정식, 전양정식, 전량식으로 구분한다. 파열판식 안전밸브는 압력용기나 화학설비 등에서 내부압력상승에 의해 판이 파열되면서 압력을 방출하는 장치이다.

표 7-1 안전밸브의 구분

구분	내용	구분	내용
파열판식 안전밸브	산소, 질소, 아르곤, 수소 등의 압축가스	스프링식과 파열판식 2중 안전밸브	초저온 용기
가용전 안전밸브	아세틸렌, 염소 등	스프링식 안전밸브	LPG 용기

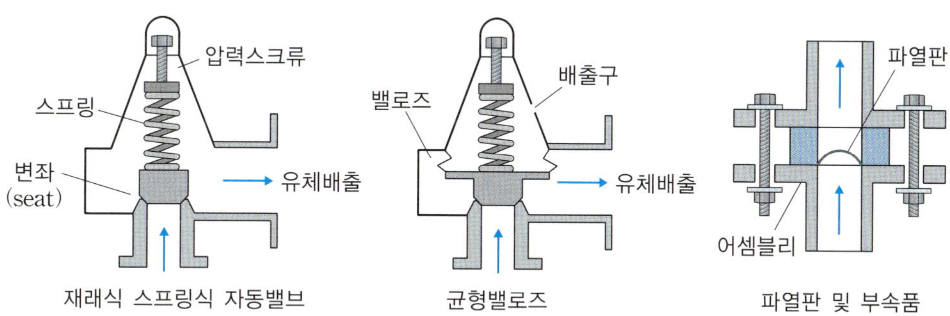

그림 7-2 압력방출장치의 주요형태

2. 보호장비

가. 개인보호장비 (PPE, Personal Protective Equipment)

개인보호장비는 사고성 재해예방 안전보호구와 건강장해예방 위생보호구로 분류된다. 사고성 재해예방 안전보호구에는 안전화, 안전모, 보안경, 보안면, 안전장갑 등이 있으며 건강장해예방 위생보호구에는 방진마스크, 귀마개, 귀덮개, 보호복, 방진장갑, 보안경, 보안면 등이 있다.

1) 호흡용 보호구

호흡용 보호구는 크게 공기정화식과 공기공급식으로 분류된다. 공기정화식은 오염공기가 여과재 또는 정화통을 통과한 뒤 호흡기로 흡입되기 전에 오염물질을 제거하는 방식으로 방독마스크와 방진마크스가 이에 해당한다. 가격이 저렴하며 사용이 간편하여 널리 사용되지만 산소농도가 18% 미만인 장소나 유해비(공기중 오염물질의 농도/노출기준)가 높은 경우에는 사용할 수 없다. 또한 단기간(30분) 노출되었을 시 사망 또는 회복 불가능한 상태를 초래할 수 있는 농도 이상에서는 사용할 수 없다. 반면, 공기공급식은 외부로부터 신선한 공기를 공급받은 경우이므로 산소농도가 18% 미만인 장소나 유해비가 높은 경우에 사용 가능하며, 공기봄베, 호스, 송기식마스크 등을 이용하여 적정한 공기를 작업자, 구조자, 피재자에게 공급하는 방식이다.

방진마스크는 분진, 미스트 및 흄(fume)이 호흡기를 통하여 체내에 유입되는 것을 방지하는 것이다. 분진, 미스트, 흄의 공통점은 기체 중 고체나 액체의 미세한 입자가 떠 있는 상태이다. 방진마스크의 등급은 다음과 같다

표 7-2 방진마스크 등급

구분	내용
특급	- 베릴륨, 석면 등 독성이 강한 물질들을 함유한 분진 발생
1급	- 금속흄 등 열적으로 생기는 분진 발생 - 기계적으로 생기는 분진 발생
2급	- 특급 및 1급 착용장소 이외의 분진 발생 장소

방독마스크는 유해가스 및 유해증기(유기증기, 할로겐, 황화수소, 시안화수소, 아황산, 암모니아가스)의 노출을 방지한다. 방독마스크는 얼굴 전체를 가려주는 전면형과 얼굴의 반을 가려주는 반면형(안면부여과식)으로 나뉜다. 또한 방독마스크에서는 정화통마다 색을 달리하여 방독마스크마다 차단할 수 있는 유해화학물질을 알 수 있다. 호흡용 보호구는 보호방식과 종류 및 형태에 따라 다음과 같이 분류된다.

표 7-3 방독마스크 등급

분류	공기 정화식		공기 공급식	
종류	수동식	전동식	송기식	공기용식
안면부 등의 형태	전면형, 반면형	전면형, 반면형	전면형, 반면형 페이스실드, 후드	전면형
보호구성	방진마스크, 방독마스크	전동팬 부착 방진마스크, 방독마스크	송기마스크, 산소호흡기	공기호흡기

송기식 마스크는 근로자의 호흡기 보호를 목적으로 외부의 공기공급원(콤프레셔, 공기저장탱크 등)으로부터 착용자의 개인 마스크, 후드, 헬멧 등에 깨끗한 공기를 공급하는 장치이다. 정화통이나 필터가 필요없고 고장이 적으며, 유지보수가 덜 필요하므로 경제적이다. 외부공기를 이용하기 때문에 호흡저항이 없어 답답하지 않고, 별도의 외부장치 없이 시원한 공기 및 따뜻한 공기를 공급하여 줄 수 있기 때문에 더운 여름이나 추운 겨울에 편의성과 작업성을 높일 수 있다. 또한, 호흡기 보호는 물론 보안경, 헬멧, 두건 등 별도의 보호구 없이 동시에 작업자의 안면부 및 목 부위를 보호할 수 있다. 외부공

기를 이용함으로써 보다 더 높은 보호도를 가지며, 밀폐장소 등의 산소결핍 작업장에 적합하다.

표 7-4 송기식마스크의 종류

<table>
<tr><th rowspan="2">종류</th><th rowspan="2" colspan="2">형식</th><th rowspan="2">급기방법</th><th colspan="2">호스</th></tr>
<tr><th>내경</th><th>최대길이</th></tr>
<tr><td rowspan="4">호스마스크</td><td rowspan="2" colspan="2">흡입식</td><td rowspan="2">착용자의 폐력 흡인</td><td>19.4㎜</td><td rowspan="2">10m</td></tr>
<tr><td>25.4 ㎜</td></tr>
<tr><td rowspan="2">송풍식</td><td>전동</td><td>전동송풍기</td><td>12.7 ㎜</td><td rowspan="2">40m</td></tr>
<tr><td>수동</td><td>수동송풍기</td><td>25.4 ㎜</td></tr>
<tr><td rowspan="2">에어라인마스크</td><td colspan="2">일정유량식</td><td rowspan="3">콤프레샤 또는
공기봄베</td><td>60m</td><td rowspan="2">60m</td></tr>
<tr><td colspan="2">디맨드 & 압력디맨드형</td><td>7.9 ㎜</td></tr>
<tr><td>복합식 에어라인 마스크</td><td colspan="2">디맨드 & 압력디맨드형</td><td>9.5 ㎜</td><td>60m</td></tr>
</table>

2) 화학물질용 안전장갑

화학물질을 맨손으로 혹은 화학물질에 견디지 못하는 장갑 등을 사용하면 피부가 손상되고 화상을 입을 수 있기 때문에 화학물질용 안전장갑은 필수적이다. 공업이 발달하면서 화학물질에 대한 종류와 사용량도 많아지고 있어 근로자의 사고율도 높아지고 무엇보다 안전이 중요해지고 있다. 피부를 보호하는 장비 중 장갑은 특히 재질에 따라 손을 보호하는 정도가 달라지므로 자세히 알고 선택해야 한다. 일반적으로 피부 표피층에는 제곱센티미터 당 100~200개의 모공이 존재하고, 그 크기는 20~50 ㎛ 이다. 그에 반해 우리가 주로 사용하는 화학약품의 분자 크기는 수 Å에서 수십 Å 크기로 크기가 매우 작다. 따라서 아무런 보호장비 없이 맨손으로 사용한다거나 잘못된 장갑을 끼고 시약병이나 장비를 만지게 되면 분자나 이온뿐만 아니라 미세 분말까지도 모공을 통해 쉽게 인체 내로 침투할 수 있다. 따라서 부식성 화합물, 뜨거운 물체, 극저온 물질들, 깨진 유리조각과 같은 날카로운 물건들 등을 만질 때에는 반드시 그 상황에 알맞는 장갑을 착용하여야 한다.

나. 화학보호복

2015년 1월 1일부터 시행된 『화학물질관리법』의 유해화학물질 취급자의 개인보호장구 착용에 관한 규정에 따라 2015년 5월 1일부터 69종(2019현재 97종)의 사고대비물질 취급자는 각 물질에 알맞은 형식의 화학물질용 보호복을 착용하여야 한다. 유해화학물질 취급자가 착용하여야 하는 개인보호구의 종류 및 기준 등에 대해서는 「산업안전보건법」과 같은 법 시행령, 시행규칙, 「산업안전보건기준에 관한 규칙」 및 「보호구 안전인증 고시」 등 관련규정을 따른다. 다음과 같은 작업을 하는 근로자는 해당 유해물질에 대해 보호할 수 있는 적합한 보호장구를 착용하여야 한다.

- 실험실 등 실내에서 유해화학물질을 취급하는 경우
- 유해화학물질을 다른 취급시설로 이송하는 과정에서 안전조치를 하여야 하는 경우
- 흡입독성이 있는 유해화학물질을 취급하는 경우
- 유해화학물질을 하역(unloading)하거나 적재(loading)하는 경우
- 눈이나 피부 등에 자극성이 있는 유해화학물질을 취급하는 경우
- 유해화학물질 취급시설에 대한 정비 · 보수작업을 하는 경우
- 환경부장관이 유해화학물질의 안전관리를 위하여 필요하다고 인정하여 고시하는 경우

보호복은 액체상태의 유기화합물이 피부를 통하여 인체에 흡수되는 것을 방지한다. 인체의 모든 곳에 흡수될 수 있으므로 전신을 다 보호하는 보호복을 착용하는 것이 중요하다. 보호복은 크게 액체방호형식과 분무방호형식으로 구분할 수 있다. 액체방호형식은 보호복이 화학물질의 투과에 대한 보호성능을 갖는 구조이고, 분무방호형식은 보호복이 화학물질의 분무침투에 대한 보호성능을 가지는 구조이다.

표 7-5 화학물질용 보호복의 구분

형식		형식구분 기준
1형식	1a형식	보호복 내부에 개방형 공기호흡기와 같은 대기와 독립적인 호흡용 공기공급이 있는 가스 차단 보호복
	1a형식 (긴급용)	긴급용 1a 형식 보호복
	1b형식	보호복 외부에 개방형 공기호흡기와 같은 호흡용 공기공급이 있는 가스 차단 보호복
	1b형식 (긴급용)	긴급용 1b 형식 보호복
	1c형식	공기라인과 같은 양압의 호흡용 공기가 공급되는 가스 차단 보호복
2형식		공기라인과 같은 양압의 호흡용 공기가 공급되는 가스 비차단 보호복
3형식		액체 차단 성능을 갖는 보호복. 만일 후드, 장갑, 부츠, 안면창(visor) 및 호흡용 보호구가 연결되는 경우에도 액체 차단 성능을 가져야 한다.
4형식		분무 차단 성능을 갖는 보호복. 만일 후드, 장갑, 부츠, 안면창(visor) 및 호흡용 보호구가 연결되는 경우에도 액체 차단 성능을 가져야 한다.
5형식		분진 등과 같은 에어로졸에 대한 차단 성능을 갖는 보호복
6형식		미스트에 대한 차단 성능을 갖는 보호복

일반용 보호복과 긴급용 보호복은 안전 장갑과 안전화를 포함하는 일체형으로 구성되어 있으며, 15가지 투과저항 시험 화학물질에 대해 60분 이상의 저항 성능을 가져야 한다. 일반용 보호복은 화염저항 성능이 없으나, 긴급용 보호복은 돌발화재를 견딜 수 있는 화염저항 성능이 있다.

그림 7-3 일반용 및 긴급용 보호복 (출처: Ansell Protective Solutions, (2015))

- **1 형식 (안전장갑과 안전화가 포함된 일체형) 11종**

이황화탄소, 산화프로필렌, 일산화탄소, 플루오린, 아르신, 포스핀, 이산화염소, 디보란, 산화질소, 사린, 염화시안

- **3 또는 4 형식 (전신) 49종**

포름알데히드, 메틸하이드라진, 포름산, 메탄올, 벤젠, 염화메틸, 메틸아민, 시안화수소, 염화비닐, 산화에틸렌, 포스겐, 트리메틸아민, 메틸에틸케톤, 메틸 비닐케톤, 아크릴산, 메틸 아크릴레이트, 니트로벤젠, 파라-니트로톨루엔, 염화벤질, 아크롤레인, 알릴클로라이드, 아크릴로니트릴, 에틸렌디아민, 알릴알코올, 메타-크레졸, 톨루엔, 페놀, 노말-부틸아민, 트리에틸아민, 아세트산에틸, 시안화나트륨, 에틸렌이민, 톨루엔-2,4-디이소시아네이트, 아크릴일 클로라이드, 메틸에틸케톤 과산화물, 디이소시안산 이소포론, 나트륨, 염화수소, 플루오르화수소, 암모니아, 황산, 질산, 삼염화인, 염소, 황화수소, 클로로술폰산, 옥시염화인, 니트로메탄, 과산화수소

- **5 또는 6 형식 (전신) 9종**

인화아연, 질산암모늄, 헥사민, 염소산칼륨, 질산칼륨, 과염소산칼륨, 과망간산칼륨, 염소산나트륨, 질산나트륨

다. 화학물질용 안전화

화학물질용 안전화는 화재진압 및 인명구조 활동 시 작업자의 발과 발목부위를 보호하기 위한 고무제 소방용 안전화로 발가락과 발바닥을 보호하기 위하여 금속재질의 보호캡이 내장되어 있으며 방수성능이 우수하고 안전화 내피를 아라미드 재질로 제작하

여 열 보호성능이 뛰어나다. 안전화는 화학보호복 일체형 또는 분리형이 있으며, 철심이 발가락 부분에 내장되어 있고 내산에 강하여 각종 화학물질로부터 신체를 보호할 수 있는 검정 니트릴 고무안전화와 양말로 구성되어 있다. 표 7-6에서 보는 것과 같이 보호기능, 작업 장소 및 특성에 따라 적합한 등급의 제품을 선택하여야 한다.

표 7-6 화학물질용 안전화의 구분

구분	내용	등급
가죽제 안전화	물체의 낙하 · 충격에 의한 위험방지 및 날카로운 것에 대한 찔림방지	중작업용, 보통작업용, 경작업용
고무제 안전화	기본기능 및 방수, 내화학성	
정 전 화	기본기능 및 정전기의 인체 대전방지	
절연화 및 절연장화	기본기능 및 감전방지	

1) 경작업용

금속선별, 전기제품조립, 화학품선별, 반응장치운전, 식품가공업 등 비교적 경량의 물체를 취급하는 작업장에서 사용한다.

2) 보통작업용

일반적으로 기계공업, 금속가공업, 운반, 건축업 등 공구가공품을 손으로 취급하는 작업 및 차량사업장, 기계 등을 운전 조작하는 일반작업장에서 사용한다.

3) 중작업용

광산에서 채광, 철강업에서 원료취급, 가공, 강재취급 및 강재운반, 건설업 등에서 중량물 운반작업, 가공 대상물의 중량이 큰 물체를 취급하는 작업장에서 사용한다.

3. 사고대응장치

가. 소화기

소화기란 불을 끄는데 사용되는 기구로, 주로 화재 발생 등의 비상상황에서 사용된다. 분사하면 쉽게 불을 끌 수 있는 화학물질로 채워져 있으며, 손으로 들고 사용할 수 있어 조작이 쉽기 때문에 화재 초기 단계에서 사용한다. 소화기는 소화약제의 종류에 따라 물소화기, 포말소화기, 액화기체소화기, 분말소화기 등으로 분류된다.

소화약제란 소화설비에 사용되는 소화성능이 있는 고체, 액체 및 기체의 물질을 말한다. 가연물질이 산소와 점화원의 존재 하에서 연소현상으로 화재가 발생하면 인적 · 물적 재해를 수반하므로 이를 제어하기 위해 사용되는 물리 · 화학적 방법에 의해 제조된 물질이다. 소화약제는 크게 수계 소화약제 (물, 포, 강화액, 산 · 알칼리)와 가스계 소화약제 (이산화탄소, 할로겐화합물, 분말, 청정)로 분류가 된다.

표 7-7 주요 소화약제 적용 범위

종류 / 특성	수계소화약제		가스계소화약제		
	물	포 (Form)	이산화탄소	할로겐화합물	분말
소화효과	냉각	질식, 냉각	질식	부촉매	부촉매, 질식
소화속도	느리다	느리다	빠르다	빠르다	빠르다
냉각효과	크다	크다	적다	적다	극히적다
재발화위험성	적다	적다	있다	있다	있다
대응하는 화재규모	중형-대형	중형-대형	소형-중형	소형-중형	소형-중형
사용후의오염	크다	매우크다	전혀없다	극히적다	적다
적응화재	A급	A, B 급	B, C 급	B, C 급	(A), B, C 급

※ 화재의 종류 : A급 (일반 가연물 화재), B급 (유류 및 가스 화재), C급 (전기화재), D급 (금속화재)

1) 수계 소화약제

물은 오래 전부터 화재의 소화에 널리 사용되고 있는 중요한 소화약제로서 구하기가 쉽고 비열과 증발 잠열이 커서 냉각 효과가 우수하며 운송이 용이하다. 물 소화약제의 방사방법은 봉상주수, 적상주수, 무상주수로 분류된다. 봉상주수는 막대 모양의 굵은 물줄기를 가연물에 직접 주수하는 방법으로 소방용 방수노즐을 이용한다. 현재도 가장 널리 사용되고 있으며 열용량이 큰 일반 고체 가연물의 대규모 화재에 유효한 주수 형태이다. 물 소화약제를 사용할 때에는 감전의 위험이 있기 때문에 어느 정도의 안전거리를 유지하여야 한다. 적상주수는 스프링클러 소화 설비 헤드의 주수 형태로 살수(撒水)라고도 한다. 저압으로 방출되기 때문에 물방울의 평균 직경은 0.5~6㎜ 정도이다. 일반적으로 실내 고체 가연물의 화재에 사용된다. 무상주수는 물분무 소화 설비의 헤드나 소방대의 분무 노즐에서 고압으로 방수할 때 나타나는 안개 형태의 주수로 물방울의 평균 직경은 0.1~1.0㎜ 정도이다. 소화 효과의 측면에서 본 최저 입경은 열전달과 물방울의 최대 속도와의 관계로부터 이론적으로 유도해보면 0.35㎜ 정도이다.

2) 포 소화약제

포 소화약제는 질식 효과와 냉각 효과에 의해 화재를 진압하는 것이다. 물에 첨가제를 혼합한 후 공기를 주입하여 생성된 포를 연소물의 표면에 덮어 공기와 접촉을 차단하여 질식 효과를 나타내며, 사용된 물에 의해 냉각 효과도 나타난다. 일반적으로 물만으로는 소화 효과가 약하거나 주수에 의한 화재 확대 우려가 있는 가연성 액체의 소화에 사용한다. 발포방법에는 산성액과 알칼리성액의 화학반응에 의해 발생되는 탄산가스를 핵으로 한 화학포와 물과 약제의 혼합액의 흐름에 공기를 불어넣어서 발생시킨 포를 말하며, 기계적으로 발생시켰기 때문에 기계포로 분류된다.

3) 가스계 소화약제

1) 이산화탄소(CO_2) 소화약제

이산화탄소는 탄소의 최종 산화물로 불활성 기체와 함께 가스계 소화약제로 널리 이용되고 있다. 화재지점에 CO_2가스를 방출 분사시켜 질식 및 냉각작용으로 화재를 소화하는 소화약제로서 대기중의 산소를 차단하여 소화한다. 이산화탄소는 상온에서는 공기보다 약 1.5배 정도 무거운 기체이며, 압력을 가하면 액화되기 때문에 고압가스 용기 속에 액화시켜 보관한다. 방출시에는 배관을 통해 액상으로 유동하지만 분사 헤드에서는 기화에 의해 분사된다. 질식 효과가 가장 크며 약간의 냉각 효과도 있다.

2) 할로겐화합물 소화약제

할로겐화합물 소화약제는 메탄(CH_4), 에탄(C_2H_6)과 같은 탄화수소물의 수소가 할로겐족 원소(F, CI, Br, I)와 치환되어 만들어진 약제로서 할론(Halon, Halogenated Hydrocarbon의 준말)이라고 부르고 있다. 이 소화약제는 화학적인 효과로 가연물의 연소과정에서 활성기(H^+, OH^-)가 생성되어 산소와 반응을 하는데 다른 소화약제와는 달리 연소의 연쇄반응을 억제 · 차단시켜 화재를 소화하여 부촉매소화 또는 억제소화라 한다. 할론(Halon, Halogenated Hydrocarbon의 준말)은 상온 · 상압에서 기체 또는 액체 상태로 존재하나 저장하는 경우는 액화시켜 저장한다. 일반적으로 일반화재(A급화재) 및 유류화재(B급화재)에 유효하며, 전기절연성이 높고 증발잔유물이 없으므로 전기화재(C급화재)에도 사용할 수 있다. 할론(Halon, Halogenated Hydrocarbon의 준말)은 사용 후에도 화재 현장을 오염시키지 않기 때문에 전기 기기가 있는 장소나 도서관, 자료실, 박물관 등에 적합하다. 하지만 화재시 열분해 생성물의 독성으로 인해 일부 지하시설에서는 사용을 금하고 있다.

3) 분말 소화약제

분말소화약제는 탄산수소나트륨, 탄산수소칼륨, 제1인산암모늄 등의 물질을 미세한 분말로 만들어 유동성을 높인 후, 질소가스(N_2) 또는 이산화탄소(CO_2)의 압력을 이용하여 분출시켜 소화하는 약제이다. 이 약제는 소화성능이 우수하며, 화재의 확대 및 연소가 빠른 가연성 액체의 표면 화재에 매우 효과적이다. 주된 소화 효과로는 분말 운무에 의한 방사열의 차단 효과, 부촉매 효과, 발생한 불연성 가스에 의한 질식 효과 등이 있다. 또한 분말이 비전도체이기 때문에 전기화재에도 효과가 있다.

4) 청정 소화약제

오존층의 오존과 반응성이 미약하면서 브롬이 함유되어 있지 않은 수소화염화불화탄소(HCFD, Hydro Chloro Fluor Carbon)가 주체가 되는 할론 대체물질로서 할론약제에 비해 소화성능은 떨어지나, 오존층 파괴가 적다. 소화 중 피연소물질에 피해를 주지 않으며, 소화가 종료된 후에는 이물질 및 부산물이 생기지 않는다. 청정소화약제는 불소 · 염소 · 브롬 · 요오드 중 하나 이상 원소를 포함하고 있는 유기화합물을 기본 성분으로 하는 '할로겐화합물 청정소화약제'와 헬륨 · 네온 · 아르곤 · 질소 중 하나 이상의 원소를 기본 성분으로 하는 '불활성가스 청정소화약제'로 구분 된다.

나. 제독설비

화학공장은 가연성 · 독성 · 폭발성 · 부식성 · 분해성 등 다양한 위험물질을 취급하고 있다. 이러한 위험물질의 배출 또는 누출로 인해 화재 또는 폭발의 위험성이 있고, 독성가스의 누출이 발생하면 사업소 내외의 사람들에게 위해를 줄 뿐만 아니라 환경오염의 우려도 높다. 더욱이 이러한 가스의 연소 · 산화 · 분해 등으로 위험성 · 유해성의 미세한 가루가 생성하는 경우가 있으므로 이를 방지하기 위한 설비로서 제독설비가 필요하다.

1) 제독설비의 특징

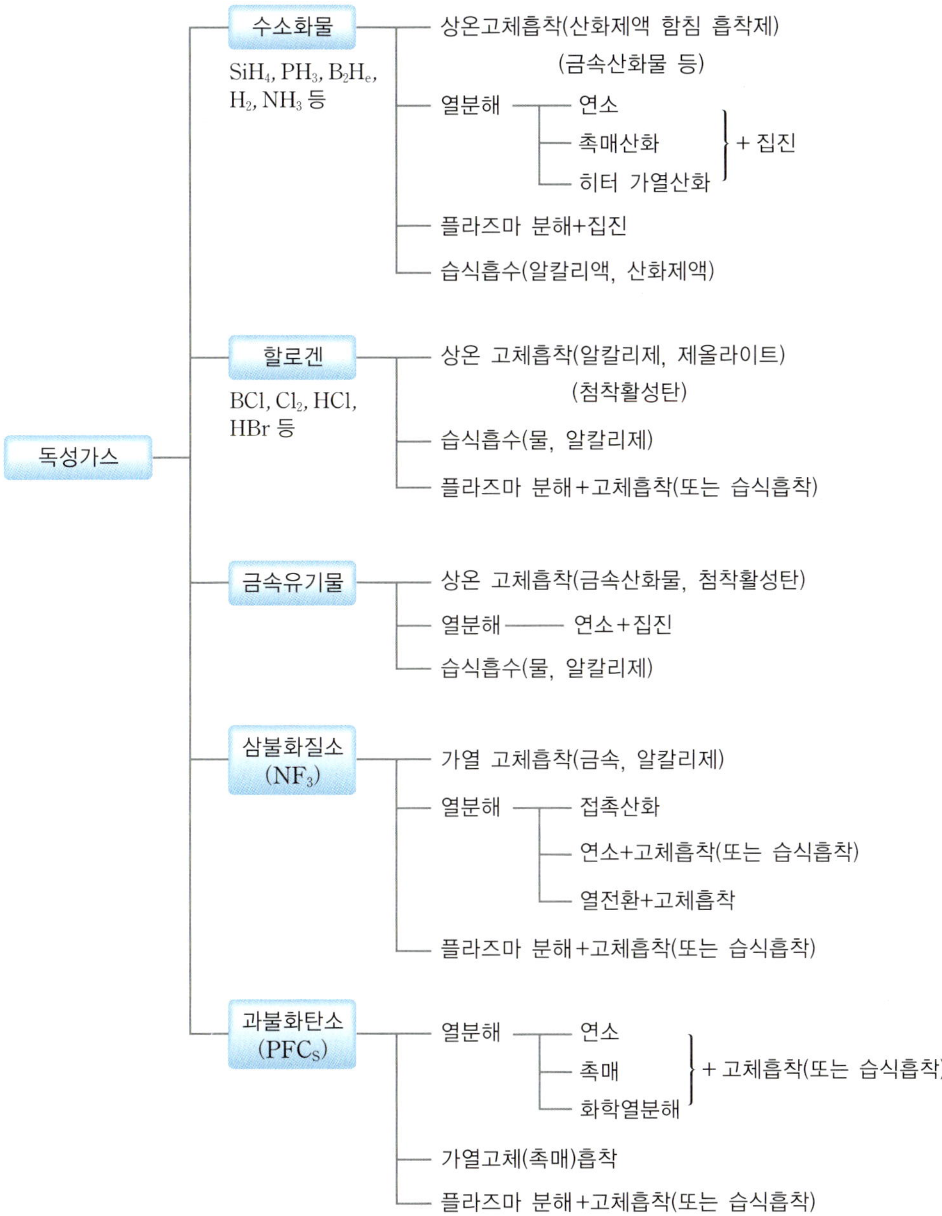

그림 7-4 독성가스의 제독방법 분류
(출처: 特殊材料ガス 保安教育ハンドブック 第2次 改訂版. 高圧ガス保安協会.(2011))

그림 7-5 습식처리(wet scrubber) 설치모습 (출처: Air products, (2015))

(1) 고체흡착 처리장치

고체흡착 처리장치는 흡착현상을 이용한 처리에 더해서 금속염, 산화제, 알칼리 등을 함침시켜 처리제로의 산화반응에 의한 처리를 이용하고 있다. 제해대상은 아르신, 포스핀 등의 금속수소화물가스, 할로겐계 가스 등이다. 처리제와 흡착제의 조합은 다음과 같다.

① 실리카(silica) 또는 알루미나(alumina)의 운반체로 가성소다, 과망간산칼륨 등을 함침한 것

② 활성탄으로 알칼리 또는 금속산화물 등의 촉매성분을 첨착한 것

③ 금속산화물을 입상(粒狀)으로 성형한 것

표 7-8 고체흡착 처리장치의 장점 및 단점

장점	단점
① 일부 가스를 제외한 대부분의 가스에 적용할 수 있다. ② 높은 제해효율을 얻을 수 있다. ③ 비교적 컴팩트하며 제해장치 근방의 실내에 설치가 가능하다.	① 습착 열화(파과(破過))가 급속하게 일어나는 경우가 있다. ② 처리가스 내 분말 등에 의해 막힘을 일으킨다. ③ 정기적으로 카트리지를 교환할 필요가 있고, 러닝코스트(running cost)가 든다.

(2) 촉매산화처리장치

촉매산화 처리장치는 PFC(perfluoro compounds)가스 등의 분해에 적용할 수 있다. 단, 출구 배기가스를 스크러버(scrubber) 등으로 중화 처리할 필요가 있다. 이 장치의 장점과 단점은 표 7-9와 같다.

표 7-9 촉매산화 처리장치의 장점 및 단점

장점	단점
① 비교적 제해효율이 높고, 대상성분의 저농도 지역에서 유효하다. ② 촉매로 접촉 후, 즉시 산화반응이 일어나므로 가스의 농축이 없다.	① 처리가스 내의 분말 등에 의해 막힘을 일으킨다. ② 촉매독(할로겐 등)의 영향으로 열화한다. ③ 정기적으로 촉매를 교환할 필요가 있다.

(3) 연소처리장치 및 히터가열 산화 처리장치

연소처리장치나 히터가열 산화 처리장치는 모노실란 등의 자연발화성 가스나 가연성가스에 대해서 유효하다. 연소처리장치는 연소버너에 의해 강제 연소하는 방식이 일반적이다. 이 장치의 장점 및 단점은 표 7-10과 같다.

표 7-10 촉매산화처리장치의 장점 및 단점

장점	단점
① 고농도면서 대유량의 가스 성분을 처리하는 경우, 처리의 안전성이나 제해효율 면에서 가장 적합하다. ② 프로세스 배기가스 내의 분상(powder)물질이나 오일미스트를 전처리할 필요가 없다.	① 연소 · 산화생성물이 연소노즐 앞이나 버너 내부에 부착 · 퇴적하는 경우가 있다. ② 연소나 산화에 동반되어 발생하는 분체나 부생가스를 백필터(bag filter)나 습식스크러버로 제거해야 한다.

최근에는 불소(F) 또는 염소(Cl)화합물 등의 부식성가스를 연소처리장치에 의해 분해하는 것도 실용화되고 있으며 불활성가스의 분해에도 적용이 가능하다.

(4) 습식 흡수처리장치

물 또는 약액에 의한 가스의 흡수처리장치는 오래 전부터 널리 사용되고 있다. 이 장치의 장점 및 단점은 표 7-11과 같다.

표 7-11 습식 흡수처리장치의 장점 및 단점

장점	단점
① 장치가 비교적 저비용이다. ② 일부 가스를 제외하고 대부분의 가스를 적용할 수 있다. ③ 대풍량 처리에도 대응할 수 있다. ④ 집진기능을 구비하고 있는 것이 있고, 분체 제거를 할 수 있다.	① 보통 크기의 장치로는 일반적으로 제해효율이 낮다. ② 처리가스 중 분체나 약제와의 반응생성물에 의해 관액탑이 가득 차고 가스의 유도를 폐쇄시킨다. ③ 처리가스와 동시에 공기도 흡입하는 스크러버에는 가연성가스나 분체와의 혼합이 발생해 스크러버 내부에서 화재, 폭발을 일으키는 경우가 있다. ④ 물을 흡수액으로 하는 스크러버는 흡수한 가스를 재방출하는 경우가 있다. ⑤ 가스를 흡수한 물 또는 약액의 폐액처리 등의 2차 처리를 필요로 한다.

2) 방제약품

화학물질의 누출이 발생하였을 때 방제방법은 크게 물리적 포집과 화학적 제독으로 구분할 수 있으며, 화학물질의 물리적/화학적 특성에 따라 다양한 방제요령 및 대응 방법이 있다. 유해화학물질의 제독은 사람이나 지역, 장비, 시설 등이 유해물질에 오염된 것을 제거하거나 구조 환자의 인체 오염물질을 제거하는 활동을 말한다. 물리적 포집 방법은 흡수, 흡착, 침착, 고체화, 추출, 막분리, 분액 등이 있으며, 화학적 제독 방법은 산화, 환원, 중화, 열분해, 플라즈마분해, 촉매분해, 소각 등이 있다. 대표적인 방제약품은 표 7-12 와 같다.

표 7-12 주요 방제약품 적용 범위

품 명	적 용	사용방법	비고
1. 가성소다	• 산성물질 및 염소가스 중화	물에 희석 (제독차, 물탱크)	중화제
2. 소석회	• 산성물질 및 염소가스 중화 • 유해물질 누출 시 임시 방유둑 설치 및 흡수	중화제살포기, 삽	흡착제 단열제
3. 소다회	• 산성물질 중화	중화제살포기, 삽	중화제 흡착제
4. 활석분	• 액상위험물, 유해물질 누출 시 임시 방유둑 설치 • 및 흡수	중화제살포기, 삽 (건조분말로 사용)	흡착제
5. 황산수용액	• 염기성 물질 중화 • (가성소다, 암모니아, 수산화칼륨)	물에 희석 (제독차, 물탱크)	중화제
6. 묽은염산	• 염기성 물질 중화 • (가성소다, 암모니아, 수산화칼륨)	물에 희석 (제독차, 물탱크)	중화제
7. 하이포염소산염	• 아세트알데히드 등 알데히드류 중화	물에 희석 (제독차, 물탱크)	산화제
8. 팽창질석	• 알킬알루미늄, 알킬리튬 흡수, 팽창성 · 단열성이 • 좋아 유해물질 누출 시 임시 방유둑 설치 및 흡수	중화제살포기, 삽	흡착제 단열제
9. 지오라이트	• 액체위험물, 유독화학물질 누출 시 임시 방유벽 • 설치 및 흡수	중화제살포기, 삽 (건조분말로 사용)	흡착제 단열제
10. 규조토	• 액체위험물, 유독화학물질 누출 시 임시 방유둑 • 설치 및 흡수	중화제살포기, 삽 (건조분말로 사용)	흡착제 단열제
11. 탄산수소나트륨	• 액체위험물, 유독화학물질 누출 시 임시 방유둑 • 설치 및 흡수	중화제살포기, 삽 (건조분말로 사용)	흡착제 질식제
12. 활성탄	• 독성가스 포집(일산화탄소, 포스겐 등) • 흡착열 발생에 주의	중화제살포기, 삽	흡착제
13. 유화제	• 기름유출 시(경 · 중질유) 기름 유출된 유면에 확산 • 막기 위해 오일펜스 설치 후 살포 • 해안이나 기름에 부착 시 유처리	선(先) 살포 10~20분 경과 후 흡착포 등으로 수거	비수용성 처리

(1) 중화반응

- 산과 염기가 반응할 때, H^+(수소)이온과 OH^-(염기)이온이 완전히 반응하여 물(중성)을 만들면서 산과 염기의 성질을 잃게 되는 반응
- 부식성 물질의 유출시 산이나 염기를 적용하는 것으로 유출 물질의 pH를 7에 가깝게 만드는 것

• 대부분의 중화제는 약산이나 약염기이며, 희석하여 사용하기도 함
• 산(황산, 염산, 질산, 인산) 유출에 대한 적절한 중화제
  – 탄산나트륨(소다회), 수산화칼슘(생석회), 중탄산나트륨(베이킹소다)

(2) 흡수

• 오염면적의 확대를 막기 위해 유해물질(액체)을 빨아들이는 것으로 화학적 성질은 그대로 남아 있음
  – 흡수제: 흙, 질석(풍화된 흑운모), 건조된 여과제, 모래

(3) 흡착

• 흡착은 유체를 흡착제인 고체표면과 접촉시켜 이들 유체 내에 존재하는 물질을 고체로 이동시키는 표면현상
• 오염물질이 공극을 많은 가지고 있는 물질로 확산되어 표면에 들러붙는 현상
• 열역학적으로 자발적이며 반응이 일어나는 동안 에너지가 방출되는 발열반응

다. 방폭기기

석유화학공장에서 취급/저장 되는 화학물질 중 많은 수가 가연성 물질로서 적당한 농도에 이르러 open flame, 낙뢰, 정전기, 전기설비 등의 점화원을 만나거나 자연 발화 온도에 이르게 되면 맹렬한 속도의 화학 반응을 일으키게 되고 강한 에너지를 분출하게 된다. 이중 전기설비가 점화원으로 작용하지 못하도록 하는 것이 방폭의 기본 개념이다.

폭발을 일으키는 가연성 물질은 공기와의 혼합 비율에 따라 고유한 폭발 농도를 가지는데, 폭발 농도 범위 이상을 "폭발상한", 폭발농도 범위 이하의 농도에 이르는 지점을 "폭발하한" 이라 한다.

폭발이 될 수 있는 점화원에는 뜨거운 표면, 불꽃, 고온 가스(고온의 입자 포함), 기계적인 스파크 발생, 전기 도구전기 전류, 정전기, 번개, 정전기 방사선, 전리 방사선, 초음

파, 먼지 등이 있다. 산업현장에는 여러 가지 위험요소들이 있으며, 이를 제대로 관리하지 못하면 상당한 물적, 인적 피해를 피할 수 없게 된다. 이러한 요인 중 폭발에 대한 원인을 제어하는 것을 방폭이라고 하며 위험성에 대한 인식과 산업안전에 대한 중요성이 부각됨에 따라 각각 작업장의 환경을 위험지역으로 분류하여 철저하게 관리되고 있다.

방폭형 기기는 주변에 발화성가스 따위가 존재하여 폭발할 수 있는 환경에 어느 정도 견딜 수 있게 설계된 것으로 폭발에 견디는 정도를 여러 등급으로 표시하고 있다. 방폭구조의 종류 및 온도 등급은 표 7-13과 같다.

표 7-13 방폭구조의 종류 및 온도등급

방폭구조	분류 기호	최고 표면온도의 범위	온도 등급
① 내압 방폭구조 (Flameproof Enclosure)	d	300 C° 초과 450 C° 이하	T1
② 유입 방폭구조 (Oil Immersion)	o	200 C° 초과 300 C° 이하	T2
③ 압력 방폭구조 (Pressurized Apparatus)	p	135 C° 초과 200 C° 이하	T3
④ 안전 증가 방폭구조 (Increased Safety)	e	100 C° 초과 135 C° 이하	T4
⑤ 본질 안전 방폭구조 (Intrinsic Safety)	ie, id	85 C° 초과 100 C° 이하	T5
⑥ 특수 방폭구조 (Special)	s	85 C° 이하	T6

1) 내압방폭 (Flameproof Enclosure)

용기의 내부로 스며든 폭발성 가스에 의한 내부폭발이 일어날 경우 용기가 폭발압력에 견디고, 외부의 폭발성 분위기로 불꽃의 전파를 방지하도록 한 방폭구조로 내부에서 폭발할 경우 그 압력에 견뎌야 하고 폭발 화염이 외부로 노출되지 않아야 하며 폭발시 외함(enclosure)의 표면온도가 주변의 가연성 가스에 점화되지 않아야 한다.

2) 유입방폭 (Oil Immersion)

전기기기 중 아크(Arc) 또는 스파크(Spark) 등을 발생시켜 폭발성가스에 점화할 우려가 있는 부분을 전기절연유에 넣어 유체의 표면에 있는 폭발성 가스에 인화될 우려가 없도록 한 방폭 구조로써, 항상 필요한 유량을 유지하여야 한다. 유압방폭의 경우, 유체

표면상의 폭발성가스에 대비하여 유면의 온도상승 한계에 대해 규정하고 있다.

3) 압력방폭 (Pressurized Apparatus)

용기의 내부에 보호기체(protective gas)를 들여보내고 그 압력을 용기의 외부압력보다 높게 유지함으로써, 주위의 폭발성 분위기가 용기내부로 유입하지 못하도록 한 방폭구조이다. 보호기체는 용기내부에 압력(양압)을 유지하거나 폭발성 가스의 농도를 폭발하한값(LEL, Lower Explosion Limit)이하로 낮추기 위해 사용되는 가스이며, 보통 공기, 질소 혹은 기타 비인화성가스가 사용된다. 용기내부의 압력이 떨어지는 경우 알람을 발생시키거나 운전을 정지하는 보호장치 설치가 필요하다.

4) 안전증방폭 (Increased Safety)

정상상태 혹은 규정된 이상상태에서 전기회로에 발생하는 전기불꽃이 시험가스에 점화하지 않도록 불꽃의 에너지를 낮추는 본질안전회로의 배선(wiring of intrinsically safe circuit)으로 구성된 방폭 구조이다. 폭발성가스가 점화되어 폭발을 일으키는 데는 전기불꽃에 의해 일정량의 에너지가 주어질 필요가 있다는 개념에 기초를 두고 있다. 이 불꽃의 에너지를 낮춤으로써 점화를 방지하게 된다. 이론적으로는 모든 전기기기에 적용가능하나 동력을 직접 사용하는 기기에는 실제로 적용이 불가능하다.

5) 본질안전방폭 (Intrinsic Safety)

정상 운전중에 아크 혹은 스파크를 일으키지 않는 전기기기에 적용하는 방식으로 전기적, 기계적, 온도적으로 안전도를 높이는 방폭구조이다.

표 7-14 방폭구조의 종류

방폭구조	정 의	기 호
내압 방폭구조 (Flameproof Enclosure)	용기내 폭발시 용기가 폭발압력을 견디며, 접합면, 개구부 통해 외부에 인화될 우려 없는 구조	Ex d
압력 방폭구조 (Pressurized Enclosure)	용기내에 보호가스를 압입시켜 폭발성 가스나 증기가 용기내부에 유입되지 않도록 된 구조	Ex p
안전증 방폭구조 (Increased Safety)	정상운전중에 점화원 발생방지위해 기계적, 전기적 구조상 혹은 온도상승에 대해 안전도를 증가한 구조	Ex e
유입 방폭구조 (Oil Immersion)	전기불꽃 아크, 고온 발생부분을 기름으로 채워 폭발성 가스 또는 증기에 인화되지 않도록 한 구조	Ex o
본질안전 방폭구조 (Intrinsic Safety)	정상시 및 사고시(단선, 단락, 지락)에 폭발 점화원 (전기불꽃,아크, 고온)의 발생이 방지된 구조	Ex ia Ex ib
비점화 방폭구조 (Non-Sparking)	정상동작시 주변의 폭발성 가스 또는 증기에 점화시키지 않고 점화가능한 고장이 발생되지 않는 구조	Ex n
몰드 방폭구조 (Encapsulation)	전기불꽃, 고온발생부분을 콤파운드로 밀폐한 구조	Ex m
충전 방폭구조 (Powder Filling)	전기불꽃 등 발생부분을 용기내에 고정시키고 주위를 충전물질로 충전하여 가스의 유입, 인화를 방지한 구조	Ex q
특수 방폭구조 (Special)	기타의 방법으로 폭발성 가스 또는 증기에 인화를 방지시킨 구조	Ex s
특수방진 방폭구조 (Special dust ignition proof)	틈새, 접합면 등으로 분진이 용기내부에 침입하지 않도록 한 구조	Ex SDP
보통방진 방폭구조 (Dust ignition proof)	틈새, 접합면 등으로 분진이 용기내부에 침입하기 어렵게 한 구조	Ex DP
방진특수 방폭구조 (Extra dust ignition proof)	기타의 방법으로 방진방폭성능이 확인된 구조	Ex XDP

라. 스프링클러장치

스프링클러(sprinkler) 설비는 소방용 설비의 하나이며, 화재 발생 시 초기 진화를 주된 목적으로 하는 시설이다. 일부 시설을 제외하고 자동으로 작동한다. 일정한 기준에 따라 소방대상물의 상부(천정), 벽 등에 스프링클러 헤드 및 화재감지기를 설치하고 화재발생시 헤드 및 감지기에 의하여 화재감지와 동시에 송수펌프의 기동과 화재경보를 발하고 배관 내에 가압되었던 물이 헤드로부터 방사되어 소화하는 고정설비이다. 설비비용은 높지만 화재 발생 시 안전을 도모할 수 있는 시설이다. 대형 창고, 공장, 고층건물, 지하, 복지 시설, 병원, 호텔, 백화점 등 일단 화재가 발생하면 막대한 경제적 손실 및 대량 인명 피해가 우려되는 곳에서 사용된다. 스프링클러는 헤드의 구조에 따라 폐쇄형과 개방형으로 구분된다.

원형
(Round Type)

폐쇄상향형
(General Type)

폐쇄하향형
(Round Type)

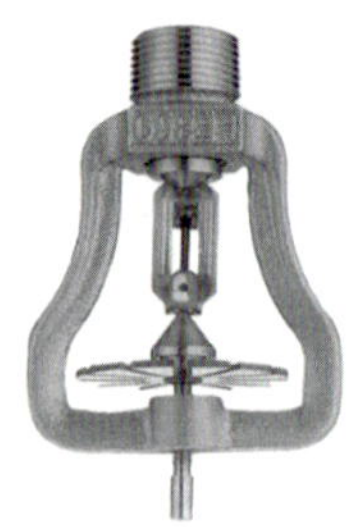

조기진압형
(Early Suppression Fast Response Type)

측벽형
(Side Wall Type)

개방형
(Unsealed Type)

유리벌브형
(Glass Bulb Type)

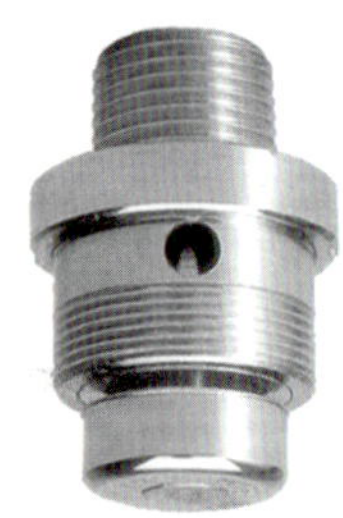

플러쉬
(Flush Type)

그림 7-6 스프링클러 종류 (출처: (주)대영 소방, (2015))

1) 폐쇄형 스프링클러

가) 습식 스프링클러설비 (Wet pipe sprinkler system)

가장 일반적인 스프링클러 설비로서 송수펌프에서 폐쇄형 헤드까지 배관 내에 항상 물이 가압되어 있다. 유수검지는 알람밸브를 사용하며 화재발생시 폐쇄형 헤드가 열에 의하여 개방되면 2차측의 물이 방출되며 이때 알람밸브가 개방되어 1차측의 가압수가 2차측으로 유입하여 방사되는 설비이다.

나) 건식 스프링클러설비 (Dry pipe sprinkler system)

주로 난방이 되지 않는 대공간에 설치하는 스프링클러 설비로서 송수펌프에서 건식밸브 1차측까지 배관 내에 항상 물이 가압되어 있고, 2차측에는 공기압축기를 이용한 압축공기가 충전되어 있다. 유수검지는 드라이밸브를 사용하며 화재발생시 폐쇄형 헤드가 개방되어 1차측의 가압수가 2차측으로 유입하여 방사되는 설비이다.

다) 준비작동식 스프링클러 설비 (Pre-action sprinkler system)

난방이 되지 않는 옥내에 설치하는 스프링클러 설비로서 송수펌프에서 준비작동 밸브 1차측 배관 내에 항상 물이 가압되어 있고, 2차측부터 폐쇄형 헤드까지는 저압 또는 무가압의 공기를 채워둔다. 화재가 발생하면 준비작동밸브를 개방하여 각 헤드까지 물을 송수시키고, 화재가 헤드를 개방시키면 살수하여 소화하는 설비이다.

2) 개방형 스프링클러 (Deluge system)

초기화재에 신속하게 대처하여야 하는 장소에 설치하는 스프링클러 설비로서 송수펌프에서 델류즈 밸브 1차측 배관까지 항상 물이 가압되어 있고, 델류즈 밸브 2차측부터 개방형 헤드까지는 대기압 상태로 있으며, 일제개방밸브를 사용한다. 화재가 발생하면 먼저 감지기 동작에 의해 전자 밸브가 기동되고, 이로 인하여 일제개방밸브가 개방되면 1차측의 가압수가 2차측으로 유입되어 해당 방호구역의 전 헤드에서 방사되는 설비이다.

표 7-15 스프링클러의 종류 및 특징

항목 \ 종류		습식	건 식	준비작동식	일제살수식
사용헤드		폐쇄형	폐쇄형	폐쇄형	개방형
배관	1차측	가압수	가압수	가압수	가압수
	2차측	가압수	압축공기	대기압, 저압공기	대기압(개방)
경보밸브		알람체크밸브	건식밸브	준비작동밸브	일제개방밸브
감지기 유무		없다	없다	있다	있다

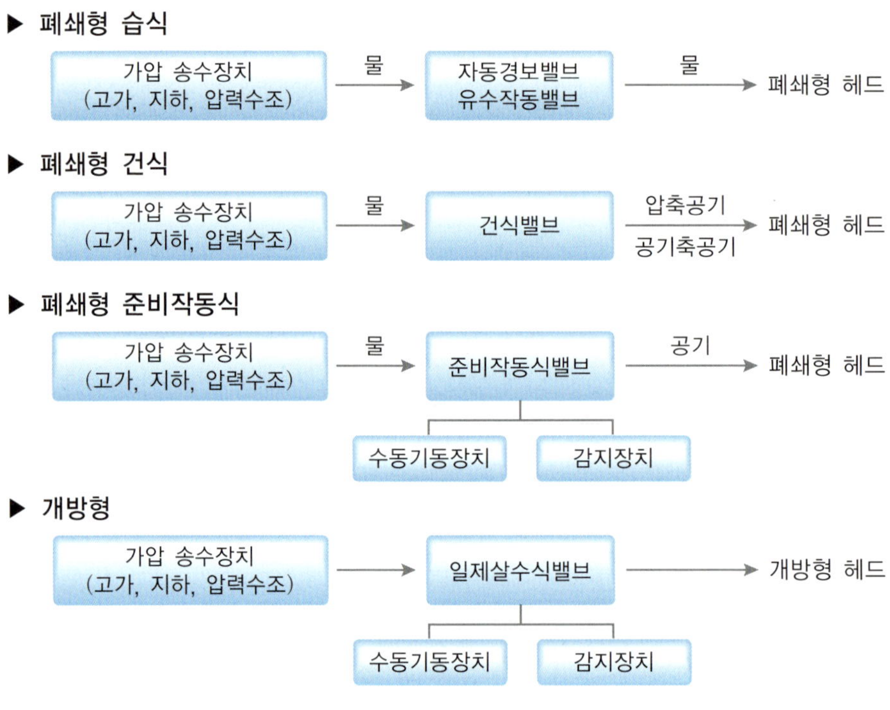

그림 7-7 스프링클러 설비의 구성도

마. 방호수막 (Water curtain system)

방호수막 시스템은 화재 발생 시 화염과 연기가 확산되는 것을 방지할 목적으로 적절한 물입자의 방사에 의해 터널의 한쪽 단면을 완전히 막을 수 있는 방호수막(water curtain)을 형성함으로써 화원이 있는 구역의 연기를 집적시키고 수막을 통과한 연기층의 온도를 냉각수에 의해 저하시켜 연기층이 갖고 있는 고유성질인 부력을 잃어 멀리이동하지 못하고 조기에 하강시킬 목적으로 고안된 일종의 연기층 확산방지 시스템이다. 방호수막 시스템은 지상, 천정 또는 옆에서 물을 방사하여 화재와 방호 대상물 사이에 혹은 방호 대상물의 주위에 막상, 분무상, 봉상 등의 분무형태의 분사 노즐을 통한 방호수막에 의하여 피난 방호구획을 형성하는 것으로 화염(방사열) 차단, 연기층 확산 억제, 안전 대피 공간 확보 등의 목적으로 사용된다.

방호수막 시스템은 지상, 천정 또는 옆에서 물을 방사하여 화재와 방호 대상물 사이 혹은 해당 방호공간의 횡단면 방향으로 수막을 틈새 없이 형성하는 기술로서 물분무 설비와 유사한 구성을 가지지만 연기 입자와 친화성을 가진 물분사 특성을 가진 분사노즐의 특성이 다르다. 방호수막 시스템은 가압송수장치, 기동용 수압개폐장치, 펌프 제어반, 역류방지 밸브, 물올림탱크, 일제개방밸브, 방사 노즐, 화재감지기, 수동조작부 등의 구성요소로 이루어진다.

표 7-16 방호수막 시스템 구성

구성품	주요기능
펌프 (가압송수장치)	설비 작동시 소화수에 규정 유속과 방사압력을 부여하여, 배관이나 노즐 등에 소화수를 송수시키는 장치로서, 주펌프와 충압펌프로 구성
기동용 수압개폐장치	펌프의 자동기동, 정지 및 시스템 압력변화에 대한 완충작용으로 펌프의 잦은 기동 방지 및 설비 보호
펌프 제어반	펌프의 수동기동 및 정지
체크밸브 (역류방지 밸브)	소화수의 역류 방지 기능
물올림탱크 (고가수조)	펌프 흡입측 배관내에 소화수를 계속공급하기 위해 설치하는 수조, 후트밸브의 고장이나 누수 등에 대한 감시기능
일제개방밸브	평상시 주펌프 1차측에서 가압송수된 물을 차단하고 있다가, 화재시 화재 감지기 등의 작동과 연동되어 개방하여, 펌프를 기동시켜서 소화수가 노즐을 통해 방사될 수 있도록 해주는 밸브
방사 노즐	화재 시 소화수를 방출시키는 장치로서 일반적으로 개방형 타입으로서 화재감지기와 연동되어 작동하고, 분무형, 봉상형, 편평형의 방사형태를 가짐
화재감지기	화재 시 발생되는 열이나 연기 등의 연소생성물을 자동으로 감지하여 수신반이나 제어반에 화재신호를 전달해주는 장치
수동조작부	일제개방밸브의 제어장치로서 감지기 회로와 밸브의 기능을 연결해주는 역할을 하며, 수동으로 설비를 작동시키는 기능

4. 비상대응조치

가. 화학사고 대응원칙

화학사고 대응은 재난 및 안전관리기본법 제14조에 의거, 대통령령으로 정하는 대규모 화학사고 발생 시 중앙재난안전대책본부장을 행안부장관으로 중앙사고수습본부장을 환경부장관으로 하며, 지방유역환경청이 지자체의 현장대응을 지원한다. 다만 대규모 재난의 예방 · 대비 · 대응 · 복구 등 화학사고 발생 시 중앙정부는 중앙재난안전대책본부와 중앙긴급구조통제단을 둘 수 있다. 지방자치단체는 시도지사 또는 시 · 군 · 구청장을 본부장으로 지역재난안전대책본부, 소방청장 또는 소방서장을 단장으로 하는 지역긴급구조통제단을 둘 수 있다.

전국 특수화학사고 대응을 수행하고 있는 소방조직에서는 2가지 기본원칙을 갖고 사고대응에 노력하고 있다. 사고현장 활동대원의 "개인 신변안전 확보와 요구조자의 신속한 구조" 및 방재활동 중 "이차적 유해물질 생성 억제대응"을 위한 노력이다. 대부분의 화학물질은 독성 및 부식성 등의 유해성을 가지므로 접촉 및 호흡기를 통한 흡입으로 인체에 심각한 결과를 초래할 수 있다.

나. 소방조직 화학사고 대응절차

화학사고 발생 시 활동대원은 화학에 관한 기본적인 용어와 개념의 이해가 필요하다. 그러나 실제 사고 상황에서 필요한 화학적 정보는 매우 다양하여 필요한 정보를 항상 이해하고 있는 것은 현실적으로 불가능하다. 화학사고 대응절차는 상황접수 → 출동 → 현장도착 → 현장대응에 따라 정보를 제공하고 있다. 대응요원 개인적으로는 유해물질비상대응핸드북, 사고대비물질키인포가이드, 화학물질안전관리정보시스템, 사고이력물질대응가이드북 활용 등 다양한 화학사고 대응안내책자 활용에 의존하고 있으며 언제든지 쉽게 문의할 수 있는 화학전문가의 자문을 받음으로 대응절차의 이해를 높이고 있다.

가) 상황접수 및 출동

[상황실] 신고접수 후 출동지시, 현장정보 파악 · 전파

- 최초에는 일반사고로 접수된 경우에도 항시 테러가능성을 염두할 것
- 관련 물질 종류에 따른 중화, 제독, 진화 등에 관한 정보 파악

※ 유해물질 비상대응 핸드북(ERG), 사고대비물질키인포가이드, 화학물질안전관리정보시스템(KISChem), 소방청 사고이력물질대응가이드북 활용

- 화학테러관련 징후 파악 시 경찰 및 국정원, 환경부, 화학물질안전원 등 전파
- 테러대응구조대(중앙 또는 직할) 출동 요청 · 지령
- 신고자 등 관계자에게 관련 정보 추가획득 노력

[공 통] 현장정보 및 위험요인 확인, 개인보호장비 및 건강상태 확인

[구조대] 화학테러(사고)대응 장비 · 물자 확인 및 휴대

※ 화학 탐지 · 제독장비, 화학보호복, 누출차단 장비 등

[구급대] 오염환자 응급처치 이송을 위한 장비 · 물자 휴대

[테러대응구조대] 화학테러 대응장비 휴대 · 출동, 필요시 헬기 긴급출동 준비

● 화학테러로 의심 가능한 징후

1) 현재 장소와 연관이 없는 화학(위험)물질 또는 연구소용 기구 등이 발견될 때
2) 이유를 알 수 없는 비슷하고 작은 질환(질병) 또는 사망이 패턴을 보이며 발생할 때
3) 주변환경 특성과 맞지 않는 이유를 알 수 없는 냄새 또는 맛을 느낄 수 있을 때
4) 다수에게서 피부, 눈 또는 호흡기에서 이유를 알 수 없는 자극이 느껴질 때
5) 폭탄 또는 탄약처럼 생긴 물건(특히 액체가 들어 있는)이 발견되었을 때
6) 이유를 알 수 없는 증기운, 안개 또는 연기기둥이 관측되었을 때
7) 다수에게서 이유를 알 수 없는 증상(침 등 타액분비, 눈물흘림, 배뇨, 배변, 내장 통증 및 지속적인 악화, 구토, 동공축소 및 근육경련 등)이 발생할 때
8) 이유를 알 수 없는 사망이 발생하였을 때

9) 나무(관목, 덤불 등), 식용작물 및 잔디 등이 갑작스럽게 죽거나(드문드문 죽은 경우 제외), 퇴색(탈색)되거나 비정상적 외형 또는 메마른 경우
10) 어디든 표면에 기름방울 또는 기름막(유막)이 형성되거나 또는 물 표면에 알 수 없는 기름막(유막)이 생성된 경우
11) 이유를 알 수 없는 다수의 병들어 보이거나 죽은 새, 동물 또는 물고기가 발견될 때

나) 출동 중

[상황실] 현장정보 지속 확인 및 출동대에 관련정보 실시간 전파

- 요구조자 유무(인명구조 필요 여부) 포함 세부적인 사상자 확인
- 신고자, 유관기관 등으로부터 위험요인 정보 확보
- 사고현장(사업장) 정보, 현장 기상(풍향, 풍속, 온도, 습도 등) 확인
- 화학테러 확인 시 화학작용제 및 물질별 대응방법 확인 · 전파

[출동대] 현장정보 확인 및 개인보호장비 착용

다) 현장 도착

[선착대]

- 현장에 선착한 차량은 풍상 방향으로 접근하며 가상의 안전통제선 150m(폭발사고 시 : 200m), 대규모의 폭발 또는 탱크, 철도차량 및 탱크트럭 화재 시 800m 밖에 차량배치 후 후착대에 부서위치 전달
- 시설관계자 또는 운송차량 운전자 우선 확보
- 정확한 요구조자 및 위치 파악
- 추가적인 위험요인 확인(테러, 무장, 폭발 등) 및 안전위해요소 발견 · 예상시 현장지휘본부장 허가(요청)없이 진입 불가
- 화학오염(인원 · 장비 · 지역) 확산 예측
- 개인보호장비 착용 및 구조 · 구급 · 진화 활동 준비, 개인건강 확인
  - Hot Zone : Level A 적용(구조대 등)
  - Warm Zone : Level A · C 적용(제독소, 진압대, 응급의료소 등)

– Cold Zone : Level C 적용(현장지휘소, 구급대 등)

- 사고현장 정보수집
- 시설구조, 사고위치, 설비(화학물질 취급설비, 소화설비, 방재물품 등) 상황
- 위험성 관찰 및 자체 방재활동 확인

[구조대]

- 요구조자 및 사상자 정보 및 현장투입 전 안전요소 확인

[구급대]

- 오염환자 응급처치 이송을 위한 장비 · 물자 준비

[테러대응구조대]

- 테러상황시 현장지휘본부로부터 임무숙지

라) 현장 대응

[공 통]

- 현장상황에 맞는 개인 화학보호장비(Level A)를 갖추었을 경우에만 위험지역(Hot Zone)에 진입할 것
- 주민대피 조치(협조) : 주민통제 요청(경찰), 주민대피 방송 · SNS 전파(지자체)
- 유관기관 협조체계 유지 및 상황관리

[초기대응단계]

- 확산범위 판단 및 위험구역 설정

  ※ 위험물질 양(농도), 풍향, 풍속 등을 측정하여 판단(ERG 등 참고)

  – Hot Zone(위험지역) : 실제 오염이 발생한 지역으로 인명구조, 위험물질 탐지 및 누출차단 외 접근금지 (Level A 착용 지역 / ERG상 초기이격거리/누출물질 허용농도 이상)
- 화학보호복을 착용한 대원(탐지, 인명구조, 수거)은 오염지역에서 활동시간을 총 30분 이상 초과하지 말 것

  – Warm Zone(준위험지역) : 위험지역보다 윗바람 지역에 위치하며 오염이 발생

할 수 있고 제독활동을 위해 필요한 지역 (Level C 착용 지역 / ERG상 방호활동 거리 / 누출물질 허용농도 이하)

• 위험지역 활동대원 및 장비는 반드시 제독소를 통해 제독실시 및 오염(재)확인

– Cold Zone(안전지역) : 준위험지역보다 윗바람 지역에 위치하며 원칙적으로 안전한 지역이지만 개인보호장비는 휴대, 구급대원 활동, 지휘본부 및 지원시설 등을 설치함

표 7-17 현장지휘소 운영 및 사고규모에 따른 초기대응 임무편성

현장지휘반	탐 지 반	인명구조반	수 거 반	제 독 반
사고현장 파악 출입자 통제 임무편성	경계구역 설정 진입로 선정 누출물질 탐지	위험지역 내 인명구조 응급처치	누출물 수거 누출확산방지 시료채취	누출물질 제독 인체 · 장비제독 제독소 설치

• 초기대응 임무편성에 어려움이 있을 경우 신속히 추가 인력과 장비지원 요청

• 위험구역 통제선을 설치 후 30분 간격으로 누출물질 탐지 · 측정하여 사고현장 변화에 대비확산범위 판단 및 위험구역 설정

※ 위험물질 양(농도), 풍향, 풍속 등을 측정하여 판단(ERG 등 참고)

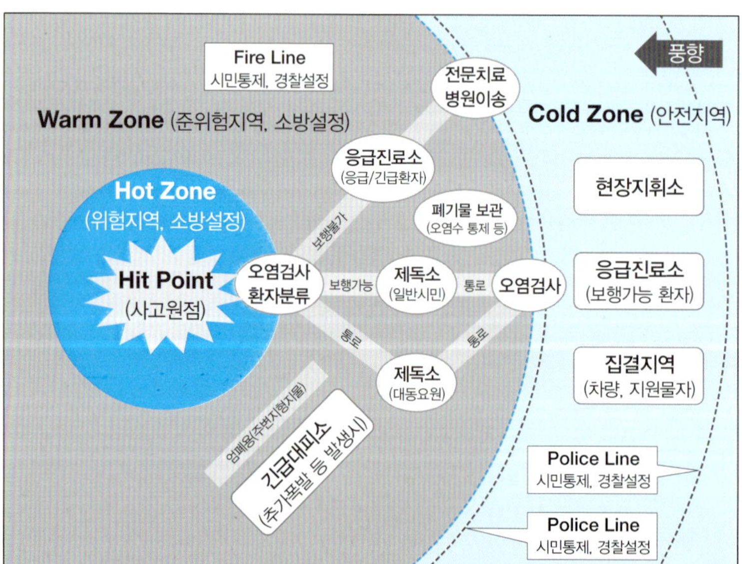

그림 7-8 화학사고(테러)시 위험구역 설정 예 (출처: 소방청 테러유형별 현장표준소방활동 지침)

- Hot Zone(위험지역) : 실제 오염이 발생한 지역으로 인명구조, 위험물질 탐지 및 누출차단 외 접근금지 (Level A 착용 지역 / ERG상 초기이격거리/누출물질 허용농도 이상)

• 화학보호복을 착용한 대원(탐지, 인명구조, 수거)은 오염지역에서 활동시간을 총 30분 이상 초과하지 말 것

- Warm Zone(준위험지역) : 위험지역보다 윗바람 지역에 위치하며 오염이 발생할 수 있고 제독활동을 위해 필요한 지역 (Level C 착용 지역 / ERG상 방호활동거리 / 누출물질 허용농도 이하)

• 위험지역 활동대원 및 장비는 반드시 제독소를 통해 제독실시 및 오염(재)확인

- Cold Zone(안전지역) : 준위험지역보다 윗바람 지역에 위치하며 원칙적으로 안전한 지역이지만 개인보호장비는 휴대, 구급대원 활동, 지휘본부 및 지원시설 등을 설치함

• 초기대응 임무편성에 어려움이 있을 경우 신속히 추가 인력과 장비지원 요청

• 위험구역 통제선을 설치 후 30분 간격으로 누출물질 탐지 · 측정하여 사고현장 변화에 대비

표 7-18 현장활동 우선순위 (출처: 소방청 화생방사고대응 표준교재)

1순위 생명안전	2순위 사고 안정화	3순위 재산/환경보호	4순위 증거보존
인명구조 주민대피 위험지역 통제 응급의료팀 운영 인체제독	밸브 잠금 누출확산 통제 Hazmat팀 요청 우회도로 확보 오염물질 탐지 · 분석	오염지역제독 화재진압 누출물 수거 적십자 요청 중화, 희석, 흡착	시료채취 증거보호 잔류농도측정

[구급대]

• 오염된 부상자의 응급처치에 있어 준위험지역 및 제독구역 외(Cold Zone)에서 활동하며, 응급처치는 제독 후에 실시하는 것을 원칙으로 함

• 부상자의 구명이 최우선으로 제독보다 응급처치가 우선시 될 경우, 먼저 응급처치를 실시하며 단 최소한의 오염확산 방지조치를 실시

• 부상자를 응급처치하는 경우 2차 오염을 방지하기 위해 레벨C 화학보호복을 착용하며 대원의 신체 · 의류가 부상자와 직접 접촉되지 않도록 할 것
• 부상자는 시설 등의 관계자 및 유관기관과 협의 하에 의료기관에 이송
• 오염환자를 이송함에 있어 오염확산 가능성을 고려하여 구급차의 좌석에는 오염확산 방지를 위해 다수의 시트, 비닐슈트 등으로 조치할 것
• 의료기관으로 이송될 때에는 오염된 상황 등을 세부적으로 인계할 것

[테러대응구조대]

• 인명구조, 위험물질 탐지, 누출차단, 검체채취 · 이송, 제독 실시
• 화학물질 재탐지 및 필요시 위험구역(안전통제선) 재설정
• LPG 등 폭발가스 누출 시는 냄새 · 소리 등을 주의 깊게 경계하며 방폭기능이 있는 탐지장비 사용
• 폭발물로 인한 도시가스 누출 등 추가 위험에 대한 누출차단 및 차단 불가능시 확산방지 조치
• 확산방지 : 제방, 우회, 차단 등 사고확대 방지(하천유입방지 활동)
• 화학테러에 사용된 물질 시료채취 및 관련 연구소(화생방방어연구소 등) 이송
• 현장 여건 및 상황에 따른 제독 실시(간이 또는 완전제독)
  – 오염 · 준오염지역 내 출입한 모든 인원 · 장비 및 지역에 대한 제독 실시
  – 간이제독 : 완전제독 여건 미비 또는 신속한 제독 필요시 펌프차, 주변 세차장 등 주변여건 활용하여 세제 · 락스 또는 다량의 물로 제독
  – 완전제독 : 제독차(테러대응구조대 보유)를 이용, 온전한 제독소를 구성하여 실시(일반 시민용과 대응요원의 제독구역 구분 및 가용시 제독 후 오염수 처리대책을 세울 것)

다. 전문대응단계

화학사고 발생에 따른 전문대응단계로는 누출통제(spill control), 탐지분석(detection & analysis), 제독(decontamination) 활동으로 나누어 대응할 수 있다.

1) 누출통제(spill control) 활동절차

(1) 방어적 전략

인력, 장비 등을 적게 투입하여 누출된 화학물질의 방향전환이나 제방쌓기와 같은 구체적인 활동의 유형으로 확산을 제한하는 쪽으로 대응노력을 기울이는 방법이다. 일반적으로 방어적인 방식은 현장대응자를 공격적인 방식보다는 위험상황에 덜 노출시키는 장점을 가지고 있다.

① 흡수/흡착(absorption/adsorption)

액체를 흡수해서 머금기 위해 흡수제를 사용하는 처리 기술이다. 흡수제는 반드시 불활성이어야 하며 유해한 폐기물이 다뤄질 수 있어야 하며 오염된 즉시 폐기절차에 따라서 적절하게 없애야 한다. 일반적으로 시중에 판매중인 케미컬 흡착제를 사용할 수 있으며 흡수제가 없을 시 모래 및 흙으로 대체할 수 있다.

그림 7-9 흡수/흡착 (출처: 소방청 화생방사고대응 표준교재)

② 덮기(blanketing)/커버링(covering)

물리적 제한 방법으로 고체상의 분말 누출시 플라스틱 덮개나 방수 천을 씌워서 바람에 의한 날림을 방지하는 방법이다. 화학물질 운반트럭의 전복 또는 상하차 작업시 사고에 의한 화학물질 보관용기의 낙하 · 파손으로 고체상 화학물질이 누출될 경우 물과의 반응성을 고려하여 우수로, 하수관거, 하천으로 유입차단이 가장 우선되어야 한다. 커버링을 통한 조치는 임시방편임으로 신속하게 추가적인 조치를 취함으로써 누출된 화학물을 안전하게 처리할 수 있다.

그림 7-10 덮기(커버링) (출처: 소방청 화생방사고대응 표준교재)

③ 댐 작업(daming)

물질이 넘치는 양을 줄이거나 막기 위해서 댐을 만들어서 물리적으로 가두는 방법이다. 댐 방법에는 오버플로 댐(overflow dam)과 언더플로 댐(underflow dam)의 두 가지가 있다.

- 오버플로우 댐(overflow dam) : 댐 뒤에 물보다 무거운 물질(비중〉1)이 가라앉았을 때 가두는 방법으로 오염되지 않은 물이 댐 윗부분으로 넘쳐흐를 수 있도록 한다. 이 방법은 천천히 흐르는 좁은 수로에 가장 효과적이다.
- 언더플로우 댐(underflow dam) : PVC 파이프를 사용해서 댐 뒤의 오염물질이 유지되는 동안 오염되지 않은 물이 댐 아래로 흐를 수 있도록 한다. 이 방법은 천천히 흐르는 좁은 수로에 가장 효과적이다.

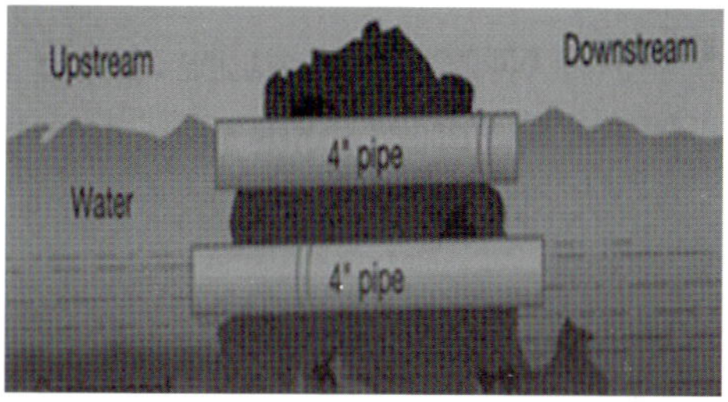

오버플로우

언더플로우

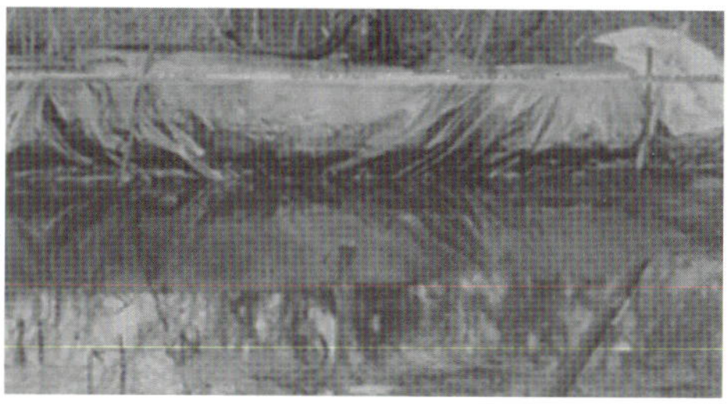

누출된 연료의 댐

댐 작업

그림 7-11 댐 작업(출처: 소방청 화생방사고대응 표준교재)

④ 희석(dilution)

액체 또는 고체 오염물질의 농도를 줄이기 위해서 물 또는 다른 용해제를 사용하는 처리과정이다. 희석작업을 위해 가장 자주 사용되는 물질은 물이며, 일반적으로 많은 양을 즉시 이용 가능하다. 그러나 희석작업은 위험물질의 화학성분이 감소되기만 하고 제거된 것이 아니므로 누출된 액체를 쓸어 담아야 하고 제대로 폐기처리되어야 한다.

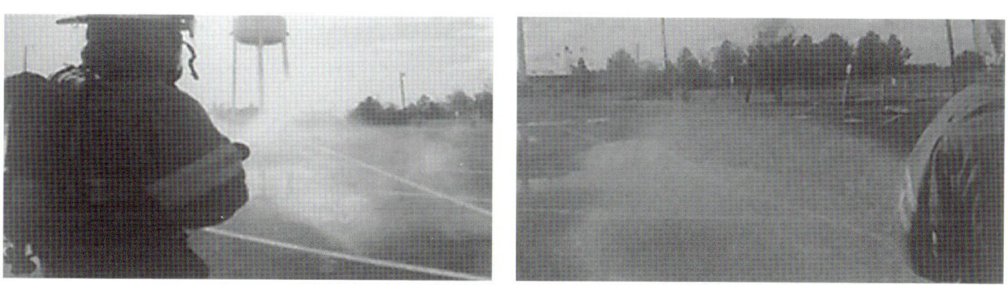

그림 7-12 희석 농도 확인 및 댐과 도랑 감시 (출처: 소방청 화생방사고대응 표준교재)

⑤ 증기 확산(vapor dispersion) 억제

물 분무, 화학적 억제제 등을 사용해서 증기를 확산시키거나 제거하는 방법으로 무수불화수소, 암모니아 등과 같은 수용성 물질에 효과적이다.

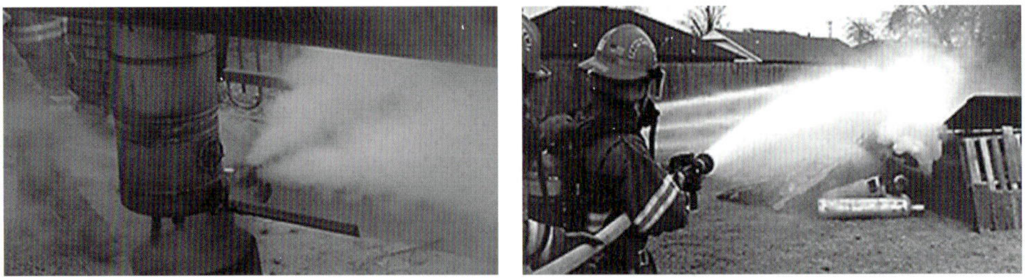

그림 7-13 증기확산 억제 대응 (출처: 소방청 화생방사고대응 표준교재)

⑥ 증기 억제(vapor suppression)

누출된 물질로부터 생성되는 증기를 줄이거나 제거하기 위한 물리적 가둠의 방법이다. 일반적으로 공격적 방법으로 가연성, 부식성, 독성으로 증기가 발생하는 것을 완화시키고 대기에 노출된 표면적을 줄이기 위한 것이다. 증기억제는 일반적으로 유해물질의 성분을 변화시키지는 않지만, 통제되지 않은 증기와 연관된 직접적인 피해를 크게 줄일 수 있다.

그림 7-14 증기억제 대응 (출처: 소방청 화생방사고대응 표준교재)

(2) 공격적 전략

자원을 누출, 유출에 투입하여 신속하게 문제를 통제 내지 완화하도록 기도된 특정한 유형의 공세적인 활동으로 정의된다. 공격적인 활동은 현장 대응자를 위험에 처하게 할 수 있지만 조치활동을 빠르게 진행하여 유출을 신속하게 제한 내지 봉쇄할 수 있다.

① 중화(neutralization)

누출된 화학물질에 제2의 물질을 가함으로써 화학적 반응을 일으켜 덜 해로운 물질 형태로 중화시키는 화학적 방법이다. 가장 일반적인 예로서 누출된 산에 염기물질을 가하여 중화염을 생성시키는 것이 있다. 중화의 큰 장점은 방출되는 유해 증기가 현저히 감소된다는 점이며 경우에 따라 유해물질이 전혀 해롭지 않은 형태로 전환될 수도 있고 적은 비용과 노력으로 쉽게 폐기 처리할 수 있다. 그러나 산과 염기가 섞이는 초기 단계에는 다량의 중화열 발생으로 인한 유해 증기를 발생시킬 수 있다.

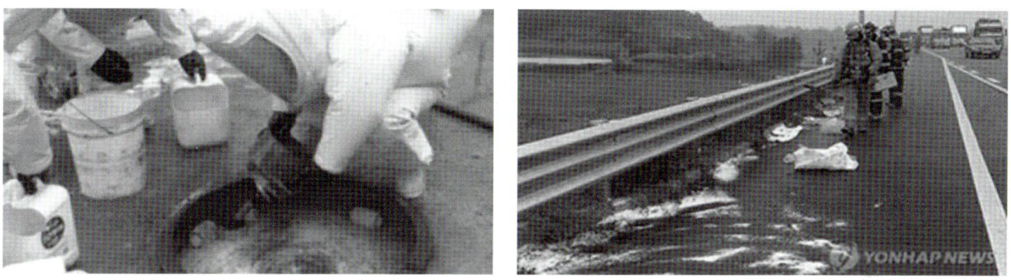

그림 7-15 중화 작업 (출처: 소방청 화생방사고대응 표준교재)

② 오버패킹(overpacking)

누출이 발생한 드럼, 용기 또는 실린더를 손상되지 않은 대형의 오버패킹 컨테이너 속에 넣는 물리적 봉쇄 방법이다. 액체 용기에 사용되지만 염소와 같은 일부 압축가스 실린더에도 사용할 수 있다. 액체 오버패킹 컨테이너는 강철과 폴리에틸렌으로 제작되며 실험실용 팩에서 드럼에 이르기까지 그 범위는 다양하다. 가능하면 오버패킹 컨테이너 속에 용기를 넣기 전에 누출되는 곳을 일시적으로 수리해야 한다. 오버패킹 컨테이너 속에 넣는 방법은 밀어넣기와 굴려 밀어넣기 방법이 있다. 밀어넣기는 용기가 수평으로 있을 때 실시할 수 있으며, 대응자가 누출용기의 끝을 들어 올려 오버패킹 컨테이너 안으로 들어오도록 한 후 용기를 똑바로 세우는 방법이다. 굴려 밀어넣기는 용기를 밀어서 굴리는 동작으로 누출 용기가 오버패킹 용기에 들어가게 하는 방법이다. 똑바로 세울 때는 누출용기의 무게가 중요한 변수이다. 용기의 크기와 무게에 따라서 오버패킹 형태가 달라질 수 있고 이는 현장대응시 고려사항 중 하나이다. 누출이 발생한 드럼을 오버패킹하는 방법은 다음과 같다.

밀어넣기 대응

굴려넣기 대응

그림 7-16 오버패킹(출처: 소방청 화생방사고대응 표준교재)

③ 패칭(patching)/플러깅(plugging)

균열부위에 재료나 장치를 놓아 유해물질이 용기에서 나오지 않게 하는 것이다. 패치로는 상용 및 가정에서 만든 장치를 포함할 수 있고 용기 외판, 배관시스템 및 밸브에서의 누출 수리에 사용된다. 패치는 관련 화학약품과 양립할 수 있어야 하며 플러그와 마찬가지로 현장에서 제작할 수도 있지만 미리 각종 장치를 만들어 출동차량에 휴대함으로써 많은 시간을 절약할 수 있다.

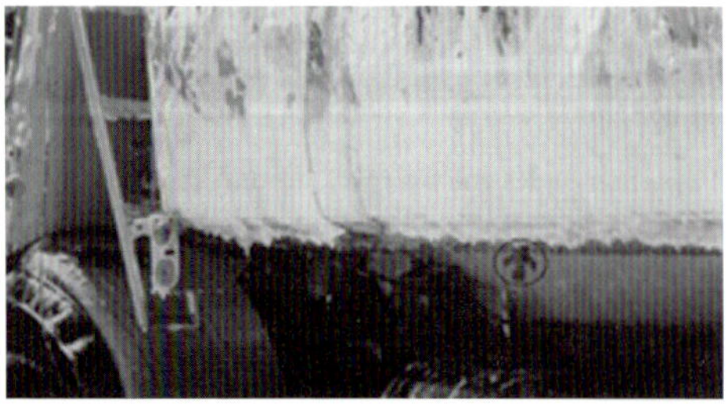

플러깅 대응

패칭 대응

그림 7-17 패칭/플러깅(출처: 소방청 화생방사고대응 표준교재)

④ 기타

마개가 있는 부분이 위로 가게 드럼을 세우거나 굴린다.

구멍의 위치가 액체의 수위보다 높은 곳에 있도록 드럼을 굴린다.

적당한 마개렌치를 찾아서 누출이 멈추거나 줄어들 때까지 조인다.

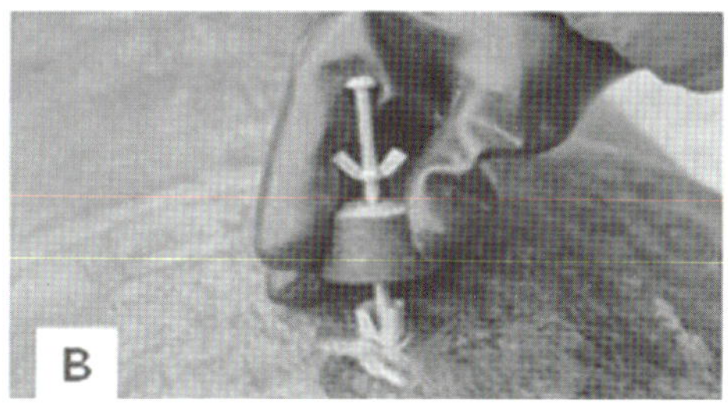

누출부위에 맞는 T볼트 플러그를 사용해서 막는다.

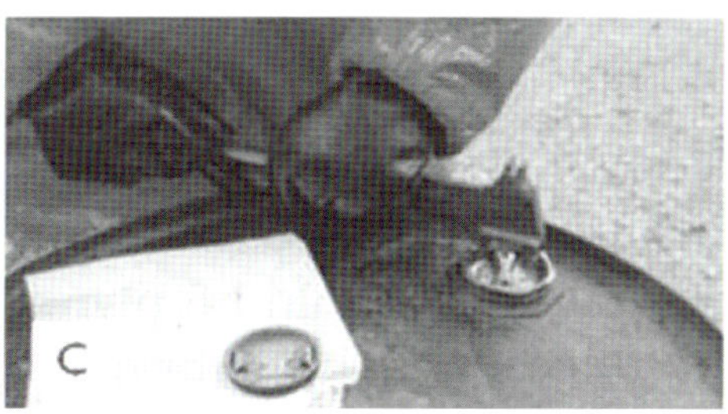

새로운 마개로 대체하거나 기존의 마개를 재사용한다.

플러그 접합 부위의 미세한 누출을 막기 위해서 화학적 패칭을 사용한다.

그림 7-18 마개누출 대응 및 구멍 누출 차단(출처: 소방청 화생방사고대응 표준교재)

표 7-19 화학사고 누출통제 전략

방어적 전략	공격적 전략
• 흡수/흡착(absorption/ adsorption) • 덮기/커버링(blanketing/covering) • 댐작업/도랑 작업(daming/diking) 　– 오버플로 댐(overflow dam) 　– 언더플로 댐(underflow dam) • 희석(dilution) • 우회(diversion) • 보유(retention) • 증기확산(vapor dispersion) • 증기억제(vapor suppression)	• 중화(neutralization) • 오버패킹(overpacking) • 패칭/플러깅(patching/plugging) 　– 마개 누출(bung leak) 　– 구멍(punctures) 　– 테두리 누출(chime leak) • 응고(solidification)

2) 탐지·분석(detection and analysis) 활동절차

(1) pH 측정

pH용지 및 pH미터는 액체 누출물의 산 · 알칼리성 정도를 파악하기 위해서 사용한다. 이러한 산 · 알칼리도는 수용액 상태에서 측정이 가능하다. pH용지는 액체를 묻혀서 그 색의 변화를 보고 산 · 알칼리를 판단한다. 다만 어두운 환경에서는 식별하기 어렵고 공기 중의 산 · 염기성 가스 존재여부가 pH종이에 묻을 경우 색변화로 확인할 수 있다. pH미터는 지시전극을 사용하여 전자적으로 pH를 수치화하여 나타낸다. 휴대용은 배터리를 사용하므로 항상 그 용량을 확인하여야 하고, 자주 전극을 보정하여 정확한 값이 익히도록 하여야 한다.

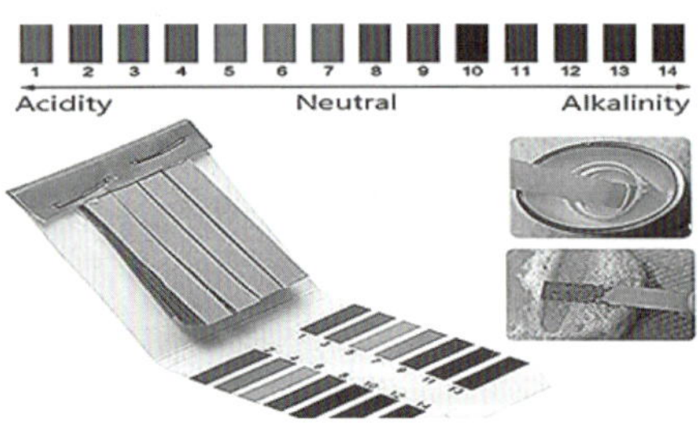

pH용지

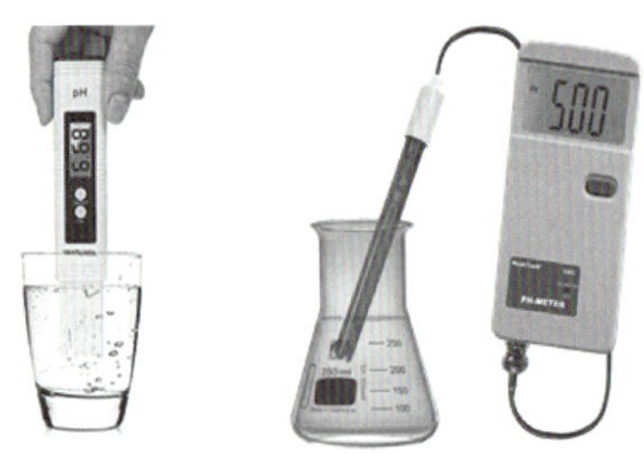

pH미터

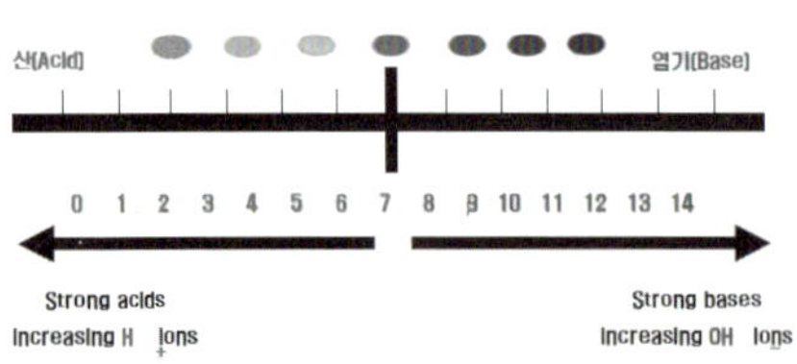

pH 0 – 3	강산성
pH 7	중성
pH 10 – 14	강알칼리성

그림 7-19 pH 측정(출처: Google image)

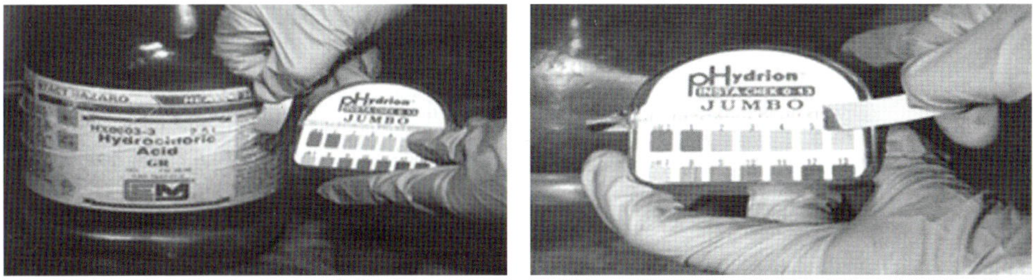

pH 0-3 : 강산성　　　　pH 10-14 : 강알칼리성

그림 7-20　pH 측정(출처: 소방청 화생방사고대응 표준교재)

(2) 헤즈멧 스마트 스트립(Hazmat smart strip)

화학보호복을 착용한 상태에서 손목, 발 등에 붙여 활용하는 것으로 클립을 사용하거나 스티커를 붙일 수 있는 구조로 되어있다. 색상변화를 통해서 다음과 같은 물질의 존재여부를 확인할 수 있다.(표 7-20)

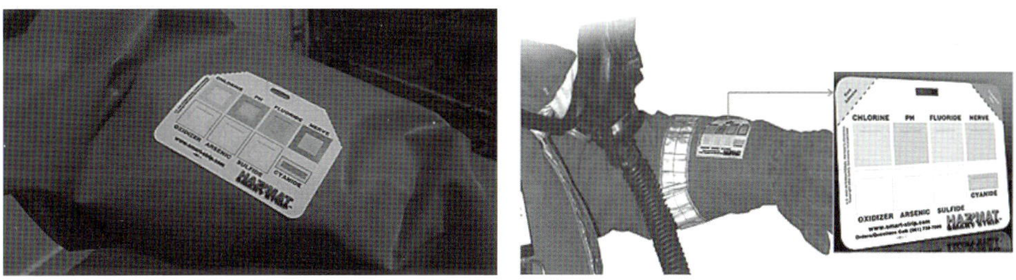

그림 7-21　헤즈멧 스마트 스트립(출처: 소방청 화생방사고대응 표준교재)

표 7-20　헤즈멧 스마트 스트립사용(색의 변화) (출처: 소방청 화생방사고대응 표준교재)

분류	기본색상(음성반응)	양성반응	최소탐지농도
염소(chlorine)	노란색	파란색, 흰색	1 ppm
산/염기(pH)	오렌지색	붉은색, 파란색	산성 – 염기성
불화물(fluoride)	핑크색	노란색, 흰색	20 ppm
신경작용제(nerve)	갈색	금색, 붉은색, 녹색	G, V 작용제
산화제(oxidizer)	흰색	파란색, 보라색	1 ppm
비소(arsenic)	흰색	노란색, 갈색, 검정	0.5 ppb
황화물(sulfides)	흰색	갈색, 검정	5 ppm
시안화물(cyanide)	녹색	파란색	0.2 ppm

그림 7-22 헤즈멧 스마트 스트립(출처: Google image 및 소방청 화생방사고대응 표준교재)

(3) Dräger CDS Kit

pH공기 중의 특정 기체와 증기의 농도를 측정하기 위한 탐지장비로 검지관의 색상 변화를 통해 확인하는 변색화학기법을 이용하고 있다. 검지관은 시험 대상 화학물질과 반응하는 여러 시약으로 채워지며, 해당 화학물질이 있을 때 시약의 색상이 변하거나 관의 농도레벨(ppm 또는 %)을 이용하여 평가 내지 측정하는 기기다. 각 물질에 따라 펌프 횟수가 정해져 있으며, 반응시간은 화학물질에 따라 약 2~5분 정도가 소요된다. 운용상의 유의사항은 농도레벨을 판독할 경우 착색점 또는 그 끝 부분을 육안으로 판독해야 하는 점과 주변 대기 여건에 따라 보정이 필요하며 최대 35%의 오차한계가 있을 수 있다. 또한, 검지관의 시효기간은 보통 24개월이며, 유사한 화학물질에 의하여 영향을 받을 수 있다.

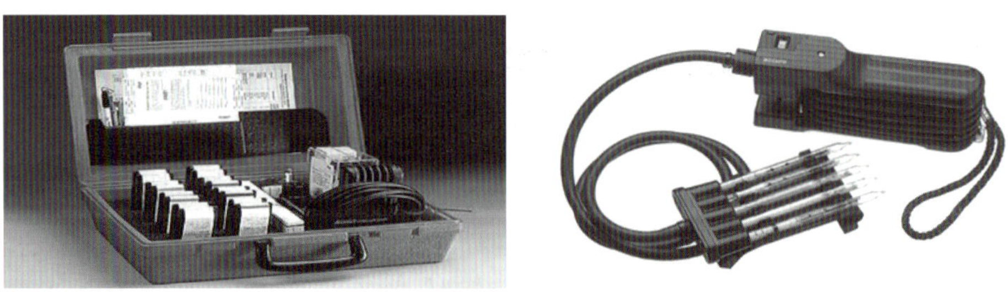

그림 7-23 Dräger CDS Kit(출처: Google image)

(4) Kitagawa tube

CDS Kit과 동일하게 검지관을 이용한 탐지기로 화학물질의 존재여부 및 대략적인 농도를 파악할 수 있는 탐지장비이다. Kitagawa 탐지장비는 흡입펌프와 검지관으로 구성되어 있는데 검지관을 꼽고 펌프를 잡아당겨 흡입하게 되면 일정시간이 지난 뒤 자동으로 흡입차단장치가 작동되는 구조로 설계되어 있다. 본 탐지장비로 측정할 수 있는 상업용 검지관은 약 200여종이 판매되고 있다.

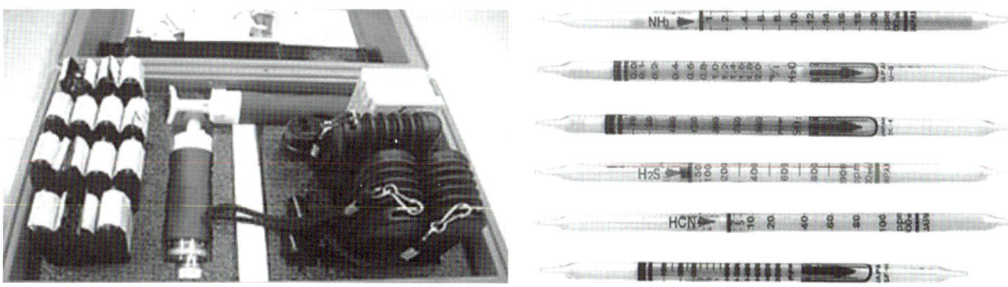

그림 7-24 Kitagawa tube(출처: Google image)

표 7-21 Dräger 검지관 vs Kitgawa 검지관

Dräger 검지관	Kitagawa 검지관
• 200 물질종류 검지관(측정범위 500가지) • 사고대비물질 56종 중 24종 측정가능 • 유독물/위험물 다수물질 측정가능	• 200 물질종류 검지관 • 사고대비물질 56종 중 37종 측정가능 • 유독물 중 다수물질 측정가능

(5) 복합가스측정기

대기 중에 잠재적으로 존재하는 O_2, CO, H_2 및 폭발성 가스를 측정하며 측정된 가스 농도가 경보 설정 값을 초과하면 고음량 경보가 발생하여 사용자에게 위험을 알린다.

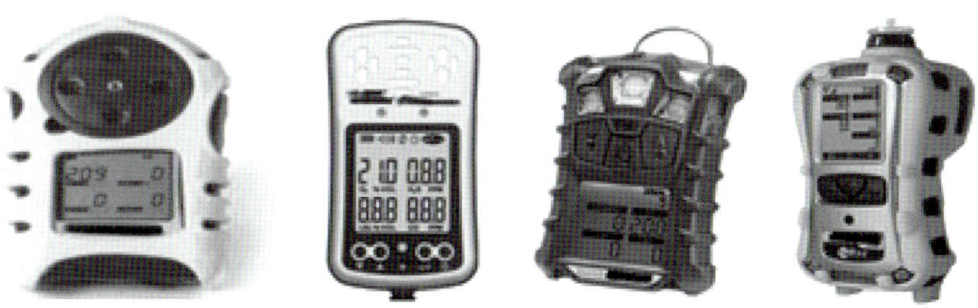

그림 7-25 복합가스측정기(출처: Google image)

3) 제독(decontamination) 활동절차

- 가장 효과적이고 간단한 제독방법은 오염된 개인보호장비(PPE) 혹은 겉옷을 제거하는 방법으로 오염물질을 가장 높은 확률로 제거할 수 있는 방법이다.

표 7-22 습식(wet) 방법과 건식(dry) 방법

습식방법	대개 오염된 표면을 물을 이용해서 씻어 내거나 호스나 안전세척기를 이용해서 씻어내는 것을 말한다.
건식방법	물이나 기타 다른 용액을 이용하지 않는 세척방법이다. 예) 스크래핑, 브러싱, 흡수, 흡착

표 7-23 물리적 방법 및 화학적 방법

물리적 방 법	일반적으로 오염된 사람이나 사물로부터 오염물질의 물리적 제거를 포함한다. 이러한 방법은 일반적으로 실행하기가 쉽고 오염물질의 농도를 희석시킬 수는 있지만, 화학적으로는 바뀌지 않은 채로 존재한다. 예) 흡수, 흡착, 브러싱과 스크래핑, 가열과 냉각, 격리와 폐기(건식 오염제거), 압축 공기, 진공흡입, 세척, 증발
화학적 방 법	일반적으로 어떤 종류의 화학적 공정을 통한 오염물질의 제거를 포함한다. 즉, 오염물질에 제거를 촉진하는 어떤 형태의 화학적인 변화가 발생한다. 화학적인 오염물질 제거 방법 중 어떤 것은 다른 위험을 불러올 수 있다. (부식성 물질의 중화) 예) 화학적 분해, 중화, 응고, 소독, 살균

- 오염된 PPE 혹은 겉옷을 제거하는 것과 물로 씻어내는 것은 긴급제독과 대량제독에 많이 활용된다. 기술적 제독은 모든 오염물질을 물과 비누, 세제, 화학용액을 이용해서 세척하고 철저하게 제거하는 추가적인 노력이 요구된다. 긴급제독 혹은 대량제독의 수행 결정은 관련된 유해물질과 오염지역으로부터 피해를 최소화하는 것이다.
- 요구조자, 현장활동 대원 및 장비 제독은 일반적으로 준위험지역(Warm Zone)에서 실시한다.

라. 활동대원 제독

화학사고 대응임무를 수행한 대원은 보건안전 및 이차오염을 방지하기 위하여 반드시 착용한 보호복, 사용 장비 그리고 인체제독을 하여야 한다.

진입지점의 선정	오염된 사람들이 제독지역으로 들어오는 위치에 관한 명확히 표시한다.
⇩	
기술적인 제독	습식 제독(대응활동자는 소량의 물을 이용한 고압분사식 샤워 단계부터 시작하여 오염을 씻어내고 희석) ※ 안전화의 바닥, 장갑, 무릎막이 부분의 철저한 제독은 두 명의 제독대원이 두개의 솔을 사용하여 안전화의 바닥과 위를 세척
⇩	
SCBA 제거	재진입이 필요한 경우 공기호흡기 및 보호의 교체작업을 수행. 제독팀은 PPE의 지퍼를 열고 SCBA가 노출되도록 바깥으로 감으면서 보호의를 벗김
⇩	
PPE의 제거와 격리	보호의 제거는 가능한 PPE의 내부가 밖으로 접히도록 실시하고, PPE제거는 앉은 자세에서 실시하면 쉽다. 헬멧, 장화, 조끼, 라디오와 같은 보호장비도 SCBA장치와 같이 제거한다. 장비는 제독되기 전까지 제독 지역의 오염구역에 놓아둔다. 제거한 보호의 및 장비는 세척 또는 폐기를 위해서 별도 용기에 보관한다.
⇩	
개인의복제거	개인 의복이나 작업복이 오염되면 즉시 탈의하고 샤워를 한다. 오염지역에 들어가기 전에 반지, 시계 지갑 등 개인물품은 벗는다.
⇩	
몸 씻기	제독텐트 및 임시 샤워장을 이용한 비상샤워를 수행하고, 사용된 용수는 반드시 저장하여 폐수처리 한다. 인체제독에 사용된 솔과 스펀지는 반드시 백에 넣고 소각/폐기한다.
⇩	
몸을 말리고 새 옷으로 갈아입기	타월이나 시트를 사용하여 몸을 말리며, 사용한 타월은 세탁이나 폐기를 위해서 오염지역에 위치한 백에 놓는다.
⇩	
현장건강진료	제독작업이 끝나면 의료팀에 의해 간단한 신체검사를 실시한다. 검사된 모든 현상들은 필히 기록하고, 노출이 심하거나 외상이 생겼을 경우 병원으로 후송한다.

*SCBA(Self-Contained Breathing Apparatus) : 공기호흡기
*PPE(Personal Protective Equipment) : 개인보호장비

그림 7-26 화학사고 활동대원 제독 절차

마. 환경 제독

화학사고는 대응처리가 완료된 후에도 사고현장 주변의 수질 및 토양오염 방지 등을 위해 제독 절차를 수행하여야 한다.

1) 물리적 방법

(1) 흡수

- 오염 면적의 확대를 막기 위해서 유해물질(액체)을 빨아들이는 것
- 흡수제 안에 있는 오염물질의 화학적 성질은 바뀌지 않은 채로 그대로 남아있음
- 주로 장비를 닦아내기 위해 사용되는 오염제거 방법
- 수건이나 천으로 방호복이나 보호장비를 닦는 것 이외 분해제거 작업을 하는 사람에게 제한적 사용
- 가장 많이 사용하는 흡수제는 흙, 질석(풍화된 흑운모), 건조된 여과제, 모래
- 사용 가능한 다른 재료는 무수 필러와 상업용 제품(예 : 패드, 베게)
- 흡수제는 불활성이거나 또는 반응성을 갖지 않아야 함

(2) 흡착

- 오염물질이 다른 물질의 표면에 부착되는 공정
- 흡수는 오염물질과 흡수제 사이에 있는 아주 미세한 분자 층에서 발생
- 주로 장비와 오염지역의 청소 작업 시 사용

  예 활성탄, 실리카, Ca형 벤토나이트
- 흡착공정에 의해 열이 발생되고 일시적인 발화가 발생 가능

  ※ 흡수 vs 흡착
- 흡수 : 오염물질을 흡수함으로써 효력을 발생
- 흡착 : 스스로 추가되거나 오염물질에 부착됨으로써 효력을 나타냄

(3) 희석/세척

- 방호복이나 보호 장비로부터 화학물질을 씻어내기 위해서 물과 비누 수용액 사용
- 세제와 비누 : 계면활성제 효과로 기름, 지방, 극성 용매, 먼지 등의 제거
- 세제를 사용한 희석과 세척 작업은 많은 양의 물을 거의 항상 사용할 수 있기 때문에 사람의 오염제거에 가장 일반적으로 사용되는 방법
- 안전 세척기, 엔진 회사 물탱크, 소화전이 일반적인 용수원

(4) 격리와 폐기

- 건식 오염제거의 형태는 두 단계의 공정으로서 물이나 오염제거 용액을 사용하지 않음
  ① 오염된 물질은 제거하고 지정된 곳에 격리
  ② 충분한 양의 오염물질이 모아졌을 때 그 물질은 부대에 넣어 꼬리표를 붙임
  ③ 오염물질을 적당한 용기에 포장을 하여 인증된 위험물 폐기 장소로 이동
  ④ 소각 또는 매립

(5) 압축공기

- 장비와 구조물의 도달하기 어려운 부분의 먼지와 액체를 불어서 제거
  ※ 압축 공기가 인간의 피부에 색전을 유발할 수 있으므로 오염제거 요원에게 사용하지 말아야 함
  ※ 오염물질이 주변의 대기로 에어로졸이 형성되면서 이차적인 문제가 발생가능

(6) 진공흡입

- 진공기를 사용하여 오염물질을 수집
- 주로 오염제거 건물과 장비에 사용
- 인화성 액체, 수은, 납, 석면과 유해먼지와 미세입자와 같은 광범위한 범위의 오염물질에 사용

2) 화학적 방법

(1) 화학적 분해

- 2차 화학물질 또는 다른 물질을 사용하여 오염물질의 화학 구조를 변경하는 공정
- 주로 오염제거 건물, 차량과, 장비에 사용

  ※ 내화학복에 사용하면 안 되며, 피부에 직접 사용하면 안 됨
- 보통 사용되는 분해제는 차아염소산칼슘 · 차아염소산 나트륨 표백제, 수산화나트륨 포화용액, 탄산나트륨 슬러리, 산화칼륨 슬러리(석회석), 가정용 세탁제, 이소프로필알코올 등

(2) 중화

- 부식제에 사용되는 공정으로 최종 용액의 pH를 5에서 9 사이의 범위로 조정하는 것
- 산을 중화하기 위해 알칼리 용액을 사용하고, 알칼리를 중화하기 위해 산 용액을 사용

EXERCISES **연습문제**

01 다음 그림에 해당하는 절연용 방호구의 명칭과 특징에 대해 서술하시오.

02 아래 표의 빈 칸 ①과 ②에 해당하는 안전밸브의 종류 및 특징에 대해 서술하시오.

구 분	대상물
①	산소, 질소, 아르곤, 수소 등의 압축가스
가용전 안전밸브	아세틸렌, 염소 등
스프링식과 파열판식 2중 안전밸브	초저온 용기
②	LPG 용기

03 소화약제로 물을 사용하는 이유를 3가지 이상 서술하시오.

04 큰 규모의 화재시 가장 효과적인 소화방법으로서 질식효과와 냉각효과에 의해 화재를 진압하는 소화약제는 무엇인가?

05 공기보다 무거운 불연성기체를 연소물 위에 덮어 질식 소화에 주로 사용되는 불연성기체는?

06 포 소화약제는 물에 첨가제를 혼합한 후, 공기를 주입하여 생성된 포를 연소물의 표면에 덮어 __________를 나타내며, 사용된 수분에 의해 ________도 나타난다.

07 이산화탄소 소화약제의 특징을 3가지 이상 서술하시오.

08 화학물질이 누출되었을 때 방제할 수 있는 방법에 대해 설명하시오.

09 호흡용 보호구 중 공기정화식과 공기공급식의 특징에 대해 각각 설명하시오.

10 다음에 해당하는 방폭기기는 무엇인가?

|다음|

① 내부에서 폭발할 경우 그 압력에 견뎌야 함

② 폭발 화염이 외부로 노출되지 않아야 함

③ 폭발시 외함의 표면온도가 주변의 가연성 가스에 점화되지 않아야 함

11 스프링클러설비의 특징을 3가지 이상 서술하시오.

12 다음에 해당하는 스프링클러설비는 무엇인가?

|다음|

배관의 1차측은 물이 가압되어 있고, 2차측에는 대기압상태로 있다가 감지기의 작동시 담당구역의 모든 헤드에서 살수되는 방식

13 스프링클러 설비의 폐쇄형 방식 3가지는 무엇인가?

14 준비작동식 스프링클러 설비는 준비작동 밸브 1차측 배관 내에 가압수를 채워넣고, 2차측부터 폐쇄형 헤드까지는 ____________를 채운다.

15 방호수막 시스템의 특징을 3가지 이상 서술하시오.

16 제독방법에 따른 특징과 제독의 종류를 서술하시오.

17 확산범위 판단 및 위험구역(위험통제구역)을 3가지로 설정하고 각각의 특성을 논하시오.

18 제독방법에 따른 특징과 제독의 종류를 서술하시오.

19 확산범위 판단 및 위험구역(위험통제구역)을 3가지로 설정하고 각각의 특성을 논하시오.

Chapter 8

유해화학물질 관련 국내외 관련 법령

오늘날 화학물질은 다양한 분야에서 다양한 용도로, 많은 양이 사용되고 있다. 산업이 발달하고 생활용품이 다양화됨에 따라 그 종류와 취급규모는 계속 증가하는 추세에 있으며, 사고 또한 급격한 증가 추세를 보이고 있다. 국내의 경우에도 낙동강 페놀 누출 사고, 가습기 살균제 피해사고, 구미 불산 누출사고 등 화학물질 관련 사고는 끊임없이 발생하고 있으며, 2012년에 발생한 구미 불산 누출사고는 「화학물질관리법」의 제정 동기가 되었다.

이 장에서는 국내외 유해화학물질 관련 법령에 대하여 알아보고, 각 법령의 안전관리 대상 및 안전관리 제도에 대하여 서술하였다.

1. 국내 유해화학물질 관련 법령

유해화학물질이란 유해성(有害性) 또는 위해성(危害性)이 있거나, 급성독성(急性毒性) 또는 폭발성(爆發性)이 강하여 사고의 발생 가능성이 높고, 사고 발생 시 그 피해 규모가 클 것으로 우려되며, 국민건강 및 환경보호를 위하여 관리가 필요한 물질을 말한다. 국내의 경우 유해화학물질에 대한 안전관리는 기본적으로 「화학물질관리법」에 의하여 이루어진다. 「화학물질관리법」외에 유해화학물질의 안전관리에 관한 법령으로는 「산업안전보건법」, 「위험물안전관리법」 및 「고압가스 안전관리법」이 있다.

표 8-1 국내 유해화학물질 관련 법령별 안전관리대상 및 안전관리방법

법령 구분	안전관리대상		안전관리방법						
	물질	사실	안전검사			안전진단		시스템관리	
			대상	시기		대상	주기	대상(방법)	주기
화학물질 관리법	유해화학 물질	제조/ 저장/ 사용시설	제조/ 저장/ 사용시설	완공 후	1년 마다	고위험시설	4년	위험우려시설 (위해관리계획서*)	5년
						중위험시설	8년		
						저위험시설	12년		
						위험발생시설	발생 시		
산업안전 보건법	유해 · 위험 물질	사업장	유해 · 위험 기계 등	제조 후	2년 마다	위험발생시설	발생 시	위험우려시설 (PSM**)	4년
위험물 안전관리법	위험물	저장/ 취급시설	저장/취급 시설	완공 후	11년 마다	없음		없음	
고압가스 안전관리법	고압가스	제조/ 저장/사용시설	제조/ 저장/ 사용시설	완공 후	1년 마다	고위험시설	4년	대규모시설 (SMS***)	5년
						노후시설			

* 위해관리계획서 : 「화학물질관리법」 제41조에 따른 "위해관리계획서"를 지칭함.

** PSM(Process Safety Management) : 「산업안전보건법」 제49조의2에 따른 "공정안전보고서"를 지칭함.

*** SMS(Safety Management System) : 「고압가스 안전관리법」 제13조의2에 따른 "안전성향상계획서"를 지칭함.

특히 화학사고의 위험성이 높은 사업장은 적용대상(취급물질, 업종 등)에 따라 위해관리계획서(환경부), 공정안전보고서(고용노동부) 및 안전성향상계획서(산업통상자원부)를 작성하여 각 부처에 제출하여야 한다.

위해관리계획 제도는 「화학물질관리법」 제41조에 따라 사고대비물질을 지정수량 이상으로 취급하는 시설에서 사고대비, 대응, 주민경보, 주민소산, 복구계획 등 화학사고 발생 시 사업장 밖의 주민과 환경에 미치는 피해를 최소화하고 화학사고에 신속하게 대응하는 것에 초점을 맞춘 제도이다.

공정안전관리 제도는 「산업안전보건법」 제49조의2에 따라 원유 정제처리업, 석유화학계 기초화학물질 제조업 등 7개 사업장과 유해 · 위험물질을 규정량 이상으로 취급하는 사업장의 근로자 보호에 초점을 두고 공정위험성 평가, 안전작업허가, 근로자교육 등 사고예방활동에 특화된 제도이다.

안전성향상계획 제도는 「고압가스 안전관리법」 제13조의2에 따라 고압가스를 대량으로 저장 · 처리하는 시설을 대상으로 공정안전, 안전운전 및 비상조치계획에 관하여 전문기관(한국가스안전공사 및 한국산업안전보건공단)에게 검토를 받음으로써 시설의 안전성을 확인하기 위한 제도이다.

이처럼 각 제도별로 규제취지, 운영형태, 제출시기 등에 따라 내용에 차이는 있으나 기본적인 내용(취급시설 · 취급물질 정보, 공정개요 · 공정도면 등)은 서로 유사하여 2017년부터는 통합서식으로 작성 · 제출하는 것이 가능하도록 개정되었다.

표 8-2 부처별 안전관리계획서 작성 · 제출 제도

구분	위해관리계획 제도	공정안전관리 제도	안전성향상계획 제도
관련법	화학물질관리법 제41조	산업안전보건법 제49조의2	고압가스안전관리법 제13조의2
목적	화학사고시 주민 · 환경피해를 최소화하기 위한 응급조치 · 주민소산 등 비상대응체계 구축 · 운영	중대산업사고시 근로자 피해를 최소화하기 위한 예방체계 구축 · 운영	고압가스로 인한 위해를 방지하고, 공공의 안전을 확보
적용 대상	사고대비물질(69종) 지정수량 이상 취급사업장	원유정제처리업 등 7개 업종 및 PSM대상물질(51종) 규정량 이상 취급사업장	석유정제사업자 등의 고압가스 시설로서 일정수준의 저장 능력 및 처리능력 취급사업장
작성 범위	사고대비물질 취급설비	7개 업종: 전체 공정 규정수량: 해당물질 취급공정	고압가스 안전성평가 대상시설
심사 기관	환경부 화학물질안전원	안전보건공단 (6개 중대산업사고예방센터)	한국가스안전공사 석유화학진단처
제출 시기	신규 설치 · 변경전 제출(영업(변경) 허가 전), 5년마다 다시 제출	착공일 30일 전	설치 · 변경 공사 30일전
작성 내용	(사고예방분야) 취급시설 · 물질 정보, 공정도면, 공정위험성분석, 운전책임자 등 조직, 운전절차, 화학사고대비 교육 · 훈련계획 및 자체점검계획 (장외평가분야) 사고시 유출 · 누출 시나리오 및 주변영향평가, 응급조치계획 (비상대응분야) 방제시설 · 장비 보유현황, 비상대응체계 및 주민소산 계획 등 (피해복구분야) 피해최소화 · 복구 등의 조치계획 등	(공정안전자료) 취급시설 · 물질 정보, 공정도면 등 (공정위험성평가) 잠재위험요인 및 피해최소화대책 (안전운전계획) 안전운전지침, 설비점검 · 검사 및 보수 · 유지지침, 안전작업허가, 도급업체 안전관리계획, 근로자 교육계획, 가동전 점검지침, 변경요소 관리계획, 자체감사, 사고조사계획 등 (비상조치계획) 장비 · 인력현황, 비상연락체계 등	(공정안전자료) 물질안전자료, 가스시설 및 그 관련설비의 목록 및 사양, 관련도면 등 (안전성평가서) 잠재위험종류 및 사고빈도최소화 및 사고시의 피해최소화대책 (안전운전계획) 안전운전지침, 안전작업허가, 가동전 점검지침, 변경요소 관리계획 등 9개 항목 (비상조치계획) 장비 · 인력 보유현황, 비상연락체계, 교육계획 등 6개 항목
특이 사항	◇ 적합통보후 매년 1회 이상 화학물질 취급정보와 사고시 대응정보 등을 지역사회에 고지 - (취급정보) 취급물질의 유해성정보와 사고위험성 등 - (대응정보) 사고시 영향범위, 방제장비보유현황, 경보전달방법, 행동요령 등	◇ 이행상태를 평가하여 수준별로 차등관리(4년마다 재평가)	◇ 준수여부를 평가하여 등급에 따라 평가주기를 차등화(A,B,C 및 D등급)하여 업체 스스로 자율안전강화를 하도록 조치

출처 : 환경부 · 고용노동부 · 산업통상자원부 · 화학물질안전원 보도자료 "안전관리계획서 중복 해소, 관계부처가 손잡다", 2017년 01월 24일 보도

가. 화학물질관리법

1) 적용대상

「화학물질관리법」은 유해화학물질로 인한 국민건강 및 환경상의 위해를 예방하고, 사고에 신속하게 대응함으로써 국민의 생명과 재산 또는 환경을 보호하기 위한 법이다.

「화학물질관리법」의 적용대상은 유해화학물질을 제조, 저장ㆍ보관, 운송ㆍ운반 또는 사용하는 취급시설을 대상으로 하고, 「고압가스 안전관리법」에 따른 독성 가스 등은 적용범위에서 제외된다(부록 B-1 참조). 여기서 유해화학물질이란 유독물질, 허가물질, 제한물질 또는 금지물질, 사고대비물질 및 그 밖에 유해성 또는 위해성이 있거나 그러할 우려가 있는 화학물질로 분류된다(부록 A 참조).

2) 안전관리

「화학물질관리법」에 따라 정부 또는 제3자 전문기관에 의해 수행되는 대표적인 안전관리제도에는 장외영향평가제도, 검사제도, 안전진단제도 및 위해관리계획서 제출제도가 있다.

장외영향평가제도는 화학사고 발생으로 사업장 주변 지역의 사람이나 환경 등에 미치는 영향을 평가하는 제도이다. 법 제23조제1항에 따라 유해화학물질 취급시설을 설치ㆍ운영하려는 자는 사전에 유해화학물질 화학사고 장외향평가서를 작성하여 환경부장관에게 제출하여야 한다. 환경부장관은 유해화학물질 취급시설의 설치ㆍ운영으로 사람의 건강이나 주변 환경에 영향을 미치는지 여부와 화학사고 발생으로 유해화학물질이 누출될 경우 사람의 건강이나 주변 환경에 영향을 미치는 정도를 검토하여 유해화학물질 취급시설의 위험도 및 적합 여부를 통보하여야 한다. 장외향평가서는 취급자가 직접 작성할 수도 있고, 환경부장관이 지정ㆍ고시한 전문기관에 의뢰하여 작성할 수도 있다(부록 B-5 참조).

검사제도는 유해화학물질 취급시설이 하드웨어적인 관점에서 법령기준에 적합한

지 확인하는 제도이다. 「화학물질관리법」에 따른 검사로는 설치검사, 정기검사 및 수시 검사가 있으며, 영업허가 대상여부, 취급규모 등과 관계없이 유해화학물질 취급시설을 설치 · 운영하려는 자 또는 설치 · 운영하는 자라면 모두 「화학물질관리법 시행규칙」 별표5에 따른 유해화학물질 취급시설의 설치 및 관리 기준에 적합하게 시설을 설치 · 운영하여야 한다(부록 B-2 참조).

다만, 지난 2018년 7월에 취급량에 따라 설치 및 관리 기준을 차등 적용하는 내용의 고시가 제정됨에 따라, 유해화학물질을 소량으로 취급하는 시설은 「화학물질관리법 시행규칙」 별표5 대신 화학물질안전원고시 '유해화학물질 소량 취급시설에 관한 고시'의 별표1 내지 별표3에 따른 40여개의 기준을 준수하는 것으로 적합 판정을 받을 수 있다(부록 B-2 참조).

검사제도와 다른 안전관리제도와의 관계는 다음 그림 8-1과 같다.

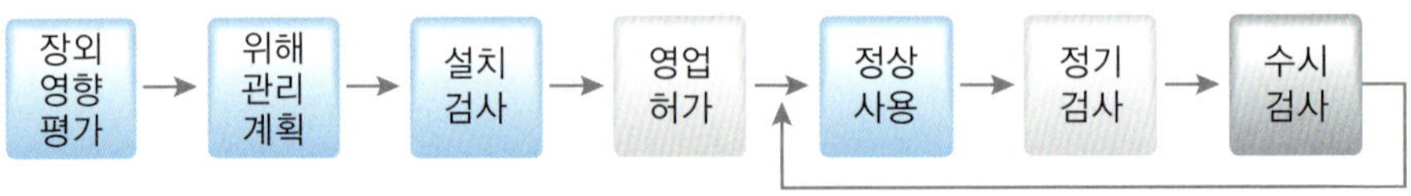

그림 8-1 「화학물질관리법」에 따른 검사제도 흐름

표 8-3 「화학물질관리법」에 따른 검사제도

구분	설치검사	정기검사
검사대상	• 유해화학물질 취급시설	• 유해화학물질 취급시설
검사주기	• 유해화학물질 취급시설의 설치를 마쳤거나, 그 위치 · 구조 또는 설비 변경을 마친 때	• 매 1년 (법 제28조에 따른 영업허가 대상이 아닌 경우 매 2년)
검사기관	• 한국환경공단 • 한국가스안전공사	• 산업안전보건공단 • 환경부장관이 인정하여 지정 · 고시한 기관

설치검사는 법 제24조제2항에 따라, 유해화학물질 취급시설의 설치를 마치고 해당 시설을 가동하기 전에 받도록 되어 있다. 또한 설치검사는 환경부고시 '유해화학물질 취급시

설의 설치 · 정기 · 수시검사 및 안전진단의 방법 등에 관한 규정'에 따라, 시설의 설치계획이 기준에 적합한지 서면에 의하여 확인하는 '사전서면검사'와 시설이 검사기준 및 사전서면검사와 일치하는지 현장에서 확인하는 '현장확인검사'로 구분된다(부록 B-2 참조).

취급시설의 사용 중에 받아야 하는 검사에는 정기검사와 수시검사가 있다. 법 제24조제3항 및 시행규칙 제23조에 따라 정기검사는 매 1년(영업허가 대상이 아닌 경우 매 2년)마다 정기적으로 받도록 되어 있고, 수시검사는 유해화학물질 취급시설에서 화학사고가 발생한 경우 사고 발생일로부터 7일 이내에 받도록 되어 있다. 검사기준은 환경부고시 '유해화학물질 취급시설의 설치 · 정기 · 수시검사 및 안전진단의 방법 등에 관한 규정'에 규정되어 있다(부록 B-2 참조).

안전진단제도는 유해화학물질로 인한 사고를 예방하기 위하여 전문기관이 첨단장비와 기술을 이용하여 잠재된 위험요소를 찾아내 그 제거방법을 제시하는 제도이다. 유해화학물질 취급시설을 설치 · 운하는 자는 법 제24조제4항에 따라 안전진단을 받도록 되어 있다(부록 B-2 참조).

안전진단의 대상도 검사대상과 동일하게 모든 유해화학물질 취급시설이다. 안전진단은 장외향평가결과 위험도 등급에 따라 정기적으로 받아야 하는 정기적 안전진단과 안전상의 위해가 우려된다고 인정되는 경우 받아야 하는 특별 안전진단으로 구분된다. 안전진단은 서류조사, 외관검사 및 비파괴시험 순으로 하는 것을 원칙으로 하되, 서류조사 결과에 따라 외관검사를 실시하고, 외관검사결과에 따라 필요시 비파괴시험을 하는 방식으로 수행된다. 다만, 구조물 안전진단 등과 같이 검사기관이 판단하여 특수한 기술과 장비를 필요로 하는 분야의 진단은 관련 전문기관의 성적서로 대체할 수 있도록 되어 있다(부록 B-3 참조).

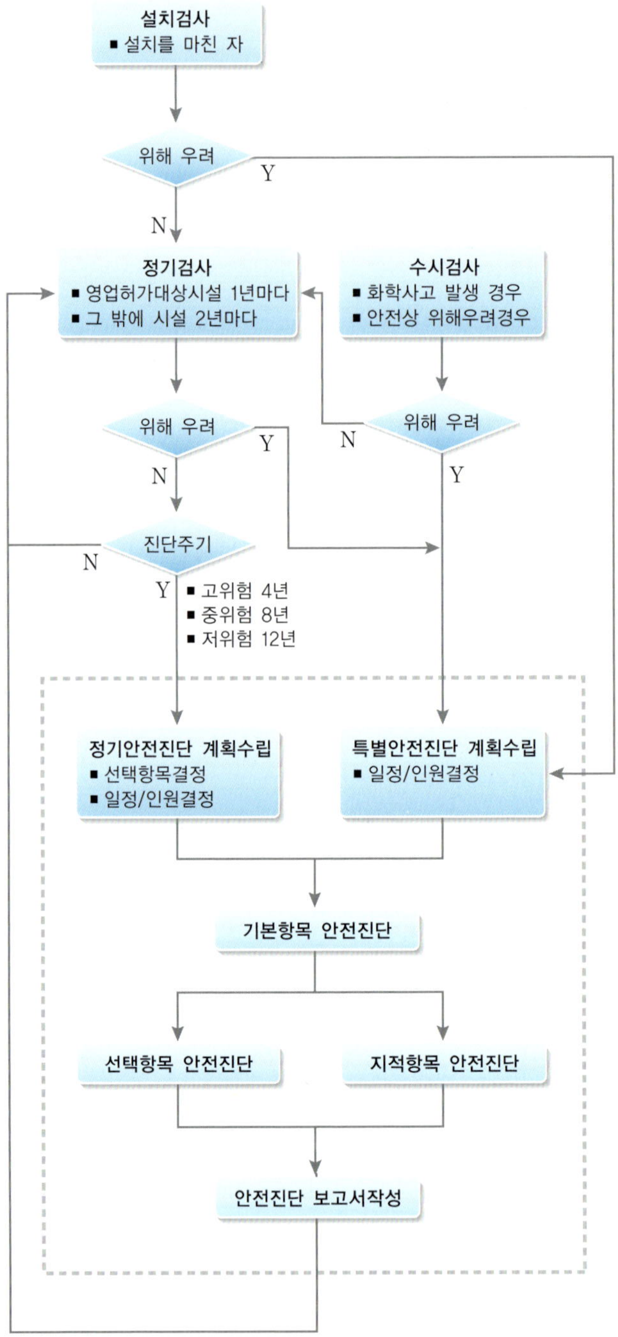

그림 8-2 「화학물질관리법」에 따른 검사 및 안전진단제도 절차

표 8-4 「화학물질관리법」에 따른 안전진단제도

구분	정기 안전진단	특별 안전진단
안전진단대상	• 유해화학물질 취급시설	• 유해화학물질 취급시설
안전진단주기	• 고위험도 취급시설의 경우 매 4년 • 중위험도 취급시설의 경우 매 8년 • 저위험도 취급시설의 경우 매 12년 • 취급시설의 위험도 검토결과가 없는 경우 매 4년	• 검사 결과 취급시설의 구조물이나 설비에 안전상의 위해가 우려된다고 인정되는 경우 검사 결과를 받은 날부터 20일 이내
안전진단기관	• 한국환경공단 • 산업안전보건공단 • 한국가스안전공사 • 환경부장관이 인정하여 지정 · 고시한 기관	

위해관리계획서 제출제도는 유해화학물질 취급시스템의 안전관리에 관한 제도이다. 사고대비물질을 환경부령으로 정하는 수량 이상으로 취급하는 자는 법 제41조제1항에 따라 위해관리계획서를 5년마다 작성하여 환경부장관에게 제출하여야 한다. 「화학물질관리법」에 의해 시행되는 위해관리계획서 제출제도는 「산업안전보건법」에 따른 공정안전보고서(PSM) 제출제도, 「고압가스 안전관리법」에 따른 안전성향상계획서(SMS) 제출제도와 유사하다고 할 수 있다. 다만, 「화학물질관리법」에 따른 위해관리계획서는 화학사고 위험 및 응급대응 정보에 관한 요약서를 작성하여 매년 1회 이상 지역주민에게 고지하여야 한다는 점에서 차이가 있다(부록 B-4 참조).

법 제41조제1항에 따라, 유해화학물질 영업을 하려는 자는 그 영업을 시작하기 전에 위해관리계획서를 제출하여야 하며, 위해관리계획서에는 ①취급 사고대비물질의 목록 및 유해성 정보, ② 취급시설 목록, 방제시설 및 장비 보유 현황, ③취급시설의 공정안전정보, 공정위험성 분석자료, 공정운전절차 및 유의사항에 관한 사항, ④취급시설 운전책임자 및 작업자 현황, ⑤화학사고 대비 교육 · 훈련 및 자체점검 계획, ⑥화학사고 발생 시 비상연락체계 및 안전관리 담당조직, ⑦화학사고 발생 시 유출 · 누출 시나리오 및 응급조치 계획, ⑧화학사고 발생 시 영향 범위에 있는 주민 및 환경매체 등의 확인, ⑨화학사고 발생 시 주민(인근 사업장에 종사하는 사람 포함)의 소산계획, ⑩화학사고

피해의 최소화 · 제거 및 복구 등을 위한 조치계획, ⑪그 밖에 사고대비물질의 안전관리에 관한 사항이 포함되도록 하여야 한다.

표 8-5 「화학물질관리법」에 따른 위해관리계획서 제출제도

구분	위해관리계획서
대상	• 유해화학물질 영업을 하려는 자 • 사고대비물질을 지정 수량 이상으로 취급하려는 자
주기	• 유해화학물질 영업을 하려는 자 : 영업 시작 전 • 사고대비물질을 지정 수량 이상으로 취급하려는 자 : 매 5년
실시기관	• 화학물질안전원

나. 산업안전보건법

1) 적용대상

「산업안전보건법」은 근로자의 안전과 보건을 위한 법령이다. 안전관리 대상은 법 제3조에 따라 모든 사업장으로 되어 있고, 안전관리 목적은 산업재해를 예방하고 쾌적한 작업환경을 조성하여 근로자의 안전과 보건을 유지 · 증진하는 것으로 되어 있다. 목적과 대상이 광범위하다.

「산업안전보건법」의 화학물질에 관한 대표적인 규제인 공정안전보고서 제출제도의 규제대상은 유해 · 위험설비이며, 유해 · 위험설비라 함은 시행령 제33조의6제1항에 따른 사업을 하는 사업장의 경우에는 그 보유설비를 말하고, 그 외의 사업을 하는 사업장의 경우에는 시행령 별표10에 따른 유해 · 위험물질 중 하나 이상을 같은 표에 따른 규정량 이상 제조 · 취급 · 저장하는 설비 및 그 설비의 운영과 관련된 모든 공정설비를 말하는 것으로 되어 있다(부록 B-6 참조).

2) 안전관리

「산업안전보건법」의 공정안전보고서 제출제도를 일반적으로 PSM(Process Safety Management)이라고 한다(부록 B-9 참조). 공정안전보고서(PSM) 제출제도는 「고압

가스 안전관리법」의 안전성향상계획서(SMS) 제출제도 및 「화학물질관리법」의 '위해관리계획서' 제출제도와 대동소이하다. 이 제도의 시행절차는 그림 8-3과 같다.

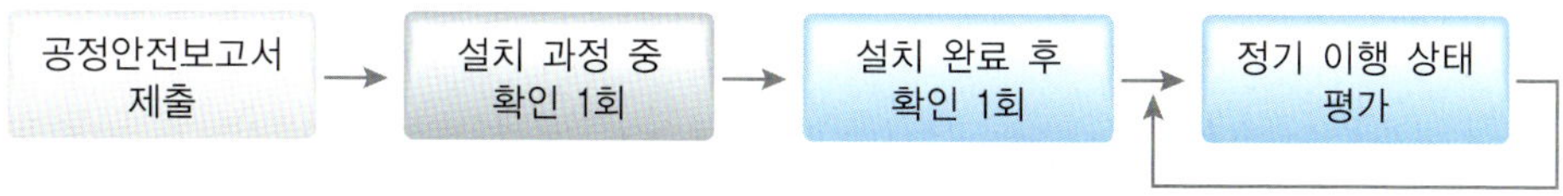

그림 8-3 「산업안전보건법」에 따른 공정안전보고서(PSM) 제도 흐름

공정안전보고서는 유해 · 위험설비를 설치 · 이전하거나 주요부분을 변경 시 작성 및 제출하도록 되어 있다. 공정안전보고서에는 ①공정안전자료, ②공정위험성 평가서, ③안전운전계획, ④비상조치계획, ⑤ 그밖에 공정상의 안전과 관련하여 고용노동부장관이 고시하는 사항이 포함되도록 작성하여야 한다.

표 8-6 「산업안전보건법」에 따른 공정안전보고서(PSM)

구분	공정안전보고서(PSM)
대상	• 7종의 석유화학시설 – 원유정제 처리업 – 기타 석유정제물 재처리업 – 석유화학계 기초화학물 또는 합성수지 및 기타 플라스틱 물질 제조업 – 질소, 인산 및 칼리질 비료 제조업 – 복합비료 제조업 – 농약제조업 – 화약 및 불꽃제품 제조업 • 51종의 유해 · 위험물질을 규정량 이상 제조 · 취급 · 저장하는 설비를 보유한 사업장
주기	• 대상 설비의 설치 · 이전 또는 주요 구조부분의 변경 시 • 신규 설치 후 1년이 경과한 날부터 2년 이내 이행상태평가, 그 후 매 4년 마다 이행상태평가
항목	1. 공정안전자료 2. 공정위험성평가서 3. 안전운전계획 4. 비상조치계획 5. 그 밖에 공정상의 안전과 관련하여 고용노동부장관이 고시하는 사항
실시기관	• 지방고용노동청장 또는 지청장

「산업안전보건법」에는 시설에 대한 검사제도는 없다. 하지만 공정안전보고서 제출제도에 따라 시설설치 과정에서 실시하는 '확인' 제도는 다른 법령의 완성검사제도와 유

사하고, 정기적으로 실시하는 '이행상태평가' 제도는 정기검사제도와 유사하다. 또한, 유해하거나 위험한 기계 · 기구 · 설비등은 해당 기계 · 기구 · 설비의 안전성을 확보하기 위하여 그 성능을 검사하는 안전검사제도를 운영 중이다(부록 B-7 참고).

또한 「산업안전보건법」에는 '안전 · 보건진단' 제도가 있다. 이 제도는 산업재해를 예방하기 위하여 잠재적 위험성을 발견하고 그 개선대책을 수립할 목적으로 조사 · 평가를 하는 제도이다(부록 B-8 참조). 안전 · 보건진단의 대상은 ①중대재해 발생 사업장, ②안전보건개선계획 수립 · 시행명령을 받은 사업장, ③추락 · 폭발 · 붕괴 등 재해 발생 위험이 현저히 높은 사업장이며, 「고압가스 안전관리법」이나 「화학물질관리법」에서 시행하고 있는 정기적 진단제도는 없다. '안전 · 보건진단'의 종류로는 종합진단, 안전기술진단 및 보건기술진단이 있다.

표 8-7 「산업안전보건법에」에 따른 안전 · 보건진단

구분	안전 · 보건진단
대상	• 중대재해 발생 사업장 • 안전보건계획 수립 · 시행 명령을 받은 사업장 • 추락 · 폭발 · 붕괴 등 재해발생 위험이 현저히 높은 사업장
주기	• 고용노동부장관이 안전진단명령을 하는 경우
실시기관	• 고용노동부장관이 지정하는 안전 · 보건진단기관

다. 위험물안전관리법

1) 적용대상

「위험물안전관리법」의 안전관리대상 물질은 '위험물'이다. '위험물'은 "인화성 또는 발화성 등의 성질을 갖는 것으로서 대통령령으로 정하는 물품"으로 정의되어 있다. 안전관리 대상 시설은 같은 법 시행령에서 정하는 수량(이하 "지정수량" 이라 한다) 이상을 저장 및 취급하는 제조소, 저장소, 취급소(이하 "제조소등" 이라 한다)와 위험물을 저장 또는 취

급하는 위험물탱크이다(부록 표 10 참조). 제조소 등을 설치하고자 하는 경우에는 법 제6조에 따라 관할관청의 허가를 받도록 되어 있고, 위험물탱크의 설치 또는 설비의 변경공사를 하는 때에는 법 제8조에 따라 탱크안전성능검사를 받도록 되어 있다(부록 B-11 참조).

2) 안전관리

「위험물안전관리법」에서는 「고압가스 안전관리법」의 경우와 같이 세분화된 검사 제도를 보유하고 있지는 아니하나, 「화학물질관리법」의 설치검사 및 정기검사 제도와 동일한 완공검사 및 정기검사 제도를 운영하고 있다.

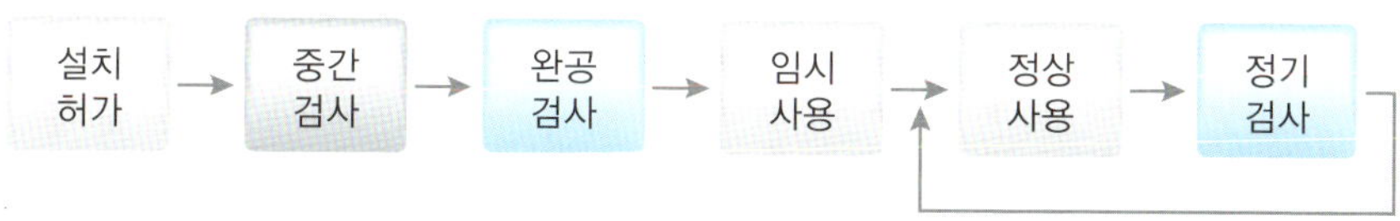

그림 8-4 「위험물안전관리법」에 따른 검사제도 흐름

표 8-8 「위험물안전관리법」에 따른 검사제도

구분	완공검사	정기검사
대상	• 제조소등 (제조소, 저장소 및 취급소)	• 100만l 이상의 액체위험물을 저장 · 취급하는 옥외탱크저장소
주기	• 제조소등의 설치를 마쳤거나 그 위치 · 구조 또는 설비변경을 마친 때	• 최초 12년, 그 이후 11년 마다
실시기관	• 한국소방안전협회 • 한국소방산업기술원	

법 제9조제1항에 따라, 허가받은 자가 제조소등의 설치 및 설비의 변경을 마친 때에는 완공검사를 받도록 규정하고 있으며, 완공검사 신청 시 내압시험이나 비파괴시험의 결과를 제출하도록 하고 있다. 법에서는 완공검사의 신청 시기를 "설치를 마친 때"로 규정하고 있으나, 같은 법 시행규칙 제20조에 따라 검사 신청 시기를 앞당겨 할 수 있도록 하여 사실상 중간검사 제도를 운영하고 있다(부록 B-11 참조).

또한, 법 제9조제2항에 따라, 제조소등의 일부에 대한 설치를 마치고 일부를 미리 사용하고자 하는 경우에는 그 일부에 대하여만 완공검사를 받을 수 있도록 하는 임시사용제도도 운영하고 있다. (부록 B-11 참조).

법 제18조제1항에 따라 같은 법 시행령 제16조에 해당하는 제조소등과 옥외탱크저장소 중 저장 또는 취급하는 액체위험물의 최대수량이 100만 리터 이상인 것(이하 "특정옥외탱크저장소"라 한다)에 대하여는 정기적으로 점검하고 그 점검결과를 기록하여 보존하도록 하는 정기점검 제도를 운영하고 있다. 특히, 같은 법 시행규칙 제65조에 따르면, 특정옥외탱크저장소 대하여는 ①완공검사를 받은 날로부터 12년, ②정기검사를 받은 날로부터 11년(기술원으로부터 안전조치가 적정한 것으로 인정받은 경우 13년) 이내에 1회 이상 구조 등에 관하여 안전점검(이하 "구조안전점검"이라 한다)을 하도록 규정하고 있다(부록 B-11 참조).

또한, 법 제18조제2항에 따라, 액체위험물을 저장 · 취급하는 100만 리터 이상의 옥외탱크저장소에 대하여 설치 후 최초 12년, 그 이후 매 11년 마다 정기적으로 검사를 받도록 하는 정기검사 제도를 운영하고 있으며, 검사기준으로는 같은 법 시행규칙 '[별표 6] 옥외탱크저장소의 위치 · 구조 및 설비의 기준'과 국민안전처 고시 '위험물안전관리에 관한 세부기준'이 있다(부록 B-11 참조).

라. 고압가스 안전관리법

1) 적용대상

「고압가스 안전관리법」의 안전관리대상 물질은 공공의 안전 확보와 위해(危害) 방지를 위하여 관리가 필요한 '고압가스'이다. 안전관리의 대상이 되는 고압가스의 종류 및 범위는 같은 법 시행령 제2조에서 정하고 있다(부록 B-12 참조).

이 법령의 안전관리대상 시설은 고압가스의 제조시설, 저장시설, 판매시설, 수입시설 및 특정고압가스의 사용시설이다. 고압가스의 제조 · 저장 · 판매 및 수입시설을 설치하고자 하는 경우에는 법 제16조에 따라 관할관청의 검사를 받도록 하고 있으며, 특정고압가스 사용신고자가 그 사용시설의 설치를 완공하면 법 제20조에 따라 관할관청의 검사를 받도록 하고 있다(부록 B-13 참조).

2) 안전관리

「고압가스 안전관리법」에서는 다른 유사 법령들에 비하여 세분화된 검사 제도를 보유하고 있으며, 「화학물질관리법」의 설치검사 및 정기검사 제도와 동일한 완성검사 및 정기검사 제도를 운영하고 있다.

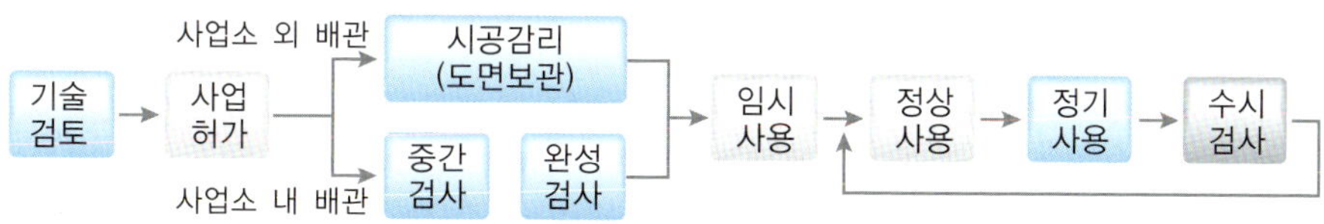

그림 8-5 「고압가스 안전관리법」에 따른 검사제도 흐름

표 8-9 「고압가스 안전관리법」에 따른 검사제도

구분	완성검사	정기검사
대상	• 제조 · 저장 · 판매 · 수입시설 및 특정고압가스의 사용시설	• 제조 · 저장 · 판매 · 수입시설
주기	• 설치공사 또는 변경공사를 완공한 때	• 고압가스특정제조시설 매 4년 • 가연성가스 · 독성가스 및 산소의 제조 · 저장 또는 판매시설 매 1년 • 불연성가스(독성가스 제외)의 제조 · 저장 또는 판매시설 매 2년
실시기관	• 한국가스안전공사	

시행령 제3조제6항에 따르면, 고압가스의 제조 · 저장 또는 판매시설을 설치하려는 자는 한국가스안전공사의 기술검토를 받도록 하는 기술검토 제도를 운영하고 있다. 기술검토는 시설의 설치 전 시설설치계획이 기준에 적합하게 수립되었다는 것을 설명하는 자료를 검토하는 것을 말하며, 시설의 설치 후 그 시설이 기준에 적합하지 않은 것으로 판명될 경우 시설 개선에 비용과 시간이 낭비되는 것을 예방하기 위하여 도입한 사전 검토 제도라고 볼 수 있다.

법 제16조제1항에 따르면, 고압가스의 제조 · 저장 · 판매 또는 수입시설의 설치공사나 변경공사를 할 때에는 공사의 공정별로 중간검사를 받도록 하는 중간검사 제도를 운영하고 있다. 중간검사는 시설의 완공 후 검사가 불가능한 부분에 대하여 시설을 시공하는 공정 중에 입회하여 기준 적합성을 확인하기 위한 것으로, 기밀시험이나 내압시험을 하는 공정, 저장탱크나 배관을 지하에 매몰하기 전의 공정, 비파괴시험을 하는 공정, 내진설계 대상 설비의 기초설치 공정 등이 중간검사 대상이다(부록 B-13 참조).

또한, 이 조 제3항에 따라, 설치공사 또는 변경공사를 완공한 때에는 완성검사를 받도록 하는 완성검사 제도를 운영하고 있다. 다만, 같은 조 제2항에 따라 감리를 받은 고압가스 제조시설의 경우 완성검사를 갈음하여 감리적합판정을 하도록 하고 있다(부록 B-13 참조).

법 제16조제4항에 따르면, ①완성검사 결과 경미한 사항이 미비된 경우, ②전체 시설 중 일부가 먼저 완공되어 사용할 수 있게 된 경우 사용방법과 기간을 정하여 해당 시설을 임시로 사용할 수 있도록 하는 임시사용 제도를 운영하고 있으며, 이는 사업자의 편의를 도모하는 제도로 볼 수 있다(부록 B-13 참조).

법 제16조의2에 따르면, 고압가스 제조 · 저장 · 판매 및 수입시설에 대하여 같은 법 시행규칙 [별표 19]에서 정하는 주기마다 정기적으로 검사를 받도록 하는 정기검사 제도와 가스로 인한 사고의 예방이나 그 밖에 가스안전을 위하여 필요하다고 인정하는 때에 검사를 받도록 하는 수시검사 제도를 운영하고 있으며, 검사기준으로는 같은 법 시행규칙 [별표 4] 내지 [별표 9]와 같은 법령에 제정 근거를 두고 운영하는 상세기준(KGS Code)이 있다.

「고압가스 안전관리법」에서는 안전진단이라는 용어 대신 '정밀안전검진'이라는 용어를 사용하고 있으며, 법 제16조의3에 따라 정밀안전검진 제도를 운영하고 있다. 이 법령에서 '정밀안전검진'이란 대형(大型) 가스사고를 방지하기 위하여 오래되어 낡은 고압가스 제조시설의 가동을 중지한 상태에서 가스안전관리 전문기관이 정기적으로 점단장비와 기술을 이용하여 잠재된 위험요소와 원인을 찾아내고 그 제거방법을 제시하는 것을 말한다(부록 B-14 참조).

정밀안전검진의 대상은 고압가스특정제조시설 중 특수반응성비가 설치된 시설 또는 독성가스를 냉매로 사용하며 냉동능력이 500톤 이상인 냉동제조 시설로서 최초 완성검사를 받은 날로부터 15년이 경과한 장기사용시설이며, 4년의 범위 내에서 정기적으로 받도록 규정하고 있다.

표 8-10 「고압가스 안전관리법」에 따른 정밀안전진단

구분	정밀안전진단
대상	• 최초 완성검사를 받은 날로부터 15년이 경과한 장기사용시설– 고압가스특정제조시설로서 특수반응설비가 설치된 시설– 독성가스를 냉매로 사용하며 냉동능력이 500톤 이상인 냉동제조 시설
주기	• 고압가스특정제조시설로서 특수반응설비가 설치된 시설 매 2년 • 독성가스를 냉매로 사용하며 냉동능력이 500톤 이상인 냉동제조 시설 매 4년
실시기관	• 한국가스안전공사 • 산업안전보건공단

「고압가스 안전관리법」에서는 SMS(Safety Management System)라는 시스템관리제도를 운영하고 있으며, 이는 법 제13조의2에 따른 '안전성향상계획서'를 말한다(부록 B-14 참조).

안전성향상계획서 작성 대상은 저장능력 또는 처리능력이 일정 규모 이상인 시설을 보유한 석유정제업자, 석유화학공업자 및 비료생산업자이며, 평가대상 시설을 설치 · 이전하거나 주요부분을 변경 시 작성 및 제출하도록 규정하고 있다. 안전성향상계획서에는 ①공정안전 자료, ②안전성 평가서, ③안전운전계획, ④비상조치계획, ⑤그 밖에 안전성 향상을 위하여 산업통상자원부장관이 필요하다고 인정하여 고시하는 사항이 포함되도록 작성하여야 한다.

표 8-11 「고압가스 안전관리법」에 따른 안전성향상계획서(SMS)

구분	안전성향상계획서(SMS)
대상	• 석유정제업자(저장능력 100톤 이상) • 석유화학공업자(처리능력 1만m3/1day 또는 저장능력 100톤 이상) • 비료생산업자(처리능력 1만m3/1day 또는 저장능력 100톤 이상)
주기	• 평가대상 시설의 설치 · 이전 또는 주요부분을 변경할 때, 그 후 매 5년
항목	1. 공정안전자료 2. 안전성평가서 3. 안전운전계획 4. 비상조치계획 5. 그 밖에 안전성 향상을 위하여 산업통상자원부장관이 고시하는 사항
실시기관	• 한국가스안전공사

2. 국외 유해화학물질 관련 법령

가. 유럽연합

유럽연합(EU)의 경우에는 REACH Regulation에 따라 화학물질을 관리하고 있다. REACH(Registration, Evaluation, Authorization, and Restriction of Chemicals, 화학물질 등록 · 평가 · 허가 및 제한 규정)는 2001년 정책백서가 발표된 이후 2006년에 제정되어 2007년부터 시행되었고 2018년까지 단계적으로 적용된다. 이 규정은 화학물질의 양과 위해성에 따라 등록, 평가, 신고, 허가, 제한하는 EU의 新화학물질관리 규정이다.[1)]

이 규정에 따르면, 유럽연합 내에서 제조 · 수입되는 화학물질에 대해 산업계의 위해성 정보 제출을 의무화하였으며, 화학물질 안전성 입증책무가 정부주도에서 화학물질의 제조 · 수입자에게 이전(산업계의 위해성 입증책임 강화)되었으며, 화학물질 전 과정

1 유재영, "화학물질 등록 및 평가 제도에 관한 국가별 비교연구", 2014, p8

(Life-Cycle)에서 등록자간, 화학물질 공급망 사용자간 정보전달 체계가 강화되었다.[2]

1) 적용대상

REACH는 화학물질과 혼합물(Mixture)에 있는 화학물질, 그리고 완제품(Article)에서 의도적(Intended) 또는 비의도적으로 배출(Unintended release)되는 화학물질을 관리 대상으로 하며, 이러한 물질의 종류별로 연간 1톤 이상이면 등록 대상이다.[3] 각 단계별 REACH 적용대상의 범위는 표 8-12와 같다.

표 8-12 REACH 적용대상 범위

구분	적용대상 범위	주체
등록 (Registration)	• 연간 1톤 이상 제조/수입되는 물질 • 완제품 내 의도적으로 배출되는 물질로서 1톤 이상 제조/수입되는 물질	산업체
평가 (Evaluation)	• 서류평가로서 등록서류의 적정이행여부 검토 및 공동체연동계획에 따른 물질평가	ECHA4) 및 주무당국
허가 (Authorization)	• CMR(발암성, 돌연변이상, 생식독성)/PRT(잔류성, 생물농축성, 독성)/vPvB(고잔류성, 고생물농축성)물질로서 허가대상물질5) 목록에 포함되는 물질	산업체(허가신청) ECHA 및 집행위원회 (허가결정)
제한 (Restriction)	• 제한대상물질 목록에 포함되는 물질로서 시장 유통 금지	회원국, 집행위원회

자료 : 국립환경과학원, "취급제한물질 적정관리를 위한 제도개선방안 마련 연구", 2013

2) 안전관리

완제품에서 발암물질, 돌연변이 물질, 생식독성 물질 등의 허가후보물질이 비의도적으로 배출되는 경우, 그 함량이 완제품 대비 0.1중량%를 초과하고 연간 1톤을 초과하

2 이규근, "유해화학물질의 관리 방안에 관한 연구", 2014, p35

3 유재영, "화학물질 등록 및 평가 제도에 관한 국가별 비교연구", 2014, p9

4 ECHA, European Chemicals agency (유럽화학물질관리청)

5 Regulation (EC) No 1907/2006 of The European Parliament and of the Council Title VII Authorisation Article 57 (Substances to be included in Annex XIV) 제7편 허가 제57조(부속서 14에 포함되는 물질)

면 신고(Notification)하도록 규정하고 있다. 이 중 고분자 자체는 등록과 평가에서 제외되지만, 고분자를 구성하고 있는 단량체 단위 및 화학적으로 결합된 물질이 2중량% 이상이고 연간 1톤 이상일 경우에는 등록하여야 한다. 다만, 상위공급자가 단량체를 등록한 경우 고분자 제조자 또는 수입자에게는 등록 의무가 없다. 또한 분리 중간체는 허가 대상에서 제외되며, 이는 중간체가 엄격히 관리되는 상태에서 다른 물질을 합성한다는 것을 스스로 입증하거나 사용자로부터 확인받아야 한다.[6)]

표 8-13 미국의 화학물질 관련 법령

구분	산업안전보건법 (Occupational Safety and Health Act, OSHA)	청정대기법 (Clean Air Act, CAA)
대상 화학물질	• EU 내 제조 · 수입되는 신규물질(10kg/년 이상) – 혼합물에 함유된 신규화학물질도 해당 – 1981년 이전부터 EU에 유통된 기존화학물질(약 10만종)에 대한 규제 부재	• 1981년 이전부터 EU에 유통된 기존물질(1t/년 이상) • REACH 시행 후 EU 내 제조 · 수입되는 신규화학물질(1t/년 이상) – 혼합물, 완제품에 함유된 기존화학물질도 해당
주요 규제내용	• 인체, 생태에 대한 위해성정보 등을 신고한 후 시장 출시 허용	• 인체, 생태에 대한 위해성정보 등을 등록 • 고위험성 우려물질(발암성, 생식독성, 잔류성 등)은 용도별 허가를 받은 후 사용 – 허가제도 도입으로 대체물질 개발 유도
등록 신고주체	• EU 내 제조 · 수입자(신규물질)	• EU 내 제조 · 수입자(신규 및 기존물질)
등록방법	• 개별등록	• 동일물질 제조 · 수입자간 공동등록
등록기관	• EU 회원국 주무당국	• ECHA

자료 : 이규근, "유해화학물질의 관리 방안에 관한 연구", 2014

나. 미국

미국의 경우 15개의 법령에 근거하여 화학물질을 관리하고 있다. 사업장의 화학물질 관리는 미국산업안전보건청(OSHA)과 국립산업안전보건연구원(NIOSH)에서 관리하

6 유재영, "화학물질 등록 및 평가 제도에 관한 국가별 비교연구", 2014, p9

는「산업안전보건법」(Occupational Safety and Health Act, OSHA)이 있으며, 추가적으로 화학물질과 관련된 법으로「유해물질관리법」(Toxic Substances Control Act, TSCA)이 있다. 이외에도 미국환경청(EPA)과 미국식품의약국(FDA)에서 관리하고 있는「연방 살충제 · 살균제 · 살서제법」(Federal Insecticide, Fungicide and Rodenticide Act, FIFRA)이 있으며, 독성물질질병등록국(ATSDR)과 미국환경청에서 관리하는「포괄적 환경대응 책임 보상법」(Comprehensive Environmental Response, Compensation, and Liability Act, CERCLA)이 있다. 또한 환경보호를 위한 주요 법안으로는「청정대기법」(Clean Air Act, CAA),「수질법」(Clean Water Act, CWA), 독성물질을 통제할 목적으로 제정한「자원보존회복법」(Resource Conservation and Recovery Act, RCRA),「비상계획 및 지역사회의 알권리에 관한 법」(Emergency Planning and Community Right-to-know Act, EPCRA)등이 있다.[7]

1) 적용대상

「산업안전보건법」(Occupational Safety and Health Act, OSHA)은 근로자에게 안전하고 건강한 사업장을 만드는 것을 목적으로 하며, 유해한 물질에 대한 규정은 29 CFR 1910 Subpart H와 Subpart Z에 규정되어 있다. 29 CFR 1910.1450(b)에 따르면, 유해물질이란 물리적으로 유해하거나 건강에 위해가 나타나거나 단순 질식성으로 분류된 모든 화학물질로 정의하고 있다. 규제 대상물질에는 29 CFR 1910.119 부록 A에 따른 중대재해에 대한 가능성을 지닌 독성물질과 반응성이 매우 높은 물질 137종과 29 CFR 1910. 1200(c)에 따른 가연성가스와 가연성액체가 있으며, Subpart H에 유해물질의 관리규정 이외에 유해물질의 취급에 관한 공정안전관리(Process Safety Management, PSM)에 대하여 규정되어 있다.

「청정대기법」(Clean Air Act, CAA)은 고위험물질(Extreme Hazardous Substance, EHS)을 취급하는 사업장의 화학사고를 방지하는 것을 목적으로 하며, 사고란, 규제물질이나 고위험물질이 예기치 않게 사업장 밖으로 배출되는 것으로 정의하고 있다. 규제 대

7 박정규, "화학물질 사고대응을 위한 제도개선 연구", 한국환경정책 · 평가연구원, 2013, p.85

상물질에는 40 CFR part 68.130에 따른 독성물질(77종)과 가연성 물질(63종)이 있으며, Section 112(r)에 화학사고를 예방하기 위하여 독성물질과 가연성물질(140종)을 취급하는 사업장이 위해관리계획을 작성하여 EPA에 제출하도록 하는 위해관리계획((Risk Managenent Plan, RMP)에 대하여 규정되어 있다.

미국은 화학사고 발생 시 사업장 안은 OSHA, 사업장 밖은 EPA가 책임지도록 하고 있으며, 관리부처별 관련 법령에 따른 주요 규제 내용은 표 8-13와 같다.

표 8-14 미국의 화학물질 관련 법령

구분	산업안전보건법 (Occupational Safety and Health Act, OSHA)	청정대기법 (Clean Air Act, CAA)
대상 화학물질	• 29 CFR 1910.119 부록 A에 따른 중대재해에 대한 가능성을 지닌 독성물질과 반응성이 매우 높은 물질 137종 • 29 CFR 1910.1200(c)에 따른 가연성가스와 가연성액체	• 독성물질 77종 • 가연성물질 63종
주요 규제내용	• 공정안전관리(Process Safety Management, PSM) 실시	• 위해관리계획(Risk Management Plan, RMP) 실시
적용 대상시설	• 규제대상 물질을 규정수량 이상 취급하는 사업장	• RMP Program 1 - 유해성 평가에 의하여 결정된 최악의 배출 시나리오에 수용체가 없는 경우 - 규제물질의 우발적인 사고가 과거 5년 동안 없는 경우 - 사업장이 지역기관과 비상대응절차를 구축하고 있는 경우 - 사고위험성이 낮은 가연성 화학물질 시설의 경우 • RMP Program 2 - Program 1과 Program 3에 해당되지 않는 경우 • RMP Program 3 - Program 1의 공정에 포함되지 않은 경우 - 규정산업시설에 포함되거나 OSHA PSM 기준에 포함되는 경우 - 높은 위해성, 복잡한 화학물질 공정, 정유시설의 경우
관리부처	• OSHA	• EPA

자료 : 박정규, "화학물질 사고대응을 위한 제도개선 연구", 한국환경정책 · 평가연구원, 2013

2) 안전관리

공정안전관리제도(PSM)는 1990 CAA Amendment에 따라 1992년 2월부터 OHSA에 의하여 시행되고 있는 제도로서, 29 CFR 1910.119에 따르면, 중대사고가 발생할 수 있는 대상 사업장은 공정의 위험성을 평가하여 이를 근거로 공정안전보고서의 작성을 의무화하도록 규정되어 있다. 공정안전관리제도는 ①부록 A의 물질을 규정수량 이상 취급하는 공정, ②29 CFR 1910. 1200(c)에 정의된 가연성 물질을 10,000lb (4535.9kg) 이상 취급하는 공정을 대상으로 한다.

위해관리계획제도(RMP)는 1993년 10월부터 EPA에 의하여 시행되고 있는 제도로서, Clean Air Act Section 112(r)에 따르면, 화학사고의 예방을 위하여 위해관리계획을 실시하도록 규정되어 있다. 위해관리계획제도는 40 CFR part 68.130에 따른 독성물질과 가연성물질(140종)을 규정수량 이상 취급하거나 저장하는 사업장을 대상으로 하며, 조건에 따라 프로그램 1, 2, 3으로 구별하여 적용한다. 프로그램1은 과거 5년간 공장 외부로 영향을 미치는 사고가 없었거나, 최악의 누출시나리오에서 영향권 내에 지역주민이 없는 경우, 프로그램3은 프로그램1에 해당되지 않으면서 OSHA의 PSM 대상이거나 EPA의 NAICS(North American Industrial Classification System)의 10가지 코드(화학물질 제조업, 원유 정제업, 제조시설, 농약 판매업, 상수도 및 폐수처리 시스템, 프로판 정제업, 냉동 저장시설, 저장시설, 군용, 에너지 시설, 기타 공익시설) 중 하나로 분류될 경우 적용한다. 마지막으로 프로그램2는 프로그램1 또는 프로그램3에 해당되지 않는 공정의 경우 적용한다.[8)]

EPA의 위해관리계획제도가 OSHA의 공정안전관리제도와 구별되는 가장 큰 특징은 사업장 외부의 위해성 평가를 실시하고 사고예방프로그램을 작성한다는 것이며, 위해관리계획과 공정안전관리의 적용 항목은 표 8-14와 같다.

---

8 이채언, "국내화학물질 안전의 위해관리제도 핵심 요소에 관한 연구", 2014, p26

표 8-15 미국의 PSM과 RMP의 항목비교

구분	OSHA의 PSM	EPA RMP Program 1	EPA RMP Program 2	EPA RMP Program 3
위해성 평가				
최악의 경우 분석		○	○	○
대체 배출 분석			○	○
5년간의 사고사례		○	○	○
관리시스템(문서화 된 것)			○	○
예방프로그램				
근로자 참여계획	○			○
공정안전 정보	○		○	○
공정 위해성 분석	○		○	○
작업과정	○		○	○
교육	○		○	○
도급자	○			○
변화관리	○			○
기계적 완전성	○		○	○
화기작업 허가	○			○
작업개시 전 안전점검	○		○	○
안전점검				
사고조사	○		○	○
자체감사	○		○	○
비상대책 프로그램	○		○	○
위해성 관리계획 제시				
관리상의 요약		○	○	○
등록		○	○	○
최악의 경우 분석		○	○	○
대체 배출 시나리오			○	○
5년간의 사고사		○	○	○
예방/대책 프로그램 자료			○	○
보증		○	○	○

자료 : 이채언, "국내화학물질 안전의 위해관리제도 핵심요소에 관한 연구", 2014

다. 일본

일본은 전 세계에서 가장 먼저 화학물질관리법을 도입한 나라이다. 1973년 화학물질에 의한 환경오염으로 인하여 인간과 생태계가 입을 피해를 예방하기 위하여 산업용 신규화학물질의 유해성에 대한 사전 평가 및 관리를 규정한「화학물질의 심사 및 제조 등의 규제에 관한 법률」(化学物質の審査及び製造等の規制に関する法律, Act on the Evaluation of Chemical Substances and Regulation of Their Manufacture, etc)을 제정하여 화학물질을 관리하고 있다.

이 법률은 난분해성을 가지고, 인간의 건강을 해할 우려 또는 동식물의 생식 또는 생육에 지장을 줄 우려가 있는 화학물질에 의한 환경오염을 예방하기 위하여 신규화학물질의 제조 또는 수입에 있어 사전에 그 화학물질의 성상에 관하여 심사하는 제도를 마련함과 동시에 그 성상 등에 따라서 화학물질의 제조, 수입, 사용 등에 대하여 규제하는 것을 목적으로 한다.

1) 적용대상

「화학물질의 심사 및 제조 등의 규제에 관한 법률」에서 화학물질이란 원소 또는 화합물에 화학반응을 일으켜 얻을 수 있는 물질을 말하며, 이 법령에 따른 규제물질에는 특정화학물질과 감시화학물질이 있다. 신규 제조, 수입되는 화학물질 및 기존 화학물질은 정해진 기준에 따라 제1종 및 제2종 특정화학물질로 분류하며, 해당 물질에 대하여는 제조 · 수입의 허가(사실상 금지) 또는 사전 신고의 의무가 부여된다.

표 8-16 「화학물질의 심사 및 제조 등의 규제에 관한 법률」에서의 규제물질

구분	종류	지정기준	규제내용
제1종 특정 화학 물질	PCB, POPs등 28종 물질	난분해성, 고축적성 및 장기 독성 또는 포식동물에의 만성독성을 가지는 화학물질	• 제조 · 수입의 허가 • 특정용도 이외의 사용 금지 • 법령 지정 제품의 수입 금지 • 회수 등 조치 명령(물질 · 제품의 지정 시, 법령 위반 시) • Essential use 도입 • 취급기술기준 준수 의무, 양도 제공시 라벨링 의무 부여
제2종 특정 화학 물질	Trichloroethylene 등 23종 물질	난분해성, 장기독성 또는 생활환경 동식물에의 만성독성을 가지는 화학물질	• 제조 · 수입 예정/실적 수량, 용도 등 신고 • 리스크 관점에서 필요에 따라, 제조 · 수입 예정 수량 등의 변경 명령 • 취급 관련 기술상 지침의 공표 · 권고 • 표시의 의무 · 준수 권고 • 취급기술기준 준수 의무, 양도 제공시 라벨링 의무 부여
감시 화학 물질	Cyclododecane 등 39종 물질	난분해성과 고축적성이 있다고 판명된 기존 화학물질	• 제조 · 수입 실정 수량, 용도 등 제고 • 합계 1톤 이상에 대하여 물질의 명칭, 신고 수량의 공표 • 지도 · 조언(환경오염 방지를 위하여 필요한 경우) • 위해성 관점에서 필요에 따라 유해성(인체 또는 고차포식 동물에의 장기독성) 조사 지시

출처 : 국립환경과학원, "취급제한물질 적정관리를 위한 제도개선방안 마련 연구", 2013

2) 안전관리

「화학물질의 심사 및 제조 등의 규제에 관한 법률」에서는 신규화학물질의 경우 제조 · 수입 전 심사 제도를 시행하고 있다. 아울러 PCB 등과 같이 난분해성이면서 고축적성을 가지고 있고, 만성 독성을 가지고 있는 화학물질은 특정화학물질로 지정하여 제조, 수입 시 허가(사실상 금지)를 받도록 하고 있다.

제1종 특정화학물질은 난분해성이며 생물체내 고축적성이 있고 계속 섭취시 사람의 건강을 손상시킬 우려가 있는 만성독성 화학물질로 이러한 물질에 대하여 제조허가, 수입허가, 사용제한 등을 규정하고 있으며, 제조허가를 받지 아니하고는 시험 연구 이외의 용도로는 제조할 수 없도록 하고 있다. 제2종 특정화학물질은 난분해성이고 저축적성이지만 만성독성의 우려가 있는 화학물질로, 물질의 제조 및 수입량에 대한 신고, 환경오염방지를 위한 기술지침 공표, 환경오염 방지를 위한 용기 · 포장 등 표시 의무를 부과하고 있다.

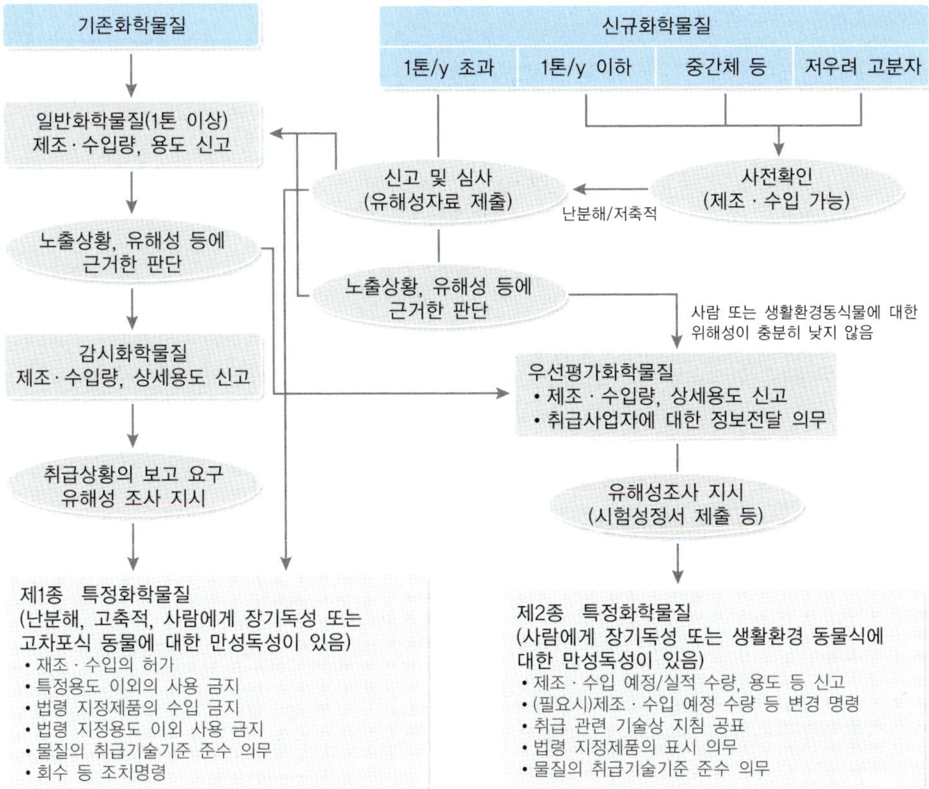

그림 8-6 「화학물질의 심사 및 제조 등의 규제에 관한 법률」에 따른 화학물질의 평가 및 관리절차

출처 : 산업안전보건연구원, “산업안전보건법에서의 EU 화학물질관리제도(REACH) 대응과 적용방안에 관한 연구”, 2011

EXERCISES

연습문제

01 국내 화학물질 취급 관련 법령으로는 무엇이 있는가?

02 각 법령별 안전관리 대상 물질을 비교하여 기술하시오.

03 각 법령별 안전관리 대상 시설에 대하여 기술하시오.

04 「화학물질관리법」에 따른 안전진단 중 '정기 안전진단'과 '특별 안전진단'의 차이점에 대하여 기술하시오.

05 「고압가스 안전관리법」에 따른 정밀안전검진에 대하여 기술하시오.

06 각 법령별 안전관리 시스템 중 잘못 연결된 것을 고르시오.

> 가. 「화학물질관리법」 : 장외영향평가, 위해관리계획서
> 나. 「산업안전보건법」 : 공정안전보고서
> (PSM, Process Safety Management)
> 다. 「위험물안전관리법」 : 위해물질관리보고서
> 라. 「고압가스 안전관리법」 : 안전성향상계획서
> (SMS, Process Safety Management)

07 「산업안전보건법」에 따른 공정안전보고서(PSM) • 「고압가스 안전관리법」에 따른 안전성향상계획서(SMS)와 「화학물질관리법」에 따른 장외영향평가 • 위해관리계획의 차이점에 대하여 기술하시오.

08 유럽연합의 화학물질 관리 규정인 「REACH Regulation」에 대하여 기술하시오.

09 미국의 화학물질 안전관리 제도인 공정안전관리제도(PSM)와 위해관리계획제도(RMP)를 비교하여 기술하시오.

10 일본의 화학물질 취급 법령인 「화학물질의 심사 및 제조 등의 규제에 관한 법률」에 대하여 기술하시오.

CHEMISTRY SAFETY INTRODUCTION

부록

부록 A 화학물질 정의

[부록] 화학물질관리법에 따른 물질 고시

부록 A-1. 유독물질 지정현황(유독물질의 지정고시 [국립환경과학원고시 제2018-28호, 2018. 6. 29.] [별표 1] 유독물질

고유번호	화학물질의 명칭
97-1-1	과산화 나트륨[Sodium peroxide; 1313-60-6] 및 이를 5% 이상 함유한 혼합물
97-1-2	과산화 수소[Hydrogen peroxide; 7722-84-1] 및 이를 6% 이상 함유한 혼합물
97-1-3	과산화 우레아[Urea peroxide; 124-43-6] 및 이를 17% 이상 함유한 혼합물
97-1-4	구아자틴[Guazatine; 13516-27-3]과 그 염류 및 그 중 하나를 구아자틴으로서 3.5% 이상 함유한 혼합물
97-1-5	글루타르알데히드[Glutaraldehyde; 111-30-8] 및 이를 25% 이상 함유한 혼합물
97-1-6	글리시딜 아크릴산[Glycidyl acrylate; 106-90-1] 및 이를 25% 이상 함유한 혼합물
97-1-7	나트륨[Sodium; 7440-23-5] 및 이를 25% 이상 함유한 혼합물
97-1-8	날레드[Naled; 300-76-5] 및 이를 1% 이상 함유한 혼합물
97-1-9	사산화납(lead tetraoxide), 황산납(lead sulfate), 염기성탄산납(basic lead carbonate)을 제외한 납화합물(Lead compounds) 및 이를 25% 이상 함유한 혼합물. 다만, 초산납(lead acetate), 알킬화납(lead alkyls), 아지드화납(lead azide), 이초산납(lead di(acetate)), 메탄술폰산납(lead(Ⅲ) methansulfonate), 인산납(lead phosphate(3:2)), 스티핀산납(lead styphate)의 경우는 이를 0.5% 이상 함유한 혼합물
97-1-10	니켈 카르보닐[Nickel carbonyl; 13463-39-3] 및 이를 0.1% 이상 함유한 혼합물
97-1-11	니코틴[Nicotine; 54-11-5]과 그 염류 및 그 중 하나를 1% 이상 함유한 혼합물
97-1-12	니트로벤젠[Nitrobenzene; 98-95-3] 및 이를 85% 이상 함유한 혼합물
97-1-13	다이아미다포스[Diamidafos; 1754-58-1] 및 이를 1% 이상 함유한 혼합물
97-1-14	다이아지논[Diazinon; 333-41-5] 및 이를 1% 이상 함유한 혼합물
97-1-15	다이아펜티유론[Diafenthiuron; 80060-09-9] 및 이를 25% 이상 함유한 혼합물
97-1-16	다이알리포스[Dialifos; 10311-84-9] 및 이를 1% 이상 함유한 혼합물
97-1-17	더불유에스시피[WSCP; 31512-74-0] 및 이를 1% 이상 함유한 혼합물
97-1-18	데카메트린[Decamethrin; 52918-63-5] 및 이를 25% 이상 함유한 혼합물
97-1-19	도딘[Dodine; 2439-10-3] 및 이를 25% 이상 함유한 혼합물

상기된 물질 외의 지정물질은 [국립환경과학원고시 제2018-28호], [별표1]에서 확인 가능

부록 A-2. 사고대비물질 지정현황(화학물질관리법 시행규칙 [환경부령 제774호, 2018.10.26.] [별표 10] 사고대비물질별 수량 기준

번호	물질명	CAS No.	적용범위
1	포름알데히드(Formaldehyde)	50-00-0	포름알데히드 및 이를 1% 이상 함유한 혼합물
2	메틸히드라진(Methylhydrazine	60-34-4	메틸히드라진 및 이를 1% 이상 함유한 혼합물
3	포름산(Formic acid	64-18-6	포름산 및 이를 25% 이상 함유한 혼합물
4	메틸알코올(Methylalcohol	67-56-1	메틸알코올 및 이를 85% 이상 함유한 혼합물
5	벤젠(Benzene	71-43-2	벤젠 및 이를 85% 이상 함유한 혼합물
6	염화 메틸(Methyl chloride	74-87-3	염화 메틸 및 이를 1% 이상 함유한 혼합물
7	메틸아민(Methylamine	74-89-5	메틸아민 및 이를 25% 이상 함유한 혼합물
8	시안화 수소(Hydrogen cyanide	74-90-8	시안화 수소 및 이를 1% 이상 함유한 혼합물
9	염화 비닐(Vinyl chloride)	75-01-4	염화 비닐 및 이를 0.1% 이상 함유한 혼합물
10	이황화 탄소(Carbon disulfide)	75-15-0	이황화 탄소 및 이를 0.1% 이상 함유한 혼합물
11	산화 에틸렌(Ethylene oxide)	75-21-8	산화 에틸렌 및 이를 0.1% 이상 함유한 혼합물
12	포스겐(Phosgene)	75-44-5	포스겐 및 이를 1% 이상 함유한 혼합물
13	트리메틸아민(Trimethylamine)	75-50-3	트리메틸아민 및 이를 25% 이상 함유한 혼합물
14	산화 프로필렌(Propylene oxide)	75-56-9	산화 프로필렌 및 이를 0.1% 이상 함유한 혼합물
15	메틸 에틸 케톤(Methyl ethyl ketone)	78-93-3	메틸 에틸 케톤 및 이를 25% 이상 함유한 혼합물
16	메틸 비닐 케톤(Methyl vinyl ketone)	78-94-4	메틸 비닐 케톤 및 이를 1% 이상 함유한 혼합물
17	아크릴산(Acrylic acid)	79-10-7	아크릴산 및 이를 25% 이상 함유한 혼합물
18	메틸 아크릴레이트(Methyl acrylate)	96-33-3	메틸 아크릴레이트 및 이를 25% 이상 함유한 혼합물
19	니트로벤젠(Nitrobenzene)	98-95-3	니트로벤젠 및 이를 25% 이상 함유한 혼합물
20	4-니트로톨루엔(4-Nitrotoluene)	99-99-0	4-니트로톨루엔 및 이를 25% 이상 함유한 혼합물

상기된 물질 외의 지정물질은 [환경부령 제774호], [별표10]에서 확인 가능

부록 A-3. 제한물질 지정현황(제한물질 · 금지물질의 지정 [환경부고시 제2018-139호, 2018.8.24.] [별표 2] 제한물질

<table>
<tr><th>고유번호</th><th colspan="2">물질명</th><th>CAS No.</th></tr>
<tr><td>06-5-1</td><td colspan="2">말라카이트 그린(Malachite green) 의 염류 및 그 중 하나를 0.1%이상 함유한 혼합물</td><td>10309-95-2</td></tr>
<tr><td>06-5-2</td><td colspan="2">브롬화 메틸[Methyl bromide;] 및 이를 1%이상 함유한 혼합물</td><td>74-83-9</td></tr>
<tr><td>06-5-3</td><td colspan="2">사염화 탄소[Carbon tetrachloride;] 및 이를 1%이상 함유한 혼합물</td><td>56-23-5</td></tr>
<tr><td>06-5-5</td><td colspan="2">폼알데하이드[Formaldehyde;] 및 이를 1%이상 함유한 혼합물</td><td>50-00-0</td></tr>
<tr><td rowspan="15">06-5-6</td><td colspan="2">노닐페놀 및 이를 0.1% 이상 함유한 혼합물</td><td></td></tr>
<tr><td rowspan="7">1</td><td rowspan="7">Nonylphenols</td><td>25154-52-3</td></tr>
<tr><td>104-40-5</td></tr>
<tr><td>84852-15-3</td></tr>
<tr><td>139-84-4</td></tr>
<tr><td>136-83-4</td></tr>
<tr><td>90481-04-2</td></tr>
<tr><td>11066-49-2</td></tr>
<tr><td rowspan="7">2</td><td rowspan="7">Nonylphenol ethoxylates</td><td>9016-45-9</td></tr>
<tr><td>27177-05-5</td></tr>
<tr><td>68412-54-4</td></tr>
<tr><td>127087-87-0</td></tr>
<tr><td>68412-53-3</td></tr>
<tr><td>26027-38-3</td></tr>
<tr><td>37205-87-1</td></tr>
<tr><td>06-5-7</td><td colspan="2">백석면[Chrysotile; 12001-29-5] 및 이를 1% 이상 함유한 혼합물</td><td></td></tr>
</table>

상기된 물질 외의 지정물질은 [환경부고시 제2018-139호], [별표2]에서 확인 가능

부록 A-4. 금지물질 지정현황(제한물질 · 금지물질의 지정 [환경부고시 제2018-139호, 2018.8.24.] [별표 4] 금지물질

고유번호	화학물질의 명칭	금지내용
06-4-1	니트로펜[Nitrofen; 1836-75-5] 및 이를 0.1%이상 함유한 혼합물	제조, 수입, 판매, 보관 · 저장, 운반, 사용을 금지
06-4-2	다이알리포스[Dialifos; 10311-84-9] 및 이를 1%이상 함유한 혼합물	〃
06-4-3	디디티[DDT; 50-29-3] 및 이를 1%이상 함유한 혼합물	〃
06-4-4	디메토에이트[Dimethoate; 60-51-5] 및 이를 1%이상 함유한 혼합물	〃
06-4-5	디술포톤[Disulfoton; 298-04-4] 및 이를 5%이상 함유한 혼합물	〃
06-4-6	디엘드린[Dieldrin; 60-57-1] 및 이를 1%이상 함유한 혼합물	〃
06-4-7	렙토포스[Leptophos; 21609-90-5] 및 이를 1%이상 함유한 혼합물	〃
06-4-8	모노크로토포스[Monocrotophos; 6923-22-4] 및 이를 1%이상 함유한 혼합물	〃
06-4-9	메타아미도포스[Methamidophos; 10265-92-6] 및 이를 1%이상 함유한 혼합물	〃
06-4-10	비산 납[Lead arsenate; 7784-40-9] 및 이를 0.1%이상 함유한 혼합물	〃
06-4-11	비스(2-클로로에틸)에테르[Bis(2-chloroethyl)ether; 111-44-4] 및 이를 0.1%이상 함유한 혼합물	〃
06-4-12	비스(클로로메틸)에테르[Bis(chloromethyl)ether; 542-88-1] 및 이를 0.1%이상 함유한 혼합물	〃
06-4-13	벤지딘[Benzidine; 92-87-5]과 그 염류 및 그 중 하나를 0.1%이상 함유한 혼합물	〃
06-4-14	스트리시닌[Strychnine; 57-24-9]과 그 염류 및 그 중 하나를 1%이상 함유한 혼합물	〃
06-4-15	아세트산 탈륨[Thallium acetate; 563-68-8] 및 이를 1%이상 함유한 혼합물	〃
06-4-16	아세트산 페닐수은[Phenylmercury acetate; 62-38-4] 및 이를 1%이상 함유한 혼합물	〃
06-4-17	아크린아트린[Acrinathrin; 101007-06-1] 및 이를 25%이상 함유한 혼합물	〃
06-4-18	안투[Antu; 86-88-4] 및 이를 1%이상 함유한 혼합물	〃

상기된 물질 외의 지정물질은 [환경부고시 제2018-139호], [별표4]에서 확인 가능

부록 A-5. 사고대비물질의 정의 및 지정

「화학물질관리법」

[시행 2018.9.13.] [법률 제15659호, 2018.6.12., 일부개정]

법 제2조(정의) 이 법에서 사용하는 용어의 뜻은 다음과 같다.

6. "사고대비물질"이란 화학물질 중에서 급성독성(急性毒性) · 폭발성 등이 강하여 화학사고의 발생 가능성이 높거나 화학사고가 발생한 경우에 그 피해 규모가 클 것으로 우려되는 화학물질로서 화학사고 대비가 필요하다고 인정하여 제39조에 따라 환경부장관이 지정 · 고시한 화학물질을 말한다.

사고대비물질의 지정고시

[시행 2017. 6. 2.] [환경부고시 제2017-107호, 2017. 6. 2., 일부개정]

제2조(사고대비물질의 지정 「화학물질관리법」제2조제6호에 따른 사고대비물질은 「화학물질관리법 시행규칙」 별표 10의 '사고대비물질(영문명 및 CAS 번호)'란의 규정에 따른다.

[별표10]

사고대비물질별 수량 기준(제45조 관련)

단위 : kg

번호	사고대비물질(영문명 및 CAS 번호)	제조 · 사용 수량(연간)	보관 · 저장 수량
1	포르말린 또는 포름알데히드[Formalin; Formaldehyde ; 50-00-0] 및 이를 1% 이상 함유한 혼합물	1,500,000	200,000
2	메틸히드라진[Methylhydrazine ; 60-34-4] 및 이를 1% 이상 함유한 혼합물	300,000	10,000
3	포름산[Formic acid ; 64-18-6] 및 이를 25% 이상 함유한 혼합물	1,500,000	20,000

(이하 생략)

상기된 물질 외의 지정물질은 국립환경과학원고시 제2018-28호 별표에서 확인 가능

부록 B 유해화학물질 관련 국내 관련 법령

1. 「화학물질관리법」

가) 목적 및 적용대상

부록 B-1. 「화학물질관리법」의 목적 및 적용대상

「화학물질관리법」 [시행 2018.9.13.] [법률 제15659호, 2018.6.12., 일부개정]
법 제1조(목적) 이 법은 화학물질로 인한 국민건강 및 환경상의 위해(危害)를 예방하고 화학물질을 적절하게 관리하는 한편, 화학물질로 인하여 발생하는 사고에 신속히 대응함으로써 화학물질로부터 모든 국민의 생명과 재산 또는 환경을 보호하는 것을 목적으로 한다. **제3조(적용범위)** ① 이 법은 다음 각 호의 어느 하나에 해당하는 화학물질에는 적용하지 아니한다. 1. 「원자력안전법」 제2조제5호에 따른 방사성물질 2. 「약사법」 제2조제4호 · 제7호에 따른 의약품 및 의약외품 3. 「마약류 관리에 관한 법률」 제2조제1호에 따른 마약류 4. 「화장품법」 제2조제1호에 따른 화장품과 화장품에 사용하는 원료 5. 「농약관리법」 제2조제1호 · 제3호에 따른 농약과 원제(原劑) 6. 「비료관리법」 제2조제1호에 따른 비료 7. 「식품위생법」 제2조제1호 · 제2호 · 제4호 · 제5호에 따른 식품, 식품첨가물, 기구 및 용기 · 포장 8. 「사료관리법」 제2조제1호에 따른 사료 9. 「총포 · 도검 · 화약류 등 단속법」 제2조제3항에 따른 화약류 10. 「군수품관리법」 제2조 및 「방위사업법」 제3조제2호에 따른 군수품[「군수품관리법」 제3조에 따른 통상품(通常品)은 제외한다] 11. 「건강기능식품에 관한 법률」 제3조제1호에 따른 건강기능식품 12. 「의료기기법」 제2조제1항에 따른 의료기기 13. 「고압가스 안전관리법」에 따른 독성 가스 ② 제1항제13호에 해당하는 화학물질에 대하여는 제1항에도 불구하고 제4조부터 제23조까지(제6조제3항제1호부터 제5호까지, 제13조, 제16조, 제19조 및 제20조는 제외한다), 제26조, 제39조부터 제50조까지(제49조제1항제7호 · 제8호 및 제50조제1항제6호는 제외한다), 제52조, 제54조부터 제64조까지(제54조제8호부터 제13호까지, 제58조제4호 · 제5호, 제59조제7호부터 제9호까지, 제59조제11호, 제61조제4호, 제64조제1항제5호부터 제9호까지 및 제64조제2항제2호는 제외한다)를 적용한다. ③ 제1항제2호부터 제13호까지의 규정에 따른 화학물질의 관리 및 화학사고 대응에 관하여 관계 법률에 다른 특별한 규정이 있는 경우를 제외하고는 제1항에도 불구하고 이 법에 따른다.

나) 안전관리제도

1) 검사

부록 B-2. 「화학물질관리법」에 따른 검사제도

「화학물질관리법」
[시행 2018.9.13.] [법률 제15659호, 2018.6.12., 일부개정]

법 제24조(취급시설의 배치 · 설치 및 관리 기준 등) ① 유해화학물질 취급시설은 환경부령으로 정하는 배치 · 설치 및 관리 기준 등에 따라 설치 · 운영되어야 한다.

시행규칙 제21조(취급시설의 배치 · 설치 및 관리 기준) ① (생략)
② 법 제24조제1항에 따른 유해화학물질 취급시설의 설치 및 관리기준은 별표 5와 같다.

[별표5]
유해화학물질 취급시설 설치 및 관리 기준(제21조제2항 관련)

1. 제조 · 사용 시설 및 설비 기준
 가. 건축물
  1) 유해화학물질 제조 · 사용시설의 기초는 그 설비에 유해한 영향을 끼치지 않도록 필요한 조치를 마련하여야 한다.
  2) 유해화학물질을 취급하는 건축물의 구조는 바닥에 물이 고이지 아니하는 구조이거나 지하층이 없도록 해야 하고 지붕 · 벽 · 창 등은 빗물이 새어들지 아니하는 구조로 하여야 한다.

(중략)

비고.
2. 제19조제3항에 따른 규모 미만의 유해화학물질 취급시설 중 화학물질안전원장이 정하여 고시하는 유해화학물질 취급시설에 대해서는 해당 고시에서 정하는 기준에 따라 제1호부터 제6호까지에 따른 기준의 일부를 적용하지 아니하거나 다르게 적용할 수 있다. (이하 생략)

유해화학물질 소량 취급시설에 관한 고시
[시행 2018. 7. 3.] [화학물질안전원고시 제2018-4호, 2018. 7. 3., 제정]

제1조(목적) 이 고시는 「화학물질관리법」(이하 "법"이라 한다) 제24조제1항 및 같은 법 시행규칙(이하 "규칙"이라 한다) 제21조제2항 관련 별표 5 비고 제2호에 따라 별표 5의 제1호부터 제6호까지에 따른 기준의 일부를 적용하지 아니하거나 다르게 적용할 수 있는 유해화학물질 취급시설의 범위와 설치 및 관리기준을 정함을 목적으로 한다.

제2조(소량기준) 소량기준은 법 제23조 및 규칙 제19조제3항에 따른 환경부고시 「유해화학물질별 소량기준에 관한 규정」을 적용한다. 다만, 유해화학물질 소량 취급시설의 소량기준을 산정하는 때에는 같은 고시 별표1 제4호를 적용하지 아니한다.

제3조(유해화학물질 소량 취급시설) 유해화학물질 소량 취급시설은 다음 각 호의 어느 하나에 해당하는 시설을 말한다.
① 「산업입지 및 개발에 관한 법률」 제2조제8호에 따른 산업단지에 입주하여 유해화학물질을 소량기준 미만으로 제조 · 사용, 저장 또는 보관하는 시설
② 「연구실 안전환경 조성에 관한 법률」 제2조제2호에 따른 연구실에서 유해화학물질을 소량기준 미만으로 제조 · 사용, 저장 또는 보관하는 시설
③ 「학교안전사고 예방 및 보상에 관한 법률」 제2조제1항에 따른 학교에서 유해화학물질을 소량기준 미만으로 제조 · 사용, 저장 또는 보관하는 시설
④ 「산업입지 및 개발에 관한 법률」 제2조제8호에 따른 산업단지 외의 지역에서 유해화학물질을 소량기준의 2분의 1 미만으로 제조 · 사용, 저장 또는 보관하는 시설

제4조(유해화학물질 소량 취급시설의 설치 및 관리 기준) ① 유해화학물질 소량 제조 · 사용시설의 설치 및 관리 기준은 [별표 1]과 같다.
② 유해화학물질 소량 저장시설의 설치 및 관리 기준은 [별표 2]와 같다.
③ 유해화학물질 소량 보관시설의 설치 및 관리 기준은 [별표 3]과 같다.

제5조(검사의 내용 및 방법) 유해화학물질 소량 취급시설의 검사항목, 검사내용 및 검사방법은 환경부훈령 「유해화학물질 취급시설의 설치 · 정기 · 수시검사 등에 관한 세부지침」 중 화학물질안전원장이 정한 항목만을 적용한다.

[별표 1] 유해화학물질 소량 제조 · 사용시설 설치 및 관리 기준
[별표 2] 유해화학물질 소량 저장시설 설치 및 관리 기준
[별표 3] 유해화학물질 소량 보관시설 설치 및 관리 기준

제21조의2(취급시설의 설치 및 관리 기준의 특례) ① 화학물질안전원장은 다음 각 호의 어느 하나에 해당하는 유해화학물질 취급시설로서 별표 5에 따른 설치 및 관리 기준을 그대로 적용하기 어렵다고 인정하는 시설에 대해서는 법 제24조제1항에 따른 설치 및 관리 기준의 적용을 위하여 안전성에 관한 평가(이하 이 조에서 "안전성 평가"라 한다)를 실시하고 그 결과에 따라 별표 5에 따른 설치 및 관리 기준의 일부를 적용하지 아니하거나 다르게 적용할 수 있다.
1. 2014년 12월 31일 이전에 착공한 유해화학물질 취급시설로서 별표 5의 기준에 적합하게 설치 · 관리하기 위한 사업장의 물리적 공간이 부족하여 대규모의 이설이 불가피하거나 안전상의 문제가 발생할 우려가 있는 취급시설
2. 취급시설의 설치에 관한 새로운 기술이 적용되어 별표 5의 기준을 적용하는 것이 어렵다고 화학물질안전원장이 인정하는 경우

② 제1항에 따른 안전성 평가를 받으려는 자는 별지 제33호의5서식의 안전성 평가 신청서에 제1항 각 호의 어느 하나에 해당함을 증명하는 서류를 첨부하여 화학물질안전원장에게 제출하여야 한다.
③ 화학물질안전원장은 제2항에 따른 신청서를 제출받은 경우에는 다음 각 호에 따라 안전성 평가를 실시하고, 그 결과를 신청인에게 통보하여야 한다.
1. 서면평가: 별표 5의 기준을 적용하기 어려운 사유 및 별표 5의 기준과 같은 수준 이상의 안전성이 확보되었는지를 제출된 증명서류를 통하여 평가
2. 현장평가: 해당 취급시설의 설치 조건 및 안전성 확보 수준이 서면평가 결과와 일치하는지를 현장에서 직접 확인하여 평가

④ 제1항에 따라 해당 취급시설에 대하여 설치 및 관리 기준의 일부를 적용하지 아니하거나 다르게 적용하려는 자는 제3항에 따라 통보받은 안전성 평가의 결과를 지방환경관서의 장에게 제출하여야 한다.
⑤ 제1항부터 제4항까지에서 규정한 사항 외에 안전성 평가의 세부 기준 및 절차 등에 관하여 필요한 사항은 화학물질안전원장이 정하여 고시한다.

② 유해화학물질 취급시설의 설치를 마친 자는 환경부령으로 정하는 검사기관에서 검사를 받고 그 결과를 환경부장관에게 제출하여야 한다.

시행규칙 제22조(검사기관 등) ① 법 제24조제2항에서 "환경부령으로 정하는 검사기관"이란 다음 각 호의 기관을 말한다.
1. 「한국환경공단법」에 따른 한국환경공단
2. 「한국산업안전보건공단법」에 따른 한국산업안전보건공단
3. 「고압가스 안전관리법」에 따른 한국가스안전공사
4. 제1호부터 제3호까지에서 규정한 기관 외에 환경부장관이 유해화학물질 취급시설에 대한 검사와 안전진단에 관한 능력을 갖추고 있다고 인정하여 지정 · 고시한 기관

② ~ ④ (생략)

③ 유해화학물질 취급시설을 설치 · 운영하는 자는 취급시설별로 환경부령으로 정하는 기간마다 제2항에 따른 검사기관에서 정기검사 또는 수시검사를 받고 그 결과를 환경부장관에게 제출하여야 한다. 다만, 제4항에 따라 안전진단을 실시하고 안전진단결과보고서를 제출한 자에 대하여는 환경부령으로 정하는 기간 동안 정기검사를 면제할 수 있다.
④ (생략)

⑤ 제2항 및 제3항에 따른 검사 또는 제4항에 따른 안전진단 결과 적합 판정을 받지 아니한 유해화학물질 취급시설은 사용할 수 없다. 다만, 검사 또는 안전진단을 위하여 그 시설을 사용하는 경우에는 그러하지 아니하다.
⑥ 제2항 및 제3항에 따른 검사의 절차 · 기준 및 검사기관의 관리기준, 제4항에 따른 안전진단의 세부적인 방법 등에 관하여 필요한 사항은 환경부령으로 정한다.

시행규칙 제23조(취급시설의 정기 · 수시검사 등) ① 법 제24조제2항에 따라 유해화학물질 취급시설의 설치를 마친 자는 해당 시설을 가동하기 전에 제22조제1항에 따른 검사기관에서 검사를 받고 별지 제34호서식의 검사결과신고서에 검사결과서를 첨부하여 지방환경관서의 장에게 제출하여야 한다.
② 법 제24조제3항 본문에서 "환경부령으로 정하는 기간"이란 1년(법 제28조에 따른 유해화학물질 영업허가 대상이 아닌 유해화학물질 취급시설의 경우에는 2년을 말한다)을 말한다.
③ 유해화학물질 취급시설에서 화학사고가 발생한 경우에는 그 화학사고가 발생한 날부터 7일 이내에 법 제24조제3항 본문에 따른 수시검사를 받아야 한다.
④ 지방환경관서의 장은 유해화학물질 취급시설에서 화학사고가 발생할 우려가 있는 경우에는 별지 제35호서식에 따라 법 제24조제3항 본문에 따른 수시검사 대상임을 통지하여야 한다.
⑤ 법 제24조제3항 단서에서 "환경부령으로 정하는 기간"이란 1년을 말한다.
⑥ 법 제24조제3항 본문에 따른 정기검사 또는 수시검사를 받은 자는 별지 제36호서식의 결과신고서에 검사결과서를 첨부하여 지방환경관서의 장에게 제출하여야 한다.
⑦ 법 제24조제2항 및 제3항에 따른 검사의 내용과 제1항 및 제6항에 따른 검사결과서의 작성방법 등에 필요한 사항은 환경부장관이 정하여 고시한다.

유해화학물질 취급시설의 설치 · 정기 · 수시검사 및 안전진단의 방법 등에 관한 규정

[시행 2016. 10. 10.] [환경부고시 제2016-195호, 2016. 10. 10., 일부개정]

제1조(목적) 이 고시는 「화학물질 관리법」(이하 "법"이라 한다) 제24조 및 제54조, 같은 법 시행규칙(이하"규칙"이라 한다) 제23조, 제24조에 따라 유해화학물질 취급시설에 대한 설치 · 정기 및 수시검사(이하"검사"라 한다)의 내용 및 방법, 안전진단(이하"안전진단"이라한다)의 항목 및 방법 등을 정함을 목적으로 한다.

(이하 생략)

2) 안전진단

부록 B-3. 「화학물질관리법」에 따른 안전진단제도

「화학물질관리법」

[시행 2018.9.13.] [법률 제15659호, 2018.6.12., 일부개정]

법 제24조(취급시설의 배치 · 설치 및 관리 기준 등 ① (생략)
② 유해화학물질 취급시설의 설치를 마친 자는 환경부령으로 정하는 검사기관에서 검사를 받고 그 결과를 환경부장관에게 제출하여야 한다.
③ (생략)
④ 유해화학물질 취급시설의 설치를 마친 자 또는 유해화학물질 취급시설을 설치 · 운영하는 자는 다음 각 호의 어느 하나에 해당하는 경우에는 제2항에 따른 검사기관에 의한 안전진단을 실시하고 취급시설의 안전 상태를 입증하기 위한 안전진단결과보고서를 환경부장관에게 제출하여야 한다.
1. 제2항 또는 제3항에 따른 검사 결과 유해화학물질 취급시설의 구조물이나 설비가 침하(沈下) · 균열 · 부식(腐蝕) 등으로 안전상의 위해가 우려된다고 인정되는 경우
2. 유해화학물질 취급시설을 설치한 후 취급시설별로 환경부령으로 정하는 기간을 경과한 경우

⑤ 제2항 및 제3항에 따른 검사 또는 제4항에 따른 안전진단 결과 적합 판정을 받지 아니한 유해화학물질 취급시설은 사용할 수 없다. 다만, 검사 또는 안전진단을 위하여 그 시설을 사용하는 경우에는 그러하지 아니하다.
⑥ 제2항 및 제3항에 따른 검사의 절차 · 기준 및 검사기관의 관리기준, 제4항에 따른 안전진단의 세부적인 방법 등에 관하여 필요한 사항은 환경부령으로 정한다.

시행규칙 제24조(안전진단 등) ① 유해화학물질 취급시설의 설치를 마친 자 또는 유해화학물질 취급시설을 설치 · 운영하는 자는 법 제24조제4항제1호에 해당하는 경우에는 법 제24조제2항 및 제3항에 따른 검사 결과를 받은 날부터 20일 이내에 법 제24조제4항에 따른 안전진단을 실시하여야 한다.
② 법 제24조제4항제2호에서 "환경부령으로 정하는 기간"이란 제19조제4항에 따른 취급시설의 위험도를 기준으로 다음 각 호의 구분에 따른 기간을 말한다. 다만, 취급시설의 위험도에 대한 검토결과가 없는 경우에는 매 4년으로 한다.
1. 고위험도 유해화학물질 취급시설: 제19조제4항에 따른 검토결과서를 받은 날부터 매 4년
2. 중위험도 유해화학물질 취급시설: 제19조제4항에 따른 검토결과서를 받은 날부터 매 8년
3. 저위험도 유해화학물질 취급시설: 제19조제4항에 따른 검토결과서를 받은 날부터 매 12년

③ 유해화학물질 취급시설의 설치를 마친 자 또는 유해화학물질 취급시설을 설치 · 운영하는 자는 법 제24조제4항제2호에 해당하는 경우에는 제2항에 따른 기간이 만료되는 날부터 60일 이내에 제1항에 따른 안전진단을 실시하여야 한다.
④ 제1항 및 제3항에 따른 안전진단을 실시한 자는 별지 제37호서식의 안전진단결과신고서에 안전진단결과보고서를 첨부하여 지방환경관서의 장에게 제출하여야 한다. 이 경우 지방환경관서의 장은 근로자의 보호를 위하여 안전 조치가 필요하다고 인정되는 경우에는 지방고용노동관서의 장에게 관련 내용을 통보하여야 한다.
⑤ 제1항부터 제4항까지에서 규정한 사항 외에 안전진단의 항목 및 방법 등에 필요한 사항은 환경부장관이 정하여 고시한다.

유해화학물질 취급시설의 설치 · 정기 · 수시검사 및 안전진단의 방법 등에 관한 규정
[시행 2016. 10. 10.] [환경부고시 제2016-195호, 2016. 10. 10., 일부개정]

제1조(목적) 이 고시는 「화학물질 관리법」(이하 "법"이라 한다) 제24조 및 제54조, 같은 법 시행규칙(이하"규칙"이라 한다) 제23조, 제24조에 따라 유해화학물질 취급시설에 대한 설치 · 정기 및 수시검사(이하"검사"라 한다)의 내용 및 방법, 안전진단(이하"안전진단"이라한다)의 항목 및 방법 등을 정함을 목적으로 한다.
(이하 생략)

3) 안전관리계획서

부록 B-4. 「화학물질관리법」에 따른 위해관리계획제도

「화학물질관리법」
[시행 2018.9.13.] [법률 제15659호, 2018.6.12., 일부개정]

법 제41조(위해관리계획서의 작성 · 제출) ① 사고대비물질을 환경부령으로 정하는 수량 이상으로 취급하는 자는 다음 각 호의 사항이 포함된 위해관리계획서를 5년마다 작성하여 환경부장관에게 제출하여야 한다.
1. 취급하는 사고대비물질의 목록 및 유해성정보
2. 사고대비물질 취급시설의 목록, 방제시설 및 장비의 보유 현황
3. 사고대비물질 취급시설의 공정안전정보, 공정위험성 분석자료, 공정운전절차 및 유의사항에 관한 사항
4. 사고대비물질 취급시설의 운전책임자, 작업자 현황
5. 화학사고 대비 교육 · 훈련 및 자체점검 계획
6. 화학사고 발생 시 비상연락체계 및 가동중지에 대한 권한자 등 안전관리 담당조직
7. 화학사고 발생 시 유출 · 누출 시나리오 및 응급조치 계획
8. 화학사고 발생 시 영향 범위에 있는 주민, 공작물 · 농작물 및 환경매체 등의 확인
9. 화학사고 발생 시 주민(인근 사업장에 종사하는 사람을 포함한다)의 소산계획
10. 화학사고 피해의 최소화 · 제거 및 복구 등을 위한 조치계획
11. 그 밖에 사고대비물질의 안전관리에 관한 사항

시행규칙 제45조(위해관리계획서의 작성 · 제출 대상 수량 기준) 법 제41조제1항 각 호 외의 부분에 따라 위해관리계획서를 작성 · 제출하여야 하는 사고대비물질별 수량 기준은 별표 10과 같다. [전문개정 2017. 5. 30.]

② 제1항에 따라 위해관리계획서를 제출하여야 하는 자 중 제27조에 따른 유해화학물질 영업을 하려는 자는 제28조제1항에 따라 사전에 위해관리계획서를 제출하여야 한다.
③ 제1항 및 제2항에 따라 위해관리계획서를 제출한 자가 다음 각 호의 어느 하나에 해당하는 경우에는 변경된 위해관리계획서를 작성 · 제출하여야 한다. 〈신설 2016. 5. 29.〉

1. 제28조제5항에 따라 유해화학물질 영업의 변경허가를 받아야 하는 경우로서 사고대비물질의 취급량 또는 취급시설 용량이 증가하거나 품목 또는 취급시설의 위치가 변경되는 등 환경부령으로 정하는 중요사항이 변경되는 경우
2. 사업장 소재지를 관할하는 지방자치단체의 장이 제1항제9호에 따른 주민소산 계획의 보완이 필요하다고 요청한 경우로서 환경부장관이 그 필요성을 인정하여 제출자에게 변경제출을 통지한 경우

④ 환경부장관은 제1항부터 제3항까지에 따라 위해관리계획서를 제출받은 경우 환경부령으로 정하는 바에 따라 위해관리계획서를 검토한 후 이를 제출한 자에게 그 적합 여부를 통보하여야 한다. 다만, 환경부장관은 다음 각 호의 어느 하나에 해당하는 자가 설치 · 운영하는 시설에 대해서는 적합 여부를 결정할 때 취급시설에 대한 현장조사를 거쳐야 한다. 〈개정 2016. 5. 29., 2017. 11. 28.〉

1. 제28조에 따른 영업허가를 신규로 받아야 하는 자
2. 그 밖에 취급시설의 사고 위험성을 고려하여 현장조사가 필요하다고 인정하여 환경부령으로 정하는 자

⑤ 환경부장관은 제4항에 따른 검토를 위하여 필요하다고 인정하는 경우에는 해당 지방자치단체의 장에게 협의를 요청할 수 있으며, 협의를 요청받은 지방자치단체의 장은 위해관리계획서를 검토한 후 그 검토의견을 환경부장관에게 통보하여야 한다. 〈신설 2016. 5. 29.〉
⑥ 환경부장관은 제4항에 따라 위해관리계획서를 검토한 결과 수정 · 보완할 필요가 있는 경우에는 제출자에게 수정 · 보완을 요청할 수 있다. 이 경우 요청을 받은 자는 특별한 사유가 없으면 위해관리계획서를 수정 · 보완하여 제출하여야 한다. 〈개정 2016. 5. 29.〉
⑦ 제1항부터 제6항까지에 따른 위해관리계획서의 작성 · 제출, 현장조사 등의 방법과 절차 등에 관하여 필요한 사항은 환경부령으로 정한다. 〈개정 2016. 5. 29., 2017. 11. 28.〉
[시행일 : 2018. 11. 29.] 제41조

제41조의2(위해관리계획서 이행 등) ① 사고대비물질을 환경부령으로 정하는 수량 이상으로 취급하는 자는 제41조에 따른 위해관리계획서를 성실히 이행하여야 한다.
② 환경부장관은 취급시설을 방문하여 제41조에 따른 위해관리계획서의 이행 여부를 정기적으로 점검하여야 한다.
③ 환경부장관은 제2항에 따른 점검 결과 취급시설 현장을 개선 · 보완할 필요가 있다고 인정하는 경우에는 제1항에 따른 사고대비물질을 취급하는 자에게 시정조치나 그 밖의 필요한 조치를 명할 수 있다.
④ 제2항에 따른 점검 대상 취급시설, 점검 방법, 점검 주기 등은 환경부령으로 정한다.

시행규칙 제46조(위해관리계획서의 작성 · 제출 등) ① 법 제41조제1항 · 제2항 또는 제3항에 따라 위해관리계획서를 제출하여야 하는 자는 별지 제59호서식의 위해관리계획서 검토신청서에 위해관리계획서 또는 변경된 위해관리계획서를 첨부하여 화학물질안전원장에게 제출(전자문서를 통한 제출을 포함한다)하여야 한다. 〈개정 2017. 5. 30., 2017. 12. 27.〉
② 제1항에도 불구하고 법 제41조제1항제8호에 따른 확인 결과 화학사고 발생 시 영향 범위에 주민이 없고 최근 5년간 화학사고가 발생하지 아니한 경우에는 법 제41조제1항제1호 · 제2호 · 제4호 · 제5호 · 제6호 · 제8호에 따른 사항만을 포함한 위해관리계획서를 제출할 수 있다.
③ 위해관리계획서의 작성방법은 별표 11과 같다.
④ 법 제41조제3항제1호에서 "사고대비물질의 취급량 또는 취급시설 용량이 증가하거나 품목 또는 취급시설의 위치가 변경되는 등 환경부령으로 정하는 중요사항이 변경되는 경우"란 다음 각 호의 어느 하나에 해당하는 경우를 말한다. 〈신설 2017. 5. 30.〉

1. 제29조제1항제1호가목 또는 나목에 따른 변경허가 대상인 경우로서 사고대비물질의 보관 · 저장 수량 또는 연간 제조 · 사용 수량이 별표 10에 따른 수량기준 이상이 되도록 증가하는 경우
2. 제29조제1항제1호다목에 따른 변경허가 대상인 경우로서 추가되는 사고대비물질의 보관 · 저장 수량 또는 연간 제조 · 사용 수량이 별표 10에 따른 수량기준 이상인 경우
3. 제29조제1항제1호라목에 따른 변경허가 대상인 경우로서 별표 4 제2호에 따른 장외 평가정보가 변경됨에 따라 법 제41조제1항제7호의 사항이 변경되는 경우
4. 제29조제1항제1호라목에 따른 변경허가 대상인 경우로서 사고대비물질의 보관 · 저장 수량 또는 연간 제조 · 사용 수량

이 별표 10에 따른 수량기준 이상이 되도록 증가하는 경우

⑤ 제1항부터 제4항까지에서 규정한 사항 외에 위해관리계획서의 작성 등에 필요한 사항은 환경부장관이 정하여 고시한다. 〈개정 2017. 5. 30.〉

제47조(위해관리계획서의 검토) ① 화학물질안전원장은 제46조제1항에 따른 검토신청서를 받은 날부터 30일 이내에 위해관리계획서를 검토하여 별지 제60호서식의 검토결과서에 위해관리계획서의 적합 여부에 관한 상세내역을 첨부하여 신청인에게 통보하여야 한다.

② 화학물질안전원장은 법 제41조제5항에 따라 해당 지방자치단체의 장에게 다음 각 호의 사항에 대한 협의를 요청할 수 있다. 이 경우 협의를 요청한 날부터 그에 따른 검토의견을 통보받은 날까지의 기간은 제1항에 따른 검토기간에 산입하지 아니한다. 〈신설 2017. 5. 30.〉

1. 법 제41조제1항제6호에 따른 비상연락체계에 관한 사항
2. 법 제41조제1항제9호 · 제10호에 따른 소산계획 및 조치계획에 관한 사항
3. 그 밖에 사고대비물질의 안전관리에 관하여 지방자치단체의 장과 협의할 필요가 있다고 화학물질안전원장이 인정하는 사항

③ 화학물질안전원장은 제46조제1항에 따라 제출된 자료를 수정 · 보완할 필요가 있는 경우에는 수정 · 보완기간을 적고 수정 · 보완사항 상세내역을 첨부하여 별지 제61호서식에 따라 신청인에게 통지하여야 한다. 이 경우 자료의 수정 · 보완을 요청한 날부터 그에 따른 자료를 제출한 날까지의 기간은 제1항에 따른 검토기간에 산입하지 아니한다. 〈개정 2017. 5. 30.〉

④ 제1항부터 제3항까지에서 규정한 사항 외에 위해관리계획서의 검토 등에 필요한 사항은 환경부장관이 정하여 고시한다. 〈신설 2017. 5. 30.〉

제48조(위해관리계획서의 지역사회 고지) ① 사고대비물질을 취급하는 자는 법 제41조제4항에 따라 위해관리계획서의 적합 통보를 받은 경우에는 그 통보를 받은 날부터 3개월 이내에 별지 제62호서식의 화학사고 위험 및 응급대응 정보 요약서를 고지하여야 한다. 〈개정 2017. 5. 30.〉

② 법 제42조제1항에 따라 고지한 자는 다음 각 호의 사항을 보관하여야 한다. 〈개정 2017. 5. 30.〉

1. 제1항에 따른 화학사고 위험 및 응급대응 정보 요약서
2. 고지 대상 명단 및 고지방법

③ 제1항에 따른 고지는 다음 각 호의 구분에 따른 방법으로 하되, 개별사업장 또는 여러 사업장이 공동으로 고지할 수 있다.

1. 서면통지하는 경우: 우편이나 전자우편으로 통지
2. 개별적으로 설명하는 경우: 설명 후 서명날인
3. 집합적으로 전달하는 경우: 공청회나 설명회 등의 개최방식으로 전달
4. 제1호부터 제3호까지에서 규정한 사항 외의 방법으로 고지하는 경우: 일간신문, 화학물질안전원 및 관할 시청 · 구청 · 군청의 인터넷 홈페이지에 게재하거나 아파트 관리사무소, 동사무소 · 면사무소를 통하여 전달

④ 지방자치단체의 장은 제3항에 따른 고지가 원활히 이행될 수 있도록 필요한 지원을 하여야 한다.

⑤ 제1항부터 제4항까지에서 규정한 사항 외에 위해관리계획서의 지역사회 고지에 필요한 사항은 환경부장관이 정하여 고시한다.

위해관리계획서 작성 등에 관한 규정

[시행 2017. 12. 28.] [환경부고시 제2017-244호, 2017. 12. 28., 일부개정]

제1조(목적) 이 규정은 「화학물질관리법」제41조, 같은 법 시행규칙 제45조부터 제48조까지의 규정에 따른 위해관리계획서의 작성 · 제출 · 검토 및 지역사회 고지 등에 필요한 사항을 규정함을 목적으로 한다.

(이하 생략)

부록 B-5. 「화학물질관리법」에 따른 장외영향평가제도

「화학물질관리법」
[시행 2018.9.13.] [법률 제15659호, 2018.6.12., 일부개정]

법 제23조(화학사고 장외영향평가서의 작성 · 제출) ① 유해화학물질 취급시설을 설치 · 운영하려는 자는 사전에 화학사고 발생으로 사업장 주변 지역의 사람이나 환경 등에 미치는 영향을 평가한 유해화학물질 화학사고 장외영향평가서(이하 "장외영향평가서"라 한다)를 작성하여 환경부장관에게 제출하여야 한다.

② 환경부장관은 제1항에 따라 제출된 장외영향평가서를 다음 각 호의 사항에 관하여 검토한 후 이를 제출한 자에게 유해화학물질 취급시설의 위험도 및 적합 여부를 통보하여야 한다.

1. 유해화학물질 취급시설의 설치 · 운영으로 사람의 건강이나 주변 환경에 영향을 미치는지 여부
2. 화학사고 발생으로 유해화학물질이 사업장 주변 지역으로 유출 · 누출될 경우 사람의 건강이나 주변 환경에 영향을 미치는 정도
3. 유해화학물질 취급시설의 입지 등이 다른 법률에 저촉되는지 여부

③ 환경부장관은 제2항에 따라 장외영향평가서를 검토한 결과 보완 · 조정할 필요가 있는 경우에는 장외영향평가서를 제출한 자에게 보완 · 조정을 요청할 수 있다. 이 경우 보완 · 조정을 요청받은 자는 특별한 사유가 없으면 이에 따라야 한다.

④ 장외영향평가서는 제23조의2에 따른 장외영향평가서 작성 전문기관으로 하여금 작성하게 할 수 있다. 〈개정 2016. 1. 27.〉

⑤ 장외영향평가서의 작성 내용 · 방법과 제출방법 등에 필요한 사항은 환경부령으로 정한다.

시행규칙 제19조(화학사고 장외영향평가서의 작성 · 제출 등) ① 법 제23조제1항에 따라 유해화학물질 취급시설(「연구실 안전환경 조성에 관한 법률」 제2조제2호의 연구실은 제외한다)을 설치 · 운영하려는 자는 해당 시설의 설치공사 착공일 30일 전에 별지 제31호서식의 검토신청서에 유해화학물질 화학사고 장외영향평가서(이하 "장외영향평가서"라 한다)를 첨부하여 화학물질안전원장에게 제출(전자문서를 통한 제출을 포함한다)하여야 한다. 다음 각 호의 어느 하나에 해당하는 경우로 인하여 화학사고 발생 시 사업장 주변 지역의 사람이나 환경 등에 미치는 영향의 범위가 확대되는 경우에도 또한 같다. 〈개정 2016. 4. 7., 2017. 12. 27.〉

1. 동일 사업장 내의 취급시설을 증설하는 경우
2. 사업장 부지 경계로 취급시설의 위치를 변경하는 경우
3. 취급하는 유해화학물질이 변경되는 경우

② 장외영향평가서의 작성방법은 별표 4와 같다.

③ 제1항에도 불구하고 환경부장관이 정하여 고시하는 규모 미만의 유해화학물질 취급시설을 설치 · 운영하는 자는 화학사고 발생으로 사업장 주변 지역의 사람이나 환경 등에 미치는 영향이 크지 아니하다고 판단되는 경우에는 별지 제31호서식의 검토신청서에 별표 4 제1호가목 · 나목 및 같은 표 제3호의 내용만 작성한 장외영향평가서를 첨부하여 화학물질안전원장에게 제출할 수 있다.

④ 화학물질안전원장은 제1항 및 제3항에 따른 신청서를 받은 날부터 30일 이내에 신청서를 검토한 후 취급시설의 위험도(공정위험성 및 사고가능성에 따라 고위험도 · 중위험도 및 저위험도로 구분한다) 및 적합여부 등을 적어 별지 제32호서식의 검토결과서를 신청인에게 내주어야 한다.

⑤ 화학물질안전원장은 제1항 및 제3항의 신청서와 그에 따른 첨부서류를 보완 · 조정할 필요가 있는 경우에는 보완 · 조정 필요사항 및 제출기간을 적어 별지 제33호서식에 따라 신청인에게 통지하여야 한다. 이 경우 자료의 보완 · 조정을 요청한 날부터 그에 따른 자료를 제출한 날까지의 기간은 제4항에 따른 검토기간에 산입하지 아니한다.

⑥ 제1항부터 제5항까지에서 규정한 사항 외에 장외영향평가서의 작성, 제출방법 및 검토기준 등에 필요한 사항은 환경부장관이 정하여 고시한다.

장외영향평가서 작성 등에 관한 규정
[시행 2018. 1. 11.] [환경부고시 제2018-7호, 2018. 1. 11., 일부개정]

제1조(목적) 이 규정은 「화학물질관리법」 제23조, 같은 법 시행규칙 제19조의 규정에 따른 화학사고 장외영향평가서(이하 "장외영향평가서"라 한다)의 작성 · 제출 및 검토 등에 필요한 사항을 규정함을 목적으로 한다.

(이하 생략)

2. 「산업안전보건법」

가) 목적 및 적용대상

부록 B-6. 「산업안전보건법」의 목적 및 적용대상

「산업안전보건법」
[시행 2018.10.18.] [법률 제15588호, 2018.4.17., 일부개정]

법 제1조(목적) 이 법은 산업안전 · 보건에 관한 기준을 확립하고 그 책임의 소재를 명확하게 하여 산업재해를 예방하고 쾌적한 작업환경을 조성함으로써 근로자의 안전과 보건을 유지 · 증진함을 목적으로 한다.

제3조(적용 범위) ① 이 법은 모든 사업 또는 사업장(이하 "사업"이라 한다)에 적용한다. 다만, 유해 · 위험의 정도, 사업의 종류 · 규모 및 사업의 소재지 등을 고려하여 대통령령으로 정하는 사업에는 이 법의 전부 또는 일부를 적용하지 아니할 수 있다.

시행령 제2조의2(적용범위 등) ① 법 제3조제1항 단서에 따라 법의 일부를 적용하지 아니하는 사업 또는 사업장(이하 "사업"이라 한다)의 범위 및 해당 사업에 적용되지 아니하는 법 규정의 범위는 별표 1과 같다. 〈개정 2013. 8. 6.〉
② 이 영에서 사업의 분류는 「통계법」에 따라 통계청장이 고시한 한국표준산업분류에 따른다.

[별표1]

법의 일부를 적용하지 아니하는 사업 및 규정

대상 사업	적용 제외 규정
1. 다음 각 목의 어느 하나에 해당하는 사업 가. 「광산안전법」 적용 사업(광업 중 광물의 채광 · 채굴 · 선광 또는 제련 등의 공정으로 한정하며, 제조공정은 제외한다) 나. 「원자력안전법」 적용 사업(발전업 중 원자력 발전설비를 이용하여 전기를 생산하는 사업장으로 한정한다) 다. 「항공안전법」 적용 사업(항공기, 우주선 및 부품 제조업과 창고 및 운송관련 서비스업, 여행사 및 기타 여행보조 서비스업 중 항공 관련 사업은 각각 제외한다) 라. 「선박안전법」 적용 사업(선박 및 보트 건조업은 제외한다)	법 제13조, 제14조, 제15조, 제15조의2, 제15조의3, 제16조의2, 제18조, 제19조, 제3장, 제23조, 제26조(보건에 관한 사항은 제외한다), 제28조, 제29조제1항부터 제8항까지, 제29조제10항, 제29조의2, 제30조, 제31조(보건에 관한 사항은 제외한다), 제31조의2, 제34조의5, 제36조의4, 제39조, 제39조의2
2. 다음 각 목의 어느 하나에 해당하는 사업 가. 소프트웨어 개발 및 공급업 나. 컴퓨터 프로그래밍, 시스템 통합 및 관리업 다. 정보서비스업 라. 금융 및 보험업 마. 전문서비스업 바. 건축기술, 엔지니어링 및 기타 과학기술 서비스업 사. 기타 전문, 과학 및 기술 서비스업(사진 처리업은 제외한다) 아. 사업지원 서비스업 자. 사회복지 서비스업	법 제31조(같은 조 제3항에 따른 특별교육은 제외한다)

3. 다음 각 목의 어느 하나에 해당하는 사업으로서 상시 근로자 50명 미만을 사용하는 사업장 가. 농업 나. 어업 다. 환경 정화 및 복원업 라. 소매업; 자동차 제외 마. 영화, 비디오물, 방송프로그램 제작 및 배급업 바. 녹음시설운영업 사. 방송업 아. 부동산업(부동산 관리업은 제외한다) 자. 임대업; 부동산 제외 차. 연구개발업 카. 보건업(병원은 제외한다) 타. 예술, 스포츠 및 여가관련 서비스업 파. 협회 및 단체 하. 기타 개인 서비스업(세탁업은 제외한다)	
4. 다음 각 목의 어느 하나에 해당하는 사업 가. 공공행정, 국방 및 사회보장 행정 나. 교육 서비스업(청소년 수련시설 운영업은 제외한다) 다. 국제 및 외국기관	법 제2장, 제3장, 제29조제1항부터 제8항까지, 제29조제10항, 제31조, 제31조의2, 제32조, 제32조의2, 제32조의3
5. 사무직에 종사하는 근로자만을 사용하는 사업장(사업장이 분리된 경우로서 사무직에 종사하는 근로자만을 사용하는 사업장을 포함한다)	법 제2장, 제3장, 제29조제1항부터 제8항까지, 제29조제10항, 제31조, 제31조의2, 제32조, 제32조의2, 제32조의3
6. 상시 근로자 5명 미만을 사용하는 사업장	법 제2장, 제3장, 제31조(같은 조 제3항에 따른 특별교육은 제외한다), 제31조의2, 제32조, 제32조의2, 제32조의3, 제49조, 제50조, 제51조의2

비고: 제1호부터 제6호까지의 사업에 둘 이상 해당하는 사업의 경우에는 각각의 호에 따라 적용이 제외되는 규정은 모두 적용하지 아니한다.

② 이 법과 이 법에 따른 명령은 국가 · 지방자치단체 및 「공공기관의 운영에 관한 법률」 제5조에 따른 공기업에 적용한다.

나) 안전관리제도

1) 검사

부록 B-7. 「산업안전보건법」에 따른 검사제도

「산업안전보건법」

[시행 2018.10.18.] [법률 제15588호, 2018.4.17., 일부개정]

법 제36조(안전검사) ① 유해하거나 위험한 기계 · 기구 · 설비로서 대통령령으로 정하는 것(이하 "유해 · 위험기계등" 이라 한다)을 사용하는 사업주(근로자를 사용하지 아니하고 사업을 하는 자를 포함한다. 이하 이 조에서 같다)는 유해 · 위험기계등의 안전에 관한 성능이 고용노동부장관이 정하여 고시하는 검사기준에 맞는지에 대하여 고용노동부장관이 실시하는 검사(이하 "안전검사"라 한다)를 받아야 한다. 이 경우 유해 · 위험기계등을 사용하는 사업주와 소유자가 다른 경우에는 유해 · 위험기계등의 소유자가 안전검사를 받아야 한다. 〈개정 2010. 6. 4., 2011. 7. 25.〉

시행령 제28조의6(안전검사 대상 유해 · 위험기계등) ① 법 제36조제1항 전단에서 "대통령령으로 정하는 것"이란 다음 각 호와 같다. 〈개정 2012. 1. 26., 2016. 2. 17., 2016. 10. 27.〉

1. 프레스
2. 전단기
3. 크레인(정격 하중이 2톤 미만인 것은 제외한다)
4. 리프트
5. 압력용기
6. 곤돌라
7. 국소 배기장치(이동식은 제외한다)
8. 원심기(산업용만 해당한다)
9. 화학설비 및 그 부속설비
10. 건조설비 및 그 부속설비
11. 롤러기(밀폐형 구조는 제외한다)
12. 사출성형기[형 체결력(型 締結力) 294킬로뉴턴(KN) 미만은 제외한다]
13. 고소작업대[「자동차관리법」 제3조제3호 또는 제4호에 따른 화물자동차 또는 특수자동차에 탑재한 고소작업대(高所作業臺)로 한정한다]
14. 컨베이어
15. 산업용 로봇

② 법 제36조제1항에 따라 안전검사를 받아야 하는 유해 · 위험기계등의 세부적인 종류, 규격 및 형식은 고용노동부장관이 정하여 고시한다.

안전검사 절차에 관한 고시

[시행 2017. 10. 29.] [고용노동부고시 제2017-54호, 2017. 10. 11., 일부개정]

제1조(목적) 이 고시는「산업안전보건법」제36조부터 제36조의2까지,「산업안전보건법 시행령」제28조의6 및 「산업안전보건법 시행규칙」제73조부터 제74조의2까지의 안전검사 및 자율검사프로그램에 따른 안전검사에 관하여 위임된 사항과 그 시행에 필요한 사항을 규정함을 목적으로 한다.

제2조(정의) ① 이 고시에서 사용하는 용어의 뜻은 다음과 같다.

1. "안전검사"란「산업안전보건법」(이하 "법"이라 한다) 제36조에 따른 안전검사대상 유해 · 위험기계등의 안전성이 안전검사기준에 적합한지 여부를 현장검사를 통하여 확인하는 것을 말한다.
2. "자율검사프로그램 인정"이란 법 제36조의2에 따라 사업주가 근로자대표와 협의하여 검사기준 · 검사방법 및 검사주기 등을 정한 프로그램을 마련하여 고용노동부장관에게 인정을 받는 것을 말한다.

② 그 밖의 용어는 이 고시에서 특별히 정하는 경우를 제외하고는 법,「산업안전보건법 시행령」(이하 "영"이라 한다),「산업안전보건법 시행규칙」(이하 "규칙"이라 한다) 및「산업안전보건기준에 관한 규칙」(이하 "안전보건규칙"이라 한다)이 정하는 바에 따른다.

> **제3조(적용범위)** 영 제28조의6에 따른 안전검사대상 유해 · 위험기계 등의 세부적인 종류 또는 규격 및 형식은 별표 1과 같다.
>
> **제4조(안전검사의 방법 및 결과판정)** ① 안전검사기관에서 유해 · 위험기계등에 대한 안전검사를 할 때에는 별지 제3호서식의 안전검사결과서를 작성하여야 한다.
> ② 안전검사기관은 필수항목이 판정기준에 미달하거나 관리항목이 안전검사 고시의 검사기준에 미달하여 재해발생의 위험이 있다고 판단되는 경우에는 불합격 판정을 하고 이를 제1항의 안전검사결과서에 기재하여야 한다.
> ③ 안전검사기관은 안전검사결과 불합격되거나 안전검사고시의 검사기준에 미달하는 사항에 대하여는 사업장에 그 내용과 조치방법 등을 설명하고 개선하도록 건의하여야 한다.
> ④ 안전검사기관은 유해 · 위험기계등에 대한 검사를 완료한 때에는 검사원이 서명한 안전검사결과서 사본을 검사신청인에게 발급하여야 한다.
> ⑤ 안전검사기관은 유해 · 위험기계등에 대한 안전검사 시 외관 및 작동시험에 이상이 없는 경우에만 분해 검사를 생략할 수 있다.
> ⑥ 안전검사기관은 검사신청인에게 안전성 검사에 필요한 해당 기계 · 기구의 정비 내역을 제출하도록 요청할 수 있다.

② 제1항에도 불구하고 유해 · 위험기계등이 고용노동부령으로 정하는 다른 법령에 따라 안전성에 관한 검사나 인증을 받은 경우에는 안전검사를 면제할 수 있다. 〈신설 2011. 7. 25.〉

> **시행규칙 제73조(안전검사의 면제)** 법 제36조제2항에서 "고용노동부령으로 정하는 다른 법령에 따라 안전성에 관한 검사나 인증을 받은 경우"란 다음 각 호의 어느 하나에 해당하는 경우를 말한다. 〈개정 2010. 7. 12., 2011. 3. 3., 2012. 1. 26., 2014. 3. 12., 2016. 10. 28.〉
> 1. 「고압가스 안전관리법」 제17조제2항에 따른 검사를 받은 경우
> 2. 「에너지이용 합리화법」 제39조제4항에 따른 검사를 받은 경우
> 3. 「전기사업법」 제65조에 따른 검사를 받은 경우
> 4. 「항만법」제26조제1항제3호에 따른 검사를 받은 경우
> 5. 「광산보안법」 제9조에 따른 검사 중 광업시설의 설치 · 변경공사 완료 후 일정한 기간이 경과한 경우마다 받는 검사를 받은 경우
> 6. 「건설기계관리법」 제13조제1항제1호 · 제2호 및 제4호에 따른 검사를 받은 경우(안전검사 주기에 해당하는 시기의 검사로 한정한다)
> 7. 「선박안전법」 제8조부터 제12조까지의 규정에 따른 검사를 받은 경우
> 8. 「원자력안전법」제22조제1항에 따른 검사를 받은 경우
> 9. 「소방시설 설치유지 및 안전관리에 관한 법률」 제25조제1항에 따른 자체점검 등을 받은 경우
> 10. 「위험물안전관리법」 제18조에 따른 정기점검 또는 정기검사를 받은 경우
> 11. 「화학물질관리법」 제24조제3항 본문에 따른 정기검사를 받은 경우

③ 안전검사에 합격한 유해 · 위험기계등을 사용하는 사업주는 그 유해 · 위험기계등이 안전검사에 합격한 것임을 나타내는 표시를 하여야 한다. 〈개정 2011. 7. 25.〉

④ 다음 각 호의 어느 하나에 해당하는 유해 · 위험기계등은 사용하여서는 아니 된다. 〈개정 2011. 7. 25.〉
1. 안전검사를 받지 아니한 유해 · 위험기계등(제2항에 따라 안전검사가 면제되는 경우는 제외한다)
2. 안전검사에 불합격한 유해 · 위험기계등

⑤ 고용노동부장관은 안전검사 업무를 위탁받아 수행할 기관(이하 "안전검사기관"이라 한다)을 지정할 수 있다. 〈신설 2011. 7. 25.〉

⑥ 안전검사기관은 제4항 각 호에 해당하는 유해 · 위험기계등을 발견한 때에는 이를 관할 지방고용노동관서의 장에게 지체 없이 보고하여야 한다. 〈신설 2011. 7. 25.〉

⑦ 고용노동부장관은 안전검사 업무의 효율적인 수행을 위하여 안전검사기관의 업무수행 실태를 조사 · 평가하거나 업무처리를 지도 · 감독할 수 있다. 〈신설 2011. 7. 25.〉

⑧ 안전검사기관의 인력 · 시설 · 장비 등의 지정 요건 및 지정 절차에 필요한 사항은 대통령령으로 정한다. 〈신설 2011. 7. 25.〉

⑨ 안전검사의 신청, 검사 주기 및 검사합격 표시 방법에 관하여 필요한 사항은 고용노동부령으로 정한다. 이 경우 검사 주기는 유해 · 위험기계등의 종류, 사용연한(使用年限) 및 위험성을 고려하여 정한다. 〈개정 2010. 6. 4., 2011. 7. 25.〉

시행규칙 제73조의3(안전검사의 주기 및 합격표시 · 표시방법) ① 법 제36조제9항에 따른 안전검사대상 유해 · 위험기계등의 검사 주기는 다음 각 호와 같다. 〈개정 2012. 1. 26., 2016. 10. 28.〉

1. 크레인(이동식 크레인은 제외한다), 리프트(이삿짐운반용 리프트는 제외한다) 및 곤돌라 : 사업장에 설치가 끝난 날부터 3년 이내에 최초 안전검사를 실시하되, 그 이후부터 2년마다(건설현장에서 사용하는 것은 최초로 설치한 날부터 6개월마다)
2. 이동식 크레인, 이삿짐운반용 리프트 및 고소작업대: 「자동차관리법」 제8조에 따른 신규등록 이후 3년 이내에 최초 안전검사를 실시하되, 그 이후부터 2년마다
3. 프레스, 전단기, 압력용기, 국소 배기장치, 원심기, 화학설비 및 그 부속설비, 건조설비 및 그 부속설비, 롤러기, 사출성형기, 컨베이어 및 산업용 로봇: 사업장에 설치가 끝난 날부터 3년 이내에 최초 안전검사를 실시하되, 그 이후부터 2년마다(공정안전보고서를 제출하여 확인을 받은 압력용기는 4년마다)

② 법 제36조제9항에 따른 안전검사 합격표시 및 표시방법은 별표 9의4와 같다.

⑩ 안전검사기관에 관하여는 제15조의2 및 제15조의3을 준용한다. 이 경우 "안전관리전문기관"은 "안전검사기관"으로 본다.

2) 안전진단

부록 B-8. 「산업안전보건법」에 따른 안전진단제도

「산업안전보건법」
[시행 2018.10.18.] [법률 제15588호, 2018.4.17., 일부개정]

법 제49조(안전 · 보건진단 등) ① 고용노동부장관은 고용노동부령으로 정하는 사업장에 대하여 고용노동부장관이 지정하는 기관(이하 "안전 · 보건진단기관"이라 한다)이 실시하는 안전 · 보건진단을 받을 것을 명할 수 있다. 〈개정 2010. 6. 4.〉

시행규칙 제126조(대상 사업장의 종류) ① 법 제49조제1항에서 "고용노동부령으로 정하는 사업장"이란 다음 각 호의 어느 하나에 해당하는 사업장을 말한다. 다만, 법 제49조제1항에 따른 안전진단명령을 하는 경우에는 영 별표 1 제1호 각 목의 어느 하나에 해당하는 사업장은 그 대상에서 제외한다. 〈개정 2010. 7. 12., 2013. 8. 6.〉

1. 중대재해(사업주가 안전 · 보건조치의무를 이행하지 아니하여 발생한 중대재해만 해당한다) 발생 사업장. 다만, 그 사업장의 연간 산업재해율이 같은 업종의 규모별 평균 산업재해율을 2년간 초과하지 아니한 사업장은 제외한다.
2. 법 제50조제2항에 따라 안전보건개선계획 수립 · 시행명령을 받은 사업장
3. 추락 · 폭발 · 붕괴 등 재해발생 위험이 현저히 높은 사업장으로서 지방고용노동관서의 장이 안전 · 보건진단이 필요하다고 인정하는 사업장

② 제1항에 따른 안전 · 보건진단의 명령은 별지 제28호서식에 따른다.

② 사업주는 제1항에 따른 안전 · 보건진단업무에 적극 협조하여야 하며, 정당한 사유 없이 이를 거부하거나 방해 또는 기피하여서는 아니 된다. 이 경우 근로자대표가 요구할 때에는 안전 · 보건진단에 근로자대표를 입회시켜야 한다.
③ 고용노동부장관은 안전 · 보건진단기관에 대하여 평가하고 그 결과를 공개할 수 있다. 이 경우 평가의 기준 · 방법 및 결과의 공개에 필요한 사항은 고용노동부령으로 정한다. 〈신설 2017. 4. 18.〉
④ 제1항에 따른 안전 · 보건진단의 내용, 안전 · 보건진단기관의 지정 요건 및 절차, 그 밖에 필요한 사항은 대통령령으로 정한다. 〈개정 2017. 4. 18.〉
⑤ 안전 · 보건진단기관에 관하여는 제15조의2를 준용한다. 〈개정 2017. 4. 18.〉
[전문개정 2009. 2. 6.]

3) 안전관리계획서

부록 B-9. 「산업안전보건법」에 따른 공정안전보고 제도

「산업안전보건법」

[시행 2018.10.18.] [법률 제15588호, 2018.4.17., 일부개정]

법 제49조의2(공정안전보고서의 제출 등) ① 대통령령으로 정하는 유해 · 위험설비를 보유한 사업장의 사업주는 그 설비로부터의 위험물질 누출, 화재, 폭발 등으로 인하여 사업장 내의 근로자에게 즉시 피해를 주거나 사업장 인근지역에 피해를 줄 수 있는 사고로서 대통령령으로 정하는 사고(이하 이 조에서 "중대산업사고"라 한다)를 예방하기 위하여 대통령령으로 정하는 바에 따라 공정안전보고서를 작성하여 고용노동부장관에게 제출하여 심사를 받아야 한다. 이 경우 공정안전보고서의 내용이 중대산업사고를 예방하기 위하여 적합하다고 통보받기 전에는 관련 설비를 가동하여서는 아니 된다. 〈개정 2010. 6. 4., 2011. 7. 25.〉

시행령 제33조의6(공정안전보고서의 제출 대상) ① 법 제49조의2제1항 전단에서 "대통령령으로 정하는 유해 · 위험설비"란 다음 각 호의 어느 하나에 해당하는 사업을 하는 사업장의 경우에는 그 보유설비를 말하고, 그 외의 사업을 하는 사업장의 경우에는 별표 10에 따른 유해 · 위험물질 중 하나 이상을 같은 표에 따른 규정량 이상 제조 · 취급 · 저장하는 설비 및 그 설비의 운영과 관련된 모든 공정설비를 말한다. 〈개정 2012. 1. 26., 2014. 3. 12., 2017. 10. 17.〉

1. 원유 정제처리업
2. 기타 석유정제물 재처리업
3. 석유화학계 기초화학물질 제조업 또는 합성수지 및 기타 플라스틱물질 제조업. 다만, 합성수지 및 기타 플라스틱물질 제조업은 별표 10의 제1호 또는 제2호에 해당하는 경우로 한정한다.
4. 질소 화합물, 질소 · 인산 및 칼리질 화학비료 제조업 중 질소질 화학비료 제조업
5. 복합비료 및 기타 화학비료 제조업 중 복합비료 제조업(단순혼합 또는 배합에 의한 경우는 제외한다)
6. 화학 살균 · 살충제 및 농업용 약제 제조업(농약 원제 제조만 해당한다)
7. 화약 및 불꽃제품 제조업

[별표10]

유해 · 위험물질 규정량(제33조의6제1항 관련)

번호	유해 · 위험물질	규정량(kg)
1	인화성 가스	제조 · 취급: 5,000(저장: 200,000)
2	인화성 액체	제조 · 취급: 5,000(저장: 200,000)
3	메틸 이소시아네이트	제조 · 취급 · 저장: 150
4	포스겐	제조 · 취급 · 저장: 750
5	아크릴로니트릴	제조 · 취급 · 저장: 20,000
6	암모니아	제조 · 취급 · 저장: 200,000
7	염소	제조 · 취급 · 저장: 20,000
8	이산화황	제조 · 취급 · 저장: 250,000
9	삼산화황	제조 · 취급 · 저장: 75,000
10	이황화탄소	제조 · 취급 · 저장: 5,000
11	시안화수소	제조 · 취급 · 저장: 1,000
12	불화수소(무수불산)	제조 · 취급 · 저장: 1,000
13	염화수소(무수염산)	제조 · 취급 · 저장: 20,000
14	황화수소	제조 · 취급 · 저장: 1,000
15	질산암모늄	제조 · 취급 · 저장: 500,000
16	니트로글리세린	제조 · 취급 · 저장: 10,000
17	트리니트로톨루엔	제조 · 취급 · 저장: 50,000
18	수소	제조 · 취급 · 저장: 50,000
19	산화에틸렌	제조 · 취급 · 저장: 10,000
20	포스핀	제조 · 취급 · 저장: 50

21	실란(Silane)	제조 · 취급 · 저장: 50
22	질산(중량 94.5% 이상)	제조 · 취급 · 저장: 250
23	발연황산(삼산화황 중량 65% 이상 80% 미만)	제조 · 취급 · 저장: 500,000
24	과산화수소(중량 52% 이상)	제조 · 취급 · 저장: 3,500
25	톨루엔디이소시아네이트	제조 · 취급 · 저장: 100,000
26	클로로술폰산	제조 · 취급 · 저장: 500,000
27	브롬화수소	제조 · 취급 · 저장: 2,500
28	삼염화인	제조 · 취급 · 저장: 750,000
29	염화 벤질	제조 · 취급 · 저장: 750,000
30	이산화염소	제조 · 취급 · 저장: 500
31	염화 티오닐	제조 · 취급 · 저장: 150
32	브롬	제조 · 취급 · 저장: 100,000
33	일산화질소	제조 · 취급 · 저장: 1,000
34	붕소 트리염화물	제조 · 취급 · 저장: 1,500
35	메틸에틸케톤과산화물	제조 · 취급 · 저장: 2,500
36	삼불화 붕소	제조 · 취급 · 저장: 150
37	니트로아닐린	제조 · 취급 · 저장: 2,500
38	염소 트리플루오르화	제조 · 취급 · 저장: 500
39	불소	제조 · 취급 · 저장: 20,000
40	시아누르 플루오르화물	제조 · 취급 · 저장: 50
41	질소 트리플루오르화물	제조 · 취급 · 저장: 2,500
42	니트로 셀룰로오스(질소 함유량 12.6% 이상)	제조 · 취급 · 저장: 100,000
43	과산화벤조일	제조 · 취급 · 저장: 3,500
44	과염소산 암모늄	제조 · 취급 · 저장: 3,500
45	디클로로실란	제조 · 취급 · 저장: 1,500
46	디에틸 알루미늄 염화물	제조 · 취급 · 저장: 2,500
47	디이소프로필 퍼옥시디카보네이트	제조 · 취급 · 저장: 3,500
48	불산(중량 1% 이상)	제조 · 취급 · 저장: 1,000
49	염산(중량 10% 이상)	제조 · 취급 · 저장: 20,000
50	황산(중량 10% 이상)	제조 · 취급 · 저장: 20,000
51	암모니아수(중량 10% 이상)	제조 · 취급 · 저장: 20,000

비고 (생략)

② 제1항에도 불구하고 다음 각 호의 설비는 유해 · 위험설비로 보지 아니한다. 〈개정 2010. 7. 12., 2012. 1. 26.〉

1. 원자력 설비
2. 군사시설
3. 사업주가 해당 사업장 내에서 직접 사용하기 위한 난방용 연료의 저장설비 및 사용설비
4. 도매 · 소매시설
5. 차량 등의 운송설비
6. 「액화석유가스의 안전관리 및 사업법」에 따른 액화석유가스의 충전 · 저장시설
7. 「도시가스사업법」에 따른 가스공급시설
8. 그 밖에 고용노동부장관이 누출 · 화재 · 폭발 등으로 인한 피해의 정도가 크지 않다고 인정하여 고시하는 설비

③ 법 제49조의2제1항에서 "대통령령으로 정하는 사고"란 다음 각 호의 어느 하나에 해당하는 사고를 말한다. 〈신설 2012. 1. 26.〉

1. 근로자가 사망하거나 부상을 입을 수 있는 제1항에 따른 설비(제2항에 따른 설비는 제외한다. 이하 제2호에서 같다)에서의 누출 · 화재 · 폭발 사고
2. 인근 지역의 주민이 인적 피해를 입을 수 있는 제1항에 따른 설비에서의 누출 · 화재 · 폭발 사고

② 사업주는 제1항에 따라 공정안전보고서를 작성할 때에는 제19조에 따른 산업안전보건위원회의 심의를 거쳐야 한다. 다만, 산업안전보건위원회가 설치되어 있지 아니한 사업장의 경우에는 근로자대표의 의견을 들어야 한다.
③ 고용노동부장관은 제1항에 따라 제출받은 공정안전보고서를 고용노동부령으로 정하는 바에 따라 심사하여야 하며, 근로자의 안전 및 보건의 유지 · 증진을 위하여 필요하다고 인정하는 경우에는 그 공정안전보고서의 변경을 명할 수 있다. 〈개정 2011. 7. 25.〉
④ 고용노동부장관은 제1항에 따라 제출받은 공정안전보고서를 심사한 결과 그 내용이 중대산업사고를 예방하기 위하여 적합하다고 인정하는 경우 사업주에게 그 결과를 서면으로 통보하여야 한다. 〈신설 2011. 7. 25.〉
⑤ 사업주는 제4항에 따라 공정안전보고서의 심사 결과를 통보받으면 그 공정안전보고서를 사업장에 갖추어 두어야 한다. 〈신설 2011. 7. 25.〉
⑥ 제5항에 따른 사업주는 고용노동부령으로 정하는 바에 따라 공정안전보고서 내용의 실제 이행 여부에 대한 고용노동부장관의 확인을 받아야 한다. 〈개정 2010. 6. 4., 2011. 7. 25.〉
⑦ 사업주와 근로자는 공정안전보고서의 내용을 지켜야 한다. 〈개정 2011. 7. 25.〉
⑧ 사업주는 제5항에 따라 사업장에 갖춰 둔 공정안전보고서의 내용을 변경하여야 할 사유가 발생한 경우에는 지체 없이 이를 보완하여야 한다. 〈개정 2011. 7. 25.〉
⑨ 고용노동부장관은 고용노동부령으로 정하는 바에 따라 공정안전보고서의 이행 상태를 정기적으로 평가할 수 있다. 〈개정 2010. 6. 4., 2011. 7. 25.〉
⑩ 고용노동부장관은 제9항에 따라 공정안전보고서의 이행 상태를 평가한 결과 제8항에 따른 보완 상태가 불량한 사업장의 사업주에게는 공정안전보고서를 다시 제출하도록 명할 수 있다. 〈개정 2010. 6. 4., 2011. 7. 25.〉

3. 「위험물안전관리법」

가) 목적 및 적용대상

부록 B-10. 「위험물안전관리법」의 목적 및 적용대상

「위험물안전관리법」 [시행 2018.6.27.] [법률 제15300호, 2017.12.26., 타법개정]
법 제1조(목적) 이 법은 위험물의 저장 · 취급 및 운반과 이에 따른 안전관리에 관한 사항을 규정함으로써 위험물로 인한 위해를 방지하여 공공의 안전을 확보함을 목적으로 한다. **제3조(적용제외)** 이 법은 항공기 · 선박(선박법 제1조의2제1항의 규정에 따른 선박을 말한다) · 철도 및 궤도에 의한 위험물의 저장 · 취급 및 운반에 있어서는 이를 적용하지 아니한다.

나) 안전관리제도

1) 검사

부록 B-11. 「위험물안전관리법」에 따른 검사제도

「위험물안전관리법」 [시행 2018.6.27.] [법률 제15300호, 2017.12.26., 타법개정]
제5조(위험물의 저장 및 취급의 제한) ① 지정수량 이상의 위험물을 저장소가 아닌 장소에서 저장하거나 제조소등이 아닌 장소에서 취급하여서는 아니된다. ② 제1항의 규정에 불구하고 다음 각 호의 어느 하나에 해당하는 경우에는 제조소등이 아닌 장소에서 지정수량 이상의 위험물을 취급할 수 있다. 이 경우 임시로 저장 또는 취급하는 장소에서의 저장 또는 취급의 기준과 임시로 저장 또는 취급하는 장소의 위치 · 구조 및 설비의 기준은 시 · 도의 조례로 정한다. 〈개정 2016. 1. 27.〉 1. 시 · 도의 조례가 정하는 바에 따라 관할소방서장의 승인을 받아 지정수량 이상의 위험물을 90일 이내의 기간동안 임시로 저장 또는 취급하는 경우

2. 군부대가 지정수량 이상의 위험물을 군사목적으로 임시로 저장 또는 취급하는 경우

③ 제조소등에서의 위험물의 저장 또는 취급에 관하여는 다음 각 호의 중요기준 및 세부기준에 따라야 한다. 〈개정 2008. 2. 29., 2013. 3. 23., 2014. 11. 19., 2016. 1. 27., 2017. 7. 26.〉

1. 중요기준 : 화재 등 위해의 예방과 응급조치에 있어서 큰 영향을 미치거나 그 기준을 위반하는 경우 직접적으로 화재를 일으킬 가능성이 큰 기준으로서 행정안전부령이 정하는 기준
2. 세부기준 : 화재 등 위해의 예방과 응급조치에 있어서 중요기준보다 상대적으로 적은 영향을 미치거나 그 기준을 위반하는 경우 간접적으로 화재를 일으킬 수 있는 기준 및 위험물의 안전관리에 필요한 표시와 서류 · 기구 등의 비치에 관한 기준으로서 행정안전부령이 정하는 기준

④ 제1항의 규정에 따른 제조소등의 위치 · 구조 및 설비의 기술기준은 행정안전부령으로 정한다. 〈개정 2008. 2. 29., 2013. 3. 23., 2014. 11. 19., 2017. 7. 26.〉

시행규칙 제28조(제조소의 기준) 법 제5조제4항의 규정에 의한 제조소등의 위치 · 구조 및 설비의 기준 중 제조소에 관한 것은 별표 4와 같다.

제29조(옥내저장소의 기준) 법 제5조제4항의 규정에 의한 제조소등의 위치 · 구조 및 설비의 기준 중 옥내저장소에 관한 것은 별표 5와 같다.

제30조(옥외탱크저장소의 기준) 법 제5조제4항의 규정에 의한 제조소등의 위치 · 구조 및 설비의 기준 중 옥외탱크저장소에 관한 것은 별표 6과 같다.

제31조(옥내탱크저장소의 기준) 법 제5조제4항의 규정에 의한 제조소등의 위치 · 구조 및 설비의 기준 중 옥내탱크저장소에 관한 것은 별표 7과 같다.

제32조(지하탱크저장소의 기준) 법 제5조제4항의 규정에 의한 제조소등의 위치 · 구조 및 설비의 기준 중 지하탱크저장소에 관한 것은 별표 8과 같다.

제33조(간이탱크저장소의 기준) 법 제5조제4항의 규정에 의한 제조소등의 위치 · 구조 및 설비의 기준 중 간이탱크저장소에 관한 것은 별표 9와 같다.

제34조(이동탱크저장소의 기준) 법 제5조제4항의 규정에 의한 제조소등의 위치 · 구조 및 설비의 기준 중 이동탱크저장소에 관한 것은 별표 10과 같다.

제35조(옥외저장소의 기준) 법 제5조제4항의 규정에 의한 제조소등의 위치 · 구조 및 설비의 기준 중 옥외저장소에 관한 것은 별표 11과 같다.

제36조(암반탱크저장소의 기준) 법 제5조제4항의 규정에 의한 제조소등의 위치 · 구조 및 설비의 기준 중 암반탱크저장소에 관한 것은 별표 12와 같다.

제37조(주유취급소의 기준) 법 제5조제4항의 규정에 의한 제조소등의 위치 · 구조 및 설비의 기준 중 주유취급소에 관한 것은 별표 13과 같다.

제38조(판매취급소의 기준) 법 제5조제4항의 규정에 의한 제조소등의 위치 · 구조 및 설비의 기준 중 판매취급소에 관한 것은 별표 14와 같다.

제39조(이송취급소의 기준) 법 제5조제4항의 규정에 의한 제조소등의 위치 · 구조 및 설비의 기준 중 이송취급소에 관한 것은 별표 15와 같다.

제40조(일반취급소의 기준) 법 제5조제4항의 규정에 의한 제조소등의 위치 · 구조 및 설비의 기준 중 일반취급소에 관한 것은 별표 16과 같다.

제47조(제조소등의 기준의 특례) ①시 · 도지사 또는 소방서장은 다음 각호의 1에 해당하는 경우에는 이 장의 규정을 적용하지 아니한다. 〈개정 2009. 3. 17.〉

1. 위험물의 품명 및 최대수량, 지정수량의 배수, 위험물의 저장 또는 취급의 방법 및 제조소등의 주위의 지형 그 밖의 상황 등에 비추어 볼 때 화재의 발생 및 연소의 정도나 화재 등의 재난에 의한 피해가 이 장의 규정에 의한 제조소등의 위치 · 구조 및 설비의 기준에 의한 경우와 동등 이하가 된다고 인정되는 경우
2. 예상하지 아니한 특수한 구조나 설비를 이용하는 것으로서 이 장의 규정에 의한 제조소등의 위치 · 구조 및 설비의 기준에 의한 경우와 동등 이상의 효력이 있다고 인정되는 경우

② 시 · 도지사 또는 소방서장은 제조소등의 기준의 특례 적용 여부를 심사함에 있어서 전문기술적인 판단이 필요하다고 인정하는 사항에 대해서는 기술원이 실시한 해당 제조소등의 안전성에 관한 평가(이하 이 조에서 "안전성 평가"라 한다)를 참작할 수 있다. 〈신설 2009. 3. 17.〉

③ 안전성 평가를 받으려는 자는 제6조제1호부터 제4호까지 및 같은 조 제7호부터 제9호까지의 규정에 따른 서류 중 해당 서류를 기술원에 제출하여 안전성 평가를 신청할 수 있다. 〈신설 2009. 3. 17.〉

④ 안전성 평가의 신청을 받은 기술원은 소방기술사, 위험물기능장 등 해당분야의 전문가가 참여하는 위원회(이하 이 조에서 "안전성평가위원회"라 한다)의 심의를 거쳐 안전성 평가 결과를 30일 이내에 신청인에게 통보하여야 한다. 〈신설 2009. 3. 17.〉

⑤ 그 밖에 안전성평가위원회의 구성 및 운영과 신청절차 등 안전성 평가에 관하여 필요한 사항은 기술원의 원장이 정한다. 〈신설 2009. 3. 17.〉

⑤ 둘 이상의 위험물을 같은 장소에서 저장 또는 취급하는 경우에 있어서 당해 장소에서 저장 또는 취급하는 각 위험물의 수량을 그 위험물의 지정수량으로 각각 나누어 얻은 수의 합계가 1 이상인 경우 당해 위험물은 지정수량 이상의 위험물로 본다.

제8조(탱크안전성능검사) ① 위험물을 저장 또는 취급하는 탱크로서 대통령령이 정하는 탱크(이하 "위험물탱크"라 한다)가 있는 제조소등의 설치 또는 그 위치 · 구조 또는 설비의 변경에 관하여 제6조제1항의 규정에 따른 허가를 받은 자가 위험물탱크의 설치 또는 그 위치 · 구조 또는 설비의 변경공사를 하는 때에는 제9조제1항의 규정에 따른 완공검사를 받기 전에 제5조제4항의 규정에 따른 기술기준에 적합한지의 여부를 확인하기 위하여 시 · 도지사가 실시하는 탱크안전성능검사를 받아야 한다. 이 경우 시 · 도지사는 제6조제1항의 규정에 따른 허가를 받은 자가 제16조제1항의 규정에 따른 탱크안전성능시험자 또는 「소방산업의 진흥에 관한 법률」 제14조에 따른 한국소방산업기술원(이하 "기술원"이라 한다)로부터 탱크안전성능시험을 받은 경우에는 대통령령이 정하는 바에 따라 당해 탱크안전성능검사의 전부 또는 일부를 면제할 수 있다. 〈개정 2008. 6. 5.〉

② 제1항의 규정에 따른 탱크안전성능검사의 내용은 대통령령으로 정하고, 탱크안전성능검사의 실시 등에 관하여 필요한 사항은 행정안전부령으로 정한다. 〈개정 2008. 2. 29., 2013. 3. 23., 2014. 11. 19., 2017. 7. 26.〉

시행령 제8조(탱크안전성능검사의 대상이 되는 탱크 등) ①법 제8조제1항 전단에 따라 탱크안전성능검사를 받아야 하는 위험물탱크는 제2항에 따른 탱크안전성능검사별로 다음 각 호의 어느 하나에 해당하는 탱크로 한다. 〈개정 2005. 5. 26., 2008. 12. 17., 2013. 3. 23., 2014. 11. 19., 2015. 12. 15., 2017. 7. 26.〉

1. 기초 · 지반검사 : 옥외탱크저장소의 액체위험물탱크 중 그 용량이 100만리터 이상인 탱크
2. 충수(充水) · 수압검사 : 액체위험물을 저장 또는 취급하는 탱크. 다만, 다음 각 목의 어느 하나에 해당하는 탱크는 제외한다.
   가. 제조소 또는 일반취급소에 설치된 탱크로서 용량이 지정수량 미만인 것
   나. 「고압가스 안전관리법」 제17조제1항에 따른 특정설비에 관한 검사에 합격한 탱크
   다. 「산업안전보건법」 제34조제2항에 따른 안전인증을 받은 탱크
   라. 삭제 〈2006. 5. 25.〉
3. 용접부검사 : 제1호의 규정에 의한 탱크. 다만, 탱크의 저부에 관계된 변경공사(탱크의 옆판과 관련되는 공사를 포함하는 것을 제외한다)시에 행하여진 법 제18조제2항의 규정에 의한 정기검사에 의하여 용접부에 관한 사항이 행정안전부령으로 정하는 기준에 적합하다고 인정된 탱크를 제외한다.
4. 암반탱크검사 : 액체위험물을 저장 또는 취급하는 암반내의 공간을 이용한 탱크

② 법 제8조제2항의 규정에 의하여 탱크안전성능검사는 기초 · 지반검사, 충수 · 수압검사, 용접부검사 및 암반탱크검사로 구분하되, 그 내용은 별표 4와 같다.

[별표4]

탱크안전성능검사의 내용(제8조제2항 관련)

구분	검사내용
1. 기초 · 지반검사	가. 제8조제1항제1호의 규정에 의한 탱크중 나목외의 탱크 : 탱크의 기초 및 지반에 관한 공사에 있어서 당해 탱크의 기초 및 지반이 행정안전부령으로 정하는 기준에 적합한지 여부를 확인함
	나. 제8조제1항제1호의 규정에 의한 탱크중 행정안전부령으로 정하는 탱크 : 탱크의 기초 및 지반에 관한 공사에 상당한 것으로서 행정안전부령으로 정하는 공사에 있어서 당해 탱크의 기초 및 지반에 상당하는 부분이 행정안전부령으로 정하는 기준에 적합한지 여부를 확인함
2. 충수 · 수압검사	탱크에 배관 그 밖의 부속설비를 부착하기 전에 당해 탱크 본체의 누설 및 변형에 대한 안전성이 행정안전부령으로 정하는 기준에 적합한지 여부를 확인함
3. 용접부검사	탱크의 배관 그 밖의 부속설비를 부착하기 전에 행하는 당해 탱크의 본체에 관한 공사에 있어서 탱크의 용접부가 행정안전부령으로 정하는 기준에 적합한지 여부를 확인함
4. 암반탱크검사	탱크의 본체에 관한 공사에 있어서 탱크의 구조가 행정안전부령으로 정하는 기준에 적합한지 여부를 확인함

제9조(완공검사) ① 제6조제1항의 규정에 따른 허가를 받은 자가 제조소등의 설치를 마쳤거나 그 위치 · 구조 또는 설비의 변경을 마친 때에는 당해 제조소등마다 시 · 도지사가 행하는 완공검사를 받아 제5조제4항의 규정에 따른 기술기준에 적합하다고 인정받은 후가 아니면 이를 사용하여서는 아니된다. 다만, 제조소등의 위치 · 구조 또는 설비를 변경함에 있어서 제6조제1항 후단의 규정에 따른 변경허가를 신청하는 때에 화재예방에 관한 조치사항을 기재한 서류를 제출하는 경우에는 당해 변경공사와 관계가 없는 부분은 완공검사를 받기 전에 미리 사용할 수 있다.

② 제1항 본문의 규정에 따른 완공검사를 받고자 하는 자가 제조소등의 일부에 대한 설치 또는 변경을 마친 후 그 일부를 미리 사용하고자 하는 경우에는 당해 제조소등의 일부에 대하여 완공검사를 받을 수 있다.

제18조(정기점검 및 정기검사) ① 대통령령이 정하는 제조소등의 관계인은 그 제조소등에 대하여 행정안전부령이 정하는 바에 따라 제5조제4항의 규정에 따른 기술기준에 적합한지의 여부를 정기적으로 점검하고 점검결과를 기록하여 보존하여야 한다. 〈개정 2008. 2. 29., 2013. 3. 23., 2014. 11. 19., 2017. 7. 26.〉

② 제1항의 규정에 따른 정기점검의 대상이 되는 제조소등의 관계인 가운데 대통령령이 정하는 제조소등의 관계인은 행정안전부령이 정하는 바에 따라 소방본부장 또는 소방서장으로부터 당해 제조소등이 제5조제4항의 규정에 따른 기술기준에 적합하게 유지되고 있는지의 여부에 대하여 정기적으로 검사를 받아야 한다.

시행령 제17조(정기검사의 대상인 제조소등) 법 제18조제2항에서 "대통령령이 정하는 제조소등"이라 함은 액체위험물을 저장 또는 취급하는 50만리터 이상의 옥외탱크저장소를 말한다.

시행규칙 제70조(정기검사의 시기) ① 법 제18조제2항에 따라 정기검사를 받아야 하는 특정 · 준특정옥외탱크저장소의 관계인은 다음 각 호에 규정한 기간 이내에 정기검사를 받아야 한다. 다만, 재난 그 밖의 비상사태의 발생, 안전유지상의 필요 또는 사용상황 등의 변경으로 해당 시기에 정기검사를 실시하는 것이 적당하지 아니하다고 인정되는 때에는 소방서장의 직권 또는 관계인의 신청에 따라 소방서장이 따로 지정하는 시기에 정기검사를 받을 수 있다. 〈개정 2009. 3. 17., 2017. 12. 29.〉

1. 특정 · 준특정옥외탱크저장소의 설치허가에 따른 완공검사필증을 발급받은 날부터 12년
2. 최근의 정기검사를 받은 날부터 11년

② 삭제 〈2009. 3. 17.〉

③ 법 제18조제2항에 따라 정기검사를 받아야 하는 특정 · 준특정옥외탱크저장소의 관계인은 제1항에도 불구하고 정기검사를 제65조제1항에 따른 구조안전점검을 실시하는 때에 함께 받을 수 있다. 〈개정 2017. 12. 29.〉

제71조(정기검사의 신청 등) ① 법 제18조제2항에 따라 정기검사를 받아야 하는 특정·준특정옥외탱크저장소의 관계인은 별지 제44호서식의 신청서(전자문서로 된 신청서를 포함한다)에 다음 각 호의 서류(전자문서를 포함한다)를 첨부하여 기술원에 제출하고 별표 25 제8호에 따른 수수료를 기술원에 납부하여야 한다. 다만, 제2호 및 제4호의 서류는 정기검사를 실시하는 때에 제출할 수 있다. 〈개정 2005. 5. 26., 2007. 12. 3., 2008. 12. 18., 2017. 12. 29.〉

1. 별지 제5호서식의 구조설비명세표
2. 제조소등의 위치·구조 및 설비에 관한 도면
3. 완공검사필증
4. 밑판, 옆판, 지붕판 및 개구부의 보수이력에 관한 서류

② 제65조제1항제3호의 규정에 의한 기간 이내에 구조안전점검을 받고자 하는 자는 별지 제40호서식 또는 별지 제41호서식의 신청서(전자문서로 된 신청서를 포함한다)를 제1항의 규정에 의한 신청시에 함께 제출하여야 한다. 〈개정 2005. 5. 26.〉

③ 제70조제1항 단서의 규정에 의하여 정기검사 시기를 변경하고자 하는 자는 별지 제45호서식의 신청서(전자문서로 된 신청서를 포함한다)에 정기검사 시기의 변경을 필요로 하는 사유를 기재한 서류(전자문서를 포함한다)를 첨부하여 소방서장에게 제출하여야 한다. 〈개정 2005. 5. 26.〉

④ 기술원은 정기검사를 실시한 결과 특정·준특정옥외저장탱크의 수직도·수평도에 관한 사항(지중탱크에 대한 것을 제외한다), 특정·준특정옥외저장탱크의 밑판(지중탱크에 있어서는 누액방지판)의 두께에 관한 사항, 특정·준특정옥외저장탱크의 용접부에 관한 사항 및 특정·준특정옥외저장탱크의 지붕·옆판·부속설비의 외관이 제72조제4항에 따라 소방청장이 정하여 고시하는 기술상의 기준에 적합한 것으로 인정되는 때에는 검사종료일부터 10일 이내에 별지 제46호서식의 정기검사필증을 관계인에게 교부하고 그 결과보고서를 작성하여 소방서장에게 제출하여야 한다. 〈개정 2007. 12. 3., 2008. 12. 18., 2014. 11. 19., 2017. 7. 26., 2017. 12. 29.〉

⑤ 기술원은 정기검사를 실시한 결과 부적합한 경우에는 개선하여야 하는 사항을 신청자에게 통보하고 개선할 사항을 통보받은 관계인은 개선을 완료한 후 정기검사신청서를 기술원에 다시 제출하여야 한다. 〈개정 2008. 12. 18.〉

⑥ 정기검사를 받은 제조소등의 관계인과 정기검사를 실시한 기술원은 정기검사필증 등 정기검사에 관한 서류를 당해 제조소등에 대한 차기 정기검사시까지 보관하여야 한다. 〈개정 2008. 12. 18.〉

제72조(정기검사의 방법 등) ①정기검사는 특정·준특정옥외탱크저장소의 위치·구조 및 설비의 특성을 감안하여 안전성 확인에 적합한 검사방법으로 실시하여야 한다. 〈개정 2017. 12. 29.〉

② 특정·준특정옥외탱크저장소의 관계인이 제65조제1항에 따른 구조안전점검 시에 제71조제4항에 따른 사항을 미리 점검한 후에 정기검사를 신청하는 때에는 그 사항에 대한 정기검사는 전체의 검사범위중 임의의 부위를 발췌하여 검사하는 방법으로 실시한다. 〈개정 2017. 12. 29.〉

③ 특정옥외탱크저장소의 변경허가에 따른 탱크안전성능검사의 기회에 정기검사를 같이 실시하는 경우에 있어서 검사범위가 중복되는 때에는 당해 검사범위에 대한 어느 하나의 검사를 생략한다.

④ 제1항 내지 제3항의 규정에 의한 검사방법과 판정기준 그 밖의 정기검사의 실시에 관하여 필요한 사항은 소방청장이 정하여 고시한다.

2) 안전진단(내용 없음)

3) 안전관리계획서(내용 없음)

4. 「고압가스 안전관리법」

가) 목적 및 적용대상

부록 B-12. 「고압가스 안전관리법」의 목적 및 적용대상

「고압가스 안전관리법」
[시행 2018.4.21.] [법률 제15505호, 2018.3.20., 일부개정]

제1조(목적) 이 법은 고압가스의 제조 · 저장 · 판매 · 운반 · 사용과 고압가스의 용기 · 냉동기 · 특정설비 등의 제조와 검사 등에 관한 사항 및 가스안전에 관한 기본적인 사항을 정함으로써 고압가스 등으로 인한 위해(危害)를 방지하고 공공의 안전을 확보함을 목적으로 한다.

제2조(적용 범위) 이 법의 적용을 받는 고압가스의 종류와 범위는 대통령령으로 정한다.

> **시행령 제2조(고압가스의 종류 및 범위)** 「고압가스 안전관리법」(이하 "법"이라 한다) 제2조에 따라 법의 적용을 받는 고압가스의 종류 및 범위는 다음 각 호와 같다. 다만, 별표 1에 정하는 고압가스는 제외한다.
> 1. 상용(常用)의 온도에서 압력(게이지압력을 말한다. 이하 같다)이 1메가파스칼 이상이 되는 압축가스로서 실제로 그 압력이 1메가파스칼 이상이 되는 것 또는 섭씨 35도의 온도에서 압력이 1메가파스칼 이상이 되는 압축가스(아세틸렌가스는 제외한다)
> 2. 섭씨 15도의 온도에서 압력이 0파스칼을 초과하는 아세틸렌가스
> 3. 상용의 온도에서 압력이 0.2메가파스칼 이상이 되는 액화가스로서 실제로 그 압력이 0.2메가파스칼 이상이 되는 것 또는 압력이 0.2메가파스칼이 되는 경우의 온도가 섭씨 35도 이하인 액화가스
> 4. 섭씨 35도의 온도에서 압력이 0파스칼을 초과하는 액화가스 중 액화시안화수소 · 액화브롬화메탄 및 액화산화에틸렌가스

나) 안전관리제도

1) 검사

부록 B-13. 「위험물안전관리법」에 따른 검사제도

「고압가스 안전관리법」
[시행 2018.4.21.] [법률 제15505호, 2018.3.20., 일부개정]

제16조(검사 등) ① 제4조에 따른 허가를 받거나 신고를 한 자 또는 제5조의3에 따른 등록을 한 자가 고압가스의 제조 · 저장 · 판매 또는 수입시설의 설치공사나 변경공사를 할 때에는 산업통상자원부령으로 정하는 바에 따라 그 공사의 공정별(工程別)로 허가관청이나 신고관청의 중간검사를 받아야 한다. 〈개정 2008. 2. 29., 2013. 3. 23.〉
② 고압가스제조자 중 대통령령으로 정하는 종류와 규모 이상의 고압가스제조자가 제1항에 따른 고압가스 제조시설의 설치공사나 변경공사를 할 때에 제조소 경계 밖의 지하에 고압가스배관의 설치공사나 변경공사를 하는 경우에는 허가관청이나 신고관청의 감리(監理)를 받아야 한다.
③ 사업자등이 고압가스의 제조 · 저장 · 판매 · 수입의 시설이나 용기등의 제조시설의 설치공사 또는 변경공사를 완공한 때에는 그 시설을 사용하기 전에 허가관청 · 신고관청 또는 등록관청의 완성검사를 받고 합격한 후에 이를 사용하여야 한다. 다만, 제2항에 따라 감리를 받은 시설은 완성검사를 갈음하여 감리적합판정을 받아야 한다.
④ 허가관청 · 신고관청 또는 등록관청은 제2항과 제3항에도 불구하고 다음 각 호의 어느 하나에 해당하는 경우에는 사용방법과 기간을 정하여 해당 시설을 임시로 사용하게 할 수 있다. 이 경우 고압가스의 제조 · 저장 또는 판매시설은 정하여진 기간 이내로 제한하여 그 사용방법에 따라 사용하여야 한다. 〈개정 2008. 2. 29., 2010. 4. 12., 2013. 3. 23.〉
1. 제2항과 제3항에 따른 감리나 완성검사를 한 결과, 산업통상자원부령으로 정하는 경미한 사항이 미비된 경우
2. 고압가스 제조시설의 설치공사 중 설치가 완료되어 사용이 가능한 일부 시설에 대한 완성검사(이하 "부분완성검사"라 한다)에 합격한 경우 또는 부분완성검사를 한 결과, 제1호의 산업통상자원부령으로 정하는 경미한 사항이 미비된 경우

⑤ 제2항에 따른 고압가스제조자는 지하 배관의 설치공사나 변경공사를 완공하면 산업통상자원부령으로 정하는 바에 따라 그 시공기록과 완공도면(전산보조기억장치에 입력되어 있으면 그 입력된 자료로 할 수 있다)을 작성 · 보존하여야 한다. 〈개정 2008. 2. 29., 2013. 3. 23.〉
⑥ 제1항부터 제3항까지의 규정에 따른 중간검사 · 감리 및 완성검사의 기준과 그 밖에 감리와 검사에 필요한 사항은 산업통상자원부령으로 정한다. 〈개정 2008. 2. 29., 2013. 3. 23.〉
[전문개정 2007. 12. 21.]

시행규칙 제28조(중간검사 및 완성검사) ① 법 제16조제1항에 따른 중간검사의 신청은 별지 제20호서식에 따르고, 법 제16조제3항에 따른 완성검사의 신청은 별지 제21호서식에 따른다.
② 법 제16조제1항에 따라 중간검사를 받아야 하는 공정은 다음 각 호와 같다.
1. 가스설비 또는 배관의 설치가 완료되어 기밀시험 또는 내압시험을 할 수 있는 상태의 공정
2. 저장탱크를 지하에 매설하기 직전의 공정
3. 배관을 지하에 설치하는 경우 한국가스안전공사가 지정하는 부분을 매몰하기 직전의 공정
4. 한국가스안전공사가 지정하는 부분의 비파괴시험을 하는 공정
5. 방호벽 또는 저장탱크의 기초설치 공정
6. 내진설계(耐震設計) 대상 설비의 기초설치 공정

③ 법 제16조제3항에 따라 완성검사를 받아야 하는 시설의 변경공사는 다음 각 호와 같다. 〈신설 2011. 11. 25., 2016. 7. 1.〉
1. 제4조에 따른 변경허가 · 변경신고 · 변경등록의 대상이 되는 변경공사
2. 제4조에 따른 변경허가 · 변경신고 · 변경등록의 대상에서 제외되는 변경공사 중 다음 각 목의 어느 하나에 해당하는 공사
   가. 배관의 안지름 크기의 변경(처리능력이 변경되는 경우만을 말한다)
   나. 배관 설치장소의 변경(변경하려는 부분의 배관의 총길이가 300미터 이상인 경우만을 말한다)
   다. 특정고압가스용 실린더캐비닛의 교체설치 · 설치(저장능력의 증가가 없는 경우만 해당한다) 또는 철거

④ 법 제16조제1항 및 제3항에 따른 중간검사 또는 완성검사의 검사대상시설별 검사기준은 다음 각 호와 같다. 〈개정 2010. 10. 13., 2011. 11. 25.〉
1. 고압가스 제조시설(특정제조 · 일반제조 · 용기 및 차량에 고정된 탱크 충전시설을 말한다)의 중간검사 또는 완성검사 기준 : 별표 4
2. 고압가스자동차 충전시설의 중간검사 또는 완성검사 기준 : 별표 5
3. 고압가스 냉동제조시설의 중간검사 또는 완성검사 기준 : 별표 7
4. 고압가스 저장시설의 중간검사 또는 완성검사 기준 : 별표 8
5. 고압가스 판매시설 및 고압가스 수입시설의 중간검사 또는 완성검사 기준 : 별표 9
6. 용기 제조시설의 완성검사 기준 : 별표 10
7. 용기부속품 제조시설의 완성검사 기준 : 별표 10의2
8. 냉동기 제조시설의 완성검사 기준 : 별표 11
9. 특정설비 제조시설의 완성검사 기준 : 별표 12

⑤ 법 제16조제3항에 따른 완성검사에 합격한 자에 대하여는 별지 제22호서식의 완성검사증명서를 발급하여야 한다. [전문개정 2008. 7. 16.]

제28조의2(시공감리) ① 법 제16조제2항에 따라 감리를 받으려는 자는 별지 제21호의2서식의 시공감리 신청서에 공사공정표를 첨부하여 한국가스안전공사에 제출하여야 한다.
② 법 제16조제2항에 따라 한국가스안전공사가 고압가스배관의 설치공사 또는 변경공사를 감리할 때의 기준 및 감리방법은 다음 각 호와 같다. 〈개정 2010. 5. 31.〉
1. 한국가스안전공사는 제61조에 따른 검사원의 자격이 있는 자를 임명하여 공사현장에 상주시킬 것
2. 한국가스안전공사의 감리원은 다음 사항을 확인할 것
   가. 시공자가 「건설산업기본법」 제9조에 따른 건설업(전문공사를 시공하는 업종을 말한다)의 등록을 한 자인지의 여부와 시공관리자가 「건설산업기본법」 제40조에 따른 건설기술자인지의 여부
   나. 시공내용이 별표 4의 감리기준에 적합한지의 여부

③ 한국가스안전공사는 고압가스배관의 설치공사 또는 변경공사가 제2항에 따른 감리기준에 적합한 경우에는 별지 제22호의2서식의 시공감리증명서를 감리신청자에게 발급하여야 한다.

제16조의2(정기검사 및 수시검사) ① 제4조에 따른 허가를 받은 자(고압가스판매자 중 용기에 의한 고압가스판매자는 제외한다)나 신고를 한 자 또는 제5조의3에 따라 등록을 한 자는 산업통상자원부령으로 정하는 바에 따라 정기적으로 또는 수시로 허가관청 · 신고관청 또는 등록관청의 검사를 받아야 한다. 다만, 대통령령으로 정하는 자에 대하여는 정기검사의 전부 또는 일부를 면제할 수 있다. 〈개정 2008. 2. 29., 2009. 5. 21., 2013. 3. 23.〉
② 제1항에 따른 정기검사 및 수시검사의 대상과 기준, 그 밖에 검사에 필요한 사항은 산업통상자원부령으로 정한다.

시행규칙 제30조(정기검사) ① 법 제16조의2제1항에 따른 정기검사의 신청은 별지 제21호서식에 따른다.
② 법 제16조의2제1항에 따른 정기검사의 대상별 검사주기는 별표 19와 같다.

[별표19]

정기검사의 대상별 검사주기(제30조제2항 관련)

1. 대상별 검사주기는 다음과 같다. 다만, 가스설비 안의 고압가스를 제거한 상태에서의 휴지기간은 정기검사기간 산정에서 제외한다.

검사대상	검사주기
가. 제3조제1호 · 제2호 및 제4호에 따른 고압가스특정제조허가를 받은 자(이하 이 표에서 "고압가스특정제조자"라 한다)	매 4년
나. 고압가스특정제조자 외의 가연성가스 · 독성가스 및 산소의 제조자 · 저장자 또는 판매자(수입업자를 포함한다)	매 1년
다. 고압가스특정제조자 외의 불연성가스(독성가스는 제외한다)의 제조자 · 저장자 또는 판매자	매 2년
라. 그 밖에 공공의 안전을 위하여 특히 필요하다고 산업통상자원부장관이 인정하여 지정하는 시설의 제조자 또는 저장자	산업통상자원부장관이 지정하는 시기

2. 대상별 검사주기는 해당 시설의 설치에 대한 최초의 완성검사증명서를 발급받은 날을 기준으로 제1호의 표에 따른 기간이 지난 날(제1호 단서에 따른 정기검사를 받은 자의 경우에는 그 정기검사를 받은 날을 기준으로 2년이 지난 날)의 전후 15일 안에 받아야 한다. 다만, 제3조제3호에 해당하는 고압가스특정제조시설에 대한 검사는 해당연도의 정기보수기간(해당연도에 정기보수기간이 없는 경우에는 다음 연도의 정기보수기간)과 그 기간 전후의 적절한 시기에 받아야 한다.

③ 법 제16조의2제1항에 따른 정기검사의 검사대상시설별 검사기준은 다음 각 호와 같다. 〈개정 2010. 10. 13.〉
1. 고압가스 제조시설(특정제조 · 일반제조 · 용기 및 차량에 고정된 탱크 충전시설을 말한다)의 정기검사 기준 : 별표 4
2. 고압가스자동차 충전시설의 정기검사 기준 : 별표 5
3. 고압가스 냉동제조시설의 정기검사 기준 : 별표 7
4. 고압가스 저장시설의 정기검사 기준 : 별표 8
5. 고압가스 판매시설 및 고압가스 수입시설의 정기검사 기준 : 별표 9

④ 동일사업소 안에 2개 이상의 정기검사대상 시설이 있는 경우로서 정기검사를 받아야 하는 시기가 각각 다른 경우에는 같은 연도에 정기검사를 받아야 하는 시설 중 하나의 시설의 정기검사기간에 다른 시설의 정기검사를 함께 받을 수 있다.
⑤ 법 제16조의2제1항에 따른 정기검사에 합격한 자에 대하여는 별지 제22호서식의 정기검사증명서를 발급하여야 한다. 〈개정 2018. 3. 13.〉

제31조(수시검사) ① 법 제16조의2에 따른 수시검사는 허가관청 또는 신고관청이 가스로 인한 사고의 예방이나 그 밖에 가스안전을 위하여 필요하다고 인정하는 때에 한다.
② 허가관청 또는 신고관청은 수시검사를 하려는 때에는 미리 이를 검사대상자에게 통보하여야 한다. 다만, 통보함으로써 검사의 목적을 달성할 수 없거나 그 밖에 긴급한 사유로 통보를 할 수 없을 때에는 그러하지 아니하다.
③ 수시검사의 검사기준은 다음 각 호와 같다. 〈개정 2010. 10. 13.〉
1. 고압가스 제조시설(특정제조 · 일반제조 · 용기 및 차량에 고정된 탱크 충전시설을 말한다)의 수시검사 기준 : 별표 4
2. 고압가스자동차 충전시설의 수시검사 기준 : 별표 5
3. 고압가스 냉동제조시설의 수시검사 기준 : 별표 7
4. 고압가스 저장시설의 수시검사 기준 : 별표 8
5. 고압가스 판매시설 및 고압가스 수입시설의 수시검사 기준 : 별표 9

2) 안전진단

부록 B-14. 「고압가스 안전관리법」에 따른 안전진단제도

「고압가스 안전관리법」

[시행 2018.4.21.] [법률 제15505호, 2018.3.20., 일부개정]

제16조의3(정밀안전검진의 실시) ① 고압가스제조자는 고압가스제조시설로서 산업통상자원부령으로 정하는 종류와 규모에 해당되는 노후시설에 대하여 가스안전관리 전문기관으로서 대통령령으로 정하는 기관으로부터 4년의 범위에서 산업통상자원부령으로 정하는 기간마다 정밀안전검진을 정기적으로 받아야 한다. 〈개정 2008. 2. 29., 2013. 3. 23.〉

> **시행규칙 제33조(정밀안전검진 대상)** 법 제16조의3제1항에서 "산업통상자원부령으로 정하는 종류와 규모에 해당되는 노후시설"이란 최초로 제28조제5항에 따라 완성검사증명서를 받은 날부터 15년이 경과한 시설로서 다음 각 호의 어느 하나에 해당하는 시설을 말한다. 〈개정 2010. 5. 31., 2013. 3. 23., 2015. 7. 29.〉
> 1. 제3조제1호 · 제2호 · 제4호 또는 제5호에 따른 고압가스특정제조시설로서 별표 4 제1호가목6)아)에 따른 특수반응설비가 설치된 시설
> 2. 다음 각 목의 요건에 모두 해당하는 냉동제조시설(영 제3조제1항제4호 각 목의 어느 하나에 해당하는 자가 그 허가받은 내용에 따라 냉동제조하는 시설은 제외한다)
> 가. 별표 3에 따른 냉동능력 산정기준에 따라 계산된 냉동능력이 500톤 이상일 것
> 나. 독성가스를 냉매로 사용하는 것일 것
>
> **제34조(정밀안전검진의 실시주기 등)** ① 법 제16조의3제1항에서 "산업통상자원부령으로 정하는 기간"이란 4년을 말한다. 〈개정 2013. 3. 23.〉
> ② 법 제16조의3제1항에 따른 정밀안전검진(이하 "정밀안전검진"이라 한다)은 다음 각 호의 기간에 받아야 한다. 〈개정 2015. 7. 29.〉
> 1. 최초로 제28조제5항에 따라 완성검사증명서를 받은 날부터 15년이 경과한 연도
> 2. 최근 정기검사를 받은 날부터 다음 각 목의 구분에 따른 기간이 경과한 날이 속하는 연도의 정기보수기간. 다만, 해당 연도에 정기보수기간이 없는 경우에는 전년도 정기보수기간과 다음 연도의 정기보수기간 사이의 기간으로 한다.
> 가. 제33조제1호에 따른 고압가스 특정제조시설: 2년
> 나. 제33조제2호에 따른 냉동제조시설: 4년

② 제1항에 따른 정밀안전검진의 절차와 기준 등 그 실시에 필요한 사항은 산업통상자원부령으로 정한다. 〈개정 2008. 2. 29., 2013. 3. 23.〉

> **시행규칙 제35조(정밀안전검진의 절차 등)** ① 법 제16조의3제2항에 따라 정밀안전검진을 받으려는 자는 단위시설별로 정밀안전검진을 받으려는 날의 60일 전까지 별지 제24호서식의 정밀안전검진 신청서를 정밀안전검진기관에 제출하여야 한다. 〈개정 2009. 11. 20.〉
> ② 정밀안전검진기관은 정밀안전검진을 끝낸 날부터 30일 이내에 그 결과를 산업통상자원부장관 및 정밀안전검진을 받은 자에게 제출하여야 한다. 〈개정 2013. 3. 23.〉
> ③ 정밀안전검진의 기준은 별표 4 및 별표 7과 같다.

3) 안전관리계획서

부록 B-15. 「위험물안전관리법」에 따른 검사제도

「고압가스 안전관리법」

[시행 2018.4.21.] [법률 제15505호, 2018.3.20., 일부개정]

제13조의2(안전성 평가 등 ① 제11조제2항에 따른 사업자등은 산업통상자원부령으로 정하는 시설에 대하여 안전성 평가를 하고 안전성향상계획을 작성하여 대통령령으로 정하는 바에 따라 허가관청에 제출하거나 사무소에 갖추어 두어야 한다. 이 경우 안전성향상계획에는 제28조에 따른 한국가스안전공사의 의견서를 첨부하여야 한다. 〈개정 2008. 2. 29., 2013. 3. 23.〉

② 허가관청은 공공의 안전을 위하여 필요하다고 인정하면 제1항에 따른 안전성향상계획의 변경을 명할 수 있다.

③ 제1항에 따라 안전성향상계획을 작성 · 제출한 자는 이를 충실히 이행하여야 한다.

④ 제1항에 따라 안전성향상계획을 제출받은 허가관청은 7일 이내에 그 안전성향상계획 중 산업통상자원부령으로 정하는 사항을 관할 소방서장에게 제공하여야 한다. 〈신설 2015. 1. 28.〉

⑤ 제1항에 따른 안전성 평가에 관한 기준과 그 밖에 필요한 사항은 산업통상자원부장관이 정한다.

시행령 제9조(종합적 안전관리대상자 법 제11조제2항에서 "대통령령으로 정하는 사업자등"이란 고압가스제조자 중 다음 각 호의 어느 하나에 해당하는 시설을 보유한 자를 말한다.

1. 「석유 및 석유대체연료 사업법」에 따른 석유정제사업자의 고압가스시설로서 저장능력이 100톤 이상인 것
2. 석유화학공업자 또는 지원사업을 하는 자의 고압가스시설로서 1일 처리능력이 1만 세제곱미터 이상 또는 저장능력이 100톤 이상인 것
3. 「비료관리법」에 따른 비료생산업자의 고압가스시설로서 1일 처리능력이 10만 세제곱미터 이상 또는 저장능력이 100톤 이상인 것

제10조(안전성향상계획의 내용) ① 법 제13조의2에 따른 안전성향상계획에는 다음 각 호의 사항이 포함되어야 한다. 〈개정 2013. 3. 23.〉

1. 공정안전 자료
2. 안전성 평가서
3. 안전운전계획
4. 비상조치계획
5. 그 밖에 안전성 향상을 위하여 산업통상자원부장관이 필요하다고 인정하여 고시하는 사항

② 법 제4조제1항 또는 제3항에 따른 허가신청을 하는 자는 그 시설계획에 관하여 법 제13조의2에 따른 안전성향상계획 또는 「산업안전보건법」 제49조의2에 따른 공정안전보고서와 그에 대하여 제11조제4항 또는 「산업안전보건법 시행령」 제33조의8제2항에 따라 한국가스안전공사 및 「한국산업안전보건공단법」에 따른 한국산업안전보건공단(이하 "한국산업안전보건공단"이라 한다)이 공동으로 검토 · 작성한 의견서를 허가신청 서류와 함께 제출할 수 있다. 이 경우 제3조제4항제2호에 따른 한국가스안전공사의 기술검토를 받은 것으로 본다. 〈개정 2009. 1. 14., 2010. 11. 10.〉

③ 제1항에 따른 안전성향상계획의 작성 등에 필요한 사항은 산업통상자원부장관이 정하여 고시한다. 〈개정 2013. 3. 23.〉

시행규칙 제24조(안전성평가 대상시설) 법 제13조의2제1항 전단에서 "산업통상자원부령으로 정하는 시설"이란 영 제9조 각 호의 어느 하나에 해당하는 시설 및 그와 관련되는 설비를 말한다. 〈개정 2010. 5. 31., 2013. 3. 23.〉

참고문헌

경기도소방재난본부, 『유해화학물질(HAZMAT) 훈련프로그램』, 2013

고압가스안전관리법. 산업통상자원부. 2015

고용노동부, 『보호구 의무안전인증 고시』, 2012

국가법령정보센터, 『환경정책기본법 시행령 [별표] 환경기준(제2조 관련)』, 2014

금속의 부식과 방식. 한탑기술사사무소. 2006

김동준. "지하공간 화재방호를 위한 워터커튼시스템용 노즐개발". 『한국방재학회』, 2012, 12, p22-36.

노수영 외 4명 「연소공학」. McGraw-Hill Korea. 2012

박정규 · 서양원, "화학물질 사고대응을 위한 제도개선 연구", 한국환경정책 · 평가연구원, 2013

산업안전보건법. 고용노동부. 2015

소방청, 『화생방사고대응 표준교재』, 2017

알기 쉬운 독성학의 이해. 국립독성연구원. 2007

옥스토비, 『옥스토비의 일반화학』. 화학교재연구회(역). 서울: 사이플러스, 2014.

유상빈, 이수경, 김종훈, 윤종모, 하동명, 황상우, "가연성 액체 위험물 저장소의 성능기준 화재안전 분석의 적용사례에 관한 연구", 『한국화재소방학회』, 2000.4, pp 101-106.

윤석호, 『소방공학개론』. 상학당, 2010

유일재, "산업안전보건법에서의 EU 화학물질관리제도(REACH) 대응과 적용방안에 관한 연구", 한국산업안전보건공단 · 산업안전보건연구원, 2011

유재영, "화학물질 등록 및 평가 제도에 관한 국가별 비교 연구", 한성대학교 대학원 석사학위논문, 2014

이규근, "유해화학물질의 관리 방안에 관한 연구", 경운대학교 대학원 석사학위논문, 2015

이보영 외 13인, "취급제한물질 적정관리를 위한 제도개선방안 마련 연구", 국립환경과학원, 2013

이봉우 외 3명 「UN GHS와 위험물안전관리법상의 위험물질 분류기준 비교 및 선진화 방안 연구」. 한국가스학회지 제17권 제5호. 2013.10, 42-50 (9 pages)

이채언, "국내화학물질 안전의 위해관리제도 핵심요소에 관한 연구", 인제대학교 대학원 석사학위논문, 2014

인천광역시 보건환경연구원, 『대기질정보 : 측정물질정보』, 2015

정경문, 『위험물안전관리』. 동화기술, 2014

정진홍. 「기초 위험물」. 세진북스. 2012

㈜대영 소방, 『소방용품 : 스프링쿨러』, 2015

줌달, 『줌달의 대학기초화학』. 화학교재연구회(역). 서울: 사이플러스, 2014.

중앙119구조본부, 『테러유형별 현장표준소방활동지침』, 2016

추광호. 「산업가스 특수가스 총서 I 」. 북랩

한국산업안전보건공단, "국제산업안전보건동향",『한국산업안전보건공단』, 2009.11, 201호.
한국가스안전공사,『독성가스 제독설비 기준』. 2003
한국산업안전보건공단,『보호구 착용 및 사용방법』, 2011
한국산업안전보건공단,『산업보건위생 : 밀폐공간 작업안전』, 2011
화학물질관리법. 환경부. 2015
화학물질유해성정보. 화학물질안전원.
화학물질의 분류 표시 및 물질안전보건자료에 관한 기준. 고용노동부. 2013
American Petroleum Institute, API Standard 521 : Pressure-relieving and Depressuring Systems. (2014)
A1ChE—CCPS:Guidelines for safe storage and handling of reactive materials (1995)
Barbara A. Plog, Fundamentals of Industrial Hygiene, 3d ed. National Safety Council, (2002)
Center for Chemical Process Safety, "Guidelines for Hazard Evaluation Procedures" third edition, Wiley Interscience, (2008)
C. H. Johansson and P. A. Persson :Detonics of high explosives , Academic Press (1970)
Choo, Kwang-Ho. Electronics Materials. Electronic Specialty Gases Safety Seminar, (2010)
C. L. Mader :Numerical modeling of detonation , University of California Press (1979)
Committee for the Prevention of Disasters :Y ellow Book-Methods for the calculation of physical effects (Third edition) , TNO CPR 14E , Sdu Uitgevers (1997)
Daniel A. Crowl, Chemical Process Safety : Fundamentals with Applications (3rd Edition). Prentice Hall International Series in the Physical and Chemical Engineering Sciences, (2011)
Dag Bjerketvedt, Gas Explosion Hand Book, Berger Norway. Christian Michelsen researches. (1993)
Eugene Meyer, Chemistry of Hazardous Materials, Pearson, (2014)
Frank P. Lees, Loss Prevention in the Chemical Industries. London, Butterworths(Two Volume) ISBN 0-408-10604-2 (1980)
G. Lyng and K. Zumbrun, One-dimensional stability of viscous strong detonation waves, Arch. Ration. Mech. Anal. 173 (2004), no. 2, 213-277.
I.Fukuyama , T. Ogawa and A. Miyake :Propellants , Explosives , Pyrotechnics , 11 , 140-143 (1986)
J.A. Conkling, "Pyrotechnics", Scientific American, 102.(1996)
KOSHA GUIDE X-8-2012, "예비위험분석에 관한 지침", (2012)
KOSHA GUIDE P-81-2012, "위험성평가에서의 체크리스트기법에 관한 기술지침", (2012)
KOSHA GUIDE P-83-2012, "사고예상질문분석(WHAT-IF)기법에 관한 기술지침", (2012)
KOSHA GUIDE P-82-2012, "연속공정의 위험과 운전분석(HAZOP)기법에 관한 기술지침", (2012)
KOSHA GUIDE X-6-2012, "고장형태와 영향분석(FMEA)기법에 관한 지침", (2012)

KOSHA GUIDE P-113-2012, "방호계층분석(LOPA)기법에 관한 기술지침", (2012)
KOSHA GUIDE P-84-2012, "결함수 분석(FTA) 기법에 관한 기술지침", (2012)
KOSHA GUIDE P-87-2012, "사건수 분석(ETA)기법에 관한 기술지침", (2012)
KOSHA GUIDE X-43-2011, "원인결과분석(CCA)기법에 관한 기술지침", (2011)
M. A. Cook :The science of high explosives , Reinhold (1958)
Martin Goose (1996) Risk Assessment for LPG using RISKAT. Liverpool Health & Safety Executive Major Hazard Assessment Unit.
P. C. Bows :Self-heating: evaluating and controlling the hazards , Elsevier (1984)
Process Safety Institute and JBF Associates Inc., Consequence Assessment and Mitigation, AIChE, New York (1994)
R.E. Reish, 1996, "Airbags", Scientific American, 116.
Richard Robinson Major Hazard Course. Risley Science Park. AEA Technology (1996)
S. Mannan ed. , : Lees' Loss prevention in the process industries (Third edition) , Butterworth-Heinemann (2005)
Trevor A. Kletz (1979) Consider vapor cloud dangers When you build a plant. Middlesbrough. Imperial Chemical Industries, LTD.
United Nations :Recommendations on the transport of dangerous goods Manual of tests and criteria (Second revised edition) (1995)
W. E. Baker :Explosions in air , University of Texas Press (1973)
W. Fickett and W. C. Davis :Detonation , University of California Press (1979)
「特殊材料ガス 保安教育ハンドブック 第2次 改訂版」. 高圧ガス保安協会, (2011)
新井充, 佐藤吉信, 高木伸夫, 野口和彦, 若倉正英,「実践安全工学 シリーズ物質安全の基礎」. 化学工業日報社, (2012)

찾아보기 Index

해답

Chapter 1 사고사례 및 교훈

01 일반적으로 비 화학사고의 경우 사고 그 피해가 사고시각, 장소에서 발생하는 1차 피해에 그치는 경우가 많으나 화학사고의 경우 사고 시에 발생하는 1차 피해 이외에 대기, 토양, 인근 한천 등에 잔류하여 발생하는 2차 피해까지 이어지는 특징을 갖는다.

02 본문 참고
예) 인도보팔사고는 1984년 12월 4일, 00시 30분경 MIC 탱크가 폭발하여 42톤의 MIC가 누출되었다. 추정되는 원인에는 공장장치의 오작동, 사고 예방을 위한 안전수칙에 따른 감독 부재, 설계비용의 최소화를 위해 검증되지 않은 설계방식 도입, 조기 경보체계의 미작동등이 있었으며, 비상계획의 중요성과 철저한 유해물질관리의 필요성을 드러내주는 사고였다. 사고 이후 이와 관련된 국제규제가 강화되었다.
* 사고 이후 국제제도 변경
- "비상계획과 지역주민 알권리법(Emergency Planning and Community Right-to-know Act, 1986년)"
- "유해물질과 살충제에 관한 로테르담 협약(Rotterdam Convention on Harmful Chemicals & Pesticides, 1998년)"

03 2012년 발생한 (주)휴브글로벌 불화수소누출사고를 계기로 국민이 안심할 수 있는 범 정부적 화학사고 예방대응체계를 마련하기 위하여 2013년 12월에 화학재난 합동방재센터를 출범하였다. 합동방재센터는 전국을 6개 권역으로 구분하여 구미('13.12.5 개소), 울산, 시흥, 여수, 익산, 서산에 설치·운영되며, 화학사업장에 대한 합동 지도점검 및 화학사고 현장대응 등의 업무를 통합적으로 수행하고 있다. 센터는 현장중심의 문제해결형 협업조직으로 부처·지자체·공공기관 등에 분산된 화학재난대응 인력·예산·시스템을 공동 활용하고, 원스톱(One-stop)으로 국민안전서비스를 제공한다.

04 누출 심각성 : 불화수소(Mw 20)와 암모니아(Mw 17)는 공기보다 가벼운 성질을 가지므로 누출 시 대기 중으로 확산속도가 빨라 인근 주민의 피해 우려 큼. 흡입 시 인체 특정장기(눈, 코, 기관지, 폐 등)에 쉽게 흡수·흡착되어 치명적 위험 가짐
공통 대응방법 : 두 기체 모두 물에 대한 용해력이 우수하여 분무주수로 누출 기체를 흡수·흡착시켜 바닥으로 낙하(호흡기 흡입우려 낮춤) 시킬 수 있음. 그 후, 상황에 따라 폐액을 흡입, 화학포 등을 이용한 흡착 또는 중화작업 등으로 제거 가능
※ 불화수소(HF)는 산류(acids), 암모니아(NH_3)는 염기류(bases)이므로 동일 중화제로 중화작업은 불가능

Chapter 2 일반화학기초

01 고체상태에서 물질은 경직되어 있고 일정한 모양을 갖는다. 고체상태의 경우, 온도나 압력으로 인한 부피의 변화는 크게 일어나지 않으며 물질을 구성하는 각 입자들이 결정격자 내에서 일정한 위치를 차지하고 있어서 그 결정의 세기는 이들 입자 사이의 상호인력으로 결정된다. 액체상태에서 각 입자들은 주어진 부피에 한정되는 특징을 갖는다. 액체는 흐르며 그 액체가 채워진 용기의 모양에 맞게 채워질 수 있다. 기체는 고체와 액체보다 덜 밀집되어 있다. 기체는 어떤 용기 내에서 한정된 용기 내부의 모든 공간을 채울 수 있는 특징을 갖는다. 기체는 액체에 비해 쉽게 팽창 또는 압축될 수 있다.

02 * 이온결합은 많은 반대로 하전된 이온들의 인력이며 고체를 만든다.

* 공유결합은 두 원자가 하나 이상의 전자쌍을 공유할 때 형성된다. 공유결합은 원자 사이의 전기음성도 차이가 0이거나 아주 작을 때 형성된다.

03 몰농도 = $\dfrac{\text{용질의 } mol \text{ 수}}{\text{용액의 } L \text{ 수}}$

용질에 해당하는 NaCl의 mol수는 13g/58.5g/mol=0.22222mol, 용액의 부피는 600ml=0.6l이다. (이때 고체의 경우 부피는 액체에 비해 매우 적으므로 무시한다.)

따라서 0.222mol/0.6l => 0.37M

04 질량퍼센트 = $\dfrac{\text{용질질량}}{\text{용질질량} + \text{용매질량}} \times 100\%$

용질에 해당하는 NaCl의 질량은 13g, 용매의 질량은 밀도가 1이므로 600g이다.

따라서 13/600+13*100 = 2.12 (wt%)

05 0.5M의 NaOH용액 25ml 의 몰수는 0.0125mol이므로 이것에 물을 첨가 해서 0.2M의 농도로 만들 수 있다. 0.0125mol/x L가 되었을때 0.2mol/L이므로 0.0125mol/x L =0.2M x는 0.0625L 이므로 ml로 환산하면 62.5ml이다. 따라서 기존에 있던 25ml에 순수한물 37.5ml를 첨가하면 02M가 된다.

06 HCOOH + NaOH → H_2O + HCOONa

몰농도(M)=용질의 몰수(mol)/용액의 부피(L)이므로 HCOOH의 몰수는 0.200mol/L 30.0ml=6.00mmol

HCOOH와 NaOH는 1:1의 몰수 비로 반응하므로 NaOH의 몰수는 6.00mmol, HCOONa의 몰수도 6.00mmol 따라서 NaOH 수용액의 부피는 6.00mmol/(0.150mol/L)=40.0ml

HCOONa은 $HCOO^-$와 Na^+로 이온화되고, 용액의 전체 부피는 70.0ml이므로 $HCOO^-$의 몰농도는 6.00mmol/70.0ml=0.0857M

NH_4^+는 물에서 다음과 같이 이온화 $HCOO^-$ + H_2O

⇄ HCOOH + OH^- [HCOOH]=[OH^-]=x라고 하면, [$HCOO^-$]=0.0857−x

$$K_b = \frac{10^{-14}}{K_a} = \frac{10^{-14}}{1.80*10^{-4}} = 5.56*10^{-11}$$

$$K_b = \frac{[HCOOH][OH^-]}{[HCOO-]} = \frac{x^2}{(0.0857-x)} \fallingdotseq \frac{x^2}{0.0857} = 5.56*10^{-11} (\because K_b \ll 1)$$

$x = 2.18*10^{-6}$

이온화도를 계산하면, $2.18 \times 10^{-6}/0.00857 \times 100\% = 0.0025\%$로, 1%보다 작으므로 x 값으로 이 값을 쓸 수 있다.

$[OH^-] = 2.18 \times 10^{-6}$

$pOH = -\log[OH^-] = -\log(2.18 \times 10^{-6}) = 5.66$

$pH + pOH = 14$이므로

$pH = 14 - pOH = 14 - 5.66 = 8.34$

Chapter 3 화학물질 정의

01 ①

02 ①

03 ②

04 세가지 위험성에 대해 5단계 위험등급으로 표기한다. (위험이 없는 것은 0, 위험이 가장 큰 것은 4) 하단부의 기타특성은 주로 물과의 반응성이나 산화성 화학물질을 표시하기 위해 사용되는데 '₩'는 물의 사용이 위험하다는 것을 의미(금수성물질)하고 산화성 화학물질은 OX로 표시(산화제)한다.

05 ④

06 ②

07 ④

08 ③

09 ③

10 ①

11 화학장치산업공정에서는 화재, 폭발을 예방하기 위하여 순수물질의 폭발한계의 자료도 중요하지만, 공정상에서 혼합물을 취급하는 경우가 대부분이므로 혼합용제의 폭발한계 자료 역시 필요로 하고 있다. 따라서 가연성혼합증기에 대한 LEL과 UEL값이 자주 요구된다. 이러한 혼합물의 폭발한계는 Le Chatelier식을 사용하여 계산하게 된다.

LELm=1/(n Σi=1(yi/LELi)

여기서 LELi는 연료와 공기속에 i성분의 부피 %로, 성분 i에 대한 폭발하한계, yi는 가연성 물질을 기준으로 성분 i의 몰분율, n은 가연성물질의 수이다.
위식을 이용하여 혼합가스의 LEL을 구하면

	부피비 (%)	연소기준 몰분율	LEL (Vol. %)
Hexane	0.8	0.24	1.2
Methane	2.0	0.61	5.3
Ethylene	0.5	0.15	3.1
Total combusibles	3.3		
Air	96.7		

$$LELm=\frac{1}{\frac{0.24}{1.2}+\frac{0.61}{5.3}+\frac{0.15}{3.1}}=\frac{1}{0.636}=2.75\%$$

12 ● LC 50 (Median lethal concentration)
시험물질에 노출 후 일정시간 또는 노출 중에 시험동물의 반수를 사망시킬 수 있는 물질의 농도를 말한다. LC50의 단위는 증기(vapor) 및 분진(dust)/연무(mist)일 경우 공기의 표준부피당 시험물질의 무게(mg/L)로 가스일 경우 ppm으로 표시한다.
● LD 50 (Median lethal dose)
1회 투여 시 시험동물의 50%를 치사시킬 수 있는 시험물질의 용량
● EC50 (50% effective concentration)
주어진 조건 하에서 특정 약물을 시험 집단에 적용하였을 때 50%에 해당되는 수에서 약리 효과나 독성이 나타나는 농도

13 자연 환경에서 물이 금속표면에 접촉하는 것은 금속이 부식하는 조건이 된다. 이같은 습식부식의 발생기구는 물과 금속의 전기 화학적 반응으로 설명된다.

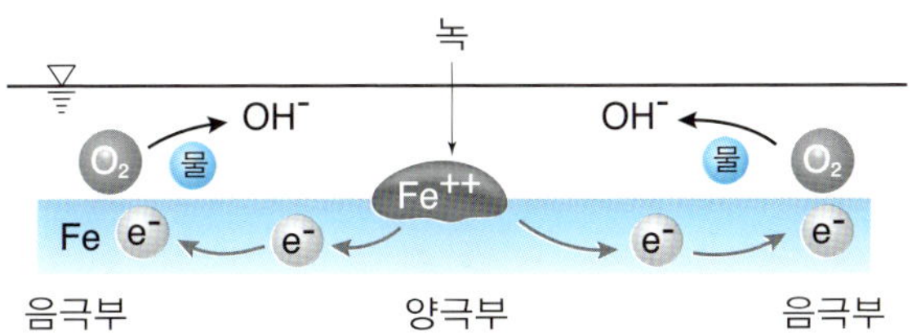

철은 양극부에서 Fe 이온과 전자로 나누어진다.

$Fe \rightarrow Fe^{++} + 2e^-$

철은 Fe 이온이 되어 물 속으로 녹아들고, 전자는 금속체를 통해서 음극으로 이동한다. 물 속이 중성 또는 알카리(Alkali)이면 음극부는 물 속에 녹아 있는 산소에 의해 수산 이온을 만든다.

$O_2 + 2H_2O + 4e \rightarrow 4OH^-$

산성용액 중에서는 PH에 따라 다음의 반응이 일어나서, 수소가스를 발생시키거나 물로 만든다.

$2H^+ + 2e \rightarrow \frac{1}{2}O_2 + 2e^- \rightarrow H_2O$

산소가 환원되어 수산이온이 되고, 철이온이 수산이온을 끌어 당겨서 제1수산화철 [$Fe(OH)_2$]이 된다.

$Fe^{++} + 2OH^- \rightarrow Fe(OH)_2$

물속에 있는 산소에 의해서 제1수산화철은 산화되어, 제2수산화철이 된다.

$4Fe(OH)_2 + O_2 + 2H_2O \rightarrow 4Fe(OH)_3$

이 화합물은 불안정해서 붉은 녹($FeO_3 \cdot {}_3H_2O$)으로 변한다.

14 ③

15 ③

16 ④

17 ①

18 ④

19 ③

20 ②

21 ④

22 ①

23 ②

Chapter 4 화학물질의 부정적 영향

01 ① 흡입: 호흡을 통한 유입
② 피부흡수: 피부막을 통한 유입
③ 섭취: 식품, 유동액 또는 물을 통한 유입
④ 주입: 손상된 피부 또는 직접 주입을 통한 유입

02 ① 혈액독(hemotoxicant) : 혈액 헤모글로빈의 기능을 감소시키고 기관의 조직에 부정적인 영향
② 신경독(neurotoxicant) : 중추 신경계(뇌 · 척수)에 부정적인 영향
③ 호흡기 독(respiratory toxicant) : 비강, 인두, 기관, 기관지, 폐에 부정적인 영향
④ 생식기 독(reproductive toxicant) : 성인의 성 기능, 생식력에 부정적인 영향

03 현기증, 판단력 저하, 청색 입술

04 ERPG-2

05 흡입시, 메탄은 질식제로 작용한다.
부피비가 9% 산소만을 함유하는 공기를 흡입한 경우, 구역질, 구토, 무의식, 잿빛 얼굴, 실신 및 정신 부전 등을 경험할 가능성이 있다.

06 80kg인 사람의 피부 접촉에 의한 페놀의 치사량은 다음과 같이 계산한다.

$$80\text{kg} \times 630\frac{\text{mg}}{\text{kg}} \times \frac{1\text{mg}}{1000\text{g}} = 50.4\text{g}$$

80kg인 응급 대응자가 피부를 통하여 50.4g 이상의 페놀을 흡수하는 경우, 노출은 치명적일 것이다.

07 ① TLV-TWA

08 ① 무색의 달걀 썩는 자극성 냄새가 나는 불연성 기체이다.
② 대기중에서 삼산화황(SO_3)으로 쉽게 산화하고, 수분과 반응하여 아황산, 황산 미스트 등을 형성하여 비에 녹아 내려 산성비를 내리게 하고, 인체에 악영향을 미치게 된다.
③ 급성피해로는 불쾌한 자극성 냄새, 시야감축, 생리적 장애, 압박감, 기도저항 증가 현상 등이 있고, 만성피해로는 폐렴, 기관지염, 천식, 폐기종, 폐쇄성 질환 등이 있다.

09 폐기능 저하, 기관지 자극, 폐혈증

10 바이러스성 병원체는 매우 작아서 신체 내의 순환 액체 및 조직에서 발견되는 모든 세포를 투과한다. 세균의 크기는 1~5㎛(100만분의 1미터)이지만, 바이러스는 0.05~0.1㎛에 불과해서 세균보다 최고 100분의1 정도로 작다. 이는 전자 현미경이나 보다 정교한 방법을 사용하여 보는 것과 같이 극도로 확대하지 않고는 볼 수 없다. 바이러스는 유전정보가 들어있는 핵(RNA 또는 DNA)이 단백질에 둘러싸여 있을 뿐 세포는 아니다.

11 한타바이러스 (Hantavirus)

12 ① 장기간 노출되면 불편함을 느낌
② 20초 내에 보호되지 않으며 통증을 느끼며 피부가 부푸러 오름
③ 8초 후에는 심한 고통을 느끼며, 20초 후에는 2도 화상을 입음
④ 목재 또는 플라스틱 튜브의 착화를 유도하는데 충분한 최소의 에너지
⑤ 오랫동안 노출되면 최소한의 에너지에 의해 목재가 발화됨

⑥ 장비 및 설비가 손상됨

13 주택의 구조물 파손, 창틀 이탈 등 구조물에 약간의 피해를 줄 수 있다.

14 공장의 소리 강도수준(dB)은 90dB이므로, 최대 노출시간은 8시간이다.

Chapter 5 화학물질의 화재 및 폭발특성

01 폭연은 가연성 혼합기체가 비교적 천천히 연소되는 것을 의미하며, 폭굉은 특정 농도에서 반응속도가 급격히 증대하여 음속을 초과하는 경우를 말한다.

02 폭굉의 경우 온도, 압력, 밀도가 모두 급격하게 증가하는 반면, 폭연의 온도는 서서히 증가하고, 압력강하가 비교적 적게 나타난다. 또한 밀도가 반응이 진행됨에 따라 점차 감소한다.

03 TNT당량$=(\Delta H_c \cdot W_c)/2000(But/lbm)TNT=(\Delta H_c \cdot W_c)/1120(cal/g)TNT$
이므로 $=2400*2.5*10^6$TNT

04 (1) 개방 공간

이 경우에는 상당히 많은 양의 가연성 가스가 누출 된 경우를 제외하고 큰 피해가 발생하는 것은 드물다. 대량이 아닌 가연성 혼합기 (반경 몇 미터 정도 이하)가 형성되어도 일상적인 흐름이 있는 장소는 단시간에 농도가 연소 하한계 이하로 된다고 생각한다. 만약 착화되어도 개방계에서 압력상승도 일으키지 않고 화염으로부터 열의 공급도 매우 단시간에 종료되어 버린다. 개방 공간에서 문제가 되는 것은 형성된 가연성 혼합기의 범위가 반경 수십 미터에 달하는 경우이다. 이 경우 압력 파의 발생, 화염의 열에 의한 영향, 특히 파이어 볼 (화염 구)이 발생한 경우는 강력한 열복사가 발생한다.

(2) 가로, 세로, 높이의 치수 비율이 1에 가까운 폐쇄공간

실내에서 가스 폭발이나 치수 비가 1에 가까운 형상의 플랜트 설비에서 가스폭발이 해당한다. 개방 공간에 비해 가연성 기체의 농도는 상승하기 쉽다. 화염이 공간으로 전파하면 공간내의 압력이 상승한다.

(3) 좁고 긴 폐쇄공간

덕트나 배관 내의 가스 폭발이 이에 해당한다. 화염은 관을 따라 전파하고, 가연성 기체의 종류와 농도, 벽면의 상태에 따라 데토네이션(폭굉)이 전이한다. 이 공간에서는 화염의 가속이 쉽게 발생하기 때문에 다른 형태에 비해 폭발에 전이가 일어나기 쉽다.

05 ① 가연성 혼합기의 형성
② 점화
③ 화염 전파와 압력 상승
④ 압력파, 화재, 유해 물질, 비산물의 발생

06 ① 분진이 공기 중에 부유 분산하고 부유 분산 된 분진 농도가 폭발 하한계 이상의 농도이다.
② 가연성 분진을 연소시키는 충분한 산소농도가 존재한다.
③ 충분한 에너지와 에너지 밀도를 가진 점화원이 존재한다.

07 ① 분진이 가연성이어야 하며
② 분진이 적당한 농도로 공기 중에 부유하고,
③ 분진이 화염을 전파할 수 있는 분진크기 약 420㎛ 이하로 분포를 가져야 한다.
④ 분진농도가 폭발범위 이내여야 하고
⑤ 화염전파를 개시하는 충분한 에너지의 점화원이 존재하여야 한다.
⑥ 충분한 산소가 연소를 지원하고 유지되도록 존재해야 한다.

08 ① 입자 표면에 열에너지가 주어지면 표면 온도가 상승한다.
② 고체가 열분해 휘발성 또는 증발에 의해 가연성 가스 또는 증기를 방출한다.
③ 증기가 공기 중에 확산 혼합하여 폭발 범위의 혼합기를 형성한다.
④ 혼합물이 발화 기상 연소하며 이 화염에 의해 발생한 열은 또 다른 분진의 분해, 휘발을 촉진하고, 차례차례로 연쇄 적으로 화염이 전파 해 나간다.

09 ① 입자크기
② 수분
③ 온도
④ 압력
⑤ 점화에너지

10

$$L_{d/g}=\{1-(C_g/L_g)\}^n \cdot L_d$$

$L_{d/g}$: 복합 혼합물의 폭발 하한계 분진운의 농도 $[g/m^3]$
C_g : 가연성 가스의 농도 $[\%]$
L_g : 가연성 가스의 폭발 하한계 농도 $[\%]$
L_d : 분진운 폭발 하한계 농도 $[\%]$

$$\{1-(5/12.5)\}2*7=2.52\%$$

Chapter 6 화학물질의 위험성 평가

01 가. 예비위험분석(Preliminary Hazard Analysis)
시스템의 위험분석을 하기 전 실시하는 예비작업으로 공정의 위험부분을 열거하고 그 사고 빈도와 심각성에 대해 토의하여 결정하는 기법으로 제품전체와 각 부분에 대하여 설계자가 의도하는 사용환경에서 위험요소가 어떻게 영향을 미치는가를 분석하는 기법이다. 설계초기 단계, 공정의 기본요소와 물질이 정해진 단계, 공장개발 초기 단계에 적용하여 공장입지 선정 등에 이용된다.

나. 체크리스트(Check-list)기법

안전점검을 실시할 때 점검자에 의해 점검개소의 누락이 없도록 활용하는 안전점검기준표에 따라 실시하는 기법으로 사용이 간편하고, 소요되는 시간이 짧다. 단점으로 복잡하거나 예측하기 어려운 사항들을 빠뜨리기 쉽다.

다. 사고예상질문법(What-if)

공장에 잠재하고 있으면서 원하지 않는 나쁜 결과를 초래할 수 잇는 사고에 대하여 예상질문을 통해 사전에 위험요소를 확인하고 그 위험의 결과 및 크기를 줄이는 방법을 제시하는 기법

라. 위험과 운전분석법(Hazard and Operability)

화학공장에서의 위험성과 운전성을 정해진 규칙과 설계 도면에 의해서 체계적으로 분석 평가하는 기법으로 공정 전반에 걸쳐 설비의 오작동이나 운전조작의 실수 가능성을 최소화 하도록 운전상의 이탈(Deviation)을 제시하여, 사소한 원인이나 비현실적인 원인이라 할지라도 누락없이 검토하여 결과를 체계적으로 분석하고 대책수립까지 하는 평가기법.

마. 고장형태와 영향분석 (FMEA, Failure Modes and Effects Analysis)

설계의 불완전이나 잠재적인 결점을 찾아내기 위해 구성요소의 고장모드와 그 상위 요소에 대한 영향을 해석하는 기법으로 완성된 기기나 시스템 검토가 아닌, 앞으로 개발하려 하는 기기와 시스템의 설계개선에 활용되는 기법이다. 주로 예측되는 고장모드, 영향의 중대성, 발생빈도, 검지의 난이도, 최초 검지 시점, 검지방법 등을 평가하게 된다.

바. 결함수분석기법(Fault Tree Analysis)

대상 플랜트나 시스템에서 원치 않는 발생사상을 원인 측면에서 소급 분석함으로써 여러 인과관계를 파악하고자 Fault Tree 도표에 의하여 인간과 기계 시스템의 고장이나 재해 발생요인을 정상사상인 재해현상으로부터 기본사상인 재해원인을 향해 분석해 나가는 연역적 기법이다. 주로 장치 산업의 특유한 위험 형태를 존재별로 Fault Tree에 의해 정량적으로 평가하게 된다.

사. 사건수분석기법(Event Tree Analysis)

사상의 안전도를 사용한 시스템의 안전도를 나타내는 시스템모델로 귀납적방법을 사용하는 분석기법으로 종래에 지나치기 쉬웠던 재해의 확대요인의 분석 등에 적합하다.

아. 피해영향분석법(Consequence Analysis)

누출, 화재, 폭발, 가스확산 등의 분석을 통하여 피해크기를 지역별로 수치적으로 제시하여 사고발생시 피해를 최소화하는 비상 조치계획을 과학적으로 수립할 수 있도록 제시하는 기법으로 ① 누출분석(액상가스 / 기상유체 / 2상유체) ② 화재분석(Jet Fire / Pool Fire) ③ 폭발분석(물리적폭발 / VCE / BLEVE)④ 가스확산분석(연속누출모델 / 순간방출모델) 등을 실시한다.

02 가. 개념

'예기치 못한 사건'이라는 결과를 일으킬 수 있는 결함(Fault)들이 다양하게 평행적, 순차적으로 조합된 하나의 모델이다. 즉, 어떤 분석하고자 하는 사고와 이를 유발할 수 있는 고장들의 관계를 부울(Boolean)논리소자를 사용하여 도식으로 보여준다. 여기서, 결함(고장)은 공정장치의 이상, 인간실수 또는 다른 여러 가지의 예기치 못한 사건을 일으킬 수 있는 것을 의미한다.

나. 특징

1) 정해진 정상사상(최상위사건=top event)에 기여하는 이상만을 포함하고 있다.
   - 모든 시스템의 고장에 대해 모든 가능한 원인을 찾는 것은 아니다.
2) 결함은 분석자의 평가에 따라 가장 확실한 결함을 다룬다.
   - 모든 가능한 결함이 나열되는 것은 아니다.
3) 그 자체로는 정량적 모델이 아니고 고장률 데이터를 활용할 경우 Top event의 확률이 구해지는 모델이다. 즉, 정량적으로 분석할 수 있는 정성적 모델

다. 구성요소

일반적으로 결함수(Fault Tree)는 그 논리구조를 부울(Boolean)논리소자를 이용한다.

1) 정상사상(Top event)
   - 재해의 위험도를 고려, 분석하기로 결정한 사고나 결과
   - Fault Tree의 최상위 요소이다.
2) 게이트(Gate)
   - 상위의 사건들이 일어나기 위해 필요한 하위사건들과의 관계를 보여준다.
   - 종류 ; AND gate, OR gate
   - 상위사건 ; gate의 출력, 하위사건 ; gate의 입력

3) 기본사상(Basic event)
   - 결함수의 최하위요소
   - 시스템의 상태를 변화시키는 최초의 원인들을 나타내는 사건
   - 더 이상 전개할 수 없는 사건의 원인

03 가. HAZOP의 개념

HAZOP은 HAZard and OPerability의 조합어로서 그 어원에서 알 수 있듯이 화학공장에서 위험성과 운전성을 정해진 규칙과 설계도면에 의해 체계적으로 분석, 평가하는 방법이다.

나. 용어의 정의

1) Hazard ; 직간접적으로 인적, 물적, 환경적 피해를 끼치는 원인이 되는 실제 또는 잠재된 위험
2) Operability ; 운전자가 공장을 안전하게 운전할 수 있는 상태
3) HAZOP 기법 용어
   - 의도(Intention) ; 설계자가 바라는 운전조건
   - 변수(parameter) ; 온도, 압력, 유량, 물리량이나 공정의 흐름조건을 나타내는 변수

- 가이드워드 ; 변수의 양이나 질을 표현하는 용어
- 이탈(deviation) ; 변수와 가이드워드의 조합, 유체흐름정지 또는 과잉과 같이 설계의도로부터 벗어난 현상
- Cause ; 이탈이 일어나는 이유
- Consequence ; 이탈이 일어남으로써 야기된 상태
- Node(검토구간) ; HAZOP 검토를 하고자 하는 설비구간

다. 가이드워드의 의미

이탈현상	정의
없음(No, not, none)	변수의 양이 없는 상태
증가(More)	변수가 양적으로 증가
감소(Less)	변수가 양적으로 감소
반대(Reverse)	설계의도와 정반대로 나타나는 상태
부가(As well as)	설계의도외에 다른 변수가 부가 ; 오염
부분(Parts of)	설계의도대로 완전히 이루어지지 않음. ; 조성비 잘못
기타(Other than)	설계의도대로 설치되지 않거나 운전 유지되지 않음 예로 원료 공급 잘못, 밸브 설치 잘못 등

04 2상누출

05 가. 복사열(Radiation Heat)
나. 폭발과압(Blast Overpressure)
다. 파편(Missile)

06 가. 가연성가스
나. 증기운 확산
다. 지연점화

07 최대 풀 화재의 반경(rb)은

$$r_b = \sqrt{\frac{W_f}{br\ \pi}}\ (\mathrm{m})\text{에서}$$

$$r_b = \sqrt{\frac{35}{0.099 \times \pi}} = 10.6m$$

풀 화재에서 화염의 높이는 직경의 크기에 비례하고 다음 식을 이용하여 계산

$$\frac{H}{D} = 42\left[\frac{br}{\rho_a \sqrt{g\ D}}\right]^{0.61} (Thomas\text{식})$$

H : 가시적 화염의 높이(m)

D : 화염의 직경(m)

b_r : 물질의 연소속도($kg/m^2\ sec$)

ρ_a : 대기의 밀도(보통 1.2 kg/m^2)

g : 중력가속도(9.81 m/sec2)

화염의 직경은 $D = rb \times 2 = 21.2m$이다

따라서, $\frac{H}{D} = 42\left[\frac{0.099}{1.2\sqrt{9.81 \times 21.2}}\right]^{0.61} = 1.8$

$H = 1.8 \times 21.2 = 38.18m$

08

$$W = \frac{\eta ME}{E_{cTNT}}$$

$$= 0.03 \times 10{,}000 \times \frac{46{,}350}{4{,}651}$$

$$= 2{,}989\text{kg TNT equivalent}$$

그림에서 10kpa(P_{so})$= 10.4m/kg^{1/3}$까지 측정된 거리(Z). 측정된 거리를 실제 거리로 변환:

$= ZW^{1/3}$

$= 10.4m/kg^{1/3} \times (2{,}989kg)^{1/3}$

$= 149.8m$

09 BLEVE 열효과는 M=100,000kg의 경우, BLEVE 변수는 다음과 같다.

$D_{max} = 6.48M^{0.325} = 6.48 \times 100{,}000^{0.325} = 273m$

$t_{BLEVE} = 0.825m^{0.26} = 0.825 \times 100{,}000^{0.26} = 16.5s$

$H_{BLEVE} = 0.75D_{max} = 0.75 \times 273m = 204$

$D_{initial} = 1.3D_{max} = 1.3 \times 273m = 354m$

뷰 인자(화재의 해석 식)

200m에서 $F_{view} = \frac{D^2{}_{max}}{4\gamma^2} = \frac{273^2}{4 \times 200^2} = 0.47$

투과율의 경로(path) = Hypotenuse − BLEVE 반경

$= [204^2 + 200^2]^{0.5} - 0.5 \times 273$

$= 150m$

투과율(화재의 해석)

$\tau = 2.02 \times (P_w \times path)^{-0.09} = 2.02 \times (2820 \times 150)^{-0.09}$

$= 0.63$

표면 복사 용량

$$E=\frac{F_{rad}MH_c}{\pi(D_{max})^2 t_{BLEVE}}=\frac{0.25\times 100{,}000\text{kg}\times 46{,}350\text{kJ/kg}}{\pi\times 273^2\text{m}^2\times 16.5\text{s}}=300\text{kW/m}^2=300\text{kW/m}^2$$

일정거리에서의 열용량(화재의 해석 식에서)

$Q_R=\tau EF_{view}$

$=0.63\times 300\text{kW/m}^2\times 04.7$

$=89\text{kW/m}^2$

10 폭발 과압을 계산하기 위해 다음 식을 이용하여 환산거리($\overline{R}$)를 계산한다.

$$\overline{R}=\frac{R}{(E/P_0)^{1/3}}$$

R은 폭발의 중심으로부터 거리이므로 100 m이다. E(J)는 연소에너지이며, LNG의 연소에너지는 에너지법 시행규칙 별표 에너지 열량 환산 기준(제5조제1항 관련)에 따라 순발열량 기준으로 49.3 MJ/kg을 적용할 수 있다. 대기압은 101,325 Pa이므로, 환산거리($\overline{R}$)는 다음과 같이 계산된다.

$$\overline{R}=\frac{100\text{ m}}{\left(\frac{1{,}000\text{kg}\times 49.3\times 10^6\text{J/kg}}{101{,}325\text{Pa}}\right)^{1/3}}=1.2714$$

환산거리 1.2714와 strength 3이 만나는 점의 $\Delta\overline{P_s}$의 값을 읽으면, 약 0.022이다.

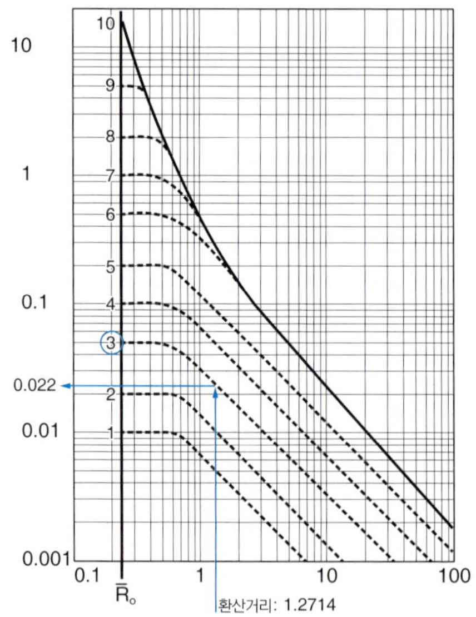

따라서 사람이 받는 폭발과압은 0.022×14.7psi≒0.3234psi이다.

11 폭발 과압을 계산하기 위해 다음 식을 이용하여 환산거리($\overline{R}$)를 계산한다.

$$\overline{R}=\frac{R}{(E/P_0)^{1/3}}$$

R은 폭발의 중심으로부터 거리이므로 100 m이다. E(J)는 연소에너지이며, LNG를 메탄으로 가정하고 3.5 MJ/m³을 적용한다. 메탄 500 kg이 STP에서 차지하는 부피는 700 m³이지만 밀집 구역의 부피가 200 m³으로 훨씬 작으므로, E의 계산에는 밀집 구역의 부피를 이용한다. 대기압은 101,325 Pa이므로, 환산거리($\overline{R}$)는 다음과 같이 계산된다.

$$\overline{R}=\frac{100\ \mathrm{m}}{\left(\frac{200\mathrm{m}^3\times 3.5\times 10^6\mathrm{J/m}^3}{101{,}325\mathrm{Pa}}\right)^{1/3}}=5.25$$

환산거리 5.25와 strength 7이 만나는 점의 $\Delta\overline{P_s}$의 값을 읽으면, 약 0.045이다.

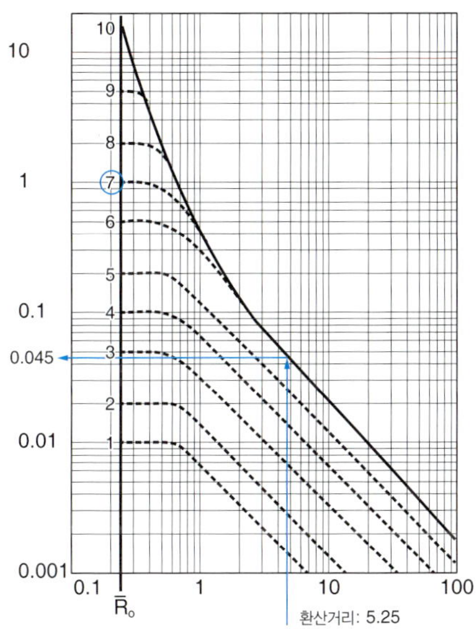

따라서 사람이 받는 폭발과압은 0.045×14.7psi≒0.6615psi이다.

12 먼저 에너지와 환산거리를 구한 뒤 본문에 제시된 표를 이용하여 P1/P0가 100인 선을 따라가서 환산거리에 해당하는 폭발과압을 y-축에서 찾아 읽어야 한다.이 문제에서는 폭발 에너지 계산에 Brode 식을 이용하며, 특정 거리에서의 폭발과압이 아닌 특정 폭발과압이 도달하는 거리를 계산하는 것이 특징이다.

Brode 식을 이용하여 폭발 에너지를 구하면

$E=\frac{2\times(101-1)\times 500\mathrm{m}^3}{1.4-1}$이며, TNT 당량으로 환산하면

$50MJ\times\frac{\mathrm{kg}_{TNT}}{4686\mathrm{kJ}}=10.67\mathrm{kg}_{TNT}$이다.

폭발 과압이 1 psi가 되려면, 환산과압은 1/14.7 psi, 즉 0.068 p_s로 계산되어야하므로 환산거리 Z_e는 약 230이다.

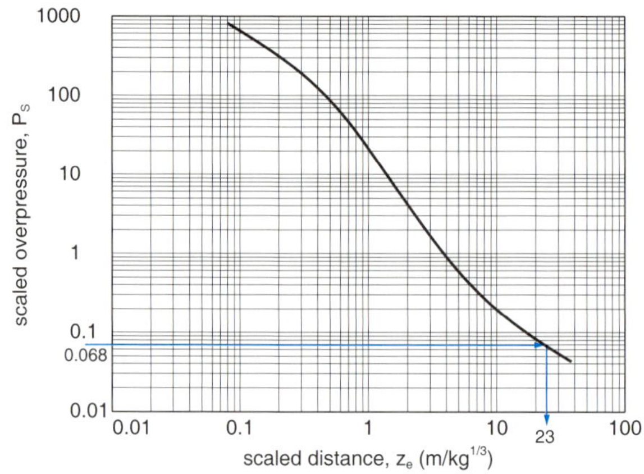

따라서 환산거리 계산공식에 의해 1 psi 도달거리는

$$23 = \frac{r}{(5.335\text{kg}_{TNT})^{1/3}} = 40.19\text{m} \text{이다.}$$

13 보기인자(View Factor)를 도출하기 위해 화염의 길이를 계산한다.

$L = 0.00326(10\ \text{kg/s} \times 50{,}000\ \text{kJ/kg} \times 1000)^{0.478} = 52.1\ \text{m}$

바람이 없으며 화염이 발생한 높이가 10 m, 화염의 길이가 52.1 m, 관심거리가 25 m 이므로 좌측의 그림과 같이 화염으로 부터의 거리를 계산한다.

$r = \sqrt{25^2 + (10 + 52.1/2)^2} = 43.87\ (\text{m})$

따라서 점원모델의 보기인자(F_p)는,

$$F_p = \frac{1}{4 \times \pi \times 43.87^2} = 4.13 \times 10^{-5} \text{ 이다.}$$

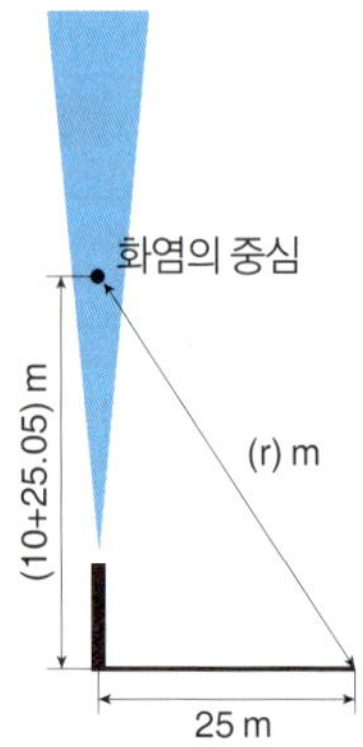

τ와 η는 각각 0.8, 0.3으로 문제에서 제시하고 있으므로 이에 대한 추가적인 계산은 불필요하다. 따라서 대상이 받는 복사열(I_{th})는,

$I_{th} = 0.8 \times 0.3 \times 10\ \text{kg/s} \times 50{,}000\ \text{kJ/kg} \times 4.13 \times 10^{-5}/\text{m}^2$

$= 4.96\ \text{kW/m}^2$이다.

14

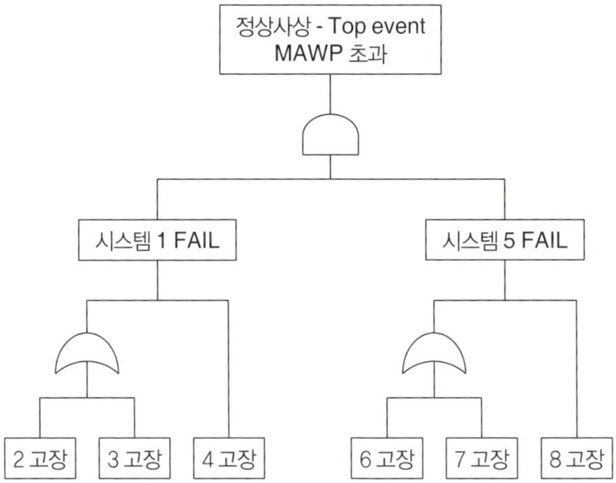

15

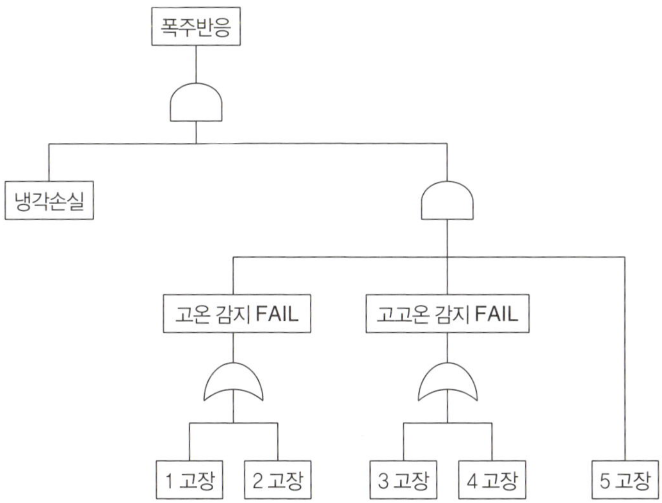

연간 발생빈도 :

0.1 × [(0.1+0.1) × (0.1+0.1) × 0.1]=0.0004 (회/yr)

Chapter 7 안전기술 및 대책

01 ① 명칭 : 애자 덮개

② 특징 : 활선작업 시 특고압핀애자 또는 라인포스트 애자를 절연하여 작업자의 부주의로 접촉되더라도 안전사고가 발생하지 않도록 사용하는 절연장구

02 ① 파열판식 안전밸브 : 압력용기나 화학설비 등에서 내부압력상승에 의해 판이 파열되면서 압력을 토출하는 장치

② 스프링식 안전밸브 : 스프링의 힘으로 밸브디스크를 시트에 눌러 놓고 내부압력이 그 이상이 되는 경우 내부의 가스를 배출하여 압력을 낮추는 형태

03 ① 구하기 쉽고 가격이 저렴하다.

② 증발하면 체적이 약 1,700배 팽창해 질식효과가 있다.

③ 비열이 크고 기화잠열이 크다.

④ 물은 비열이 1cal/g·℃로서 다른 물질보다 커서 냉각소화 효과가 아주 뛰어나다.

⑤ 부촉매효과가 없다.

04 포 소화약제

05 이산화탄소, 질소, 할로겐 화합물

06 질식효과, 냉각효과

07 ① 화재지점에 CO_2가스를 방출 분사시켜 질식 및 냉각작용으로 화재를 소화시킨다.

② 고압가스 용기 속에 액화시켜 보관한다.

③ 자체 증기압력이 크므로 달느 압력원의 도움 없이 방사할 수 있다.

④ 방출시 대부분 기체로 방출되지만, 나머지는 미세한 드라이아이스로 변해 피난시 가시거리를 짧게 하는 등의 현상(운무현상)이 나타난다.

08 화학물질의 누출이 발생하였을 때 방제방법은 크게 물리적 포집과 화학적 제독으로 구분할 수 있다. 물리적 포집 방법은 흡수, 흡착, 침착, 고체화, 추출, 막분리, 분액 등이 있으며, 화학적 제독 방법은 산화, 환원, 중화, 열분해, 플라즈마분해, 촉매분해, 소각 등이 있다.

09 ① 공기정화식은 오염공기가 여과재 또는 정화통을 통과한 뒤 호흡기로 흡입되기 전에 오염물질을 제거하는 방식으로 방독마스크와 방진마크스가 이에 해당한다.

② 공기공급식은 외부로부터 신선한 공기를 공급받은 경우이므로 산소농도가 18% 미만인 장소나 유해비가 높은 경우에 사용이 권장되며, 공기봄베, 호스, 송기식마스크 등을 이용하여 적정한 공기를 작업자, 구조자, 피재자에게 공급하는 방식이다.

10 내압방폭 (Flameproof Enclosure)

11 ① 건식설비는 건식밸브의 2차측 배관에는 압축공기가 충만되어 있다.
② 습식설비는 유수검지창치의 2차측 배관에는 물로 충만되어 있다.
③ 준비작동식 설비는 준비작동밸브의 2차측 배관에는 대기압의 공기로 충만되어 있다.
④ 일제살수식 설비는 개방형 헤드를 설치한다.
⑤ 스크링클러설비는 초기화재 진압용으로 사용된다.

12 일제살수식 스프링클러설비

13 습식, 건식, 준비작동식

14 저압(또는 대기압상태)의 공기

15 ① 화재 발생 시 화염과 연기가 확산되는 것을 방지할 목적으로 적절한 물입자의 방사에 의해 터널의 한쪽 단면을 완전히 막을 수 있는 방호수막(Water Curtain)을 형성
② 화원이 있는 구역의 연기를 집적시키고 수막을 통과한 연기층의 온도를 냉각수에 의해 저하시킴
③ 연기층이 갖고 있는 고유성질인 부력을 잃어 멀리이동하지 못하고 조기에 하강시킴
④ 물분무 설비와 유사한 구성을 가지지만 연기 입자와 친화성을 가진 물분사 특성을 가진 분사노즐의 특성이 다름
⑤ 화염(방사열) 차단, 연기층 확산 억제, 안전 대피 공간 확보 등의 목적으로 사용됨

16 오염제거(제독) 방법은 "물리적 방법"과 "화학적 방법"으로 나눌 수 있다.

1. 물리적 방법 : 오염된 사람이나 사물로부터 오염물질의 물리적 제거를 포함하며, 일반적으로 실행하기가 쉽고 오염물질의 농도를 희석시킬 수는 있으나 화학적으로는 바뀌지 않은 채로 존재한다.
   – 예) 흡수, 흡착, 브러싱과 스크래핑, 가열과 냉각, 격리와 패기, 압축공기, 진공흡입, 세척, 증발
2. 화학적 방법 : 화학적 공정을 통한 오염물질의 제거하는 방법이다. 즉 오염물질에 제거를 촉진하는 어떤 형태의 화학적인 변화가 발생한다. 화학적인 오염물질 제거 방법 중 어떤 것은 다른 위험을 불러올 수 있다.
   – 예) 화학적 분해, 중화, 응고, 소독, 살균

17 위험구역 설정은 위험물질 양(농도), 풍향, 풍속 등을 감안하여 Hot Zone(위험지역), Warm Zone(준위험지역), Cold Zone(안전지역)으로 나눌 수 있다.

• Hot Zone(위험지역) : 실제 오염이 발생한 지역으로 인명구조, 위험물질 탐지 및 누출차단 외 접근금지 (Level A 착용 지역 / ERG상 초기이격거리/누출물질 허용농도 이상)
STEL 또는 IDLH 노출치 이상의 모니터링 측정치

• Warm Zone(준위험지역) : 위험지역보다 윗바람 지역에 위치하며 오염이 발생할 수 있고 제독 활동을 위해 필요한 지역 (Level C 착용 지역 / ERG상 방호활동거리 / 누출물질 허용농도 이하)
TLV/TWA 또는 PEL 노출치와 같거나 큰 모니터링 측정치

• Cold Zone(안전지역) : 준위험지역보다 윗바람 지역에 위치하며 원칙적으로 안전한 지역이지만 개인보호장비는 휴대, 구급대원 활동, 지휘본부 및 지원시설 등을 설치함
TLV/TWA 또는 PEL 노출치보다 낮은 모니터링 측정치

18 오염제거(제독) 방법은 "물리적 방법"과 "화학적 방법"으로 나눌 수 있다.

1. 물리적 방법 : 오염된 사람이나 사물로부터 오염물질의 물리적 제거를 포함하며, 일반적으로 실행하기가 쉽고 오염물질의 농도를 희석시킬 수는 있으나 화학적으로는 바뀌지 않은 채로 존재한다.
   – 예) 흡수, 흡착, 브러싱과 스크래핑, 가열과 냉각, 격리와 패기, 압축공기, 진공흡입, 세척, 증발
2. 화학적 방법 : 화학적 공정을 통한 오염물질의 제거하는 방법이다. 즉 오염물질에 제거를 촉진하는 어떤 형태의 화학적인 변화가 발생한다. 화학적인 오염물질 제거 방법 중 어떤 것은 다른 위험을 불러올 수 있다.
   – 예) 화학적 분해, 중화, 응고, 소독, 살균

19 위험구역 설정은 위험물질 양(농도), 풍향, 풍속 등을 감안하여 Hot Zone(위험지역), Warm Zone(준위험지역), Cold Zone(안전지역)으로 나눌 수 있다.

• Hot Zone(위험지역) : 실제 오염이 발생한 지역으로 인명구조, 위험물질 탐지 및 누출차단 외 접근금지 (Level A 착용 지역 / ERG상 초기이격거리/누출물질 허용농도 이상)
STEL 또는 IDLH 노출치 이상의 모니터링 측정치
• Warm Zone(준위험지역) : 위험지역보다 윗바람 지역에 위치하며 오염이 발생할 수 있고 제독 활동을 위해 필요한 지역 (Level C 착용 지역 / ERG상 방호활동거리 / 누출물질 허용농도 이하)
TLV/TWA 또는 PEL 노출치와 같거나 큰 모니터링 측정치
• Cold Zone(안전지역) : 준위험지역보다 윗바람 지역에 위치하며 원칙적으로 안전한 지역이지만 개인보호장비는 휴대, 구급대원 활동, 지휘본부 및 지원시설 등을 설치함
TLV/TWA 또는 PEL 노출치보다 낮은 모니터링 측정치

Chapter 8 유해화학물질 관련 국내외 관련 법령

01 – 국내 화학물질 취급 법령으로는 「화학물질관리법」이 있으며, 이와 목적을 같이 하는 관련 법령으로는 「산업안전보건법」, 「위험물안전관리법」, 「고압가스 안전관리법」이 있음.

02 가. 「화학물질관리법」 : 국민건강 및 환경상의 위해(危害) 예방 및 관리가 필요한 '유해화학물질'을 말함. 여기에서 유해화학물질이란 유독물질, 허가물질, 제한물질 또는 금지물질, 사고대비물질, 그 밖에 유해성 또는 위해성이 있거나 그러할 우려가 있는 화학물질임.

나. 「산업안전보건법」 : 설비로부터 위험물질의 누출, 화재, 폭발 등으로 인하여 사업장 내의 근로자에게 즉시 피해를 주거나 사업장 인근지역에 피해를 줄 수 있어 예방이 필요한 '유해·위험물질'을 말함.

다. 「위험물안전관리법」 : '위험물'로 법령에서는 인화성 또는 발화성 등의 성질을 갖는 것으로서 대통령령으로 정하는 물품을 말함.

라. 「고압가스 안전관리법」 : 공공의 안전 확보와 위해(危害) 방지를 위하여 관리가 필요한 '고압가스'를 말함.

03 가. 「화학물질관리법」 : 따른 안전관리대상 시설은 제조, 보관, 저장, 운반(항공기 • 선박 • 철도를 이용한 운반은 제외) 또는 사용시설이나 설비

나. 「산업안전보건법」 : 유해 • 위험물질을 규정량 이상 제조 • 취급 • 저장하는 설비 및 그 설비의 운영과 관련된 모든 공정설비

다. 「위험물안전관리법」 : 지정수량 이상의 위험물을 제조 • 저장 및 취급하기 위한 시설인 제조소, 저장소, 취급소와 위험물을 저장 또는 취급하는 위험물탱크

라. 「고압가스 안전관리법」 : 고압가스 제조시설, 저장시설, 판매시설, 수입시설 및 특정고압가스의 사용시설

04 정기 안전진단이란 취급시설의 위험도 검토결과에 따라 정기적으로 실시하여야 하는 것이며, 특별 안전진단이란 취급시설에 안전상의 위해가 우려된다고 인정되는 경우 실시하는 것을 말함.

05 대형 가스사고를 방지하기 위하여 오래되어 낡은 고압가스 제조시설의 가동을 중지한 상태에서 가스안전관리 전문기관이 정기적으로 첨단장비와 기술을 이용하여 잠재된 위험요소와 원인을 찾아내고 그 제거방법을 제시하는 것을 말함.

06 다

07 공정안전보고서(PSM) 및 안전성향상계획서(SMS)는 사업장 내부의 근로자 및 시설의 보호 및 안전관리를 목적으로 하며, 장외영향평가 및 위해관리계획은 사업장 외부의 영향을 고려한 취급시설의 설계 • 배치 및 관리를 목적으로 함.

08 이 규정은 화학물질의 양과 위해성에 따라 등록, 평가, 신고, 허가, 제한하는 EU의 신화학물질관리규정으로 2006년 제정되어 2007년부터 시행되었음. REACH는 화학물질과 혼합물(Mixture)에 있는 화학물질, 그리고 완제품(Article)에서 의도적(Intended) 또는 비의도적으로 배출(Unintended release)되는 화학물질을 관리 대상으로 하며, 이러한 물질을 연간 1톤 이상 제조 • 수입하는 경우 등록하도록 하고 있음.

09 공정안전관리제도(PSM)는 OHSA에 의하여 시행되며, 규제대상 물질을 규정수량 이상 취급하는 사업장을 대상으로 함. 해당 사업장에 대하여 중대사고가 발생할 수 있는 공정의 위험성을 평가하여 이를 근거로 공정안전보고서의 작성을 의무화는 제도임. 위해관리계획제도(RMP)는 EPA에 의하여 시행되며, 독성물질과 가연성물질을 규정수량 이상 취급하거나 저장하는 사업장을 대상으로 함. 조건에 따라 프로그램 1, 2, 3으로 구별하여 적용하며, 사업장 외부의 위해성 평가를 실시하여 위해관리계획의 작성을 의무화하는 제도임. 위해관리계획제도와 공정안전관리제도가 구별

되는 가장 큰 특징은 공정안전관리제도는 사업장 내부의 위험성을, 위해관리계획제도는 사업장 외부의 위해성 평가를 실시하고 사고예방프로그램을 작성한다는 것임.

10 난분해성을 가지고, 인간의 건강을 해할 우려 또는 동식물의 생식 또는 생육에 지장을 줄 우려가 있는 화학물질에 의한 환경오염을 예방하기 위하여, 화학물질의 제조 또는 수입에 있어 사전에 그 화학물질의 성상에 관하여 심사하는 제도를 마련함과 동시에 그 성상 등에 따라서 화학물질의 제조, 수입, 사용 등에 대하여 규제하는 것을 목적으로 함. 이 법령에 따른 규제물질에는 특정화학물질과 감시화학물질이 있음. 신규 제조・수입되는 화학물질 및 기존 화학물질 중 정해진 기준에 따라 제1종 특정화학물질 및 제2종 특정화학물질로 분류하며, 해당 물질에 대하여 제조・수입의 허가(사실상 금지) 또는 사전 신고의 의무가 부여됨.

저자소개

문 일

현 연세대학교 연구본부장
현 연세대학교 화공생명공학과 교수
현 연세대학교 융합안전연구센터장
전 한국연구재단 국책연구본부장
전 연세대학교 대학출판문화원 원장
미국 Carnegie Mellon 대학교 공학박사
영국 Imperial College 컨설턴트

저서 및 역서

체계적인 화학공정설계 (도서출판 아진, 1998)
화학공정 생산 및 일정 계획(도서출판 아진, 1999)
수소안전 (도서출판 아진, 2007)
공정설계 (드림플러스, 2014)
Advances in Hydrogen Production, Storage and Distribution (Elsevier Science Ltd, 2014)

- 홈페이지: http://pse.yonsei.ac.kr

김 은 정

현 한국가스안전공사 부장
현 위험물학회 학술이사
연세대학교 대학원 공학 박사

- 홈페이지: www.kgs.or.kr

천 영 우

현 인하대학교 대학원 환경안전융합과 교수
전 로이드레지스터 컨설팅 리스크팀 부장
전 한국산업안전보건공단 중대산업사고예방실 과장
전 현대엔지니어링(주) 공정설계팀/안전설계팀 대리
인천대학교 대학원 공학박사

저서 및 역서

화학물질 취급 및 안전관리 (지식과미래, 2018)
화학물질취급 공정설계 개론 (지식과미래, 2018)
화학물질의 분류 및 독성저감 (하이맨북, 2019)

- 홈페이지: http://ens.inha.ac.kr

허 영 택

현 한국가스안전공사 처장/본부장
성균관대학교 화학공학과 학사/석사
서울과학기술대학교 대학원 공학박사

저서 및 역서

가스기사실기(청운문화사, 2006)

- 홈페이지: www.kgs.or.kr

박 재 득

현 한국화학연구원 선임연구원
전 삼성전자 과장
연세대학교 대학원 공학박사

- 홈페이지: http://www.krict.re.kr

조 철 희

현 중앙119구조본부 특수사고대응 담당
전 KAIST 생명화공과 연구조교수
전 전 아이오와주립대 화학과 Ph.D
전 한국화학연구원 Ph.D
전 중앙대 미래신기술연구소 전임연구원
전 한국소방안전협회 강의전담교수
중앙대학교 대학원 공학박사

- 홈페이지: http://www.rescue.go.kr

정 승 호

현 아주대학교 환경안전공학과 교수
현 가스학회, 안전학회, 위험물학회 이사
전 미국 Air Products and Chemicals 엔지니어
미국 Texas A&M 대학교 공학박사

- 홈페이지: http://jigoomong.wixsite.com/processsafety

이 지 헌

현 연세대학교 대학원 박사과정
연세대학교 화공생명공학과 학사

- 홈페이지: http://pse.yonsei.ac.kr

김 수 정

현 ㈜미래에너지기준연구소 과장
동국대학교 일반대학원 공학석사

- 홈페이지: http://www.meri.co.kr

제2판

화학물질안전개론

Introduction to Chemical Safety

지은이 문일 · 김은정 · 천영우 · 허영택 · 박재득
조철희 · 정승호 · 이지헌 · 김수정
펴낸곳 청송미디어

주 소 서울시 서대문구 연세로 50
전 화 02) 2123-3380~2
팩 스 02) 2123-8673
ysup@yonsei.ac.kr
http://press.yonsei.ac.kr

등 록 2016년 5월 9일(제25100-2016-37호)
인 쇄 (주)동국문화

2019년 3월 10일 1판 1쇄 2022년 10월 7일 1판 2쇄
979-11-89042-07-3(93430)

값 27,000원

청송미디어는 **연세대학교 출판문화원**의 패밀리브랜드입니다.